Die Wildnis vor unserer Haustür

Graureiher jagen neben einer Berliner U-Bahn-Station, Füchse dösen im Kölner Klingelpützpark in der Sonne, in den Bäumen nahe der berühmten Oper von Sydney hängen die vom Aussterben bedrohten Graukopf-Flughunde. Unübersehbar drängt die Wildnis in die Metropolen, ehemals scheue Tierarten werden Teil der Stadtnatur. Zwischen Stein, Beton und Asphalt findet sich eine erstaunliche Vielfalt der Arten. Nirgendwo lassen sich so viele heimische Vogelarten (mehr als 150) auf so kleiner Fläche beobachten wie in Berlin – schon gar nicht in der viel gerühmten, aber intensiv genutzten Landschaft. Wie ist das zu erklären? Was müssen Tiere mitbringen und wie müssen sie sich verändern, um in unserer Nachbarschaft überleben zu können? Und wie sah die Stadtnatur vor zweihundert oder fünfhundert Jahren aus?

Mit eindrucksvollen, höchst anschaulich erzählten Geschichten nimmt uns Bernhard Kegel mit auf Forschungsreise und öffnet unsere Augen für die Wildnis vor unserer Haustür.

Bernhard Kegel, geboren 1953 in Berlin, studierte Chemie und Biologie an der Freien Universität Berlin, danach Forschungstätigkeit, u.a. als Stadtökologe. Er war ökologischer Gutachter und Lehrbeauftragter und Gitarrist diverser Berliner Jazzbands. Seit 1993 veröffentlichte Bernhard Kegel mehrere Romane und Sachbücher, bei DuMont erschienen ›Epigenetik‹ (2009) und ›Die Ameise als Tramp‹ (2013). Bernhard Kegels Bücher wurden mit mehreren Publizistikpreisen ausgezeichnet.
www.bernhardkegel.de

Bernhard Kegel

TIERE IN DER STADT

Eine Naturgeschichte

DUMONT

Von Bernhard Kegel ist im DuMont Buchverlag außerdem erschienen:
Epigenetik. Wie Erfahrungen vererbt werden
Die Ameise als Tramp. Von biologischen Invasionen

FSC
www.fsc.org
MIX
Papier aus ver-
antwortungsvollen
Quellen
FSC® C083411

Juni 2014
DuMont Buchverlag, Köln
Alle Rechte vorbehalten
© 2013 DuMont Buchverlag
Umschlag: Zero, München
Umschlagabbildung: plainpicture/Wild Wonders/Geslin
Satz: Fagott, Ffm
Gesetzt aus der DTL Documenta und der Gotham
Druck und Verarbeitung: CPI books GmbH, Leck
Gedruckt auf säurefreiem und chlorfrei gebleichtem Papier
Printed in Germany
ISBN 978-3-8321-6270-2

www.dumont-buchverlag.de

Wenn Sie eine Stadt wie Tokyo auf den Kopf stellten und kräftig schüttelten – Sie würden staunen, was da an Tieren herausfiele. Nicht nur Katzen und Hunde.

Yann Martel, *Schiffbruch mit Tiger*

Inhalt

Einleitung – Drei Städte in drei Kontinenten

Ich sehe ihn fast jeden Tag und doch habe ich mich noch immer nicht an seinen Anblick gewöhnt. Jedes Mal halte ich an und steige kurz vom Fahrrad. Anderen geht es genauso. Oft sehe ich Spaziergänger, die sich gegenseitig auf ihn aufmerksam machen und staunend stehen bleiben, um ihn aus nächster Nähe zu beobachten. Hinter ihm, im Park, sonnen sich an warmen Tagen müßige Großstädter auf der Wiese, spielen Kinder, führen Herrchen und Frauchen ihre Hunde spazieren, nähern sich lärmend Kindergartengruppen, um die Enten zu füttern – es scheint ihn nicht im Geringsten zu stören. Er stakst weiter am Rand des Schilfs entlang oder durch den flachen Uferbereich und fixiert dabei die Wasseroberfläche. Die Enten, auf die er aus einem Meter Höhe herabschaut, halten respektvoll Abstand.

Manchmal, vor allem morgens und am späten Nachmittag, kann man ihn mit seinen langen, dünnen Beinen hoch oben auf den langen, dünnen Ästen einer Trauerweide balancieren und sein Gefieder putzen sehen. Er ist immer allein, nie taucht ein Gefährte oder eine Gefährtin auf. Er hat dieses seltsame kleine Gewässer ganz für sich. Verbringt er die Nacht auf dem Baum? Oder schläft er irgendwo in Gesellschaft seiner Artgenossen, im Schutz der Kolonie, um dann fast jeden Tag hierherzufliegen, in sein eigenes kleines Reich, sein großstädtisches Jagdrevier an diesem geschichtsträchtigen Ort inmitten der deutschen Hauptstadt?

Nur einen Steinwurf entfernt, im Schöneberger Rathaus, schlug das politische Herz des alten West-Berlins. Auf seinem

Balkon sprach John F. Kennedy am 26. Juni 1963 vor Zehntausenden von Menschen die berühmten Worte: »Ich bin ein Berliner«, stimmten am 10. November 1989 Bundeskanzler Helmut Kohl, Willy Brandt, Hans-Dietrich Genscher, Bürgermeister Walter Momper und andere gegen ein gellendes Pfeifkonzert eine denkwürdig verunglückte Fassung der deutschen Nationalhymne an. Helmut Kohl zeigte sich später ob der »linken Chaoten« nachhaltig verstimmt. Er hatte extra seine wichtige Polenreise unterbrochen, um nach Berlin zu kommen. Wenige Stunden zuvor war die Mauer gefallen.

Damals gab es unseren gefiederten Parkbesucher vermutlich noch nicht, obwohl die Tiere über dreißig Jahre alt werden können. Damals waren Graureiher in Berlin eine Seltenheit. Am östlichen Stadtrand gab es einige wenige Brutkolonien, für West-Berliner nahezu unerreichbar, heute müsste man nur ein paar Stationen mit der U-Bahn fahren. Im Jahr 2001 wurde in der Nähe der Robbenanlage des Zoologischen Gartens das erste innerstädtische Brutpaar beobachtet – und urbane Vogelfreunde sind in diesen Dingen sehr genau.

So gelassen, wie der stattliche Vogel sich jetzt gibt, würden ihn wohl auch die Buhrufe und Pfiffe Tausender Berliner nicht aus der Ruhe bringen. Ob man das auch über die Graureiher der 1960er-Jahre hätte sagen können, ist zu bezweifeln. Irgendetwas ist mit den Vögeln geschehen. Noch in den Kriegs- und Nachkriegsjahren wurden die Tiere landesweit intensiv verfolgt und die Bestände gingen stark zurück. Angler und Fischwirte sahen in den Reihern Konkurrenten, andere in Zeiten der Not nur potenzielle Nahrung. Doch als man Schonzeiten einführte, erholten sich die Bestände und mit ihrem Comeback zeigten die Graureiher plötzlich ein verändertes Verhalten. Nun drangen sie auch in Gebiete vor, die sie vorher wegen der Menschen gemieden hatten. Seit Mitte der 1990er-Jahre brüten sie im Ruhrgebiet und immer häufiger sind sie in Städten zu sehen. Ihre Fluchtdistanz verringerte sich auf wenige Meter. In Amsterdam warten sie auf Bürgersteigen darauf, von den Menschen mit Fischen gefüttert zu werden.[1]

Der kleine künstliche Teich, den sich unser Berliner Exemplar ausgesucht hat, ist erst vor wenigen Jahren gründlich saniert worden. Sein Boden wird von einer riesigen Plastikfolie gebildet, die an einigen Uferstellen zu sehen ist und unschöne dreckige Falten schlägt, was jede Illusion zerstört, dass man es hier mit einem halbwegs natürlichen Gewässer zu tun hat. Da hilft auch das an einer Seite gepflanzte Schilf nicht. Der Teich befindet sich am östlichen Ende eines schmalen, lang gestreckten Parks und grenzt unmittelbar an eine brückenartig gestaltete U-Bahnstation, die den Park in zwei ungleiche Hälften teilt. Durch große Glasscheiben können Parkbesucher die Züge zählen, die hier im Zehn-Minuten-Takt in den Bahnhof einfahren. Umgekehrt eröffnen sich den Fahrgästen, die in einer haltenden U-Bahn sitzen oder auf dem Bahnsteig warten, ungewöhnliche Blicke ins Grüne und damit auf den Teich und seinen Reiher. Ob es eine Sie oder ein Er ist, kann ich nicht sagen. Männliche und weibliche Tiere sind praktisch nur an der Größe zu unterscheiden.

Auf der Brücke, eine Etage über den U-Bahnfahrern, stehen Parkbänke, auf denen einige Hauptstädter diesen warmen Mainachmittag genießen, und von hier oben werde ich Zeuge, wie der manchmal auch Fischreiher genannte Vogel diesem Namen alle Ehre macht und erstmals sein wahres Gesicht zeigt. Er ist eben nicht hier, weil ihn deutsche Geschichte interessiert oder weil er die Gesellschaft der Menschen so schätzt, sondern weil diese den Teich mit großen Goldfischen bevölkert und darin sogar ihre in Ungnade gefallenen Haustiere entsorgt haben, wie die Anwesenheit mindestens einer Schildkröte beweist, die ich kürzlich durchs trübe Wasser paddeln sah.

Der Reiher steht regungslos im Schilf, wie so oft, plötzlich nimmt er ausgiebig maß und stößt zu. Im nächsten Moment zappelt etwas in seinem langen, spitzen Schnabel. Er hat ein Prachtexemplar erwischt, leuchtend rot und unterarmlang. Fast sieht es so aus, als begutachte er stolz seine Beute, als lege er Wert darauf, dass auch alle Zuschauer sie bestaunen. Es dauert eine Weile, bis er sie in die richtige Position befördert hat. Dann verschwindet der Fisch, mit dem Kopf voran, im scheinbar viel zu dünnen Hals.

»Wohl bekomm's«, kommentiert ein älterer Herr, der neben mir an der steinernen Balustrade steht.

Ein anderer kann es gar nicht fassen. »Der hat eben 'n janzen Fisch vaschluckt«, sagt er verblüfft. Seine Stimme klingt amüsiert, aber es schwingt auch ein wenig Befremden mit. Darf man das – in einem öffentlichen Park und vor aller Augen einen friedlichen Zierfisch verschlingen? Wir tauschen einige stumme Blicke aus, als müssten wir uns gegenseitig vergewissern, dass wir das ungewöhnliche Schauspiel nicht geträumt haben. Fressen und Gefressenwerden mitten im Volkspark – was soll man davon halten?

Auch auf der anderen Seite des Erdballs, in den Metropolen Australiens, sind Parks Oasen der Ruhe, die im hektischen Getriebe der Großstädte zu Entspannung und Müßiggang einladen. Und wie in Berlin wird diese Einladung nicht nur von Menschen angenommen. Was sich in Sydney, Melbourne, Brisbane und einigen kleineren australischen Städten bei Einbruch der Dämmerung in den Himmel schwingt, kann zwar ausgezeichnet fliegen, trägt aber keine Federn, frisst keinen Fisch und sitzt auch nicht. Solange die Sonne scheint, hängt es kopfüber von den Ästen, bewegungslos und stumm wie überdimensionierte schwarze Früchte.

In Sydney baumeln diese seltsamen Gebilde auch im zentralen Hyde Park zwischen Elisabeth und College Street in den Bäumen, direkt neben dem Australian Museum. Die große Masse der über 20.000 Tiere hat sich aber den nahe gelegenen Botanischen Garten ausgesucht und verschläft dort, in unmittelbarer Nähe von Hochhäusern und der berühmten Oper, die Tage. Wenn es über der Skyline langsam dunkel wird und die Menschen Restaurants, Kinos und Theater ansteuern, erwachen sie zum Leben. Mit der Ruhe ist es dann vorbei. Bald kommen sich die nervösen und dicht an dicht hängenden Tiere in die Quere und es wird lautstark gezankt und gezetert. Wenig später füllt sich der Himmel mit schwarzen Batman-Silhouetten.

Mit einer Flügelspannweite von etwa einem Meter sind die Graukopf-Flughunde eine der größten Fledermaus-Arten der Welt. Sie leben nur in einem relativ schmalen Küstenstreifen im Osten und Südosten des Kontinents, und weil ihre Zahl in den letzten Jahrzehnten stark zurückgegangen ist, hat sie die International Union for Conservation of Nature and Natural Resources (IUCN) 2008 in ihre Rote Liste der gefährdeten Tierarten aufgenommen. Unglücklicherweise bevorzugen auch die menschlichen Bewohner Australiens diesen Küstenstrich, was den Flughunden nicht gut bekommen ist. Wenn man sieht, wie sich die Tiere inmitten einer Millionenstadt zu Tausenden in die Lüfte schwingen, um während der Nacht bis in die Vorstädte auszuschwärmen, kann man kaum glauben, dass Mensch und Flughund sich nicht vertragen. In Städten scheinen andere Gesetze zu herrschen.

Als der britische Vogelkundler und Tiermaler John Gould in den 1830er-Jahren durch den Süden des Kontinents streifte, um Material für sein berühmtes 36-teiliges Werk *The Birds of Australia* zu sammeln, fielen ihm auch die großen »Vampire« auf, die »in den weiter abgelegenen Gebieten des Waldes schliefen«. Gut hundert Jahre später kämpfte sich der Biologe Francis Ratcliffe durch einen dichten Dschungel aus Palmen und Feigenbäumen auf den Gipfel des Mt. Tamborine in Queensland, etwa 80 Kilometer südlich von Brisbane, wo er auf eine große Kolonie von Flughunden stieß. Das Dschungelgebiet existiert noch heute, als Teil eines Nationalparks, aber die Flughunde sind verschwunden. Sie haben es vorgezogen, an die nahe und dicht besiedelte Goldküste umzuziehen, nach Broadbeach, in die Nachbarschaft von Golfclubs und Spielcasinos. Einige von ihnen schlafen nur wenige Meter neben dem vierspurigen Gold Coast Highway.[2]

Vampire sind die seltsamen Flattertiere nicht, und anders als die nahverwandten Fledermäuse nutzen Flughunde (oder »Flying Foxes«, wie die Australier sagen) auch keine Echoortung, um Insekten zu jagen. Sie sind Vegetarier, ernähren sich von Früchten, Blüten und Nektar und sind dabei als Bestäuber und für die Verbreitung von Pflanzenarten, deren Samen sie über ihren Kot ausscheiden, von großer ökologischer Bedeutung.

Doch wegen der fruchtbaren Böden sind die ursprünglich an der Ostküste wachsenden artenreichen Wälder vielfach gerodet und durch Obst- oder Zuckerrohrplantagen ersetzt worden, in denen die Flughunde als Schädlinge gelten und auch so behandelt werden. Im trockenen Landesinneren, dem Outback, können sie nicht überleben. Das treibt die Tiere in Richtung Küste und in die Städte des Homo sapiens, zumal üppig blühende und früchtetragende Büsche und Bäume genau das sind, was Menschen bevorzugt in ihren Gärten und Parks pflanzen und mit Wasser- und Düngemittelgaben zu Höchstleistungen bringen. Außerdem erwiesen sich die Flughunde als flexibel. Was sie bisher nicht kannten oder verschmähten, in den Städten schmeckt es ihnen. Hier sind die Wege viel kürzer als in der Wildnis und die Tiere können nicht gejagt werden. Mit kleinen Sendern ausgestattete Flughunde steuerten nachts immer wieder die gleichen Straßen und besonders ergiebige Bäume an. »Sie kennen Brisbane wie jeder gute Taxifahrer«, versichert der australische Biologe und Autor Tim Low.[3] Wohlgelitten sind sie deshalb noch lange nicht.

In Sydney will man die Flughunde nun, gegen den erbitterten Widerstand zahlreicher Naturschützer, vertreiben.[4] Warum mussten sie sich auch ausgerechnet im ehrwürdigen Royal Botanical Garden niederlassen? Ihr ätzender Kot schadet den wertvollen alten Baumriesen. Im Gegensatz zu den Flughunden seien die nicht einmal in Australien heimisch, protestieren die Naturschützer, und wo sollen die Tiere denn hin? 30 Palmen und 28 Bäume sind schon abgestorben, 300 zeigen Schäden. Das gab schließlich den Ausschlag.

Doch was außerhalb der Städte wie von selbst vonstatten ging, will in Sydney einfach nicht gelingen. Man hat es mit stinkender Fischpaste und Blitzlichtern versucht – die Flughunde blieben. Dann wurden mit Pythonkot gefüllte Säckchen in die Baumkronen gehängt, die großen Schlangen sind Todfeinde der Flattertiere. Wieder ein Fehlschlag. Jetzt versucht man es mit Baulärm, der zur Schlafenszeit der Flughunde aus versteckten Lautsprechern schallt. Bisher hilft auch das nicht. »Vielleicht müssen wir den Krach noch lauter drehen«, seufzte Mark Savio, der Direktor des Botanischen Gartens.[5] Mit der Ruhe ist es jedenfalls vorbei. Wie wohl die Besucher darauf reagieren?

Brisbane, Australien

Ein mächtiger, fast lautloser Jäger streift nächtens durch Australiens Metropolen, ein Raubvogel, den die Australier respektvoll »Powerful Owl« nennen. Auch der Riesenkauz *Ninox strenua*, die größte Eule des Landes, macht sich zunehmend das üppige Nahrungsangebot der Großstädte zunutze. Noch vor wenigen Jahrzehnten wurden Riesenkäuze als »hochgradig nervös, außerordentlich scheu und wachsam« beschrieben, als eine Vogelart dichter Bergwälder. Sie brauche riesige Reviere von über tausend Hektar und sei in mindestens zwei Bundesstaaten gefährdet, hieß es. Heute jagt sie im Zentrum von Sydney und Melbourne. In der Umgebung von Brisbane gibt es so viele Riesenkäuze wie noch nie in den letzten hundert Jahren. In ihren Gewöllen hat man Oppossumfell und Flughundknochen gefunden. Nicht selten erwischen sie eine Katze. Fressen und Gefressenwerden also auch hier, wenn auch im Schutze der Dunkelheit.[6]

Auf dem Rückflug von Australien könnten wir in Thailands Hauptstadt Bangkok Station machen. Auch hier gibt es Parks mit spektakulären Bewohnern. Urlauber berichten im Internet von riesigen Echsen, so groß wie Alligatoren. *N24* verkündet: Warane prägen das Stadtbild in Bangkok. Das sollten wir uns nicht entgehen lassen.

Die ersten Eindrücke sind enttäuschend. In den überfüllten Straßen der Riesenstadt ist alles Mögliche zu sehen, nur keine Echsen. Doch im Lumphini-Park werden wir endlich fündig. Hier lungern sie tatsächlich auf den Uferwiesen herum, klettern auf Bäume und schlängeln sich durchs Wasser: Bindenwarane, *Varanus salvator*, eine der größten Echsen der Welt. So groß wie Alligatoren sind sie nicht, aber auch die fangen ja mal klein an. Bindenwarane, die in Südostasien über ein riesiges Gebiet verbreitet sind, können über drei Meter Körperlänge erreichen, im Lumphini-Park sind sie maximal einen bis anderthalb Meter lang. Immerhin. Im Vergleich zu unseren mitteleuropäischen Eidechsen sind Bangkoks Warane zweifellos Giganten.

Die Einheimischen rümpfen die Nase. Die Tiere gelten bei ihnen als die niedersten und dreckigsten Wesen überhaupt. *Hia*, ihr Name in Thai, ist eines der schlimmsten Schimpfwörter, das man sich in diesem schönen Land an den Kopf werfen kann. Bindenwarane scheinen sich noch im größten Dreck wohlzufühlen und sie fressen gelegentlich Aas.

Was viele Thailänder ihnen aber wirklich übel nehmen, sind ihre Ausflüge in die Hühnerställe der Menschen, wo sie Eier und Federvieh stehlen. Man geht nicht gerade freundlich mit ihnen um. Schätzungsweise eine Million Bindenwarane werden Jahr für Jahr gefangen und zu Leder verarbeitet, nicht wenige bei lebendigem Leibe gehäutet. In manchen Gegenden wird ihr Fleisch gegessen. Trotzdem gelten ihre Bestände nicht als gefährdet.

Da die Tiere eigentlich geschützt sind, hat die Umweltbehörde kürzlich versucht, durch ihre Umbenennung zu einer Imageaufbesserung beizutragen, doch mit *tua ngern tua tong* konnten sich die Thailänder nicht anfreunden und auch *Voranuch* und *Voranus* setzten sich nicht durch, weil einige Menschen, die diese Namen tragen, empört in den Ämtern anriefen und protestierten. Also blieb alles beim Alten.

Lange haben die Behörden dem Treiben im Lumphini-Park tatenlos zugesehen. Den Bangkok-Touristen gefallen die Echsen. Als kürzlich jedoch ein verdammter *Hia* von einem Baum und einer Frau auf den Kopf fiel, war Schluss mit lustig. Normalerweise sind Bindenwarane sehr gute Kletterer. Der Sturz war sicher kein gezielter Angriff, sondern ein Unfall. Doch was tut man, ob Mensch oder Echse, wenn man beim Klettern herunterzufallen droht? Man versucht, sich festzuhalten, und genau das tat dieser Waran und fügte der Frau dabei mit seinen Krallen tiefe Wunden zu, die genäht werden mussten. Das sollte und durfte sich nicht wiederholen. Die auf vierhundert Tiere geschätzte Population im Lumphini-Park war einfach zu groß geworden. Im April 2011 wurden hundert Warane eingefangen, in Säcke gestopft und zum Wildlife Conservation Office in Bang Khen gebracht. Ein Schutzgebiet in der Provinz Uthai Thani in Nordthailand soll ihre neue Heimat werden.[7]

Wie die Tiere in den Lumphini-Park gekommen sind, weiß niemand. Vermutlich über die vielen Wasserstraßen der Thailändischen Hauptstadt, denn Bindenwarane sind ausgezeichnete Schwimmer. Denselben Weg haben wahrscheinlich auch die Echsen genommen, die man heute im Dusit-Zoo von Bangkok bewundern kann, unter ihnen ein imposantes Männchen von 2,5 Metern Länge. Wie die Graureiher im Berliner Zoologischen Garten leben die Bindenwarane dort wild unter vielen gefangenen Tieren. Und da sie im Zoo sehr häufig sind, möglicherweise sogar die höchste Populationsdichte in ganz Thailand erreichen und sich leicht beobachten lassen, wurden sie zum Objekt zoologischer Forschung.

Normalerweise agieren die Tiere in Gegenwart von Menschen »extrem wachsam«. Deshalb, so Michael Cota[8] vom Thailand Natural History Museum, sei es noch nie gelungen, das Paarungsverhalten wilder Bindenwarane zu dokumentieren. Doch auf den Uferwiesen des Dusit-Zoos konnte Cota fast alles beobachten, was sonst oft nur im Verborgenen geschieht: Kämpfe der Männchen, Werbung und Paarung, Polyandrie, Polygynie und die Jagd. Ein kopulierendes Echsenpärchen entdeckte er »in einem kleinen Pool im zweiten Stock eines am Wasser liegenden Restaurants«.[9]

Im Dusit-Zoo sind Bindenwarane die Top-Prädatoren, ihre bevorzugte Nahrung ist Fisch, den sie aus dem Wasser schleppen und auf der Wiese verzehren. Die Tiere sind eben an Menschen gewöhnt. Auf vielen von Cotas Fotos, die das Gerangel und Geschlängel der großen Echsen zeigen, sind im Hintergrund, oft nur wenige Meter entfernt, Zoobesucher zu sehen, die mit Tretbooten über das Wasser fahren.

Zurück ins kalte und trübe Berlin. Sie wollen noch mehr Großstadtvögel sehen? Jetzt, mitten im Winter?

Kein Problem, fahren wir ins Stadtzentrum! Nein, nicht in den Zoologischen Garten. Unser Ziel ist die nagelneue Berliner City.

Dort, im noch immer unfertigen Zentrum der deutschen Hauptstadt, erwarten uns Glas-, Keramik- und Klinkerfassaden. Wir blicken die neue Alte Potsdamer Straße entlang. Hinter uns liegt der Potsdamer Platz, einst, vor seiner kompletten Zerstörung, einer der verkehrsreichsten Plätze Europas.

Vor fünfundzwanzig Jahren gab es hier nichts außer Brachland, Mauern, Todesstreifen und Stacheldraht und ein einzelnes Haus, das heute inmitten der Neubauten kaum noch zu erkennen ist. Nur die Bäume, die jetzt die Alte Potsdamer Straße säumen, gab es damals schon. Sie haben nicht nur die Jahrzehnte der Teilung überstanden, sondern auch den hektischen Betrieb auf der größten Baustelle Europas, die Scharen von Touristen anlockte.

Es ist Februar und in den Baumkronen hängt noch der Weihnachtsschmuck, Sterne und Lichterketten, ansonsten sind die Äste kahl und leer. Weit und breit keine Vögel, von einer rätselhaften Häufung schwarzer Vogelsilhouetten auf den Balkons und Fenstern der Wohngebäude einmal abgesehen. Es ist kurz nach 16 Uhr. Wir sind zu früh.

Da wir nun schon mal hier sind, schlage ich vor, wir vertreiben uns die Wartezeit auf andere Weise. Gleich rechter Hand, wo die vielen jungen Leute herumstehen, liegt der größte Kinokomplex der Stadt mit 19 Sälen. Oder wie wäre es mit ein wenig Hochkultur? Zum Haus der berühmten Berliner Philharmoniker sind es nur fünf Minuten Fußweg ... Ach, nein, ich vergaß, wir sind ja wegen der Vögel gekommen. Seltsam, hier laufen Tausende von Menschen aus aller Herren Länder herum, doch keinem von ihnen würde wohl in den Sinn kommen, an diesem Ort nach wilden Tieren Ausschau zu halten. Aber warten Sie nur ab, das wird sich bald ändern. Bis es so weit ist, behalten wir unser Motiv besser für uns, sonst hält man uns noch für Spinner.

Nutzen wir die Zeit, um uns mit einigen grundsätzlichen Überlegungen zum Thema vertraut zu machen. Gleich um die Ecke liegt ein Tempel der Gelehrsamkeit, der zu diesem Zweck wie geschaffen ist: Scharouns Staatsbibliothek. In spätestens zwei Stunden müssen wir wieder hier sein.

Planet Erde

Der Flächenverbrauch der Städte ist im globalen Maßstab nur schwer zu ermitteln. Die Schätzungen gehen weit auseinander. Während eine Studie der Weltbank nur auf 450.000 Quadratkilometer kommt, geht das von vielen internationalen Institutionen getragene Global Rural Urban Mapping Project, das über Jahre versucht hat, zuverlässige Daten über städtische Regionen zu sammeln, von einer weit größeren Fläche aus. 3.673.155 Quadratkilometer sollen es im Jahr 2000 gewesen sein, 2,8 Prozent der globalen Landfläche, ein Gebiet, halb so groß wie Australien.[10]

In einem Buch, das von Städten handelt, sollte zu Beginn gesagt werden, was unter einer Stadt verstanden wird: Eine Stadt ist eine menschliche Siedlung mit mehr als 2.000 Einwohnern. Ob in Deutschland, Australien, Thailand oder sonst wo auf der Welt, seit 1887, festgelegt vom Internationalen Institut für Statistik, gilt: In Mittelstädten leben 20.000 bis 100.000 Menschen, in Großstädten sind es mehr, mitunter viel mehr.

Städte sind die ökonomischen, kulturellen und politischen Schaltzentralen unserer modernen Gesellschaften, hektische, laute, hoch technisierte und Energie fressende Knotenpunkte von ungeheuren Verkehrs- und Warenströmen aller Art. Sie müssen für ihre Bewohner Lebens- und Arbeitsstätten sein und stehen miteinander in Konkurrenz. Einen dynamischen Wirtschaftsstandort und gleichzeitig ein lebenswertes Wohnumfeld zu schaffen und zu erhalten, ist ein schwieriger Balanceakt, der immer wieder von Neuem austariert werden muss. Manchen Städten gelingt dieser Spagat besser als anderen. Ihre Umgebung, ihre Lage (z. B. in einem Talkessel, am Meer) und historische Ereignisse (z. B. Kriegszerstörungen) spielen dabei eine wichtige Rolle.

Weil es immer schwerer wird, außerhalb der urbanen Zentren ein Auskommen zu finden, verschieben sich die Bevölkerungszahlen überall in der Welt zu Ungunsten der ländlichen Räume. Die Urbanisierung, das Wachsen, ja, Wuchern der Städte scheint unaufhaltsam. In den Industriestaaten leben bereits weit mehr Menschen in den Städten als auf dem Land, in Afrika und Asien ist die Situation noch umgekehrt. Um das Jahr 1800 waren nur 3 Prozent der Weltbevölkerung Städter, 1950 waren es 29 Prozent, 1985 42 Prozent, im Jahr 2025, so der Weltbevölkerungsbericht der Vereinten Nationen, werden es 60 Prozent sein. Irgendwann im ersten Jahrzehnt des neuen Jahrtausends ist die 50-Prozent-Schwelle überschritten worden.

Vor allem an den Meeresküsten, etwa in China und Nordamerika, verschmelzen die Städte zu riesigen Gebilden. An der Ostküste der Vereinigten Staaten entsteht eine einzige tausend Kilometer lange und einhundert Kilometer breite Megalopolis, die im Süden mit Washington und Baltimore beginnt und sich über Philadelphia und New York bis nach Providence und Boston erstreckt. »Eine kontinuierliche Schicht von Beton und Asphalt«, prophezeit der renommierte Stadtbiologe William Robinson[11], »wird auf den größeren Kontinenten bald die dominante Landschaftsform der Küsten bilden.« Im Delta des Perlflusses im Süden Chinas soll durch die Verschmelzung von neun Großstädten eine Mega-City mit 42 Millionen Einwohnern entstehen. Sie wird einmal eine Fläche doppelt so groß wie Wales einnehmen.

Auch die Deutschen werden zu einem Volk der Stadtbewohner. Knapp drei Viertel der Bundesbürger sind Städter, ein Drittel lebt in einer Großstadt, im Osten etwas weniger als im Westen. Dabei nehmen alle Großstädte, zusammen mit den kleineren Städten, Dörfern, Autobahnen und Landstraßen, ›nur‹ gut 12 Prozent der Landesfläche ein. Diese sogenannte Siedlungs- und Verkehrsfläche ist in den letzten dreißig Jahren um ein Drittel gewachsen und nimmt weiter zu, in den Jahren 2001 bis 2005 um durchschnittlich 116 Hektar pro Tag.

Die Gründe für die weltweit zu beobachtende Völkerwanderung in die Städte liegen auf der Hand: bessere Schulen, bessere Gesundheitsversorgung, besseres Kulturangebot, vor allem Jobs, die Möglichkeit, Geld zu verdienen, oder zumindest die Hoffnung darauf. In den armen Ländern ist es die pure Verzweiflung. 23 der 25 größten städtischen Ballungsräume der Welt werden 2025 in Asien, Afrika und Lateinamerika liegen. Es wird etliche Großstädte geben, in denen mehr als zwanzig oder sogar dreißig Millionen Menschen leben.

Für die Pflanzen- und Tierwelt bleibt diese weltweite Urbanisierung natürlich nicht ohne Folgen. Der immense Flächen- und Ressourcenverbrauch der Städte ist einer der wichtigsten Gründe für die dramatische Biodiversitätskrise, auf die unser Planet zusteuert. Glaubt man den Prognosen, werden wir eine massive Aussterbewelle erleben, die mit den schlimmsten Katastrophen in der Geschichte des Lebens vergleichbar ist. Es ist eine traurige Tatsache, dass das, worum es in diesem Buch gehen wird, dagegen kaum ins Gewicht fällt.

Als Siedlungsform der sozialen Spezies *Homo sapiens sapiens* ist die Stadt die extremste Manifestation ihres Bestrebens, sich von einer wilden und bedrohlichen Natur unabhängig und unangreifbar zu machen. Trotzdem will und kann der Mensch auch in der Stadt nicht ganz allein leben.

Wer unter »Natur« ausschließlich etwas vom Menschen Unberührtes versteht, wird in Städten kaum fündig werden. Er müsste allerdings auch andernorts, weit weg von den urbanen Zentren dieser Welt, lange suchen. Wer durch unsere von Äckern, Weideflächen und Forsten geprägte Landschaft fährt und dies als ›Natur pur‹ erlebt, könnte kaum gründlicher danebenliegen. Die mitteleuropäische Landschaft ist nahezu flächendeckend vom Menschen verändert worden und daher nicht ›natürlicher‹ als ein Stadtpark oder -wald.

Noch gibt es sie, die ursprüngliche, nahezu unberührte Natur, aber es dürfte sich herumgesprochen haben, dass nichts auf diesem Planeten menschlicher Einflussnahme entzogen ist, und das nicht erst seit der Klimaerwärmung. Im Verlauf der vergangenen Jahrhunderte wurden große Teile der Welt in Kulturlandschaften umgestaltet, oder anders formuliert: in eine Million Quadratkilometer umfassende Produktionsfläche für Nahrungsmittel, Viehfutter und Holz.

Trotz gravierender Veränderungen existieren in all diesen von menschlichen Aktivitäten geprägten Landschaften wild lebende Tiere und Pflanzen und auch in Städten gedeiht nichtmenschliches Leben: Parks, Rasenflächen, Vorgärten, Stadtwald, verwilderte Brachen, Strände, Seen. Und überall gibt es Tiere: vor allem Tauben, Hunde und Ratten, aber auch Amseln, Mauersegler, Ameisen, Mücken, Regenwürmer, Katzen, jede Menge Katzen, sogar Tiger und Löwen. Und da wir gerade dabei sind: Es gibt auch Elefanten und Haie, bunte Anemonenfische, Giraffen, giftige Quallen und Schlangen, Delfine, Neonfische, sogar lebende Drachen und animierte und präparierte Dinosaurier – man muss nur wissen, wo man zu suchen hat.

Sie werden einwenden, man könne nicht alles in einen Topf werfen, das sei ein heilloses Durcheinander. Und ich müsste Ihnen antworten: Sie haben recht, genau das ist Stadtnatur, ein heilloses und faszinierendes Durcheinander, ein aus aller Welt stammendes Sammelsurium von Lebensformen, die es, in mehr oder weniger großer Abhängigkeit vom Menschen, irgendwie geschafft haben, miteinander auszukommen.

Natürlich muss man differenzieren. In der Welt der ›wilden‹ Stadtlebewesen, von denen die meisten sich gegen unseren Willen mit uns vergesellschaftet haben, herrschen vollkommen andere Gesetze als in der Kunstwelt der Haustiere, der Zoologischen und Botanischen Gärten und Aquarien. In vergleichsweise grünen Außenbezirken herrschen andere Lebensbedingungen als in den dicht bebauten und nahezu komplett versiegelten Innenstädten, aus denen nicht nur die Tiere, sondern auch viele Menschen fliehen. Aber nur in Städten findet sich all das gleichsam unter einem Dach.

Die große Masse der Tiere in der Stadt sind wild lebende Kreaturen – wie ihre Verwandten in Wald und Wiese. Viele leben von den Krümeln, die den Menschen von ihren üppig gefüllten Tellern fallen, ihrem in unvorstellbaren Mengen produzierten Abfall und Müll. Der Tisch ist reich gedeckt und weder Kakerlake noch Krähe noch Mehlkäfer, Waran, Möwe, Fuchs oder Flughund können dem Angebot widerstehen. Andere nutzen einfach den geheizten Wohnraum, den wir ihnen großzügig zur Verfügung stellen, oder sie leben in den Gärten, Parks und Gewässern, die wir anlegen. Manchmal verraten ihre Namen – Felsentaube, Steinmarder, Steinschmätzer –, was die Menschen aus Sicht vieler Tier- und Pflanzenarten mit den Städten in die Welt gesetzt haben. Es sind riesige, aus Gigatonnen von Stein, Asphalt, Beton und Glas aufgetürmte Kunstfelsmassive, voller Höhlen, Nistplätze und Unterschlüpfe, warm und trocken und vergleichsweise sicher.

Beileibe nicht jede Art ist für ein solches Leben geschaffen, es sind aber überraschend viele, viel mehr, als in der Erfahrungswelt durchschnittlicher Großstädter vorkommen, obwohl sie direkt vor ihrer Nase existieren. Die Geschichte der Annäherung dieser Tierarten an den Menschen ist gewissermaßen ein Nebenstrang in der großen Erzählung von der Sesshaftwerdung des Menschen. Was wir heute sehen, ist das Ergebnis eines langen, Jahrtausende währenden Prozesses. Natur ist stets in Bewegung, in Veränderung begriffen, und so hat sich auch die Stadtnatur verändert und verändert sich noch immer, zusammen mit den Städten. Vor kaum mehr als einer Menschengeneration konnte man aus den Hinterhöfen meiner Heimatstadt Berlin noch das Muhen von Milchkühen hören und Gespanne mit stämmigen Brauereipferden waren ein alltäglicher Anblick. Heute wären sie eine Sensation. Wie sah die Stadtnatur vor hundert oder fünfhundert Jahren aus und wie wird sie sich in Zukunft verändern?

Die Wildnis drängt in die Städte und ehemals scheue Tierarten, die sich, solange man denken konnte, vom Menschen fernhielten, werden zu einem Teil der Stadtnatur. Füchse trotten seelenruhig über die Bürgersteige, Wildschweine übernehmen die Gestaltung der Vorgärten, Waschbären plündern die Mülltonnen und poltern auf dem Dachboden, Steinmarder legen Autos lahm. Die Amsel, bei uns einer der Stadtvögel schlechthin, war Mitte des 19. Jahrhunderts noch ein scheuer Waldbewohner.

Berlin

Unter Ornithologen kursiert ein Witz, bei dem man allerdings bei näherer Überlegung nicht weiß, ob man ihn wirklich komisch finden soll: Wenn ein südamerikanischer Kollege nach Deutschland käme, um die hiesige Vogelwelt kennenzulernen, schickte man ihn am besten..., ja, wohin? In die Nationalparks und Biosphärenreservate, in den Harz oder Bayerischen Wald, nach Hiddensee, ins Untere Odertal? Nein, in die Hauptstadt, nach Berlin! An kaum einem anderen Ort in diesem Land, schon gar nicht in der viel gerühmten, aber intensiv genutzten Kulturlandschaft, lassen sich so viele Vogelarten (151) auf so kleiner Fläche (892 Quadratkilometer) beobachten.[12]

Bei der Bestandsaufnahme vieler Tier- und Pflanzengruppen schneiden die Städte sehr gut oder wenigstens nicht schlecht ab, ob uns das nun gefällt oder nicht. Oft gefällt es uns gar nicht. Im Gebiet von Berlin leben 75 Prozent aller Stechmückenarten Mitteleuropas. Unsere Städte blühen scheinbar zu Oasen auf, während das weite Land ringsherum zur Agrarwüste verkommt. Wie ist das zu erklären? Werden da Äpfel mit Birnen verglichen? Wird diese Vielfalt überhaupt wahrgenommen? Sagt sie etwas über die Qualität der Lebensräume in Stadt und Land aus?

Wie so häufig, wenn interessante und wichtige Fragen gestellt werden, ist man erstaunt, wie schwer es ist, Antworten zu finden. Das hat viele Gründe. Eine Untersuchung der Beziehung von Mensch und Natur in der Stadt war lange Zeit nichts, womit sich Geld verdienen oder Ruhm und Ehre erwerben ließe. Es ist eine entmutigend komplexe Fragestellung und bräuchte die Zusammenarbeit von Experten unterschiedlichster Fachgebiete. Biologie, Anthropologie, Soziologie, Psychologie, Human- und Veterinärmedizin, Politik-, Kultur- und Geschichtswissenschaften, sogar Architektur und Kunst, sie alle müssten ihren Beitrag leisten und miteinander kooperieren.

Wer Biologie studiert, möchte vermutlich mit möglichst ungestörten Systemen arbeiten, mit Warzenschweinen in der Serengeti, Anglerfischen in der Tiefsee oder Gorillas im tropischen Regenwald. Die Erforschung von Kellerasseln, Hauswinkelspinnen und Küchenschaben steht mit Sicherheit ganz unten auf der Wunschliste. Den Lebensräumen der Städte hat sich die Wissenschaft nur zögerlich, wenn nicht gar widerwillig zugewandt. »Cities were seen as anti-life«, schrieb der Berliner Botaniker Herbert Sukopp.[13] Mittlerweile sind die wild lebenden Pflanzen und Tiere der Städte jedoch zum Gegenstand einer eigenen Wissenschaftsdisziplin geworden: der Stadtökologie oder *urban ecology*.

Vermutlich tut man ihnen damit Unrecht, doch anfangs sind wohl vor allem jene zu Stadtökologen geworden, denen gar nichts anderes übrig blieb, wie zum Beispiel den Wissenschaftlern im Ballungsraum Ruhrgebiet, wo man sich notgedrungen mit den Bergbaufolgelandschaften beschäftigen musste, mit stillgelegten Zechen und Industrieanlagen. Oder wie mir und meinen Kollegen im früheren West-Berlin, wo beinahe jede ökologische Arbeit als ein Beitrag zur Stadtökologie gelesen werden konnte. Im grünen Villenviertel Dahlem, im Institut für Ökologie der Technischen Universität Berlin, blühte eine insbesondere botanisch orientierte Stadtökologie auf. Hier lag die Wirkungsstätte von Herbert Sukopp und seinen Mitarbeitern, dem diese Wissenschaft nicht nur in Deutschland entscheidende Impulse verdankt.

Heute bietet das Institut einen zweijährigen Studiengang Stadtökologie (Urban Ecosystem Sciences) in englischer Sprache an. Angesprochen werden Studierende aus der ganzen Welt. In den letzten vierzig Jahren, in denen immer klarer wurde, welche zentrale Rolle die Städte für das Schicksal von Mensch und Natur spielen werden, hat die Stadtökologie einen enormen Aufschwung genommen. Die Veranstalter einer der vielen internationalen Tagungen zum Thema schrieben, sie habe sich »von einem wissenschaftlichen Zweig der Biologie hin zu einem interdisziplinären Forschungsfeld mit Anwendungen in der lokalen und regionalen Planung entwickelt.«[14] Da dies aber ein Buch über die Lebewesen der Städte ist und von Tieren, Pflanzen und Menschen handelt, wird die Stadtökologie nur da einen Schwerpunkt bilden, wo sie noch Biologie geblieben ist.

Bei der Frage nach der Beziehung von Mensch und Natur geht es um nicht weniger als um unser Überleben, das Überleben unserer Zivilisation. Die wachsende Naturferne der Städter und ihrer Lebensweise wird oft beklagt und tatsächlich grassiert dort erschreckendes Unwissen. Die Menschen kennen kaum Pflanzen und Tiere, wissen wenig über die heimischen Lebensräume, von exotischen ganz zu schweigen.

Aber das ist nur ein Teil der Wahrheit. Denn in den Städten leben die Käufer ökologisch erzeugter Lebensmittel, ohne die diese Form der Landwirtschaft gar nicht existieren könnte, hier leben die Mitglieder der Natur- und Tierschutzverbände, die Vegetarier und Veganer, die Unterstützer und Sympathisanten von Greenpeace, WWF und Robin Wood, hier flimmern bei jedem Naturfilm die Mattscheiben, werden ökotouristische Fernreisen gebucht, Ultraleicht-Zelte und jedes nur denkbare Outdoor-Equipment verkauft, und fast ausschließlich hier leben auch die Wähler der Grünen Parteien. Wären sie auf die Stimmen aus den ländlichen Räumen angewiesen, hätten sie es bis heute bestenfalls in einzelne Gemeinderäte geschafft.

In Städten residieren die Medien und hier lebt auch der Großteil ihrer Konsumenten. In Städten werden Wahlen entschieden und die meisten der Männer und Frauen, die heute an den Schalthebeln der Macht sitzen und in Rio oder Johannesburg über die Zukunft dieser Welt debattierten, sind Städter oder haben dort wichtige Phasen ihres Lebens verbracht. In Städten wachsen die meisten unserer Kinder auf, die Eliten von morgen, hier nehmen sie Beziehungen zu anderen lebenden Wesen auf, zu Mensch, Tier oder Pflanze (vermutlich in dieser Reihenfolge), und in noch größerer Zahl als die Generation ihrer Eltern heute werden sie einmal in Städten leben und ihre ersten prägenden Erfahrungen mit der großen Natur im Kleinen, nämlich mit der in ihrem Wohnviertel existierenden Stadtnatur machen. Die Städte sind zu einer, vielleicht sogar *der* entscheidenden Schnittstelle zwischen Natur und Mensch geworden. Obwohl Städte und Natur üblicherweise als Gegensätze gesehen und wahrgenommen werden – vielleicht ist ja der Wunsch der Vater dieses Gedankens –, sind die Kunstfelsgebirge unserer Städte längst Teil der Natur geworden und waren es im Grunde schon immer.

Wie ist diese Stadtnatur beschaffen und was macht sie mit ihren Bewohnern, die darin leben wie in gigantischen, komplexen und hoch technisierten Ameisenbauten? Wie beeinflusst Stadtnatur das Denken über und den Umgang mit der großen Natur, unserer Lebensgrundlage, der Gesamtheit aller belebten und unbelebten Dinge, die lange vor uns waren und noch lange nach uns existieren werden?

Berlin-Adlershof, 2011

Ein 61-jähriger Hausmeister holte sich kürzlich blutige Ohren, als er sich in bester Absicht einem Krähenküken näherte, das aus dem Nest gefallen war, was den Altvögeln gar nicht gefiel. Die von ihm gerufene Polizei las das Küken auf und trug es in ein nahe gelegenes Waldstück. Den Beamten brachte das nicht etwa Lob und Schulterklopfen ein, sondern eine Strafanzeige. Ein Vogelschutzverein wertete die Tat als eklatanten Verstoß gegen den Tierschutz. Mitarbeiter hätten das arme Tier kurz darauf im Wald gesucht und gefunden, »völlig entkräftet und voller Fliegen.« Es hatte verkrüppelte Füße. »Die Polizei hätte den Vogel zum Tierarzt bringen müssen.« Jetzt ermittelt das Landeskriminalamt.[15]

So, es ist 18:00 Uhr. Wir sollten nachsehen, was sich in der Alten Potsdamer Straße getan hat. Vermutlich haben wir ihre Ankunft verpasst. Sie kommen mit der Dämmerung. Aber bis Tagesanbruch werden sie sich nicht mehr von der Stelle rühren. Es besteht also kein Grund zur Eile.

Wir begeben uns diesmal an das andere Ende der Straße, zum Marlene-Dietrich-Platz, laufen also um das lang gestreckte Gebäude der Staatsbibliothek herum. Auf der sechsspurigen Potsdamer Straße, einer der wichtigsten Ost-West-Verbindungen der 3,5-Millionen-Stadt, herrscht dichter Feierabendverkehr. Gegenüber spannt sich das futuristische Zeltdach, das im Minutentakt seine Farbe ändert, an dem Gebäudekomplex darunter funkeln die Glasfassaden.

Für Zugvögel sind diese gläsernen Kolosse gefährliche Hindernisse, verwirrende Spiegelkabinette und tödliche Fallen. Aus Berlin gibt es keine Zahlen, 1.500 sterben aber jedes Jahr allein am Sears Tower in Chicago, in der Innenstadt Torontos sind es 70.000. In ganz Nordamerika verunglücken jährlich schätzungsweise 100 Millionen Vögel an Gebäuden.[16] Neben dem Verkehr sind sie für Vögel in der Großstadt eine der größten Gefahrenquellen.

Wir wenden uns nach rechts, laufen durch das jüngste Hauptstadtzentrum der Welt direkt auf das Musicaltheater zu, wo am kommenden Donnerstag rote Teppiche ausgerollt und die Internationalen Filmfestspiele eröffnet werden. In Erwartung der Leinwandstars herrscht gegenüber im Hyatt-Hotel bereits Hochbetrieb. Auf dem Platz vor dem Theater parken ein Dutzend Lkws. Equipment wird ausgeladen, Stühle, schwere Kisten mit Kabeln und Technik, Schaulustige stehen an der Absperrung und sehen zu. Vor dem Eingang zum Theater flimmert ein riesiger Bildschirm, auf dem in diesem Moment weder Jack Nicholson noch Nicole Kidman, sondern seltsamerweise antarktische Pinguine zu sehen sind. Richtig, in all dem Trubel hätten wir fast vergessen, dass wir wegen einer Vogelkolonie gekommen sind. Wir drehen uns um, blicken die Alte Potsdamer Straße entlang zum Potsdamer Platz und konzentrieren uns auf die Bäume rechts und links. Ja, sie sind eingetroffen. Die Kronen der Straßenbäume sind schwarz von Krähen. Eigentlich sind die Vögel dafür bekannt, dass sie gerne umziehen, doch hier scheint es ihnen besonders gut zu gefallen. Mit bemerkenswerter Beständigkeit kehren sie seit Jahren zurück.

Wenn man die Augen schließt, hört man den Soundtrack von Hitchcocks »Die Vögel«, verstärkt durch Reflexionen an den schicken neuen ockerfarbenen Keramikfassaden, die den Vögeln vielleicht etwas Wärme spenden. Irgendwie unheimlich – in letzter Zeit war ja häufiger zu lesen, dass Krähen unvermittelt auf arglose Spaziergänger herabstoßen.

Krähen sind nun mal für jeden Blödsinn zu haben. In Berlin-Dahlem klemmten sie Knochen hinter die Wischerblätter von Autos, um sie dort besser bearbeiten zu können. Gegen solche Zumutungen sind die Behörden machtlos. »Krähen«, so der Berliner *Tagesspiegel*, »dürfen das«. Die Jagd auf sie ist ohnehin nicht erlaubt. Sie stehen unter Naturschutz.[17]

Aber keine Angst. Die Vögel sind nicht zum Potsdamer Platz gekommen, um über Menschen herzufallen. Sie wollen nur schlafen. Und sie wollen nichts verpassen. Oder wie soll man sich sonst erklären, dass nur wenige Meter entfernt, in den alten Bäumen am Landwehrkanal kein einziger Vogel sitzt, obwohl es dort wesentlich ruhiger zugeht und keine Schaufenster, Restaurants und Leuchtreklamen die Nacht zum Tage machen?

»Die Tiere stören sich nicht an den Menschen, wenn sie in Ruhe gelassen werden«, sagte der Ornithologe Hans-Jürgen

Stork der *Berliner Morgenpost*.[18] Das beruhigt uns natürlich ungemein. Wir haben uns schon Sorgen gemacht. Doch seien wir ehrlich, die Anwesenheit der Vögel wird von den Menschen – von ein paar Krähenfreunden wie Hans-Jürgen Stork abgesehen – zutiefst missbilligt, was sich darin äußert, dass die Tiere (und ihre Hinterlassenschaften) so weit wie möglich ignoriert werden. Allerdings ist dies nicht immer möglich. Vor dem Eingang des Ritz Carlton, eines Superluxus-Hotels auf der anderen Seite des Potsdamer Platzes, wird gerade ein Auto übergeben. Der Gast verzieht angewidert das Gesicht. Auf dem Dach des flotten Sportwagens haben ignorante Vögel mehrere unschöne Haufen hinterlassen, was das Hotelpersonal zu wortreichen Entschuldigungen veranlasst. Tut uns leid, muss auf dem kurzen Weg von der Garage zum Eingang passiert sein.

Gar nicht weit von hier, auf dem Glasdach des schmucken neuen Hauptbahnhofs, vergnügen sich die Krähen neuerdings mit porös gewordenen Gummidichtungen. Vielleicht haben sich einige gelöst und bewegen sich nun verführerisch im Wind. »Wenn Krähen etwas zum Spielen gefunden haben, sind sie sofort dabei«, kommentierte Anja Sorges, Geschäftsführerin des Naturschutzbundes Berlin. Sie macht »Junggesellentrupps« verantwortlich. Natürlich, die sind immer die Schlimmsten, ob bei Krähen oder bei Menschen. Leidtragende sind die Reisenden auf den Gleisen 11 bis 16, denen es nun im nasskalten Berliner Winter auf die Köpfe tropft. Ein repräsentatives Eingangstor in die Deutsche Hauptstadt sollte der neue Bahnhof werden, nun dient er als Spielplatz für »Übelkrähen«.[19]

Man kann wohl davon ausgehen, dass auch die neue Alte Potsdamer Straße an diesem symbolträchtigen Ort der Stadt von den Planern nicht als Nachtquartier für Schwärme von großen schwarzen Vögeln gedacht war. Die Bäume, die Zeugen der dramatischsten Veränderungen des letzten Jahrhunderts waren, sollten vermutlich Boulevard-Atmosphäre verbreiten und nicht zu weiß gesprenkelten Vogeltoiletten verkommen. Und die Bewohner des neuen Stadtviertels wünschten sich sicher eine andere Geräuschkulisse und andere Nachbarn als ausgerechnet einige Hundertschaften Krähen. Um sie abzuschrecken, haben sie die Vogelsilhouetten angebracht. Genützt hat es nichts. Mit vielen anderen Vogelarten hätte man sich leichter arrangieren können, gekommen aber ist die Rabenverwandtschaft, der noch heute ein Ruf als Galgen- und Todesvögel anhängt. Vielleicht sind sogar einzelne der viel selteneren Dohlen darunter, doch für derartige Details interessiert sich hier niemand. Keiner der Passanten hebt den Kopf und beobachtet, was in den Bäumen vor sich geht. Man straft sie mit Missachtung, und doch wissen natürlich alle, dass sie da sind. Sie sind nicht zu überhören.

Noch sind die Tiere munter. Weitere Krähen treffen ein und die Vorhut rückt zusammen, was nicht ohne Gezänk vonstatten geht. Und plötzlich rauscht es über den Dächern, ein großer Trupp gleitet quer über die Straßenschlucht und wieder zurück und die Krähenrufe werden für einen Moment so laut, dass sie den Ort beherrschen, das modernste und jüngste Hauptstadtzentrum der Welt. Es sind Hunderte, wenn nicht Tausende, in jedem Baum sitzen dreißig bis fünfzig große schwarze und graue Vögel. Aber es sind bei Weitem nicht alle. Sie sind nur ein Ableger der riesigen Schlafkolonie im nahe gelegenen Großen Tiergarten, der nach Wien zweitgrößten in Mitteleuropa. Am 2. März 1991 nächtigten hier 62.400 Krähenvögel. In den Achtzigerjahren, als die Kolonie noch nicht in die Innenstadt umgezogen war, wurden schon einmal über 80.000 gezählt.[20]

Es sind Saat- und Nebelkrähen, die östliche, grau gefärbte Unterart der Aaskrähen, und die meisten kommen aus Russland und Osteuropa, um in Berlin zu überwintern.

München, 1960

In den 1960er-Jahren wurde der Stachus, einer der verkehrsreichsten Plätze Münchens, von zahlreichen Staren heimgesucht. Josef Reichholf, Zoologe und bekannter Buchautor, beschreibt ihre Invasion in seinem Buch über die Stadtnatur als »dichte Geschwader, die wie schwarze Wolken anrückten, bis alles in eine lärmende und wogende Masse schwarzer Vögel gehüllt war.«[21] Auf Leuchtreklamen, Hausfassaden und in Baumkronen verbrachten die Stare die Nacht. Seltsamerweise geschah dies nicht während der Hauptflugzeiten im Frühjahr und Spätsommer, sondern mitten in der Brutperiode, in der die Tiere eigentlich etwas anderes zu tun haben sollten. In Hochzeiten schliefen auf dem Stachus mehr als 13.000 Vögel. Anfang der 1970er-Jahre war der Spuk plötzlich zu Ende. Die Stare blieben aus und sind seitdem nicht wieder zurückgekehrt. Warum, weiß niemand.

Nun wird es aber höchste Zeit für ein Geständnis. Die eben geschilderte Szene hat sich schon vor zehn Jahren abgespielt. Heute werden Sie bei einem Besuch des winterlichen Potsdamer Platzes nicht mehr so viele Krähen zu Gesicht bekommen. Sie sind umgezogen, ein spektakuläres Beispiel für die Dynamik der Stadtnatur. Nur wohin? »Offensichtlich sind Tausende von Krähen selbst in Berlin nachts nicht so leicht zu finden«, stellt der Biologe und Buchautor Cord Riechelmann fest.[22] Sie sollen jetzt im Ostteil der Stadt schlafen; die Zahl der Saatkrähen, die in Berlin überwintern, ist aber insgesamt kleiner geworden. Wahrscheinlich sparen die Vögel sich den weiten Weg und bleiben heute weiter östlich in Westrussland und Polen, möglicherweise eine Folge der Klimaerwärmung. Die Anwohner der Alten Potsdamer Straße werden darüber nicht unglücklich sein.

Auch aus den Vereinigten Staaten kennt man riesige urbane Schlafgemeinschaften von mehreren Zehntausend Krähen.[23] Paul Gorenzel und Terry Salmon von der University of California haben die Vermutung geäußert, hell beleuchtete Stadtquartiere seien als Schlafquartiere für die schwarzen Vögel deshalb so beliebt, weil sie sich dort vor den Nachstellungen durch Eulen sicher wähnen. Jeder plagt sich eben mit seinen eigenen tief sitzenden Ängsten herum.

Bindenwarane in Bangkok, grauköpfige Flughunde und Riesenkäuze in Sydney, Graureiher und Krähen in Berlin – drei Schlaglichter auf die überaus dynamische Natur in den Städten unserer Welt. Die Liste ließe sich beliebig fortsetzen und viele weitere Beispiele werden folgen.

Was geht da vor, nicht nur in Mitteleuropa, sondern überall in der Welt? Erleben wir eine Invasion, wie sie der Schweizer Kabarettist und Schriftsteller Franz Hohler in seiner Erzählung »Die Rückeroberung« ausmalte? Hohler schildert darin, wie Zürich aus heiterem Himmel von Adlern, Hirschen, Wölfen, Bären und alles überwucherndem Efeu heimgesucht wird.[24] Pure Fantasie könnte man meinen, oder etwa nicht?

Die Erzählung entstand vor dreißig Jahren und war vermutlich als eine verschmitzte Rachegeschichte gemeint. Die Natur holt sich zurück, was man ihr genommen hat. Von dem, was sich heute abspielt, konnte Franz Hohler nichts wissen.

Im Berlin des Jahres 2012 gibt es zwar keine Adler[25], aber der Habicht macht hier neuerdings Jagd auf Tauben und schreibt nicht nur in dieser Stadt eine bemerkenswerte Erfolgsgeschichte. Wölfe haben es zwar nicht in persona in die Städte geschafft, wohl aber in Gestalt ihrer Gene, wovon noch ausführlich die Rede sein wird. In den wuchernden Vorstädten von Los Angeles leben die Menschen seit vielen Jahren in (übertriebener) Angst vor Berglöwen oder Pumas, die es gelegentlich hierhin verschlägt.[26]

Anders sieht es mit den Bären aus. Im Norden Kanadas und in Alaska häufen sich Berichte von hungrigen Eisbären, die sich in menschlichen Siedlungen über Mülltonnen hermachen. Auf dem makellosen Rasen einer Vorstadtsiedlung in Longwood, Florida, prügelten sich kürzlich zwei kapitale Schwarzbären und wurden dabei von einem Nachbarn gefilmt. Ein anderes wackliges Amateurvideo aus South Lake Tahoe, Kalifornien, sorgt dieser Tage auf YouTube für Aufsehen. Ein junger Schwarzbär turnt darin in einer Garage herum, bevor seine Mama das Tor nach oben schiebt, um ihm zu helfen. Weiter im Norden, im Westkanadischen Vancouver, wunderten sich viele Besucher der 21. Olympischen Winterspiele 2010 über die bärensicheren Müllcontainer, die überall herumstehen. Vor allem im 10.000-Einwohner-Städtchen Whistler, wo am Blackcomb Peak die Alpinen Wettbewerbe ausgetragen wurden, gehören Bärenbesuche fast zum Alltag. Sie plündern die Mülltonnen und baden in den Hotelpools. In den Bergen der Umgebung lebt eine der größten Bärenpopulationen Kanadas und ausgerechnet hier hat man das größte Skigebiet Nordamerikas aus dem Boden gestampft. Allein im Olympiajahr wurde elf Schwarzbären diese ihnen aufgezwungene Nähe zum Menschen zum Verhängnis. Einige unterernährte Tiere waren im Ort auf Nahrungssuche gegangen, andere wurden von Autos angefahren. Sie mussten erschossen werden.[27]

Wenn Wildtiere uns in unsere Häusermeere folgen, sprechen Biologen von Verstädterung. Was steckt hinter diesem Begriff? Kaliforniens Pumas, Nordamerikas Bären und Indiens Leoparden sind Irrgäste, hungrige Verzweiflungsbesucher gewissermaßen, denen man zunehmend ihren Lebensraum nimmt und die ihr leerer Magen in die Nähe der Menschen treibt. Zu echten Stadtbewohnern werden sie sich nie entwickeln. Anderen Tierarten, auch kleineren Raubtieren wie Füchsen, Kojoten und Mungos, gelingt das durchaus. Was müssen Tiere mitbringen und wie müssen sie sich verändern, um in unserer unmittelbaren Nachbarschaft dauerhaft zu überleben?

Lassen Sie uns die Stadtnatur erforschen. Tauchen wir ein ins Meer der Häuser und halten dabei die Augen offen. Denn obwohl uns verständlicherweise die großen Lebewesen besonders faszinieren, die meisten der nicht-menschlichen Bewohner unserer Städte sind, wie draußen in der ›richtigen‹ Natur, klein und leicht zu übersehen.

Vor allem sollten wir uns vor einem weit verbreiteten Fehler hüten und nicht nur das Schöne registrieren, das, was uns gefällt, die Nachtigallen in den Parks und die Schwäne und Mandarinenten auf den Seen. Gerade in den Häusern werden wir auf eine Vielzahl von Mitbewohnern stoßen, die sich für alle Zeiten unseres abgrundtiefen Abscheus sicher sein können. Eine Stadtnatur ohne Bettwanzen, Hausstaubmilben, Ratten und streunende Hunde gibt es nicht und wird es wohl auch nie geben. Auf sie zu verzichten, wäre in etwa so, als würde man Neapel als ein einziges Architekturwunder schildern, als idyllischen Ort des Friedens und Beispiel für eine gelungene Stadtplanung, ohne ein Wort über Arbeitslosigkeit, Müllberge, Aktivitäten der Camorra und die immerwährende Bedrohung durch den Vesuv zu verlieren. Zu einer Stadt gehören gerade auch ihre Schattenseiten, gehören Dreck und Müll, Gestank und Verwahrlosung, Staub und Zersetzung, Verfall und Zerstörung.

Das folgende Kapitel wird von einer fiktiven Geschichte mit unverkennbar autobiografischen Zügen begleitet. Sie spielt Anfang der 1990er-Jahre im Westteil Berlins und handelt von der Arbeit eines Biologen in der Stadt. Es wimmelt darin von Übertreibungen und überspitzten Formulierungen, von Urteilen und Vorurteilen über Stadt und Land. Die Geschichte enthält aber weit mehr als nur ein Körnchen Wahrheit und vermittelt an einem eher unscheinbaren Beispiel eine Ahnung davon, was Stadtnatur ist, wie man ihr auf die Schliche kommt und was einem als Stadtökologe so alles durch den Kopf geht.

1. Die Entstehung der wilden Stadtnatur

Wir sind besiedelt!

Jörg Blech

Bei allen augenfälligen Unterschieden haben Natur und Stadt eines gemeinsam: Es gibt keinen Stillstand. Städte und Natur verändern sich ununterbrochen, wenn auch mit unterschiedlicher Geschwindigkeit. Es sind dynamische Systeme. Sie haben eine Geschichte.

Städte entstanden in der Natur und nicht umgekehrt. Wo Menschen sich niederließen, drängten sie das ursprünglich Vorhandene zurück, ersetzten es im Laufe der Zeit, Schritt für Schritt, durch selbst geschaffene Strukturen und beanspruchten dabei immer mehr Raum. Natur in der Stadt von heute ist aber nicht einfach nur eine verarmte Variante dessen, was früher existierte. Die Tiere und Pflanzen, die sich hier versammeln, stammen aus der ganzen Welt. Im Verlauf von Jahrhunderten ist etwas Neuartiges entstanden, eine Lebensgemeinschaft, die, bevor es Städte gab, so nirgendwo existiert hat. Und dieser Prozess geht weiter, ja er beschleunigt sich. Stadtnatur von heute ist nur eine Momentaufnahme. Die Stadtnatur von morgen wird anders aussehen.

Erdgeschichtlich betrachtet ist die Entstehung dieser Stadtnatur ein außergewöhnlicher, wenn nicht einmaliger Vorgang, sogar gemessen an den Maßstäben der Evolution, die viele spektakuläre Umwälzungen gesehen hat. Organismenarten sind niemals nur passive Teilnehmer an, sondern auch aktive Gestalter von Natur. Sie verändern die chemische Zusammensetzung von Atmosphäre und Boden, bauen Nester, legen Straßen und unterirdische Tunnelsysteme an, verhindern das Wachstum von Bäumen und verbreiten die Samen ihrer Nahrungspflanzen. Aber seit der Frühzeit des Lebens, als Mikroorganismen eine sauerstoffhaltige Atmosphäre schufen, hat es kein Lebewesen wie den Menschen gegeben, das den Planeten derartig nach seinen Bedürfnissen umgestaltet. Überall setzt er riesige neuartige Konstrukte in die Welt: die Städte. In tropischen und gemäßigten Klimazonen ragen sie als steinerne Inseln aus einer nahezu geschlossenen Vegetationsdecke.

Wie kommt es, dass in diesen künstlichen ›Landschaften‹ überhaupt ein eigenständiges Pflanzen- und Tierleben existiert, Landschaften, die erst seit einem erdgeschichtlichen Wimpernschlag existieren und die wir selbst mitunter geringschätzig als Beton- und Asphaltwüsten bezeichnen? All die unbestreitbaren Vorteile, die Menschen in die Städte locken, das Angebot an Ausbildungs- und Kultureinrichtungen, die Geschäfte, Krankenhäuser und vor allem die Arbeitsplätze, all das ist doch für Pflanzen und Tiere ohne Bedeutung. Warum also ›entscheiden‹ Wildtiere sich dafür, in der Stadt zu leben, in unmittelbarer Nähe des Menschen, in der ›Höhle des Löwen‹, wenn sie genauso gut oder besser draußen in Wald und Flur ihre Ruhe und Freiheit genießen könnten, wie in den Jahrtausenden zuvor, als es noch keine Städte gab?

Die meisten Menschen freuen sich über ein buntes Vogelleben in der Stadt – bei den Krähen und den Tauben gehen die Meinungen sicher auseinander –, aber nicht wenige sind regelrecht befremdet, wenn sie erfahren, dass etwa die immer seltener werdenden bodenbrütenden Haubenlerchen ihre Jungen inmitten dichtesten Autoverkehrs aufziehen. In Braunschweig fand man in einem drei Quadratmeter großen, spärlich bewachsenen Blumenbeet ein Nest, das nur 39 Zentimeter von der Zufahrt zu einem großen Hotel entfernt lag, 150 Zentimeter von der Fahrbahn einer stark befahrenen Straße und 240 Zentimeter von Fuß- und Radweg. Häufig sah man die Vogeleltern zu Fuß zwischen den Autos über die Straße spurten, um auf der Rasenfläche zwischen den Fahrbahnen nach Nahrung zu suchen. Derart idyllisch gelegene Nistplätze sind heute für diese Vogelart keineswegs untypisch. Noch vor 150 Jahren wäre ein solches Verhalten undenkbar gewesen. Haubenlerchen hielten sich vom Menschen fern und waren in Städten praktisch unbekannt.[1]

Die Wissenschaft verwendet für solche Erscheinungen oft das Wort »Wohlstandsverwahrlosung«. Geprägt hat diesen Begriff der bekannte österreichische Verhaltensforscher Otto König. Bei einer Kuhreiher-Kolonie, die auf dem Gelände seiner Forschungsstation Wilhelminenburg gehalten und reichlich mit Nahrung und Nistmaterial versorgt wurde, hatte er akute Auflösungserscheinungen beobachtet. Die permanente Anwesenheit der Elterntiere, die sich um nichts mehr kümmern mussten, führte zu Aggressionen und zu unreifen Jungtieren, die ihre Eltern selbst dann noch um Futter anbettelten, als sie schon für den eigenen Nachwuchs verantwortlich waren. »Der Zustand der Kolonie wird immer schlimmer«, sagte König 1965 bei einem Vortrag in Hamburg, über den das *Hamburger Abendblatt*[2] berichtete. Es ging buchstäblich drunter und drüber, auch beim Brutgeschäft. »Prof. König sah bis zu drei Reiher übereinanderhocken, zuunterst die kräftigste Reiherfrau, die sich mit ihrem Brutbetrieb durchgesetzt hatte, oft die Großmutter der verwahrlosten Gesellschaft«, schrieb der Zeitungsreporter unter der Überschrift »Süßes Leben in der Kuhreiher-Kolonie«. Die Zuhörerschaft debattierte lebhaft. Lässt sich das

Ganze womöglich sogar auf den Stadtmenschen übertragen? »Geht die automatisierte Gesellschaft solcher Verwahrlosung entgegen?«

Schon zu Zeiten des Nationalsozialismus hatte man sich ähnliche Gedanken und Sorgen gemacht. »Nirgends als bei den Großstadtvögeln treffen wir mehr Entartungen«, stellte Heinrich Frieling[3] in seinem Buch *Großstadtvögel. Krieg/Mensch/ Natur* fest, das 1942 erschien. Der Mensch habe mit den Städten einen für viele Tiere »unnatürlich günstigen Lebensraum« geschaffen, der die Gesetze der Selektion erheblich milder auslege, sodass negative Entwicklungen nicht »aus dem Erbgang ausgeschaltet« werden. »Insbesondere erscheinen Entartungen des Trieblebens bei den Großstadtvögeln als seltsame Parallele zum Menschen, denn die Verdopplung der normalen Brutenzahl beim Haussperling, die ebenfalls grössere Nachkommenschaft der Amsel ist eine ›Proletarisierung‹. Mehr als man heute im Allgemeinen ahnt, scheint mir das Studium der Großstadtvögel dazu angetan zu sein, die Bedingungen zu prüfen, die auch beim Menschen zu der Veränderung des Großstädters gegenüber dem Scholleverwurzelten eingetreten sind.«

Abenteuer eines Großstadtökologen (Teil 1)

»Was machen Sie denn da?«

Die kleine alte Dame, Pelzkragen, ein Hütchen auf dem Kopf, hat Mühe, ihren winzigen Hund festzuhalten, den es unwiderstehlich zu mir auf den Rasen zieht. Sein zarter weißer Körper steckt in einem braunen Hundewollpullover.

Es ist Ostersonntag, gegen halb sechs Uhr früh. Ich bin extra um 4 Uhr 30 aufgestanden, damit mir niemand diese Frage stellt.

Ich folge dem misstrauischen Blick der alten Dame und lande auf der Schippe in meiner Hand. An einem eisigen Ostersonntagmorgen knie ich auf einer kleinen Rasenfläche, einem begrünten Hundeklo, mitten zwischen den beiden Fahrbahnen der Kreuzberger Gneisenaustraße und grabe kleine runde Löcher in den Boden.

»He, Sie! Ich habe Sie etwas gefragt!« Die Frau steht noch immer auf dem Kiesweg und lässt nicht locker. Hat auch sein Gutes, wenn man es sich recht überlegt. Sie interessiert sich wenigstens dafür, was in der Nachbarschaft passiert. Am Nachmittag dieses Tages werde ich nämlich um die Erkenntnis reicher sein, dass ein solches Interesse nicht sehr verbreitet ist. Ich hätte in der ganzen Stadt sonst was vergraben können, es wäre niemandem aufgefallen.

Aber das weiß ich natürlich jetzt noch nicht. Angesichts der Dame mit dem Pelzkragen und ihrem nervösen Hundeknirps geht mir nur der schreckliche Gedanke durch den Kopf, dass das mit dem Was-machen-Sie-denn-da die nächsten Stunden so weitergehen könnte. Also keine Zeit verlieren.

Das Methodeninventar der Ökologie setzt vielfach auf Bewährtes, in meinem Fall auf eine Miniaturausgabe der jungsteinzeitlichen Fallgrube. Die Joghurt-Becher, die ich normalerweise verwende, erschienen mir für diesen besonderen Anlass wenig geeignet. Sie sind weiß, und weißen, im Boden steckenden Joghurtbechern prophezeite ich in den stark frequentierten Straßengrünstreifen einer Großstadt keine lange Lebensdauer.

Also verwende ich diesmal durchsichtige. Sie sind viel zu weich. Jeder zweite zerbricht beim In-den-Boden-Stecken. In dem alten Farbeimer, den ich für meine Fangutensilien benutze, befinden sich schon genauso viele zersplitterte wie intakte Plastikbecher. Es ist nicht das erste Loch, das ich grabe, und ich lasse die kaputten Becher natürlich nicht herumliegen. Als Biologe hat man eine gewisse Vorbildfunktion wahrzunehmen. Wenn ich allerdings gewusst hätte, dass ich in vierzehn Tagen bei enormem Vegetationszuwachs Stunden damit zubringen werde, durchsichtige, im Boden nahezu unsichtbare Plastikbecher wiederzufinden, hätte ich wohl doch weiße benutzt.

Ich stopfe den Becher schnell in das vorbereitete Loch. Er zerbricht. Ich ziehe ihn wieder heraus. Ein Grubenunglück ist die Folge. Sand rieselt von den Rändern. Ich stochere hastig mit der kleinen Schippe im Boden herum, schleudere die Erde in ein nahegelegenes Gebüsch, damit keine verräterischen Erdhaufen zurückbleiben, stecke einen neuen Becher hinein. Er passt und bleibt ganz.

Ausgerechnet, als ich den Kanister aufschraube und etwas von seinem Inhalt in den Becher gieße, steht sie samt Hündchen neben mir. Wenn sie mich nun fragt, was in dem Kanister ist . . . bei der Angst, die die Leute vor Chemie haben . . .

»Junger Mann«, sagt die nun ungehaltene alte Dame, »ich werde . . .«

Angriff ist die beste Verteidigung, denke ich, und bete herunter, was ich mir für diesen, an einem Ostersonntag um halb sechs extrem unwahrscheinlichen Fall zurechtgelegt habe. Es entspricht sogar der Wahrheit.

Ich sage Worte wie Wissenschaft, Forschungsprojekt, nenne die beauftragende Senatsverwaltung, spreche von Tieren, die hier leben oder leben könnten, und sie schaut mich mit großen Augen an. Darüber vertiefen sich die Falten. Sie ist verwirrt. Ein Rest von Zweifel scheint sich in ihr aufzulehnen.

Aber sie sagt nur: »Ach so . . .«, und dann »Pfui!«, zieht energisch an der Hundeleine, deren am Hals des kleinen Köters befestigtes Ende sich samt Hundeschnauze direkt über dem durchsichtigen Plastikbecher und der von Schaum bedeckten Flüssigkeit befindet, in der das Kleingetier des Gneisenaustraßenmittelstreifens ersaufen soll. Dann macht sie auf dem Absatz kehrt und geht mit ihrem verstörten Hündchen davon.

Ich bleibe allein zurück und atme tief durch. Das hätte mir gerade noch gefehlt. Um ein Haar hätte der Minihund aus dem Becher geschleckt, womöglich ob seiner Formalin-betäubten Zunge herzzerreißend aufgejault, die ganze abgöttisch Hunde liebende Nachbarschaft aufgeweckt, einen Riesenmenschenauflauf verursacht und hier mitten auf der Gneisenaustraße seinen kleinen Geist aufgegeben. Und, wer weiß, vielleicht hätte sich die alte Dame gleich dazugelegt, vom Ende ihres geliebten Fiffi zu Tode erschreckt. Und ich mittendrin, hasserfüllten Blicken der Gneisenausträßler ausgesetzt, die Tatwaffe, einen offenen Formalinkanister, sozusagen das blutbeschmierte Messer, in der Hand.

Dabei hatte ich noch Glück. Das kleine weiße Hündchen im Wollpullover hätte ja auch ein Kampfhund in voller Montur sein können, eines dieser monströsen Muskelpakete mit Kiefern wie Bärenfallen, und das Kreuzberger Muttchen ein Gang-Mitglied, die Taschen voller Butterfly-Messer.

Später, zu Hause, träume ich von Forschungsarbeit in einem großen, friedlichen Schutzgebiet, wo meilenweit kein Mensch zu sehen ist, nur stille Wälder, Wiesen, massenhaft Tiere, darunter etliche Raritäten, nicht diese Allerweltsarten, diesen großstädtischen, mit Hundekot kontaminierten Käfermüll, den ich in vierzehn Tagen in meinen durchsichtigen Plastikbechern zu finden vermute.

Wochen später stolpere ich über eine kurze Zeitungsmeldung. Es geht um Kontaminationen anderer Art. Ein russischer Wissenschaftler hat vorgeschlagen, das Gebiet um Tschernobyl zum Nationalpark zu erklären. Riesenratten, mutierte Eichen, Insekten mit seltsamen Extremitäten. Abstrus, denke ich, Schnapsidee. Vermutlich Wodka.

Ich lege die Zeitung kopfschüttelnd zur Seite und knöpfe mir die nächste Insektenleiche vor. Die Straßenkäfer haben mich angenehm überrascht. Auf den Grünstreifen wimmelt es von Getier. Einige Flächen verdienen das Prädikat Biotop. Es gibt Arten der Roten Liste. Die Wiederentdeckung eines in Tierbauten lebenden Käferwinzlings sorgt für Unruhe auf den Institutsgängen. Zwanzig Jahre lang hat ihn niemand zu Gesicht bekommen. Expertenbefragung, akribischer Vergleich mit verstaubten Sammlungsexemplaren. Tatsächlich! Er ist es. Ausgerechnet auf einem Mittelstreifen. Wären es keine belanglosen Straßenränder gewesen, man hätte sie glatt unter Schutz stellen müssen, Käferkleinstschutzgebiete mitten im Metropolentrubel.

Trotzdem, meine Sehnsucht nach dem Studium unverfälschter Natur bleibt ungestillt. Den Straßenkäfern nehme ich ihre kaum nachvollziehbare Großstadttoleranz nicht ab, ich nehme sie ihnen sogar übel. Wissen sie denn nicht, welche Schadstoffkonzentrationen sie ihrem zarten Nachwuchs zumuten? Vermutlich gibt es für sie einfach keine Alternative. Natürlich, so muss es sein. Sie sind irgendwie hineingeraten und nun gefangen im Labyrinth der Straßen. Also verstecken sie sich in den Grünstreifen. Eine Verzweiflungstat.

In Berlin gebären Wildschweinmütter ihre Jungen in einem wenige Meter breiten Waldstreifen zwischen der Autobahn und einer Parallelstraße, auf der jedes Wochenende Tausende von Fitnessfans mit Rädern oder Rollerskates entlangrasen. Kaninchen fühlen sich in unmittelbarer Ku'dammnähe auf einer kaum fußballplatzgroßen, mit Rasen und Büschen bepflanzten Verkehrsinsel wohl, die den ganzen Tag auf mehreren Spuren von dichtem Verkehr umtost wird. Wanderfalken nisten mitten in der Innenstadt an den Türmen, die die Zentren politischer und religiöser Macht markieren. In der Nähe von Köln ließen sie sich in einem gigantischen Braunkohlebagger nieder, der sich während der Brutperiode um fünfzig Kilometer bewegte.[4] Haubentaucher, die die Amsterdamer Grachten für sich entdeckt haben, tragen ihr Prachtkleid, das ländliche Artgenossen nur im Sommer anlegen, das ganze Jahr über.[5] Feiern sie auf diese Art das ›süße‹ Großstadtleben? Und denken Sie an die Straßenkäfer, an die nicht nur mit Hundekot kontaminierten Käferoasen inmitten des Metropolentrubels. Die Käfer sind nur die Spitze des Eisbergs. Sie stehen für eine große Zahl an Kleintieren, Spinnen, Asseln, Tausendfüßlern und unterschiedlichsten Insektengruppen, vom eigentlichen Bodengetier, das kaum je ein Mensch zu Gesicht bekommt, ganz zu schweigen. Was selbst die Menschen aus ihrem selbst geschaffenen Wohn- und Arbeitsumfeld fliehen lässt – Lärm, Dreck, Verkehr, Abgase, Beton, Menschenmassen, Hektik –, all das scheint vielen Tieren und Pflanzen völlig gleichgültig (geworden) zu sein.

Die wilden Lebewesen, die sich mitten unter den Menschen einen Platz gesucht haben, werden von den Stadtbewohnern in der Mehrzahl eher mit Argwohn betrachtet, wofür es, wie wir sehen werden, einige gute Gründe gibt. Die weitaus häufigere Haltung ist jedoch, sie gar nicht zur Kenntnis zu nehmen. Dass das Leben unter spektakulären Umständen spektakuläre Blüten, sprich: Anpassungen hervorbringen kann, kennen wir aus dem Fernsehen. In den Augen vieler Menschen ist Evolution allerdings etwas, das sehr lange dauert und ausschließlich weit entfernt, an exotischen, wilden Orten geschieht, nicht direkt vor unserer Nase, mitten in der Stadt, in unseren Straßen, Häusern und Wohnungen.

Natürlich ist diese Verwunderung über die urbane Präsenz unserer Mitgeschöpfe nur eine Folge einer einseitigen, notgedrungen anthropozentrischen Sichtweise. Offenbar haben wir keine allzu hohe Meinung von unseren Städten. Wir selbst sind es, die sie für lebensfeindlich halten und sich über ihre zahlreichen Schattenseiten ärgern. *Die Unwirtlichkeit unserer Städte,* die der große Psychoanalytiker Alexander Mitscherlich einst diagnostizierte, ist fast sprichwörtlich geworden. Natürlich gibt es eingefleischte Großstädter, die sich keine andere Lebensform vorstellen können, meist sind sie schon in der Großstadt aufgewachsen. Aber viele Menschen würden es vorziehen, dem Lärm, Dreck und Stress der Großstadt zu entfliehen und auf dem Land zu leben, oder zumindest »im Grünen«. Deshalb bilden sich um jede größere Stadt schnell wachsende Speckgürtel.

Wie groß die Sehnsucht vieler Stadtbewohner nach einem grünen Wohnumfeld ist, konnte man in einem einmaligen Großversuch im Berlin der Nachwendezeit erleben. Mehr als fünfzig Jahre lang hatten die politischen Gegebenheiten in der geteilten Stadt die Ausbildung eines Speckgürtels verhindert. Was sich nach 1990 abspielte, charakterisieren die Experten vom Statistischen Landesamt deshalb als »typischen Nachholeffekt«. Kaum war die Mauer gefallen, packten die Menschen in Ost- und West-Berlin zu Tausenden die Umzugskartons. Innerhalb von zehn Jahren (1991 bis 2001) verlor die Stadt mehr als 270.000 Menschen an das attraktive Umland. Erst seit dem Jahr 2009 halten sich Zu- und Abwanderungen fast die Waage. Während alle Berliner Innenstadtbezirke Einwohner verloren, konnten an das Stadtgebiet grenzende Gemeinden in Brandenburg ihre Bevölkerung mehr als verdoppeln.[6] Für die Berliner, die es sich leisten konnten, war dies eine Entscheidung gegen Lärm, Straßenschluchten und Beton, für Gärten, Felder, Wälder und Seen – denen sie damit allerdings einen zweifelhaften Dienst erwiesen.

Abenteuer eines Großstadtökologen (Teil 2)

Eine ökologische Fachtagung außerhalb der Stadt bietet die willkommene Gelegenheit, der Routinearbeit zu entfliehen. Die Exkursionsankündigung klingt interessant: bedrohte Trockenrasen, gefährdete Pflanzen, seltene Tiere.

Die Profis unter den Teilnehmern outen sich sogleich durch unverwechselbares Äußeres und striktes Nichtrauchertum. Festes Schuhwerk dominiert, verspricht Neulingen wildes, unwegsames Gelände, regenfeste Kleidung lässt auf widrige Wetterverhältnisse hoffen. Rucksäcke voll klirrender Glasgefäße, Bestimmungsbücher und Exhaustoren (auch eines dieser raffinierten Fanggeräte. Man kann damit Insekten ansaugen, zum Beispiel Stinkwanzen, ohne Gefahr zu laufen, dass sich das angesaugte Objekt in der eigenen Mundhöhle wiederfindet). Ferngläser, Kameras mit unterarmlangen Objektiven, Makroausrüstungen aller Entwicklungsstufen. Das kann nur eins bedeuten: Uns steht Spektakuläres bevor.

Die Fahrt, von kurzweiligen Erläuterungen der hiesigen Geologie, Klimatologie, Geografie und Vegetationskunde zum regelrechten Crashkurs in Landschaftsökologie aufgewertet, dauert ziemlich lange. Klar, die zu besuchenden Gebiete liegen natürlich weitab der Zivilisation, und als der Bus dann hält und alles sich für die kräftezehrende Wanderung präpariert hat, sind noch etliche Kilometer Fußmarsch zu absolvieren.

Der Weg ist das Ziel, und so wird jede blühende Pflanze im Vorübergehen beim Namen genannt, jeder Vogelflug von Dutzenden lichtstarker Feldstecher verfolgt, um Käfer, Wildbienen und Heuschrecken bilden sich dichte Menschentrauben. Zwanglos separieren sich mehr oder weniger reinrassige Zoologen- und Botanikergruppen. Bodenkundler, Landschaftsplaner und andere Heimatlose pendeln unentschlossen hin und her. Die Gruppe zieht sich weit auseinander. Der Zeitplan ist schon jetzt nicht mehr einzuhalten.

Endlich angekommen im Zielgebiet, macht sich bei mir für einen Augenblick Enttäuschung bemerkbar. Nur die Begeisterung der botanisch majorisierten Exkursionsgruppe lässt mich rasch darüber hinwegsehen, dass wir drei Stunden gefahren und eine Stunde gelaufen sind, um auf einer Landstraßenböschung mit Südexposition zu landen. Ich lasse mich mitreißen, beuge mich wie die anderen über winzige pflanzliche Kostbarkeiten und knipse Foto auf Foto. Als mir dann noch ein echter Warzenbeißer, ein imposantes Heuschreckenungetüm, vor die Linse hopst, bin ich glücklich.

Aber der Freude über die entdeckte Idylle folgt unmittelbar der Katzenjammer. Als ich das Tier fange und dicht an meine Augen führe, um mit anatomisch geschultem Blick die primitiven Mundwerkzeuge zu betrachten, entwindet sich das überraschend kräftige Insekt und lässt sein ausgekugeltes linkes Hinterbein zwischen meinen Fingern zurück. Ich bin fassungslos, spüre am eigenen Körper die furchtbare Misshandlung des Warzenbeißers, und während dieser, nun mit deutlichem Linksdrall, ohne jeden Schmerzenslaut auf dem Trockenrasen davonschnellt, blicke ich mich erschreckt um, ob jemand der Mitbiologen meinen Frevel bemerkt hat. Nein, ich habe Glück. Sie haben Wichtigeres zu tun, kriechen auf dem Boden herum, blinzeln durch Lupen, blättern in Büchern, rennen, einen Streifsack schwingend, durch die niedrige Vegetation.

Während der folgenden Stunde im Bus, auf dem Weg zu neuen Naturwundern, habe ich Mühe, mein Missgeschick zu verarbeiten. Du hast einem geschützten Tier ein Bein ausgerissen, hämmert es in meinem Kopf, Vivisektion unter dem Deckmantel der Wissenschaft, unverzeihlich. Dieser verkrüppelte Warzenbeißer wird wegen meiner Unachtsamkeit, meiner widerwärtigen zerstörerischen Neugier in einem Vogelschnabel enden. Dieser Gedanke lässt mich ruhiger werden. Mir fällt ein, dass der Vogelschnabel wahrscheinlich ebenfalls zu einer bedrohten Art gehören wird.

Das nächste Gebiet, das wir ansteuern, ist keine Straßenböschung, sondern ein großes hügeliges Gelände, spärlich bewachsen, eigentlich hässlich: Offene Sandnarben, lockeres Buschwerk, schüttere Vegetation, wieder ausgedehnte Trockenrasen. Hier lebt ein seltener Farn. Dunkelrote Liste.

Es dauert fast eine halbe Stunde, bis wir ihn gefunden haben und mit dem in Gegenwart eines Todkranken gebotenen Respekt stumm bestaunen. Meine Verfassung hat sich gebessert. Ich akzeptiere das Unabänderliche. Das amputierte Warzenbeißerbein verblasst.

Wieso haben sich diese Trockenrasen erhalten? Ich stelle meine Frage ganz ohne Hintergedanken. Ringsherum gibt es nichts dergleichen, warum also hier? Weitsichtige Naturschutzpolitik? Rechtzeitiges Einschreiten der Behörden? Die schlichte Einsicht, dass man nicht überall betonieren, asphaltieren, vertikutieren, meliorieren kann? Nichts dergleichen. Das Gelände war Teil einer alten Bleigrube. Es ist eine Art Industriebrache und derart mit Schwermetallen verseucht, dass es von Rechts wegen abgetragen und auf eine Sondermülldeponie gehörte.

*Ausnahmen, versuche ich mich zu beruhigen. Außerdem . . .,
den Farn und die anderen Hungerkünstler des Trockenrasens
scheint's nicht zu stören.*

Tiere und Pflanzen, die den umgekehrten Weg vom Land in die
Stadt genommen haben, stellen wesentlich bescheidenere Ansprüche an ihren Lebensraum als Menschen. Die Stadt bietet
ihnen, was sie brauchen, Nahrung und Nährstoffe und einen
Ort, an dem sie unbehelligt wachsen und ihren Nachwuchs aufziehen können. Was sollte sie davon abhalten, dieses Angebot
anzunehmen? Manche Arten haben die städtischen Lebensräume sehr früh für sich entdeckt, sie begleiten uns schon seit
Hunderten oder Tausenden von Jahren, andere entdecken sie
erst heute.

In Wirklichkeit ist die Tatsache, dass es in unseren Städten
ein wildes Pflanzen- und Tierleben gibt, genauso erstaunlich
wie die Existenz von Leben in der Antarktis oder im Hochgebirge, in der Kalahari, der Tiefsee, am Amazonas oder in einem
x-beliebigen Kiefernforst ein paar Kilometer außerhalb der
Stadtgrenze.

Jeder Ort auf dieser Erde stellt an die, die dort leben wollen,
bestimmte Anforderungen. Wer sich damit arrangieren und darüber hinaus die eigenen elementaren Ansprüche befriedigen
kann, hat einen potenziellen neuen Lebensraum für sich entdeckt. Darum geht es – alles andere, die Sehnsucht nach Harmo-
nie, Ruhe, Landschaft, Freiheit, Idylle oder Schönheit, existiert
nur im Kopf einer Hominidenart namens *Homo sapiens sapiens.* »Real«, so der Schweizer Stadtbiologe Stefan Ineichen[7],
»ist die Amsel, welche am Platzspitz-Platz«, einem ehemaligen
Fixer-Treff in Zürich, »unter dem Denkmal Salomon Gessners
. . . in der Kotze herumstochert.«

Natürlich müssen sich Wildtiere fern der Städte nicht mit Dingen wie Autoverkehr, Smog, Licht, Bodenversiegelung und aufdringlichen Menschenmassen herumschlagen, und deshalb meinen wir, es ginge ihnen dort besser. Aber sie haben andere, mindestens genauso schwierige Aufgaben zu lösen. Sie müssen zum Beispiel extreme Temperaturschwankungen und eisige Winter überstehen, sich vor einer Unzahl an Feinden in Acht nehmen, jeden Tag genug Nahrung finden für sich und den Nachwuchs.

Auch wenn es für uns schwer nachzuvollziehen ist: Es stört die Stadttauben nicht im Geringsten, wenn sie ihre Nester aus Drahtstücken oder Plastikfetzen bauen statt aus kleinen Zweigen, wie es sich gehört.[8] Einer Haubenlerche ist es egal, ob sie sich, wie in ihrer afrikanischen Heimat, in der Nähe großer Huftierherden aufhält und aufpassen muss, nicht zertrampelt zu werden, oder ob sie heranrasenden Autos und Fahrradfahrern auszuweichen hat. In beiden Fällen geht es darum, die Bewegung sehr viel größerer Objekte im Auge zu behalten und schnell zu reagieren. Dabei kommt es, besonders bei jungen, unerfahrenen Tieren, zu Fehleinschätzungen, zu Unfällen, aber sie geschehen hier wie dort. Die Ausfälle sind zu verkraften. Ansonsten wären Haubenlerchen schon lange vom Antlitz dieses Planeten verschwunden. Die Tiere stellen sich nicht die Frage, ob die eine Bedrohung ›natürlicher‹ ist als die andere. Es sind schlicht Gefahrenquellen in ihrer Umwelt, für die sie eine Gegenstrategie entwickeln müssen, um zu überleben.

Gebirge sind im Moment ihrer Auffaltung keine besonders einladenden Lebensräume. Auch die kargen Geröllhalden, die von schmelzenden Gletschern zurückgelassen werden, bieten wenig Verlockendes. Noch unwirtlicher erscheinen Vulkaninseln, die von verheerenden Explosionen verwüstet werden, wie 1883 die indonesische Insel Krakatau, oder die sich plötzlich aus dem Meer erheben, wie 1963 die Insel Surtsey südlich von Island. Und doch gibt es an all diesen Orten einige Hundert oder Tausend Jahre später Tiere und Pflanzen in Hülle und Fülle. Krakatau, vor 120 Jahren vollständig zerstört und ohne jedes Leben, bedeckt heute ein sekundärer Wald mit über 200 Pflanzenarten und 70 Arten von Wirbeltieren.[9]

Wenn man sich also fragt, warum ehemals wild und ›natürlich‹ lebende Pflanzen und Tiere heute in etwas so Unnatürlichem wie einer Stadt vorkommen, so gibt es darauf zwei einfache Antworten. Die erste lautet: Weil Natur so funktioniert. Weil nahezu *jeder* Ort der Erde, mag er uns noch so abweisend und unwirtlich erscheinen, von Organismen besiedelt wird. Lernt man mit bestimmten Widrigkeiten zu leben, können Städte offenbar das Paradies auf Erden sein.

Die zweite Antwort lautet: Weil der Mensch es so will. Wir sind es, die vielen Pflanzen- und Tierarten durch unsere Lebensweise einen roten Teppich ausgerollt haben. Wir legen Gärten an, pflanzen Bäume und Ziergewächse, bevölkern Gewässer und Parks mit Fischen und Vögeln und halten eine Unmenge an Haustieren, die einmal Wildtiere waren und es jederzeit wieder werden können. Diese Koexistenz von wilden, gefangenen und wieder entkommenen, gezähmten und wieder verwilderten Kreaturen lässt das entstehen, was ich eingangs »Stadtnatur« genannt habe.

Kehren wir noch einmal zu der Vulkaninsel zurück. Wo es vorher nur Wasser gab, ist plötzlich nackter, heißer Fels, ein abweisender, lebensfeindlicher und isolierter Ort. Und doch beginnt bald ein Besiedlungsprozess, der sich über Jahrzehnte und Jahrhunderte hinweg fortsetzen wird.

Katastrophen wie Vulkanausbrüche, Erdrutsche, Feuer und Überschwemmungen (Ökologen sprechen lieber von »Störungen«) schaffen auch an Land immer wieder Bedingungen, die lokal einem kompletten Neubeginn gleichkommen, auch wenn die verwüsteten Gebiete im Vergleich zu einer Vulkaninsel weit weniger isoliert sind. Bei all diesen Ereignissen handelt es sich um uralte Phänomene, fast so alt wie die Erde selbst. Es sind elementare zyklische Prozesse der Zerstörung und Erneuerung, an denen Lebewesen seit Millionen Jahren ihre Fähigkeiten zur Besiedlung neuer Lebensräume entwickelten und praktizierten. Ein Berghang löst sich und rutscht zu Tal, ein Vulkanascheregen erstickt viele Hektar Land, die Würfel werden neu geworfen, das Wettrennen um Raum, Licht und Nährstoffe beginnt von vorn. Das Ganze gehorcht einem Regelwerk, das von Geologie und Physik aufgestellt wird; später, wenn sich erst einfache, dann komplexere Lebensgemeinschaften etabliert haben, kommt auch die Ökologie ins Spiel.

Das Endergebnis eines solchen Besiedlungsprozesses ist in der Regel keine völlig neuartige Lebensgemeinschaft, sondern eine neue Spielart der alten. Da in der Umgebung der von Erdrutschen oder Überflutungen betroffenen Gebiete noch Reste der alten Tier- und Pflanzenwelt vorhanden sind, werden es ihre Nachkommen und Samen sein, die rechtzeitig zur Stelle sind, um die entstandenen Lücken zu füllen. Die Erstbesiedlung wird von anspruchslosen Spezialisten übernommen, den Pionierarten, die in einer bestimmten Abfolge, der sogenannten Sukzession, für alles, was nach ihnen kommt, den Weg bereiten. Im Falle der Vulkaninsel spielen Isolation und Zufall eine große Rolle. Welche Pflanzen- und Tierarten gelangen zuerst auf die Insel? Wer schafft es, sich durchzusetzen? Je nach dem Grad ihrer Isolation, der Entfernung von der nächsten Landmasse, wird

die Insel irgendwann zum biologischen Mainstream ihrer Nachbarn zurückkehren oder, wie zum Beispiel Hawaii oder die Ga-
lapagosinseln, einen zufällig eingeschlagenen Sonderweg fortsetzen und weiterentwickeln. Danach herrscht für Jahrhunderte
oder Jahrtausende Ruhe, bis zur nächsten Katastrophe.

In Städten herrscht nie Ruhe, und die Katastrophe, die permanente Umgestaltung, die ewige Baustelle, gehört hier quasi
zum System. Sie bieten nicht nur neuartige Strukturen wie
Hochhäuser, Mülldeponien, Industriebrachen oder Straßenränder, sondern erfordern auch die Einhaltung eines vollkommen neuen Regelwerks, das von den Naturgesetzen, vor allem
aber von einer einzigen Säugetierart, dem Menschen, diktiert
wird. Ob Pflanze oder Tier, wer es in der Stadt aushalten will,
muss sich nicht nur – wie überall – mit Klima, Boden und Fressfeinden arrangieren, sondern vor allem mit der Allgegenwart
und den Launen des Hausherren.

Städte entstanden nicht wie Vulkaninseln, quasi über Nacht,
auf großer Fläche, in voller Ausprägung und mit einer Urge-
walt, die Tod und Verderben bringt. Die Geschichte ihrer Besiedlung durch Pflanzen und Tiere muss deshalb völlig anders
verlaufen sein. Städte begannen klein und unauffällig, als Lagerplatz, Furt oder Festung, als Ansammlung primitiver Hütten,
als kleines Dorf, und wuchsen dann im Verlauf der Jahrhunderte wie Bakterienkolonien auf einem Welt umspannenden
Nährmedium. Dass daraus einmal riesige Gebilde wie New
York City, Peking oder Moskau werden würden, war diesen Anfängen nicht anzusehen. Europäische Metropolen wie Berlin,
Prag, London oder Paris sind so groß wie der Harz oder die Hohe
Tatra. Und sie wachsen weiter.

Städte sind das Produkt eines sozial lebenden Organismus.
Ihr › Verhalten ‹, ihr Wachstum, ihre Ausbreitung, hat etwas Or-

ganisches, Unberechenbares, das auch von vergleichsweise effektiv arbeitenden Behörden und Verwaltungen nur mühsam beherrscht oder gelenkt werden kann. Der Siegeszug der Städte, etwa die Tatsache, dass sie in Deutschland heute (zusammen mit den Straßen) ein gutes Zehntel der Fläche einnehmen, ist natürlich ein Siegeszug des Menschen, ein Resultat unseres totalen Triumphes. Der Einflussbereich des Menschen lag in Mitteleuropa nach dem Ende der letzten Eiszeit nahe null. Heute reicht er weit über die Grenzen der Siedlungsgebiete hinaus bis in die entferntesten Regionen des Kontinents. Dabei ist es erst fünf- bis siebentausend Jahre her, zwei- bis dreihundert Generationen, dass Menschen in Mitteleuropa mit Ackerbau und Viehzucht begannen und sesshaft wurden. Bis aus diesen primitiven Siedlungen die ersten Städte entstanden, mussten einige Tausend Jahre ins Land gehen. In Mitteleuropa geschah dies nicht vor dem 11./12. nachchristlichen Jahrhundert.

In den letzten 150 Jahren hat sich der Wandel der Städte enorm beschleunigt. Moderne Metropolen und viele der negativen Eigenschaften, die wir mit ihnen verbinden – Lärm, Verkehr, Luftverschmutzung, Hektik –, sind ein Produkt der Industrialisierung und damit des 19. Jahrhunderts. Seitdem hat die Entwicklung durch verschiedene technische Innovationen noch an Rasanz gewonnen.

Einige wenige Schlaglichter sollen die Geschwindigkeit dieser Veränderungen deutlich machen: 1880 verfügte nur jeder vierte deutsche Haushalt über ein Wasserklosett. Noch 1907 war die Hälfte der deutschen Städte ohne zentrale Wasserversorgung. Nicht zuletzt durch den Erfolg der Pariser Weltausstellung im Jahre 1900 erlebte die in Frankreich entwickelte Stahlbetonbauweise ihren Durchbruch. Die Innenstädte veränderten sich. Sie ›versteinerten‹ buchstäblich und wuchsen dabei in die Höhe. Noch 1871 konnte ein verheerender Brand ein Drittel von Chicago vernichten, weil fast alle Häuser der 300.000 Einwohner aus Holz gebaut waren. Bereits zwanzig Jahre später lebten in der Stadt mehr als eine Million Menschen. Schon 1916 ragten über tausend Gebäude mit mehr als zehn Stockwerken in den Himmel von Chicago, fünfzig Häuser waren sogar mehr als zwanzig Stockwerke hoch. Etwa zur selben Zeit setzte die Massenmotorisierung ein, die das Leben in den Städten radikal veränderte. Innerhalb von nur drei Jahrzehnten kletterte die Zahl der in den USA registrierten Kraftfahrzeuge um fast das Vierhundertfache auf 29.443.000 im Jahre 1938. In Deutschland begann diese Entwicklung in den Dreißigerjahren. Infolge des ersten Weltkrieges gab es Fahrverbote für private Pkws, die erst 1921 gelockert wurden, und die Kosten für Treibstoff und Kfz-Steuer waren höher als in anderen Ländern. 1938 gab es in Deutschland 1,8 Millionen Autos, durch Frankreich und England fuhren bereits weit über zwei Millionen.[10]

Städte sind also äußerst dynamische Gebilde, so dynamisch, dass selbst modernen Menschen wie Ihnen und mir mitunter Hören und Sehen vergeht. Kehrt man ihnen den Rücken, sind sie nach zehn Jahren in Teilen kaum wiederzuerkennen. Auf diese Herausforderung muss die Stadtnatur, will sie Stadtnatur bleiben, Antworten finden. Sie muss Schritt halten und sich dabei selbst verändern.

Bisher ist ihr das hervorragend gelungen. Der Bestand an wild lebenden Tieren in mitteleuropäischen Großstädten wurde 1993 von dem Dresdner Biologen Bernhard Klausnitzer[11] auf 18.000 Arten geschätzt, heute gehen seine Kollegen allein für Berlin von 30.000 Tierarten aus.[12]

Und jetzt raten Sie mal, welchen Tiergruppen wir diese erstaunliche Vielfalt vor allem zu verdanken haben. Richtig! Insekten und Spinnen, unseren Lieblingen. War es das, was unsere Altvorderen im Sinn hatten, als sie Städte gründeten: Krabbeltierparadiese? Wohl kaum. Was ist schiefgegangen?

Abenteuer eines Großstadtökologen (Teil 3)

Jemand klopft an meine Tür im Institut.

Ich zucke zusammen. Es kommt mir so vor, als würde ich zum ersten Mal seit Stunden wieder von meinem Binokular aufblicken. Statt stacheliger Käferbeine das stachelige Gesicht von Uwe.

Uwe ist Spinnenspezialist und überbringt die Nachricht, dass wir eine Untersuchung durchführen sollen. Er die Spinnen, ich die Laufkäfer, die Standardkombination. Ich verspüre ein Kribbeln. Mein Exkursionstrauma ist schon lange verheilt. Aber die Narbenhaut ist dünn.

»Ein Naturschutzgebiet, sagst du? Welches denn?«

»Harzbergstraße!«

»Nie gehört. Komischer Name für ein Schutzgebiet.« Mit Straßen habe ich so meine Erfahrungen. Vor meinem inneren Auge erscheint eine Dame mit Kampfhund. »Wo liegt es denn?«

»Irgendwo im Süden«, antwortet Uwe und steht schon wieder in der Tür, um mich meinen Käfern zu überlassen. »Wir müssen uns das Gelände bald ansehen und Fallen ausbringen.«

Eine Woche später sitzen wir im Institutsbus, hinten poltern Kanister und Eimer mit Glasgefäßen. Die bekannten Becher kullern über die Ladefläche, diesmal sind sie weiß. Wir sind auf dem Weg ins Gelände. Nur einen Hektar ist es groß, das kleinste Schutzgebiet der Stadt. Es hätte viel schlimmer kommen können, sage ich mir, eine Untersuchung der Asselpopulationen Berliner U-Bahntunnel zum Beispiel, der Lebensgemeinschaft städtischer Müll-

kippen oder eine Harnsäuretoleranz-Analyse der Tiergartenbo-
denfauna nach überstandener Love-Parade. Es ist ein richtiges
Schutzgebiet, klein, aber fein, stell dich nicht so an!

Uwe konterkariert alle meine Bemühungen, indem er während der ganzen Fahrt eine demotivierende Hiobsbotschaft nach
der anderen von sich gibt. Ich war so unvorsichtig, ihm meine Enttäuschung über die Winzigkeit der Fläche zu beichten, meinen
Wunsch, einmal in einem großen Nationalpark zu arbeiten. Was
wir hier im Stadtgebiet mit der Lupe suchen müssten, sagt er, gäbe es draußen im weiten Land gleich quadratkilometerweise.
Feuchtgebiete zum Beispiel, eines neben dem anderen, die Oder
rauf bis zur Ostsee. Mit in der Stadt bedrohten Käfer- und Spinnenarten könne man in Brandenburg ganze Eimer füllen.

Uwe kennt sich aus. In Sachen Feuchtgebiete macht ihm so
leicht keiner was vor. Er sitzt an den Hebeln der Macht, die wertvolle Moore vor dem Austrocknen bewahren. Viele Feuchtgebiete
der Stadt hängen am Tropf der Wasserbetriebe. Sie seien nichts
anderes als komatöse Patienten einer ökologischen Intensivme-
dizin, behauptet er und ergötzt sich an meinem gequälten Lächeln. Man jubelt, hält es für ein Zeichen von Genesung, wenn
die Beinaheleichen mit dem kleinen Finger zucken. Dabei könne
er innerhalb von Sekunden aktive Sterbehilfe leisten, in einem sa-
distischen Anfall von schlechter Laune die Schotten dicht machen
und den mit aufgesprungenen Lippen nach Feuchtigkeit lech-
zenden Patienten anschließend mit einer Überdosis nährstoffreichen Wassers ersticken.

Die Zeiger der Sukzessionsuhr wollen sich weiterbewegen,
und wir stemmen uns mit aller Kraft dagegen. Immer wieder
müssten dem Patienten Haare, Bart und Zehennägel gestutzt
werden, damit man ihm seine Verwahrlosung nicht ansieht. Besonders natürlich sei das alles nicht.

Mittlerweile fahren wir durch ein Gewirr von kleinen Stra-
ßen, Ein- und Mehrfamilienhäuser, Villen, Gärten voller Rhodo-
dendron und Lebensbäume, in die kürzlich die Natur mit ihrer
ganzen unkontrollierbaren Kraft in Gestalt wühlender Wild-
schweinhorden eingefallen war. Futter für die Regenbogenpresse.
Irgendwo hier muss es sein, unser Naturschutzgebiet, das kleinste
der Stadt, ein Schutzgebiet, das man auf- und zuschließen kann.
Als wir es schließlich finden, stehen wir vor einem mannshohen
Maschendrahtzaun, dahinter, eingezwängt zwischen Häusern,
Straßen und Kieswegen, ein wild wucherndes, kaum zu durch-
dringendes Dickicht. Uwes Daumen und Mundwinkel zeigen nach
unten, während meine Miene sich aufhellt. Was hat er denn? Das
Gelände sieht doch gar nicht so schlecht aus.

Die Anpassung von Pflanzen- und Tierarten an die Stadt setzt
zunächst eine Anpassung an den Menschen voraus – ein Prozess, der in Phasen verlief und zu einer Zeit begann, als an Städte noch gar nicht zu denken war, an Orten, die weit von den
heutigen urbanen Zentren entfernt liegen. Den ältesten Teil
dessen, was sehr viel später zur Stadtfauna werden würde, tragen wir schon lange mit uns herum, von Anbeginn an, als ein
Erbe unserer Vorfahren, ein Schicksal, das wir mit vielen anderen, vor allem den warmblütigen Tieren, teilen.

Damals, mitten in Afrika, der Wiege der Menschheit, besaßen die Frühmenschen nicht viel mehr als ihren eigenen Körper, aber in und an ihm gedieh reges Leben. Gemeint sind die
vielen wohltätigen, harmlosen und weniger harmlosen Besiedler unseres Körpers, vom Darmbakterium bis zum Spulwurm,
von der Amöbe, die völlig unbemerkt durch unsere Mundhöhle kriecht, bis zu winzigsten Spinnentieren, die in unseren Poren leben.

»Wir sind besiedelt!«, schrieb Jörg Blech[13], Wissenschafts-redakteur des *Spiegel*. »Ins Positive gewendet: Kein Mensch ist und war jemals allein. Falls Außerirdische jemals einen Men-schen treffen sollten, würden sie ihn korrekt beschreiben als Ansammlung kleiner Lebewesen, die sich auf einem großen niedergelassen haben. Etwa so: Die irdische Lebensform besteht aus 988 Spinnentieren, 100.000.000.000.000 (in Worten: hundert Billionen) Bakterien, 1 Menschen, etwa 70 Amöben und manchmal bis zu 500 Madenwürmern.«

Wie unglaublich vielfältig gerade unsere bakteriellen Körper-bewohner sind, offenbarte dieser Tage das von mehr als zwei-hundert Forschern aus aller Welt getragene Humane Mikrobi-om-Projekt, das im Frühjahr 2012 erste Ergebnisse[14] präsentierte. Die Billionen Bakterien, die in und an uns leben, machen etwa ein bis zwei Kilogramm unseres Körpergewichts aus. Ob in-nen oder außen, jede Region unseres Körpers beherbergt eine charakteristische Flora, die bis ins Rentenalter nahezu unver-ändert bleibt. Am größten ist das Mikrobengewimmel im Darm, dessen Inhalt zur Hälfte aus Bakterien besteht. Fast 4.000 ver-schiedene Arten fanden die Mikrobiom-Forscher allein im Kot, in den Nasenhöhlen waren es nur 900, im Zahnbelag immer-hin 1.400. Herauszufinden, was diese Einzeller genau tun, wie und wovon sie leben, wird die Forscher noch viele Jahre be-schäftigen, gerade für unsere Verdauung kann ihr wohltätiges Wirken jedoch schon heute gar nicht hoch genug eingeschätzt werden. Sie helfen uns, unsere Nahrung zu verwerten, und ver-teidigen ihr Terrain, also uns, gegen krankmachende Eindring-linge von außen. Es sind echte Verbündete – von den meisten anderen Lebensformen, die mit uns die Städte bewohnen, kann man das nicht behaupten, am allerwenigsten von denen, die unsere Behausungen bevölkern.

2. Untermieter

Als Baumeister hat es der Mensch zweifellos zu großer Meisterschaft gebracht, wir sind aber nicht die Einzigen, die sich in dieser Weise betätigen, die buddeln, schichten, stapeln, spinnen und weben, um ein Zuhause zu schaffen. Viele Tiere bauen Nester, unterirdisch, auf dem Boden, in den Baumkronen, aus Pflanzenteilen, aus Erde oder aus selbst erzeugtem Baumaterial wie Wachs oder Papier. Termiten und Ameisen tun es, Vögel, sogar Schimpansen. Jeder auf seine Weise. Sie schaffen sich Rückzugsräume oder nur einen Schlafplatz für die Nacht, meistens geht es um einen sicheren Ort für die Aufzucht der Jungen. Und obwohl alle – jeder nach seinen Möglichkeiten – beim Bau des eigenen Hauses größte Sorgfalt walten lassen, bleibt keiner darin ungestört.

Bevor die Siedlungen des Menschen im Mittelpunkt stehen, sollten wir uns etwas Zeit nehmen, um die Sorgen und Nöte tierischer Hausbesitzer kennenzulernen, denn was wir in ihren Bauten finden werden, ist außerordentlich aufschlussreich und vielleicht auch tröstlich. Es wird sich nämlich herausstellen, dass alle, ob Vögel, Insekten, Säugetiere oder Menschen, mit ähnlichen Problemen zu kämpfen haben. Sesshaftigkeit, und sei sie nur vorübergehend, hat einen Preis, und wohin man auch blickt, überall begegnen uns dieselben Übeltäter.

Auch wenn Sie auf den folgenden Seiten mitunter das Gefühl beschleicht, die Städte der Menschen würden aus dem Blickfeld geraten, befinden wir uns bereits auf direktem Weg in den Großstadtdschungel. Leider ist es unvermeidlich, dass dabei einige unappetitliche Details zur Sprache kommen. Beißen wir also die Zähne zusammen und werfen einen Blick in die Bauten einiger Tiere.

Vögel – Die Nidikolen

Am 5. April 1976 beobachtete der Verhaltensforscher S. Sengupta ein Spatzenpaar beim Nestbau, nicht in England oder Deutschland, sondern in Sinthee, einem Vorort der indischen Millionenstadt Kalkutta. Was sein Interesse weckte, war nicht die Anwesenheit europäischer Spatzen – der Haussperling, *Passer domesticus*, ist durch den Menschen in der ganzen Welt verbreitet worden und auch in indischen Großstädten ein vertrauter Teil der Stadtnatur. Sengupta war ein ungewöhnliches Verhalten aufgefallen. Erst das Weibchen und später auch das Männchen trugen grüne Blätter in das Nest, obwohl es augenscheinlich fertig war. Er verfolgte das Geschehen eine Dreiviertelstunde lang und in dieser Zeit kehrte das Spatzenpaar sieben Mal mit einem grünen Blatt im Schnabel heim. Als er das Nest untersuchte, fand er darin 15 frische und 35 trockene Blätter. Sengupta wurde neugierig und überprüfte weitere Sperlingsnester in Sinthee. Überall stieß er auf grüne Blätter, und obwohl rund um die Nester viele verschiedene Bäume wuchsen, stammten die Blätter ausnahmslos von nur einer einzigen Baumart, dem indischen Margosa-Baum, *Azadirachta indica*.[1]

Viele Vogelarten benutzen für den Nestbau frisches Pflanzenmaterial. Manche bauen das ganze Nest daraus, andere wie die Spatzen verwenden hauptsächlich abgestorbene Vegetation mit einzelnen grünen Pflanzenteilen. Der Nestbau erfolgt zumeist im zeitigen Frühjahr, wenn bei uns, im Gegensatz zum tropischen Indien, grüne Blätter und frische Triebe noch Mangelware sind. Um die Pflanzen zu finden, müssen die Vögel weite Wege zurücklegen, was Zeit und Energie kostet, die besser in Eiproduktion und eine sorgfältige Partnerwahl investiert wäre. Wenn es nur darum ginge, den Küken eine warme, weiche und trockene Umgebung zu bieten, täten es auch die abgestorbenen Pflanzen, die überall reichlich vorhanden sind. Aber nein, grün muss es sein, Vogeleltern sind wählerisch. Ornithologen fragen sich seit Jahrzehnten, warum.[2]

Aus ästhetischen Gründen, sagten manche. Vögel legten ja auch sonst Wert aufs Äußere. Bei vielen Arten tragen die Männchen ein bunt schillerndes Gefieder, und im Konfliktfall schlagen sie sich nicht die Köpfe ein, sondern treten in einen Sängerwettstreit, zur Freude ihrer Weibchen und der Menschen. Tiere, die sich bei der Partnerwahl derart auf ästhetische Signale verlassen, könnten auch beim Nestbau Wert aufs Erscheinungsbild legen. Kein brauner Einheitslook, sondern individuelle Gestaltung, Design statt Massenware. Eine nette Idee, aber leider jeder experimentellen Überprüfung enthoben.

Einleuchtender klingt die Tarn-Hypothese. Grüne oder teilweise grüne Nester seien in der Vegetation für Räuber weniger auffällig. Warum aber findet man sie bei Höhlenbrütern wie den Staren, deren Nester man ohnehin nicht sieht? Die wasserhaltigen Blätter könnten das Raumklima verbessern und der Austrocknung der Eier entgegenwirken, wurde vorgeschlagen. Dann bliebe allerdings die Frage, warum auch Vögel grüne Pflanzen eintragen, die in Höhlen oder Gebieten mit hoher Luftfeuchtigkeit nisten. Vielleicht, um nur noch eine der vorgeschlagenen Erklärungen zu erwähnen, bieten frische Blätter eine bessere Wärmeisolierung. Messungen liefern eine klare Antwort: Nein, bieten sie nicht.[3] Die interessanteste Erklärung liefert die sogenannte Nestschutz-Hypothese. Die Idee ist nicht neu. Schon

Anfang des 20. Jahrhunderts mutmaßten Forscher, die in grünen Pflanzen enthaltenen biochemischen Verbindungen hätten für die Vögel vor allem eine Schutzfunktion. Allerdings muss der Aufwand, die Pflanzen zu suchen, zu sammeln und in die Nester einzubauen, in einem vernünftigen Verhältnis zur erzielten Wirkung stehen. Nestplünderer wie Schlangen, Ratten und Marder werden sich von Pflanzen kaum an ihren Raubzügen hindern lassen.

Ein möglicher Adressat wären die Untermieter der Vogelfamilien, all das winzige, selbst von den gewissenhaftesten Vogeleltern nicht zu beseitigende Viehzeug, das sich in beinahe jedem Nest herumtreibt. Die Blätter könnten gegen Blutsauger wie Flöhe, Wanzen und Milben gerichtet sein. Vielleicht tapezieren Vögel ihre Nester aus demselben Grund mit intensiv duftenden Pflanzen, der Menschen dazu bewegt, Stoffsäckchen mit Lavendelblüten oder Mottenpapier zwischen ihre Pullover zu legen, zur Abwehr von Schädlingen und Parasiten? Ein faszinierender Gedanke: Die Stadtspatzen von Kalkutta betätigen sich als kräuterkundige Kammerjäger.

Zweifellos leben diese Plagegeister in Vogelnestern, aber sind sie eine so große Bedrohung, dass die Vögel sogar ihr Nestbauverhalten verändern mussten, um ihr zu begegnen? Nach allem, was Parasitologen in den letzten Jahrzehnten herausgefunden haben, lautet die Antwort eindeutig Ja. Parasiten, lange Zeit auch von Biologen eher angewidert links liegen gelassen, gelten heute als entscheidende Evolutionsfaktoren, deren Einfluss auf ihre jeweiligen Wirte (und umgekehrt) kaum überschätzt werden kann.[4]

In einer Reihe von klassischen Experimenten haben die Amerikaner Larry Clark und Russel Mason in den Achtzigerjahren versucht, die Nestschutz-Hypothese zu beweisen.[5] Die beiden Wissenschaftler arbeiteten in einer ländlichen Gegend Pennsylvanias und ihr Studienobjekt war eine Kolonie Europäischer Stare.[6]

Deren Nester bestanden zum größten Teil aus trockenem Gras, in das die Tiere einzelne frische Blätter oder Triebe einwebten. Clark und Mason sahen sich diese Pflanzen genauer an. Wie Senguptas Spatzen in Indien sammelten die Stare keineswegs wahllos vor sich hin. Manche Pflanzen waren in den Nestern deutlich seltener als draußen in der Nestumgebung, die Stare mieden sie. Doch sechs Pflanzenarten tauchten häufiger auf, wurden von den Vögeln also bevorzugt ausgewählt und eingetragen. Dazu gehörten unter anderem die Wilde Möhre, *Daucus carota*, Schafgarbe und ein Berufskraut.[7]

Wenn man vorsichtig agiert, kann man die Starennester aus den Nistkästen herausnehmen, gegen eine entsprechende Menge trockenes Gras austauschen und Eier und Jungvögel umbetten, ohne dass die Vögel das Nest aufgeben. Clark und Mason starteten drei Versuchsvarianten: In der ersten wurden die Nester in bestimmten Zeitabständen durch neue und saubere ersetzt, in der zweiten wurde nur das von den Staren eingebaute frische Pflanzenmaterial entfernt. In der dritten Variante betätigten sich die Forscher selbst als Nestbaukünstler, indem sie etwa fünf Gramm frische Blätter der Wilden Möhre in das Nest einbauten, jene Pflanze also, die bei den Staren am höchsten im Kurs stand.

Nach dem Schlüpfen der Jungen wurden alle Nester nach einem bestimmten Zeitplan komplett ausgetauscht und auf Befall mit blutsaugenden Milben untersucht. Wenn die Schutz-Hypothese zutraf, so die Idee der Forscher, dann sollte die Wilde Möhre einen nachweisbaren Effekt auf die Parasitenlast der Nester haben.

Das Ergebnis ließ an Deutlichkeit nichts zu wünschen übrig. Zuerst die schlechte Nachricht: Im Mai, nach Beendigung der ersten Brut, fanden die Forscher in den Nestern mit Wilder Möhre durchschnittlich 3.000 Milben. Das hört sich alles andere als verlockend an. Einige Tausend Blutsauger, auf engstem Raum, an einem Ort, den die Starenküken nur um den Preis ihres sicheren Todes verlassen können. Aber nun die gute Nachricht: In den Nestern ohne frisches Möhrengrün zählten Clark und Mason fast dreißig Mal so viel, nämlich 80.000 Milben pro Nest. Nach der zweiten Brut Ende Juni hatte sich das Verhältnis noch deutlicher zugunsten der geschützten Nester verschoben. Nester mit Wilder Möhre enthielten 11.000 Milben, in Nestern ohne Wilde Möhre tummelten sich dagegen unglaubliche 500.000 der winzigen Plagegeister. Die Küken litten unter Blutverlust, der massive Parasitenbefall bedrohte ihre Gesundheit.

Clark und Mason konnten die Nestschutz-Hypothese weitgehend bestätigen. Sie fanden heraus, dass die Wilde Möhre und die anderen von den Staren in Pennsylvania bevorzugten Pflanzen deutlich mehr leicht flüchtige, also geruchsintensive Substanzen enthielten als die anderen Arten, die draußen im Angebot waren. Stare verfügen über keinen besonders ausgeprägten Geruchssinn, genauso wenig wie Haussperlinge. Außerdem sind ihre Lebensspannen zu kurz, um über längere Zeit mit verschiedenen Pflanzen zu experimentieren. Die Vögel verfahren wohl überall nach dem Prinzip: Viel hilft viel. Sie suchen in der Umgebung der Nester intensiv riechende Gewächse aus und spekulieren darauf, dass in dem pflanzlichen Stoff-Cocktail die richtigen, biologisch wirksamen Verbindungen dabei sind. Diese Strategie ist sinnvoll, weil ein Großteil der Inhaltsstoffe von den Pflanzen eingelagert wird, um sich selbst gegen Krankheitserreger und Insektenfraß zu schützen. Was den Pflanzen guttut, kann auch den Vögeln von Nutzen sein.

Im Falle der Wilden Möhre und des von den Spatzen in Kalkutta bevorzugten Margosa-Baums lagen die Vögel jedenfalls richtig. Beide Pflanzen enthalten neben anderen Stoffen das Steroid Beta-sitosterol, das gegenüber Milben nachweislich als Repellent wirkt und ihre Eiablage hemmt. Vermutlich enthalten die Pflanzen nichts, was Milben tötet, schon eine Verzögerung der Milbenbesiedlung reicht aber aus, um den Jungvögeln einen entscheidenden Vorsprung zu verschaffen.

Die Menschen in Indien benutzen dieselben Blätter zur Abwehr von Zecken, aber nicht nur das. Der Neem, wie der Margosa-Baum auch genannt wird, ist in Indien wegen seiner vielfältigen Heilwirkungen[8] berühmt. Westliche Pharmafirmen werfen begehrliche Blicke auf seine Inhaltsstoffe. Wenn man bedenkt, dass Stare und Haussperlinge weder in Indien noch in Nordamerika heimisch sind und dort erst vor relativ kurzer Zeit eingeführt wurden, ist ihre Treffsicherheit erstaunlich. Die Strategie für die Auswahl der Gewächse scheint bestens zu funktionieren, sogar in neuer Umgebung mit völlig fremdartiger Vegetation. Grenzt es nicht an ein Wunder, dass gewöhnliche Haussperlinge im fernen Indien, ohne Wissenschaft, ohne Laboratorien und Analysen, ohne Kultur und Gedächtnis, zu demselben Ergebnis gekommen sind wie die Menschen?

Die Gründungspopulation für die blutsaugende Milbenarmee in den Vogelnestern tragen die Altvögel in ihrem Gefieder bei sich. Es gibt für die Tiere keinen Weg zu einem parasitenfreien Nest, auch wenn, wie von vielen Vogelarten praktiziert, Jahr für Jahr neu gebaut wird. Immerhin verhindert der jährliche Nestneubau, dass sich die Population an Blutsaugern bis in lebensbedrohliche Dimensionen vergrößern kann. Wenn Nistplätze Mangelware sind und Jahr für Jahr recycelt werden müssen, gibt es allerdings ein Problem.

Madrid, 2010

Über die antiparasitäre Wirkung grünen Pflanzenmaterials in Vogelnestern kann kein Zweifel bestehen, neueste Untersuchungen zeigen aber, dass noch viel mehr dahintersteckt. Weibliche Stare finden derartig ausstaffierte Nester nämlich unglaublich attraktiv, was nicht daran liegt, dass sie das fürsorgliche Verhalten der potenziellen Partner so entzückt. Sie beziehen daraus wichtige Informationen über die Qualität der Männchen, die ihrerseits Auskunft über ihren körperlichen Zustand und die Menge des Testosterons geben, die in ihrem Blut zirkuliert. Beides korreliert nachweislich mit der Menge der von ihnen gesammelten Pflanzen. Außerdem verschiebt sich das Geschlechtsverhältnis der Nachkommen zugunsten der Männchen, wenn Forscher experimentell die Zahl der grünen Pflanzen in den Nestern erhöhen. Neue Ergebnisse zeigen, warum das so ist. Mit der Pflanzenmenge steigt nämlich auch der Testosteronspiegel der Weibchen. Sie werden aggressiver und sind eher bereit, ihr Territorium zu verteidigen. Tatsächlich entbrennt unter den Vogelmüttern eine heftige Konkurrenz um die attraktivsten Männchen und Nester. Was so ein paar Blätter alles bewirken können … [9]

Arten, die wie viele Seevögel in Kolonien brüten und jedes Jahr dieselben Brutplätze nutzen, haben besonders unter Parasiten zu leiden. Ihr lautstarkes kollektives Brutgeschäft hat nichts mit einer fröhlichen Kinderladen-Romantik gemein. Wer zu spät beginnt oder zu lange braucht, um seine Brut aufzuziehen, läuft

Gefahr, seine Küken an eine mit jedem Tag größer und gieriger werdende Parasitenarmee zu verlieren. Es kommt vor, dass Vögel ihre Kolonien aufgeben müssen, mitsamt der Eier und flugunfähigen Jungen, weil die Zahl der am eigenen Blut genährten Parasiten zu groß geworden ist. Auf Inseln vor Texas und Peru mussten sogar so stattliche Vögel wie Kormorane, Tölpel oder Pelikane das Feld räumen.[10]

Auf den Seychellen traf es 1973 eine riesige Seeschwalben-Kolonie. Innerhalb von zwei Wochen ließen 5.000 Brutpaare, die in einem flachen Tal im Norden der Kolonie nisteten, ihre Nester im Stich. Tagsüber sah für die Forscher vor Ort alles ganz normal aus, bis auf die verlassenen Nester natürlich und die zurückgelassenen Eier, an denen sich unterdessen Ratten und andere Plünderer gütlich getan hatten. Aber nachts fiel ihnen auf, dass die Vögel in den angrenzenden Teilen der Kolonie sehr unruhig waren. Ein Schwenk mit der Taschenlampe auf den Boden zeigte ihnen, warum.[11] Auf Bird Island »krochen unzählige Zecken über den Boden und bedeckten bald die Füße der Beobachter, setzten sich in der Schamgegend und auf dem Rücken fest.«[12] Zecken sind zäh. Sie können warten. Vier Jahre lang blieben sie so zahlreich, dass in dem betroffenen Gebiet keine Vogelbrut möglich war.

Kolonien bieten zweifellos Vorteile, vor allem einen besseren Schutz vor Räubern. Je mehr Tiere zusammenleben, desto früher werden etwa herankriechende Schlangen bemerkt. Nester am Kolonierand sind gefährdeter als zentrale.[13] Außerdem sind Kolonien regelrechte Informationszentren. Wenn der Nachbar eine ergiebige Nahrungsquelle ausfindig gemacht hat und mit einem Schnabel voller Insekten zurückkehrt, muss man beim nächsten Ausflug nur hinterherfliegen.[14] Aber der Preis für die Vorteile des Kolonielebens ist hoch. Die Zahl und die Enge, in der die Tiere zusammenleben, machen ihre Kolonien zu einem Schlaraffenland für Krankheitserreger und Parasiten. Diese müssen ihre Lebenszyklen nur an die lange Abwesenheit ihrer Vogelwirte anpassen. Die meiste Zeit haben sie nichts anderes zu tun, als zu warten.

Die in Nordamerika weit verbreitete Klippenschwalbe, *Hirundo pyrrhonota*, eine nahe Verwandte unserer Rauchschwalbe, nistet in Kolonien mit bis zu 3.000 Paaren an Felsüberhängen und neuerdings auch unter Brücken. Wenn sie im zeitigen Frühjahr aus ihren Winterquartieren in Brasilien zurückkehren, werden sie in den alten Nestern der Vorjahre gleich von einem halben Dutzend unterschiedlicher Schmarotzer erwartet. Mindestens drei Zeckenarten[15] haben es auf sie abgesehen, dazu kommt ein Floh, der sich auf Vogelnester und seine Insassen spezialisiert hat, und vor allem eine blutsaugende Wanzenart, die Schwalbenwanze, die mit der berühmt-berüchtigten Bettwanze verwandt ist. Nein, liebe Leser, stellen Sie sich besser nicht vor, Sie müssten nach einem anstrengenden, viele Tausend Kilometer langen Flug sich selbst oder Ihr Kind in ein derart vorbereitetes Lager betten.

Den Klippenschwalben bleibt, wie vielen Vogelarten, keine Wahl. Sie sind mit ihren Parasiten in einer Schicksalsgemeinschaft verbunden, aus der es kein Entrinnen gibt. Für die Aufzucht der Jungen in Kolonien zahlen sie einen schmerzhaften Blutzoll, sie haben aber Methoden entwickelt, um den Preis so gering wie möglich zu halten.[16]

Zum Beispiel wechseln sie von Jahr zu Jahr in unvorhersehbarer Weise ihre Nistplätze – das Prinzip der Rotation, das auch nomadisierende Menschengruppen praktizieren. Bleibt ein Nistplatz für ein Jahr verwaist, geht die Zahl der Parasiten zurück. Die Flöhe sind die Ersten, die sterben müssen, dann trifft es die Zecken, die wesentlich länger durchhalten. Die Schwalbenwanze *Oeciacus vicarius* ist jedoch ein wahrer Hungerkünstler. Sogar in Kolonien, die vier Jahre lang von keinem Vogel benutzt wurden, hat man pro Nest noch bis zu fünf lebende Exemplare gefunden. War die Kolonie zuletzt im Vorjahr bevölkert, sind es im Durchschnitt 100.[17]

Hin und wieder entsteht eine neue Klippenschwalbenstadt, aber auch die wird nicht frei von Parasiten sein, weil die Vögel sie in ihrem Gefieder mitbringen. Ein Schwalbennest besteht aus etwa 2.000 einzelnen Lehmkügelchen. Für die Vögel bedeutet das 2.000 Flüge zu nahe gelegenen Ufern oder Schlammpfützen. Es spart viel Zeit und Energie, bereits vorhandene Nester zu nutzen. Bevor die Schwalben einen Nistplatz akzeptieren, versuchen sie jedoch, sich ein Bild von der Parasitenlast zu machen, die drinnen auf sie wartet. Sie flattern heftig vor den Nesteingängen und spähen ins Innere. Nur selten schlüpfen sie in die Nester hinein. Äußerste Vorsicht ist geboten. »Fliegt der Vogel zur Inspizierung der Niststätte für die nächste Brut ans Flugloch«, schrieb der deutsche Flohforscher Fritz Peus, »so prallt ihm sozusagen eine Spritzdusche von Flöhen entgegen, die sich auf ihm die Einschleppung ins künftige Nest sichern wollen.«[18]

Fällt das Ergebnis der Prüfung unbefriedigend aus, ziehen die Vögel weiter. Sie lassen sich Zeit, maximal eine Woche, aber irgendwann müssen sie sich entscheiden. Sobald sie ihr Nest – ob neu oder alt – bezogen haben, beginnt ein dramatischer Wettlauf. Für die Nestlinge, die bald schlüpfen werden, ist es ein Wettlauf mit dem Tod. Die Bedrohung wächst mit jedem Tag. Die Zahl der Parasiten nimmt zu, weil immer mehr von ihnen aktiv werden – viele haben die Wartezeit in Felsritzen zugebracht – und weil nach den ersten Blutmahlzeiten bald ihre

Fortpflanzung einsetzt. Am Anfang sind die Parasiten nur auf die Altvögel angewiesen, aber nach dem Schlüpfen der Jungen steht ihnen rund um die Uhr Nahrung im Überfluss zur Verfügung. Der Prozess beschleunigt sich. Es folgen Geschlechtsreife, Begattung und Eiablage, und bald schlüpft eine weitere Generation von Blutsaugern. Was das für den zarten Nachwuchs bedeutet, lässt sich mit brutaler Deutlichkeit an Zahlen ablesen, die Brian Chapman und John George in Texas ermittelt haben.[19] Die Sterblichkeit der Jungschwalben beträgt 46 Prozent. Nur einer von zwei Nestlingen kommt durch. In einigen Kolonien mussten die Tiere zehn Eier legen, um einen einzigen Jungvogel aufzuziehen. Besonders schlecht sind die Aussichten der Dritt- oder Viertgeborenen. Den Letzten beißen die Wanzen (oder Zecken oder Flöhe), könnte man sagen.

Chapman und George taten etwas, was jedes verantwortungsvolle Vogelpaar auch täte – wenn es denn die Möglichkeit dazu hätte: Die Forscher besprühten die Nester zweimal wöchentlich mit Pestiziden, um die Parasiten zu töten. Rings um die Kolonien verschmierten sie eine klebrige Substanz, damit keine neuen zuwandern konnten. Und siehe da: Plötzlich überlebten fast 90 Prozent des Vogelnachwuchses, doppelt so viel wie in Gegenwart der Blutsauger. Sogar die besonders gefährdeten vierten Nestlinge hatten nahezu die gleiche Chance, erwachsen zu werden, wie ihre älteren Geschwister.[20]

Die Bedrohung durch Raubtiere, das haben Untersuchungen gezeigt, ist für die Klippenschwalben gering. Es sind die Parasiten, die ihnen das Leben schwer machen. Selbst wenn die Tiere ein stark befallenes Nest lebend verlassen, starten sie mit einem Handicap ins Leben. Sie sind durch den Aderlass im Durchschnitt deutlich kleiner und schwächer als Artgenossen, die mit weniger Blutsaugern aufwachsen konnten, ein Nachteil, der sie durch ihr ganzes Leben begleiten wird. Das Risiko wächst mit der Koloniegröße.[21]

Kolonien, so schrieb der Vogelkundler David Duffy, »versorgen die Parasiten mit einer erneuerbaren, leicht zu lokalisierenden Wirtsquelle und beseitigen Hunger und das Auffinden der Wirte als eine Hauptursache ihrer Mortalität.«[22] Einst als effektiver Schutz vor Raubtieren von der Evolution erfunden, hat das kollektive Nisten in luftiger Höhe die Schwalben in die Arme ihrer Parasitenpeiniger getrieben. Vom Regen in die Traufe. Trotzdem sind sie dabei geblieben. Offenbar ist das Kolonieleben, bei Abwägung aller Vor- und Nachteile, für sie die bessere Lebensform. Außerdem sind sie im Begriff, ihr Los entscheidend zu verbessern, mit Hilfe der Bauten der Menschen. Unter Brücken ist die Zahl der Parasiten wesentlich geringer.

Im Greifvogelnest

Was ist mit den Königen der Lüfte, den edlen Greifvögeln? Haben wenigstens sie Ruhe vor blutsaugenden Quälgeistern? Keineswegs. Bei Raubvögeln ist das Gewimmel mitunter sogar noch größer, weil sie sich mit ihren Beutetieren auch deren Flöhe und Milben ins Nest holen. Das dichte Gefieder der Eulen ist ein idealer Aufenthaltsort für blutsaugende Parasiten und der Eulenschnabel kein geeignetes Instrument, um sie zu entfernen. Da in den Nestern der Greifvögel Tiere verzehrt und verfüttert werden, bleibt es nicht aus, dass der eine oder andere Fleischbrocken zwischen den Zweigen des Nestbodens landet. Auch dafür gibt es Spezialisten im Greifvogelnest, in diesem Fall Speckkäfer, die in Amerika mit einer Falkenart in einem quasi symbiotischen Verhältnis zusammenleben. Die Falken gewähren Kost und Logis, und die Käfer verzehren das, was den Vögeln aus dem Schnabel fällt, sorgen für organische Sauberkeit im Nest. Hin und wieder werden sie allerdings zu zahlreich und halten sich dann am Falkennachwuchs schadlos.[23]

Vielen nestbewohnenden Zecken und Milben, die ihre Vogelwirte peinigen, droht ein ähnliches Schicksal, obwohl sie überaus robust sind – einige überstehen sogar eine Passage durch den Darm von Spatzen und Hühnern, die sie beim Putzen verschlucken.[24] Sofern sie nach dem alljährlichen Auszug der Vögel nicht verhungern, sind sie aufgrund ihrer riesigen Zahl selbst eine interessante Nahrungsquelle und viele von ihnen werden schlicht aufgefressen, von einer weiteren Milbe. In den Nestern einiger nordamerikanischer Vogelarten übernimmt das die Raubmilbe *Cheletomorpha*. Pro Nest gehen Tausende auf die Jagd, einen nennenswerten Effekt auf die parasitische Verwandtschaft hat ihre Anwesenheit allerdings nicht.[25]

Milben – ob parasitisch oder räuberisch – sind vor allem in trockenen Vogelnestern zu finden, zum Beispiel in den Behausungen von Höhlenbrütern, die vor Regen geschützt sind. Dort stellen die Winzlinge zwar die mit Abstand größten Individuenzahlen, sie sind aber keineswegs die einzigen Untermieter, nicht einmal die einzigen Parasiten.

Für Neugierige empfiehlt der Flohexperte Fritz Peus folgende Untersuchung. Man sollte sie allerdings, wenn überhaupt, nicht auf dem Küchentisch durchführen. »Der Leser, der sich einen Begriff von der Befallsstärke in manchen Tiernestern machen möchte, möge einmal im Winter oder Vorfrühling ein paar Mehlschwalbennester abnehmen und auseinanderzupfen: Er wird über die Massen von Flöhen und außerdem Wanzen staunen! Ähnlich in manchen anderen Vogelnestern: Ich habe in Nestern von Meisen, Bachstelzen usw. einige Zeit nach dem Ausfliegen der Brut des Öfteren weit über tausend Flöhe angetroffen.«[26]

Wenn die jeweiligen Nestbesitzer Pech haben, kommen zu den Milben, Flöhen und Wanzen noch einige blutsaugende Fliegenlarven (*Protocalliphora*) hinzu. In jedem Vogelnest finden sich auch Mallophagen oder Federlinge, Verwandte der Läuse und die klassischen Vogelparasiten schlechthin. Sie leben normalerweise im Gefieder – das Haushuhn wird gleich von neun verschiedenen Arten bewohnt, die sich das Federkleid untereinander territorial aufgeteilt haben.[27] Mallophagen ernähren sich von Hautschuppen und dem Keratin der Federn.

Neben den Vögeln gibt es in Vogelnestern noch eine weitere bedeutende Ressource: das Nest, das Gras und die anderen Pflanzenteile, verrottende Vegetation, je feuchter desto besser. Darum kümmern sich die Larven einiger wenig bekannter Mückenfamilien. Wir werden ihnen und ihren Tischgenossen in allen Tierbauten wieder begegnen, einschließlich der Häuser der Menschen. Und da es in den Nestern Mücken- und Fliegenlarven, Milben, Wanzen, Federlinge und Käfer gibt, können dort Tiere existieren, die diese Biomasse abschöpfen, Räuber wie die Raubmilbe *Cheletomorpha*, Springspinnen und Ameisen, die sich als Kammerjäger betätigen. Es gibt sogar winzige parasitische Wespen, die ihre noch viel winzigeren Eier in die Larven der größeren Insekten legen.

Wissenschaftler nennen die Mitbewohner in Vogelnestern Nidikole, zu deutsch Nestgäste, eine freundliche Bezeichnung für vielfach sehr unfreundlich agierende Untermieter. Eine 1959 veröffentlichte Artenliste und Bibliografie *On the Occurence of Insects in Birds' Nests* umfasst 665 Seiten. Drei Jahre später wurde sie um über hundert Seiten ergänzt. Auch das reichte nicht. 1971 folgten weitere zweihundert Seiten.[28]

Nester, die Wohnungen der Vögel, sind ein Mikrokosmos für sich.

Und, ist man geneigt hinzuzufügen, kein besonders angenehmer Ort.

Ameisen – Die Myrmekophilen

Ameisen mögen sich als Kammerjäger um die Probleme der Vögel kümmern, aber sie sind wie jemand, der anderen in Krisensituationen schlaue Ratschläge erteilt, um im nächsten Moment in dieselbe Falle zu tappen. Daheim, im eigenen Nest, sind sie angreifbar und verletzlich. Was für die Vögel die Nidikolen, sind für Ameisen die »Ameisenfreunde«, die Myrmekophilen. Gemeint sind Tierarten, die sich auf ein Leben mit Ameisen spezialisiert haben, als ihre Nutztiere wie manche Blattläuse, als Wegelagerer an ihren Straßen und vor allem als Mitbewohner in ihren Nestern. Weltweit sind es, schätzungsweise, über 100.000 Tierarten, die in engster Verbindung zu Ameisen leben.[1] Niemand kennt die genaue Zahl, aus verständlichen Gründen. Das Leben der Ameisen und ihre Nester sind für Forscher nur schwer zugänglich, viele Ameisen sind zu winzig oder zu aggressiv.

Es gilt eine einfache Regel: Je größer die Ameisenkolonien, desto mehr Gäste. In kleinen Kolonien – es gibt viele, die nur zwanzig, fünfzig oder hundert Tiere umfassen – leben kaum Untermieter. Vermutlich sind die Ressourcen zu knapp. Große Kolonien sind langlebiger und bieten diverse Kleinstlebensräume, in denen jeweils spezielle Bedingungen herrschen. Myrmekophile aus vielen Tiergruppen haben gelernt, diese Mikrohabitate zu nutzen. In einer großen Ameisenkolonie kann ihre Zahl in die Tausende gehen und sie haben unterschiedlichste Gesichter. Eines davon ist den Nestbetreibern zum Verwechseln ähnlich. In vielen Nestern wird man außer den Hausherren (bei den Ameisen sind es Hausdamen) weitere Ameisenarten finden. Oft sind sie, zoologisch gesehen, mit den Nestgründern eng verwandt.

Wie bei den Menschen würde die Geschichtsschreibung der Ameisen von Kriegen erzählen, von Massenmorden, Imperialismus und Sklavenhaltung, von unfreundlichen Übernahmen und Königinnenmord. Wenn zwei oder mehr Arten unter einem Dach zusammenleben, gibt es kein harmonisches Miteinander, sondern immer eine, die die Zeche zahlt, während andere profitieren.[2] Typisch sind die winzigen Diebsameisen, die in Nestern größerer Arten hausen und dort, wie Mäuse in den Speisekammern der Menschen, an Brut und Nahrungsvorräten knabbern.[3]

Manche Gäste im Ameisennest sind nur gelegentliche Besucher, viele bleiben länger, sind aber harmlos, werden von Arbeiterinnen herumgetragen, lassen sich putzen und füttern oder leben als Aasfresser, die sich um Abfall und die Toten kümmern. Wie die Nestgäste der Vögel erweisen sich aber auch viele »Ameisenfreunde« als äußerst undankbar. Ihre Myrmekophilie beschränkt sich ausschließlich aufs Kulinarische. Nicht weniger als 10.000 Tierarten gelten als Sozialparasiten, die von der Beute und Substanz der sie beherbergenden Ameisenvölker leben. Sie stürzen sich auf ihre Reichtümer, verschlingen ihre Brut, verzehren Samenvorräte und Nistmaterial, einige fressen sogar die Ameisen selbst.

Viele der in Ameisennestern lebenden Tierarten haben keine Entsprechung in Menschenbauten, in einigen Fällen sind die Übereinstimmungen jedoch frappant. Was für die Menschen das Heimchen, ist für die Ameisen die Ameisengrille *Myrmecophila acervorum*, mit nur drei Millimetern die kleinste mitteleuropäische Heuschrecke. Man weiß so gut wie nichts über diesen Winzling, was bei seiner verborgenen Lebensweise inmitten von Abertausenden von Ameisen auch nicht verwunderlich ist. Ähnlich verhält es sich mit dem etwas größeren Ameisenfischchen *Atelura*, einem Verwandten des aus Wohnungen bekannten Silberfischchens. Beide scheinen zu den harmloseren Untermietern im Ameisenstaat zu gehören, die von Abfällen leben oder sich füttern lassen, obwohl die Grille sich auch an dessen Brut vergreift. Ihre Körper haben sich gegenüber frei lebenden Arten verändert. Sie sind gedrungener, die Beine kürzer, die Borsten fast verschwunden. Das Ameisenfischchen kommt zudem ohne Augen aus, bei der Grille sind sie reduziert. Sie hat auch die Flügel verloren, verfügt aber über enorm dicke Hinterschenkel. Wenn sie bei ihren Wirten nicht akzeptiert wird, kann sie sich mit bis zu zwei Zentimeter langen Sprüngen in Sicherheit bringen.

Angesichts der Wehrhaftigkeit von Ameisen, die jeder ermessen kann, der sich einmal mit ihnen angelegt hat, ist es erstaunlich, dass in ihren Nestern so viele Tierarten ungehindert ein- und ausgehen können. Die Kräfteverhältnisse scheinen mitunter grotesk. Die Eindringlinge sind umgeben von Tausenden Kieferzangen, die dem Spuk innerhalb kürzester Zeit ein Ende machen könnten, und doch bleiben sie unbehelligt, ja, sie werden gehätschelt und verwöhnt.

Die Lösung des Rätsels ist pure Chemie, ein Duft als Tarnkappe. Ameisen kommunizieren, indem sie hormonähnliche
Stoffe ausscheiden, die Pheromone, und wer einige Brocken dieser chemischen Sprache beherrscht, ist in der Lage, ihren Straßen zu folgen, hat Zutritt zu ihren Nestern, kann mitten unter
ihnen leben und sich ungestört den Bauch vollschlagen. Beim
Erbetteln von Nahrung spielen auch Berührungen eine Rolle.

Kommunikation ist eine Stärke der Ameisen und gleichzeitig ihr schwacher Punkt – heute würde man vielleicht sagen: eine Sicherheitslücke. Düfte kennzeichnen die Nestgenossen und
fungieren wie eine soziale Immunbarriere. Man kann sie über-
listen, indem man den charakteristischen Geruch übernimmt
oder selbst produziert. Forscher entdecken immer mehr Tierarten, die das praktizieren.[4]

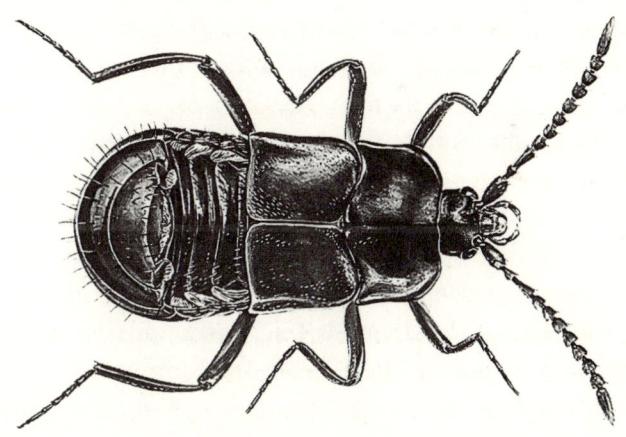

Der Kurzflügelkäfer *Atemeles* lebt abwechselnd bei *Myrmeca*- und *Formica*-
Ameisen. Er ist etwas größer als die Ameisen, von denen er sich durchfüttern lässt.

Manche »Ameisenfreunde« sind sogar ›zweisprachige‹, wie der
Kurzflügelkäfer *Atemeles*. Im Sommer lebt er in den Nestern von

Formica-Ameisen, dann zieht er um und verbringt den Winter bei *Myrmica*. Er wird toleriert, weil er die entscheidenden Pheromonsignale und das richtige Bettelverhalten beherrscht. Trotz ähnlich klingender Namen sind beide Ameisenarten nur entfernt miteinander verwandt. [5]

Im Sommersitz, bei *Formica*, wird im Winter keine Brut aufgezogen, für die Entwicklung der Käfer heißt das Stillstand. Bei *Myrmica* sind die Brutkammern auch in der kalten Jahreszeit in Betrieb. Der Umzug ist riskant, aber lohnend, und das chemische Sensorium der jungen Käfer ist so empfindlich, dass es aus den vielen Ameisenkolonien der Wiesen die richtigen herausfinden kann. Jeder Irrtum bringt die Käfer in Gefahr. Nicht alle Ameisen lassen sich becircen.

Sie zu finden reicht allerdings nicht, die Käfer müssen adoptiert werden, wobei sie sanft nachhelfen. Auf ihrem Hinterleib sitzen drei Drüsen, deren Namen ihre Aufgaben präzise beschreiben: Verteidigungsdrüse, Besänftigungsdrüse, Adoptionsdrüse. Sie kommen je nach Bedarf zum Einsatz, wenn *Atemeles* auf eine Arbeiterin stößt. Die beruhigenden, umschmeichelnden Düfte erzeugt der Käfer an seiner Hinterleibsspitze, die er der Ameise quasi unter die Fühler reibt. Danach präsentiert er seine Flanken, an denen sich neben kräftigen Haarbüscheln die Adoptionsdrüsen befinden. Die Ameisen packen die Haare, die offenbar nichts anderes sind als Tragegriffe, und transportieren *Atemeles* auf direktem Wege in die Brutkammern des Nestes. Das Drüsensekret ist so unwiderstehlich, dass Arbeiterinnen auch damit getränkte Filterpapierstückchen ins Nest schleppen. Dort wird der Käfer dann den Winter über behandelt, als habe er schon immer dazugehört. Der Frühjahrsumzug zurück ins *Formica*-Nest folgt demselben Prinzip. Nach Paarung und Eiablage wachsen dort die Larven der Käfer heran.

Die extremste bekannte Form von Sozialparasitismus unter Ameisen ist mitten in den Alpen entdeckt worden, in einem isolierten Tal
bei Zermatt. Keine andere Ameisenart, die bei der eigenen Verwandtschaft hausiert, geht so weit wie sie, daher ihr Name: *Teleutomyrmex*,
die »letzte Ameise«. Vieles, was diese Tiere auszeichnet, ihre große
Zahl, ihre Aggressivität, ihre quirlige und unermüdliche Aktivität,
haben die »letzten Ameisen« hinter sich gelassen. Ihr Volk ist klein
und besteht nur aus wenigen Königinnen, zur Fortpflanzungszeit treten auch Männchen auf. Sie sind apathisch, bewegen sich kaum und
zeigen stattdessen eine Art Klammerreflex. Auf ihrer Körperober-
fläche sondern winzige Drüsenhaare ein Sekret ab, das die Parasiten-
königinnen für die Wirtsameisen unwiderstehlich macht. Ständig
werden sie abgeleckt. Alles in allem führt die »letzte Ameise« ein
ziemlich dekadentes Leben, sie richtet allerdings auch keinen großen Schaden an. Zumeist findet man die blassen, nur 2,5 Millimeter
messenden Tiere huckepack auf den Königinnen der Wirtsameisen,
die unter der Last von bis zu acht *Teleutomyrmex* regelrecht zusam-
menbrechen können. Der Körper der Parasiten hat sich auf diese passive Existenz eingestellt. Damit sie sich anschmiegen können, ist ihre
Unterseite konkav gewölbt, die Krallen sind vergrößert, für den besseren Halt. Ihre Kieferzangen wurden reduziert, sodass die Tiere nur
die erbettelte Flüssignahrung zu sich nehmen können.[6]

Treiberameisen haben zweifellos eine besonders Respekt ein-
flößende Art entwickelt, ihren Lebensunterhalt zu bestreiten.
Ihre Völker gehören zu den größten innerhalb der Ameisen-
welt. Sie sind Jäger, die in unterschiedlichen Formationen ihren
Lebensraum durchkämmen, als meterlange Fächer, Walzen oder

Pfeile aus Hunderttausenden von Tieren, die alles angreifen, was sie überwältigen können.

Treiberameisen bauen keine festen Nester, sondern beziehen sogenannte Biwaks, die sie sofort wieder verlassen, wenn die Nahrung in der Umgebung knapp wird. In stationären Phasen, die sie hin und wieder einlegen, um eine neue Generation von Arbeitern heranzuziehen, bleiben sie maximal drei Wochen an einem Ort. Baumaterialien sind überflüssig, denn ein Biwak besteht im Wesentlichen aus den dicht ineinander verhakten Leibern der Ameisen selbst und kann an jeder geschützten Stelle entstehen. Die verschiedenen Arbeiterkasten bilden zuerst Ketten, dann Netze, die schließlich immer dichter und fester werden, je mehr Tiere sich im wahrsten Sinne des Wortes mit einhaken. Am Ende ist eine solide zylindrische Masse von etwa einem Meter Durchmesser entstanden.»Das ganze dunkelbraune Konglomerat«, so die berühmten Ameisenforscher Bert Hölldobler und Edward O. Wilson, »verströmt einen moschusartigen, irgendwie unangenehmen Geruch.«[7] Im Inneren sitzen eine Königin und zur Fortpflanzungszeit kurzzeitig etwa Tausend Männchen und einige jungfräuliche Prinzessinnen.

Es erscheint fast unglaublich, dass sich auch in oder an einem solchen Biwak »Ameisengäste« aufhalten. Es gibt ja keinerlei Versteckmöglichkeiten, die Wände des Biwaks, mögliche Hohlräume und Gänge, alles wird von den Körpern lebender Ameisen geformt. Und doch sind diese Kolonien ein Paradies für Myrmekophile. In einem einzigen Biwak der Treiberameisen können sich mehr als 4.000 parasitische Rennfliegen, *Phoridae*, aufhalten und sie sind nur eine von vielen myrmekophilen Tiergruppen. Diese Fliegen haben ihr Äußeres stark verändert. Oft sind sie flügellos und sehen eher wie Schaben oder Asseln aus. Die Treiberameisen zeigen, dass man keinen festen

Wohnsitz beziehen muss, um viele »Freunde« anzulocken. Wenn das Angebot stimmt, können auch nomadisierende Jäger und Sammler zur Attraktion werden – eine Erfahrung, die auch unsere Vorfahren machen mussten.

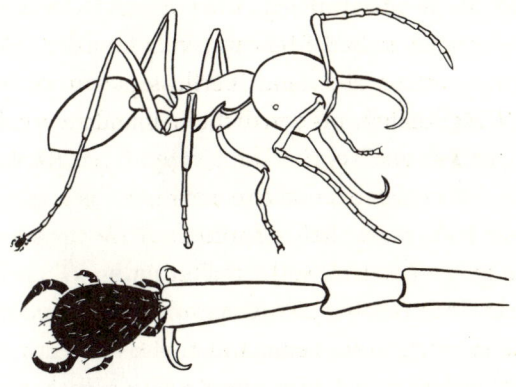

Die Milbe *Macrocheles* führt ein Leben als Ameisenkralle.

Am zahlreichsten sind wieder die Milben. Viele krallen sich an den Ameisen fest, an Kieferzangen oder Antennen, und lassen sich herumtragen. Die Milbe *Macrocheles* ist ein echter Parasit, der Haemolymphe saugt, die Körperflüssigkeit der Insekten, und ihr Platz ist das hintere Beinpaar der Treiberameisen, genauer gesagt, zwischen den Krallen des letzten Fußgliedes. Es ist, als würde sich ein blutsaugender orangengroßer Fremdling zwischen unseren Zehen einnisten. Er wäre überaus lästig und ein ernstes Handicap für ein Lebewesen, das auf zwei Beinen geht und darauf angewiesen ist, bei Gefahr wegzulaufen. Eine Treiberameise mit einer *Macrocheles* ist aber nicht nur in ihrer Bewegung behindert. Die Krallen des letzten Beinpaares, an denen die Milbe sitzt, sind nicht mehr zu gebrauchen und gerade diese Krallen sind wichtig, wenn die Ameisen sich nachts zu einem Biwak verhaken. Eine einzelne Treiberameise aber, ohne einen Platz im Biwak, hat kaum eine Chance zu überleben.

Macrocheles kann als Parasit kein Interesse daran haben, ihren Wirt in einen Krüppel zu verwandeln, der von der Bildung des Biwaks ausgeschlossen ist. Also – das ist jedenfalls die Erklärung der Forscher für das seltsame Verhalten der Milbe – versucht der Parasit, diesen von ihm verursachten Nachteil auszugleichen. »Die Hinterbeine der Milbe wurden nie in gestreckter Haltung beobachtet«, schrieb der Biologe C. W. Rettenmeyer, der *Macrocheles* entdeckte. »Sie waren immer gebogen.« Gebogen wie ein Haken. Die Milbe stellt ihrem Wirt als Krallenersatz die eigenen Hinterbeine zur Verfügung. »Es gab keinen Unterschied im Verhalten der Ameisen, ob nun eigene Krallen oder die Hinterbeine der Milbe mit einem Widerpart verhakt waren.«[8] Der Preis für die Hämolymphe des Wirtes ist ein Milbenleben als Ameisenkralle.

Die spektakulären Raubzüge der Treiberameisen mussten schon mehrfach als Kulisse für Horrorfilme herhalten. Wer angesichts eines sich nähernden Volkes die Nerven hat, zu bleiben, kann erleben, dass der Zug von seltsamen Geräuschen begleitet wird, von Rascheln und Knistern, verursacht von den Ameisen selbst, den Blättern, die sie überqueren, und den vielen Tieren, die in Panik die Flucht ergreifen. Aber da sind noch andere Geräusche. Die Ameisen kommen nicht allein. Ein Augenzeuge berichtet:

»Ein weiteres charakteristisches Merkmal des Schwarmangriffs ist das laute und unbeständige Summen der zerstreuten Gruppe von Fliegen unterschiedlichster Spezies; einige Arten schweben, kreisen oder fliegen unmittelbar vor der Schwarmspitze, andere wiederum über dem Schwarm selbst oder über dem nachfolgenden Luftstrom. Zu dem bekannten Gesumme mischen sich in unregelmäßigen Abständen kurze, höhere Töne, wenn einzelne Fliegen oder kleinere Gruppen von ihnen sich hier und da auf ein mögliches Opfer der Ameisen stürzen, welches plötzlich in ihr Blickfeld geraten ist.«[9]

An den Flanken des meterlangen Zuges laufen zahlreiche Käfer mit. Andere reiten auf Kopf oder Rücken der Ameisen. Die Käfer sind auf den ersten Blick kaum von den Ameisen zu unterscheiden; die Wissenschaftler streiten darüber, ob es sich um einen Fall von Nachahmung, also Mimikri, handelt. Die Tarnung würde kaum den Ameisen gelten, die nahezu blind sind und sich ausschließlich auf ihre »Nase« verlassen. Sie zielt vermutlich auf die Vögel, die den Ameisenzug begleiten. Beide, sowohl die Käfer, die im Ameisenzug mitlaufen, als auch die Vögel, haben es auf die vielen Tiere abgesehen, die das Ameisenheer aus ihren Verstecken treibt. Dem Heer folgt eine Käfernachhut, die sich auf Beutereste und tote und verletzte Ameisen stürzt.

Säugetiere

Zum Abschluss unserer Hausbesuche sollten wir uns kurz in den Bauten von Säugetieren umschauen. Nicht, dass uns nach dem Gewimmel in Vogel- und Ameisennestern noch viel Neues erwarten würde. Aber es handelt sich schließlich um nahe Verwandte, mit denen uns weit mehr verbindet als mit Staren oder Treiberameisen.

Ein Säugetierbau entsteht in der Regel durch Abtransport von Erde. Natürlich gibt es Ausnahmen wie die Biber, die Holz zu den bekannten Burgen auftürmen. Die typischen Wohnstätten der Säugetiere aber liegen unter der Erde und es sind vor allem die vielen unscheinbaren Arten, die sie graben. Nagetiere können riesige Höhlensysteme anlegen. Neben langen Laufgängen enthalten sie Nest- und Vorratskammern und spezielle Kotplätze, zusammengenommen ein Raum von beträchtlicher Größe, in dem man auch auf allerhand fremdes Getier stoßen kann, das eine solide gegrabene Erdhöhle zu schätzen weiß. Unsere haarigen Vettern, die Affen, bringen baulich kaum Erwähnenswertes zustande, deswegen können wir sie hier sang- und klanglos übergehen. Schimpansen bauen aus Blättern einfache Schlafnester, die in keiner Weise andeuten, wozu die Menschen fähig sind, ihre engsten, zu über 98 Prozent genetisch identischen Verwandten.

Von den kleinen Wühlmäusen sind ebenfalls keine Höchstleistungen im Tiefbau zu erwarten, trotzdem machen sie ihrem Namen alle Ehre. Der Eingang eines Rötelmausbaus, durch den die Erde hinausgeschafft wird, misst etwa drei Zentimeter im Durchmesser, die Laufgänge sind mit acht Zentimetern gerade groß genug, um mit der Hand hineinzufassen. Als verschlungenes Wegenetz durchziehen sie den Boden, wobei die Bauten mehrerer Wühlmausfamilien miteinander verbunden sind, ein unterirdischer Irrgarten mit diversen Ein- und Ausgängen, in dem ununterbrochen gebaut, stillgelegt und repariert wird.

Abgesehen von den Eingängen herrscht im Bau völlige Dunkelheit. Die Luftfeuchtigkeit liegt ganzjährig und rund um die Uhr bei einhundert Prozent. Die Temperaturextreme der Oberfläche werden vom Boden abgeschirmt und ausgeglichen. Beträgt die Differenz zwischen täglichem Minimum und Maximum oben 28 Grad Celsius, sind es unten im Gang nur 4. Selbst strenge Fröste werden abgemildert, unter einer Schneedecke herrschen konstante 0 Grad. Das eigentliche Nest der Wühlmäuse befindet sich in einer speziellen Kammer, meist unter

Steinen oder Wurzelballen, und ist klein und kugelförmig. Es besteht aus pflanzlichem Material, aus Gräsern, Moos, zerbissenem Holz und Laub und unterscheidet sich nicht prinzipiell von einem Starennest, allerdings ist es wesentlich feuchter. Wo das Nestmaterial Kontakt mit dem Boden hat, ist es verpilzt und wird zersetzt. Der Nestinnenraum ist trocken.

Texas, um 1900

Anfang des 20. Jahrhunderts, als große Teile der Prärie noch Wildnis waren, existierten in Texas riesige Kolonien einer Erdhörnchenart, die wegen ihrer bellenden Rufe Präriehunde genannt werden. Die größte soll sich über 25.000 Quadratmeilen erstreckt haben. Die ersten Siedler im Mittleren Westen waren beeindruckt und bezeichneten diese Kolonien als Städte. Wohin sie auch blickten, überall sahen sie die Eingänge der Präriehundhöhlen mit den typischen Erdhügeln. Diese Erdwälle sind ein wichtiger Bestandteil des Baus. Im Sommer dienen sie in der weiten Ebene als Ausguck und nach der Schneeschmelze und heftigen Regenfällen schützen sie vor Überflutung. Die Tiere investieren viel Zeit, um Wasserschäden zu reparieren und Erde aufzuschütten. Ihre Gänge haben 15 Zentimeter Durchmesser und führen bis zu fünf Meter tief in den Boden – genug Platz für allerhand fremdes Getier. In den Gangsystemen der verwandten Taschenratten begegneten Biologen 22 Wirbeltierarten, unter anderem Salamander, Kröten, Eidechsen, Schlangen, Feldmäuse, Wiesenwühlmäuse, Maulwürfe, Erdhörnchen, Wiesel und Baumwollschwanzkaninchen.[1]

Der Frostgefahr begegnen die Tiere, indem sie Gemeinschaftsnester bilden und dick mit fein zerkleinerten Pflanzenteilen auspolstern, eine Technik, die auch von Hausmäusen angewendet wird. Auf diese Weise können sich die eigentlich wärmeliebenden Hausnager sogar in Kühlräumen bei minus zehn Grad niederlassen und erfolgreich fortpflanzen.[2]

Um als Untermieter in einem Säugetierbau zu leben, braucht man keine chemische Tarnkappe wie viele »Ameisenfreunde«. Es genügt, klein und flink zu sein und sich auf das gebotene Nahrungsspektrum einzustellen. Die Fauna eines Kleinsäugerbaus ist nicht einfach zu ermitteln. Einen bequemen Zugang zur unterirdischen Wohnwelt der Wühlmäuse gibt es nicht, die Forscher müssen ihn erst schaffen. In der dicht verfilzten Vegetation von Wiesen und Weiden kann man über dem Wühlmausgang ein Grasstück ausstechen, im Boden des Ganges eine Falle mit oder ohne Köder deponieren und das Grasstück wieder einsetzen. (Das Prinzip der Bodenfalle kennen Sie ja bereits vom großstädtischen Käferfang.) Wenn man Glück hat, stören die Bewohner sich nicht daran. Feldmäuse sind recht tolerant. Rötelmäuse aber antworten mit Sabotage auf ganzer Linie, wie der Biologe Eberhard Baumann zu berichten weiß. »Es kam hinzu, dass die Rötelmäuse alle Fallen ausgruben oder, wo das nicht möglich war, sie mit Erde zuwarfen oder gar den ganzen Gang stilllegten und einen neuen bauten. [...] Verschiedentlich wurden die Fanggläser meterweit vom Ort ihrer Aufstellung entfernt wiedergefunden, oft genug aber blieben sie ganz verschwunden, und nur eine große Höhlung zeigte ihren ehemaligen Standort an.«[3]

Trotzdem gelang es Baumann, bei Wühlmäusen am hessischen Hohen Vogelsberg etliche Fallen zu platzieren, ohne dass ihm die Bewohner einen Strich durch die Rechnung machten. Spezielle Ein- und Ausgangsfallen lieferten ihm Informationen über den lebhaften Reiseverkehr zwischen der Oberfläche und der von den Wühlmäusen geschaffenen Unterwelt. Zudem grub er zahlreiche Nester aus und ließ sie (ohne die Mäuse, versteht sich) in Plastiksäcken solange vor sich hin brüten, bis alles, was darin lebte, herausgekrochen oder geschlüpft war.

In den Fallen fand er viele Tiergruppen, die im Gangsystem der Mäuse leben: Schnecken, Würmer, Spinnen, Weberknechte, Milben, Asseln, Käfer und etliche andere Insekten. Baumann interessierte sich aber nur für Fliegen und Mücken. Damit hatte er genug zu tun. Er fing 4.300 von ihnen, die sich auf etwa 130 Arten verteilten. Was die Wühlmausgänge für Fliegen so anziehend macht, ist nicht leicht auszumachen. Ist es die Kühle im Sommer, die Dunkelheit, die mit Feuchtigkeit gesättigte Luft? Vor allem sind es wohl die Mäuse selbst und ihre Sammelaktivitäten. Baumann legte mehrfach künstliche Gänge an, die – so weit ein Mensch das beurteilen kann – ihren Vorbildern in Lage und Größe entsprachen, aber leider »wurde niemals eine Fliege darin erbeutet.«[4]

Der zentrale Ort eines jeden Baus ist das aus Pflanzenmaterial bestehende Nest, sowohl für die Wühlmäuse als auch für ihre Mitbewohner. Das, was Baumann aus über achtzig ausgegrabenen Nestern züchtete, waren genau die Arten, die er in den Gängen des restlichen Baus fing. Diese Fliegen und Mücken suchen die Nester aktiv auf, legen dort ihre Eier ab, die Larven fressen sich bis zur Verpuppung voll und die geschlüpften Insekten paaren sich und suchen einen Platz zur Eiablage. Das kann ein neues Nest sein oder auch das alte. Woran sie sich dabei orientieren, ist unbekannt. Ihre Körper haben sich auf ein Leben in dunklen Höhlen eingestellt. Die Augen sind verkleinert, die Flügel verkümmert, die Fußglieder verlängert. Auch der das Nest umgebende Boden wurde ins Labor gebracht und bebrütet. Aber nie »ergab die mitgenommene Erde eine einzige Fliege.«[5] Die Tiere halten sich ausschließlich im Nestmaterial auf und leben als Saprophagen von seiner verrottenden Substanz. Wir Menschen würden sie als Vorrats- und Materialschädlinge klassifizieren.

Von den gefangenen Fliegen gelangten viele nur durch Zufall in einen Wühlmausbau, so wie sie sich durch offene Fenster in unsere Häuser verirren. Dazu zählten einige aus der Verwandtschaft der Stubenfliege. Zufallsgäste oder nicht? Originalton Baumann: »*Fannia armata* ist aus Menschenkot, *F. mutica* aus Pilzen gezogen worden, *F. verspertilionis* scheint enger an Fledermauskot gebunden, während *F. canicularis* als Kosmopolit in Dünger, Leichen und rottenden Vegetabilien lebt, aber auch in Nestern von Hummel, Hornisse, Vögeln und Mäusen vorkommt.«[6]

Menschen- und Fledermauskot, Leichen, rottende Vegetabilien – was für eine Gesellschaft! Dabei haben wir die Flöhe und Läuse und die anderen Parasiten noch gar nicht erwähnt. Auch Säugetiere können von zu großen Parasitenpopulationen aus ihren Bauten vertrieben werden. Und wie bei den Vögeln sind es in Kolonien lebende Tiere, die besonders gefährdet sind.[7] Die Blutsauger und Hautschuppenverwerter gibt es also auch in Säugetiernestern und sie sind nicht nur eine Plage für ihre Wirte. Kaum eine Tiergruppe hat für Menschen schicksalhafte Bedeutung gehabt als die Flöhe von Nagetieren. Rattenflöhe, das weiß man seit 1898, sind Überträger der Beulenpest, einer der verheerendsten Seuchen, die die Menschheit je heimgesucht hat.

Die Pest ist nicht ausgestorben, sie hat sich nur verkrochen. Einige Nager, etwa die putzigen kalifornischen Streifenhörnchen, die in Parks mitten in Los Angeles herumtollen, sind bis heute ein biologisches Reservoir des Pesterregers geblieben (man spricht von einer Nagetierfloh-Epizootie). 1925, kurz nach dem letzten größeren Ausbruch der Lungenpest in den USA, stellten die Ärzte im kalifornischen State Board of Health fest, dass »Ratten und Streifenhörnchen in engem Kontakt und häufig sogar in den gleichen Bauten leben, mit der Folge, dass Rattenflöhe Streifenhörnchen befallen und Hörnchenflöhe Ratten.«[8] Und die Pest ist immer dabei. »Es scheint beinahe so, als warte die Pest darauf, dass uns unser Gedächtnis im Stich lässt«, sagte ein amerikanischer Experte Mitte der Neunzigerjahre. »Und dann schwärmt sie wieder aus und stellt unsere Verteidigungsbereitschaft auf die Probe.«[9]

3. Homo sapiens und seine Gefolgschaft – die Anthropozönose

Fassen wir kurz zusammen. Jede Tierart dieser Welt hat mit zahlreichen Parasiten zu kämpfen: Krankheitserreger, Blutsauger, Würmer, Insekten. In unserer Hierarchie der Lebewesen nehmen sie die unterste Stufe ein. Sie sind die elenden Schmarotzer, die sich nicht die Mühe machen, ihre Nahrung auf anständige Weise zu suchen, degenerierte Aussteiger aus dem Evolutionsprozess, der doch aus stetiger Vervollkommnung bestehen sollte. Sogar die Wissenschaft machte lange Zeit einen Bogen um sie.[1]

Parasiten haben ein Leben in Freiheit und Würde aufgegeben, um sich auf Kosten ihrer Opfer, die man beschönigend »Wirte« nennt, für immer exzessiver Völlerei und Sex hinzugeben. Igitt!

Vielleicht gibt es glücklichere Wesen auf fernen Planeten, die kein Problem mit Parasiten haben, aber das ist unwahrscheinlich. Die Körper von Organismen sind neben Land und Wasser der drittgrößte Lebensraum, den die Erde zu bieten hat. Die Evolution wäre ein sehr ineffektiver Prozess, wenn sie diese gigantischen und extrem nährstoffreichen Ressourcen ungenutzt ließe. Ein Betriebsunfall ist die Existenz von Parasiten also nicht, eher schon eine evolutionäre Zwangsläufigkeit. Vermutlich ist das kein Trost, aber auch die Körper der Parasiten sind Ziel von Parasitenangriffen durch sogenannte Hyperparasiten. Das Prinzip ist universell und gerecht: Wo es etwas zu holen gibt, kommt früher oder später einer, der davon Gebrauch macht. Meist sind es mehrere.

Werden Tiere zumindest zeitweilig sesshaft, schaffen sie sich einen geschützten Raum, ein Nest, einen Bau, und schließen sich zu großen Gemeinschaften zusammen, dann ergeben sich für Parasiten fantastische neue Möglichkeiten.

Soziales Zusammenleben und Kolonien entstanden als Antwort auf die Bedrohung durch Raubtiere, aber sie verschärften den Kampf gegen die Parasiten. Dieser endet für die Wirte nur selten mit dem Tod, manchmal ist er noch nicht einmal lästig, am Ende also wahrscheinlich das geringere Übel. Das Leben mit Parasiten ist beschwerlicher, aber immerhin geht es weiter. Womit wir bei einer sehr menschlichen Sicht der Dinge angelangt wären.

Städte, man muss es einmal so deutlich sagen, sind nichts anderes als gigantische Ansammlungen von Nistplätzen und Wohnhöhlen einer einzigen sozial lebenden Tierart. Wir selbst sehen das natürlich ganz anders, verweisen sofort auf die Errungenschaften unserer Kultur, die grandiosen Zeugnisse menschlicher Schaffenskraft. Uns als Tiere zu sehen, fällt schwer genug, unsere mit Liebe und viel Geld eingerichteten Häuser und Wohnungen zu Nistplätzen und Wohnhöhlen herabzuwürdigen, das geht wirklich zu weit. Aber all das schmückende Beiwerk, die Architektur, die Kunst, die Technik, das bunte Leben unserer Straßen, verstellt den Blick auf eine schlichte Wahrheit: Städte sind, aus Sicht der anderen Lebewesen, nichts anderes als ganzjährig bevölkerte Tierkolonien, die viel Platz im Freien bieten, reichlich beheizten und trockenen Unterschlupf und noch dazu mit Nahrungsmitteln überversorgt sind.

Nach allem, was wir über Tiere und ihre Behausungen gehört haben, war es unausweichlich, dass sich in den Häusern und Siedlungen der Menschen ähnliche Verhältnisse einstellten wie in Vogelnestern und Nagetierbauten. Großfamilien,

Herden, Schwärme und Kolonien bieten für das Individuum einen vergleichsweise sicheren Zufluchtsort und können, besonders bei Arten mit hochentwickelten kommunikativen Fertigkeiten, zu brodelnden Informationszentren werden. Das ist beim Menschen nicht anders als bei den nordamerikanischen Klippenschwalben. Doch wo viele Menschen auf engem Raum zusammenleben, gedeihen auch Humanparasiten und anderes Getier, zumal wenn die hygienischen Verhältnisse zu wünschen übrig lassen. Für den größten Teil der Menschheitsgeschichte gilt: Dreck, Gestank und mangelhafte Hygiene waren in Städten die Regel, nicht die Ausnahme. Auf einem beträchtlichen Teil des Globus hat sich bis heute nichts daran geändert.

An vorderster Front sind es die aus den Tiernestern bekannten Übeltäter, die uns in unsere eigenen, anfangs noch primitiven vier Wände folgten: Milben, Wanzen, Flöhe, Käfer und Fliegen. Von ihnen wird gleich ausführlich die Rede sein. Die Natur war vorbereitet. In den ersten Felshöhlen, die unsere Vorfahren bezogen, hausten vorher Tiere, Fledermäuse, Vögel und verschiedene große Raubtiere. Ihre Parasiten, die dort auf sie warteten wie die Wanzen und Flöhe auf die alljährliche Rückkehr der Schwalben, machten in den Höhlen Bekanntschaft mit Menschen, kamen mit der Zeit auf den Geschmack und folgten uns dann weiter in Holzhütten und Hochhaussiedlungen.

Manche von ihnen mögen in modernen westlichen Großstädten keine große Rolle mehr spielen. Im globalen Maßstab betrachtet muss man sich aber um das Überleben von Menschenfloh und Co. keine Sorgen machen. Anfang des dritten Jahrtausends unserer Zeitrechnung müssen vier von fünf Menschen auf dieser Welt ihre Schlafplätze noch immer mit Bettwanzen teilen.[2]

Afrika, vor 72.000 Jahren

Sicher war es kein Anzug von Gucci oder Armani, ansonsten ist über die Kleidung der Frühmenschen wenig bekannt. Bisher gibt es keinen archäologischen Hinweis darauf, wo und wann unsere Vorfahren zum ersten Mal in einem selbst gefertigten Kleidungsstück über den Laufsteg der Savanne liefen. Anthropologen aus Leipzig haben sich jetzt einer molekularen Uhr bedient, um dieses Rätsel zu lösen. Sie tickt in den Zellen der menschlichen Körper- oder Kleiderlaus, *Pediculus humanus*. Diese, so die logische Überlegung der Wissenschaftler um Mark Stoneking, konnte sich erst dann aus der ordinären Kopflaus entwickeln, als es unter den Menschen allgemein Usus wurde, sich zu bekleiden. Sie bestimmten den genetischen Abstand beider Läuse und errechneten, dass sich deren Evolutionswege erst vor etwa 72.000 Jahren getrennt haben. Außerdem deutet alles darauf hin, dass die Kleiderläuse und mithin die Kleidung in Afrika entstanden, gerade rechtzeitig vor dem großen Exodus in kühlere Weltgegenden.[3]

Schicksalhafte Begegnungen von *Homo* und seinen zukünftigen Begleitern fanden bereits an den Lagerplätzen der als nomadische Jäger und Sammler herumziehenden Frühmenschengruppen statt.

Unsere Vorfahren dürften schnell herausgefunden haben, dass es nicht empfehlenswert ist, die Reste ihrer Mahlzeiten mitten im Lager liegen zu lassen. Sie richteten in einiger Entfernung Müllplätze ein, auf denen Knochen und Pflanzenreste vor sich hin stanken und zur Attraktion für Entsorgungsspezialisten wurden, für Fliegen, Käfer, Schaben und Nagetiere, aber auch für Raben- und Greifvögel. Je länger die Menschen an einem

Ort verweilten, desto ergiebiger und interessanter wurden diese Hinterlassenschaften. Experten halten es für möglich, dass den von einem Lagerplatz zum nächsten wandernden Menschen, ähnlich wie den Treiberameisen, die jagend von Biwak zu Biwak ziehen, ein summendes und raschelndes Insektenheer folgte und in sicherer Entfernung oben am Himmel die Vögel.

Als die Menschen sesshaft und zu Bauern wurden, änderte sich die Situation grundlegend. Die Erfindung der Landwirtschaft ermöglichte eine um den Faktor zehn bis hundert höhere Bevölkerungsdichte als das Jäger-und-Sammler-Dasein. Je größer die Zahl der Menschen wurde, die in den Siedlungen zusammenlebten, desto wichtiger wurde eine planvolle Vorratshaltung zur Ernährung der Bewohner und zum Handel mit anderen Menschen. Die zuverlässige Lagerung von Lebensmitteln, insbesondere von Getreide, war eine wichtige Voraussetzung für das Entstehen von Städten. Gleichzeitig, ohne es zu wollen, deckten die Menschen damit den Tisch für einen neuen und sehr lästigen Typ von Stadtlebewesen: den Material- und Vorratsschädling. Meistens handelte es sich dabei um Insekten oder Spinnentiere, die ihrer Nahrung in die Häuser, Scheunen und Vorratskammern folgten, statt draußen lange danach zu suchen oder sich mit dem Abfall zu begnügen. Die Menschen taten ihnen den Gefallen, massenhaft Holz, Schilf und Stroh zu verbauen und große Mengen an Pflanzen oder Pflanzenteilen zu bunkern. Die Zuchtbemühungen der Bauern sorgten dafür, dass die Samen der Getreidepflanzen größer und nährstoffreicher wurden. Dazu kamen immer mehr tierische Produkte, Felle, Federn, Haare, die zu Pelzen, Polstern, Wolle und Textilien verarbeitet wurden – ein reiches Nahrungsangebot.

Tierarten, die bis dahin kaum in Erscheinung getreten waren, gerieten zunehmend in einen ernsten Interessenkonflikt mit den Menschen, der sich auf lange Sicht vor allem für letztere als problematisch erweisen sollte. Pflanzenfresser, die sogenannten Phytophagen, wurden aus Sicht des Homo sapiens zu direkten Nahrungskonkurrenten, zu Schädlingen. (Für viele Tausend Pflanzen- und Tierarten, die uns nicht in die Städte folgten, stellt sich die Sache ganz anders dar. Aus ihrer Sicht ist es der Mensch, der sich aus den harmlosen Anfängen zu einem Schädling von geradezu monströsen Dimensionen entwickelt hat.) Paradoxerweise war es dieser fundamentale Fortschritt in der Lebensweise der Menschen, der Übergang zu Landwirtschaft und Sesshaftigkeit, der für bestimmte Feinschmecker mitten in den neuen Siedlungen ein Schlaraffenland schuf. Vor allem für Milben und Käfer.

Dass es fast unmöglich war, irgendetwas vor diesen gefräßigen Kreaturen zu verbergen, kann man anschaulich im Berliner Museum für Naturkunde bewundern. Die Sammlungsstücke sind im ersten Stock untergebracht. Eine prächtige Treppe führt aus dem öffentlich zugänglichen Ausstellungsbereich hoch ins Riesenreich der Coleopteren, versperrt mit einer armdicken roten Kordel. Zutritt nur für Spezialisten. Dort oben, hinter drei Meter hohen Portalen, wird eine der bedeutendsten Käfersammlungen der Welt verwahrt.

In mehreren Gängen steht ein schmuckloser Holzschrank neben dem anderen. Hier lagern 11.000 Insektenkästen, jeder so groß, dass das komplette Berliner Telefonbuchsortiment darin Platz fände. In den Kästen befinden sich sieben Millionen Käfer, eine erstarrte Armee hohler Chitinpanzer, an denen der Fachmann fast alles, was für ihre Bestimmung wichtig ist, erkennen kann. Insekten haben keine sterbliche Hülle, im Gegenteil. Ihre feste Rüstung ist alles, was übrig bleibt. Nur das Innere verrottet.

Die Sammlung hat viele spektakuläre Funde zu bieten, aber auch Hunderte von Kästen mit unauffälligen kleinen braunen oder schwarzen Käfern, die sich mit Vorliebe von den Vorräten der Menschen ernährten, dem Staub, der sich in den Dielenritzen ihrer Häuser ansammelt: Diebskäfer, Speckkäfer, Pochkäfer, Schimmelkäfer und andere.

Die mit Abstand ältesten Sammlungsstücke stammen aus Pharaonengräbern in der ägyptischen Wüste. Sie wurden nicht von Biologen gesammelt, sondern von Archäologen ausgegraben. Wie bei einer umgestürzten Ritterrüstung ist ihr Skelettpanzer in seine Einzelteile zerfallen, in Köpfe, Brustpanzer und Flügeldecken. Angesichts ihres Alters von nicht weniger als viertausend Jahren ist ihr Erhaltungszustand erstaunlich. Die verschiedenen Arten lassen sich noch problemlos identifizieren, zum Beispiel die Schwarzkäfer, die sich so tief in den Wüstensand gruben, dass sie irgendwann zufällig auf die Sarkophage plumpsten.

Den verstorbenen, als Götter verehrten ägyptischen Königen wurde ein steinerner Käfer auf die Brust gelegt, ein Scarabäus, kunstvolle Nachbildungen des Heiligen Pillendrehers. Andere, sehr lebendige Käfer sorgten dafür, dass die Pharaonen nach ihrem Ableben wohl hungern mussten. Eigentlich war auf der beschwerlichen Reise ins Jenseits für das leibliche Wohl des Pharaos gesorgt, denn unter den Grabbeigaben befanden sich auch Gefäße mit Getreide. Bei ihrer Entdeckung durch die Archäologen enthielten sie jedoch zahlreiche Skeletttrümmer kleiner Schädlinge. Natürlich könnten die Getreidekäfer auch viel später auf diese unerschlossene Nahrungsquelle aufmerksam geworden sein, der Kustos der Berliner Käfersammlung hält es aber für wahrscheinlicher, dass sie schon die frischen Getreidekörner befallen hatten. Es wären dann Zeitgenossen der Pharaonen. Käfer mögen zwar genügsam sein, aber tausend Jahre alte Pflanzensamen sind auch ihnen nicht knackig genug.

Käfer fand man auch in 4.600 Jahre alten Biervorräten und in ungesäuertem Brot, das noch ein paar hundert Jahre älter war. In den ägyptischen Gräbern tummelten sich Reismehlkäfer und Kornkäfer und erstaunlicherweise konnte man sogar winzige parasitische Wespen nachweisen, deren Larven in diesen Käferarten gelebt hatten. Als besonders reichhaltig erwies sich die seit Jahrtausenden mumifizierte Fauna des berühmten Grabes von Tutanchamun. Die Liste reicht vom Tabak- zum Brotkäfer, vom Getreidekapuziner bis zum Getreideplattkäfer.[4]

Ägypten, ca. 1427–1400 v. Chr.

Ausschnitt aus einer Hymne an Amun-Re,
der höchsten Gottheit im Alten Ägypten (Papyrus Bulaq 17):

Heil Dir, AMUN-RE ...
Du bist der Einzige, der alle Wesen geschaffen hat,
der Atemluft dem Ungeborenen im Ei gibt
und der die junge Schlange ernährt,
der die Bedürfnisse der Mücken erfüllt,
der die Würmer und Flöhe unterhält
und die Mäuse in ihrem Versteck mit Nahrung versorgt ...[5]

Den dahingeschiedenen Pharaonen wurden vermutlich Lebensmittel der besten damals verfügbaren Qualität mitgegeben. Daher kann man aus diesen Funden und schriftlichen Überlieferungen schließen, dass Vorratsschädlinge im alten Ägypten weit verbreitet waren, eine konstante Bedrohung der Lebensgrundlage der Menschen. Dazu kamen Ratten und Mäuse, die regelmäßig die Hälfte der Getreidevorräte samt darin enthaltener Käferbrut vernichteten.[6] In Schiffen, die landwirtschaftliche Produkte über das Mittelmeer transportierten, gelangten die Tiere nach Athen und ins Alte Rom, Lebensmittellieferungen für die im Norden stehenden römischen Besatzungstruppen brachten sie nach Mitteleuropa. Ihren Platz als Kostgänger an den Tischen der Menschen konnte ihnen niemand mehr streitig machen.

So alt wie diese Lebensgemeinschaften der Siedlungen sind die Versuche der Menschen, ihre sechs- und achtbeinigen Gegenspieler zu bekämpfen. Das früheste Zeugnis, dass Menschen zwischen Gut und Böse, zwischen schädlichen und harmlosen Tierarten unterschieden, stammt – wie könnte es anders sein – aus einer der ersten Städte der Menschheit, aus dem assyrischen Niniveh. Auf einer zweisprachigen Keilschrifttafel, der sogenannten HAR-ra=hubullu-Tafel XIV, die aus dem neunten vorchristlichen Jahrhundert stammt (die Texte sind wahrscheinlich noch wesentlich älter), werden 409 Tiernamen aufgeführt, darunter 121 Insektenarten sowie Skorpione und Spinnen. Insekten und diverse »Würmer«, zu denen man auch einige Insektenlarven rechnete, unterschied man säuberlich in harmlose Arten und *uh*, sumerisch für »Schädling«.[7]

Für die Menschen waren die unberechenbaren Schädlingsplagen ein Werk der Götter, eine Strafe für sündhaften Lebenswandel. Alle alten Kulturen bis hin zu den Römern beteten inbrünstig zu den jeweils zuständigen Gottheiten, baten um Verschonung, um Schutz vor der Zerstörungskraft der winzigen Kieferzangen, die ihre Existenzgrundlage bedrohten. Darüber hinaus entwickelten sie im Verlauf der Jahrhunderte zahllose Tricks, um Schädlinge fernzuhalten oder zu vertreiben. Wie in den Nestern von Spatzen und Staren spielten Pflanzen und ihre wohltätigen Inhaltsstoffe dabei eine entscheidende Rolle. Oliven, Weihrauch, Wacholder, Wunderbaum und die Wucherblume *Chrysanthemum* sowie viele andere Pflanzen wurden getrocknet oder zu Tinkturen und Räuchermitteln verarbeitet, um gelagerte Lebensmittel und Kleidungsstücke zu schützen. Edle ägyptische Damen schmückten ihre Häupter zu Zeiten des Neuen Reiches (ca. 1550–1069 v. Chr.) mit wohlriechenden Salbkegeln, die aus Rinder- oder Schaftalg und aromatischen Ölen hergestellt wurden. Wenn die Körperwärme den Salbkegel zum Schmelzen brachte, verteilte sich der parfümierte Talg langsam über Haare und Oberkörper. Die Maßnahme galt vor allem den allgegenwärtigen Kopfläusen. Die aktuelle Mode favorisierte damals üppige Langhaarfrisuren und Perücken, die einen Tummelplatz für lästige Kopfbewohner abgaben.

Im Alten Ägypten galten alle Tiere »als dem Menschen gleichberechtigte Wesen der Götterschöpfung.«[8] Da es sich bei den Schädlingen demzufolge nur um gottgewollte Plagen handeln konnte, war die Priesterschaft überzeugt, dass man die Tiere niemals töten, sondern nur bedrohen, abschrecken oder vertreiben durfte. Inschriften mit Hieroglyphen verstümmelter Tiere – aufgespießte Käfer, erstochene Würmer, geköpfte Wespen oder Skorpione ohne Stachel – sollten Schädlinge davor warnen, über Gräber und Grabbeigaben herzufallen. Ansonsten propagierten die Priester das Prinzip der antipathischen Therapie, die sich abschreckende Eigenschaften natürlich vorkommender Gegenspieler zunutze machte. Das Hautfett bestimmter insektenfressender Vogelarten wurde gegen Fliegen und Wespen verwendet und die Ausscheidungen von Falb- und Sumpfkatze gegen Mäuse.[9]

Dreitausend Jahre später verfügten die Menschen über diverse mehr oder weniger wirksame Rezepte zur Schädlingsbekämpfung, im Prinzip hatte sich aber wenig geändert. Auch für den christlichen Greifswalder Theologieprofessor Conrad Tiburtius Rangoni, der 1665 ein dickes Buch über Kornschädlinge verfasste, stand außer Frage, dass menschliche Sünden den Schädlingsbefall verursachten, der schnöde Mammon im Getreidehandel und eine beklagenswerte Undankbarkeit des Landmannes gegen Gott. Daher war dem Befall vor allem durch christlichen Lebenswandel und festen Glauben zu begegnen. Andere Experten gaben praktischere Ratschläge. »In einigen Ländern bewahrt man das Getreide in Erdgruben auf«, schrieb der römische Gelehrte Marcus Terentius Varro schon im zweiten vorchristlichen Jahrhundert. »Der Weizen hält sich da an 50, die Hirse über 100 Jahre. Der Korn-Wurm kommt nie in solches Getreide. Ist auf gewöhnlichen Kornböden Getreide von Korn-Würmern angegangen, so bringt man es ins Freie an die Sonne, setzt daneben Gefäße voll Wasser, in welches die Korn-Würmer dann von selbst gehen und ersaufen.«[10]

Deutschland, 1590

Dem »Haushaltsbuch« von Johann Colerus ist folgende Rezeptur gegen Getreidekäfer zu entnehmen: »Um diese Würmer zu vertreiben, nimm ein gut Teil Wermut, gieß Wasser drauf und laß es in einem Kessel wohl sieden. Dann tu das Wasser heraus und gieße Heringslake darein und laß es noch einmal aufsieden, und wenn viele Würmer im Korn oder anderem Getreide sind, so sprenge um den Boden mit etwas Wasser und stoß das Getreide darauf, spreng's danach aufs Getreide und rühre es durcheinander.«[11]

Wie die Parasiten sind auch die Vorrats- und Materialschädlinge keine neuartige Lebensform, die erst entstehen konnte, als es Städte gab. Wir sind ihnen bei Vögeln, Ameisen und in Säugetierbauten schon begegnet. Weil das eigentliche Nest der Tiere aus pflanzlichem Material besteht, gibt es darin Nahrung für pflanzenfressende Insekten und deren Larven und für Liebhaber von verrottender organischer Substanz, den Saprophagen. Auch wenn Nistmaterial oder andere Vegetabilien verpilzen, finden sich bald spezialisierte Abnehmer. Da das Nest nun von unterschiedlichsten Kleintieren und deren Larven wimmelt, gibt es sogar Beute für räuberische Käfer und Spinnentiere.

In menschlichen Häusern und Siedlungen, die ein ungleich größeres und vielfältigeres Platz- und Nahrungsangebot bieten als Vogelnester, konnte statt der relativ kleinen und überschaubaren Gruppe der Nidikolen eine riesige komplexe Gemeinschaft entstehen. Im Verlaufe von Jahrtausenden formierte sich eine Gesellschaft von Pflanzen und Tieren, deren Bindung an den Menschen, an seine Erzeugnisse und die von ihm geschaffenen Strukturen immer enger wurde. Zusammen mit den Haus- und Nutztieren, die die Einzigen waren, die Menschen damals wie heute in ihrer Nähe haben wollten, entwickelte sich das, was Wissenschaftler eine Anthropozönose nennen. Da es davon zahllose Varianten und Erscheinungsformen gibt, spricht man besser im Plural: Anthropobiozönosen.

Zönosen oder Biozönosen sind in der Ökologie allgemein Gruppen von Organismen, die in einem Gefüge wechselseitiger Abhängigkeiten stehen. Man kann sie nach den unterschiedlichsten Kriterien definieren. Im Falle der Anthropobiozönosen ist vor allem die Bindung an den Menschen und seine Aktivitäten ausschlaggebend. Sie sind zentraler Bestandteil jeder Stadtnatur, eine Art zoologischer und botanischer Rattenschwanz, der mit der Zeit immer länger geworden ist und den wir, ob wir wollen oder nicht, seit seiner Entstehung hinter uns herschleppen.

Lange Zeit gab es geografische Unterschiede in der Zusammensetzung dieser Artengemeinschaften. Jede Weltgegend hatte andere Haustiere, andere Kulturpflanzen, andere Schädlinge und Humanparasiten. Heute haben sich die Anthropozönosen durch regen Austausch angeglichen, ein Prozess, der nicht reibungslos verlief. Phasenweise war er sogar äußerst turbulent und für viele Menschen und Tiere tödlich. Wenn in früheren Jahrhunderten Menschengruppen verschiedener Erdteile miteinander in Kontakt traten, prallten nicht nur fremde Menschen und Kulturen aufeinander, sondern ganze Anthropobiozönosen, was erhebliche ökologische und weltpolitische Konsequenzen hatte.[12]

» Ohne Zweifel waren die Europäer den meisten der nichteuropäischen Völker, über die sie den Sieg davontrugen, in puncto Bewaffnung, Technik und politischer Organisation haushoch überlegen«, schreibt Jared Diamond in seinem Buch *Arm und Reich* über das Schicksal menschlicher Gesellschaften.[13] »Doch das allein erklärt noch nicht vollständig, wie es geschehen konnte, dass eine anfangs kleine Zahl europäischer Immigranten einen so großen Teil der Bevölkerung Nord- und Südamerikas und einiger anderer Regionen der Welt von ihrem Platz verdrängen konnte. Vielleicht wäre es nicht so gekommen, hätten die Europäer kein so unheilvolles Mitbringsel im Gepäck gehabt: die Krankheitserreger, die sich in den Jahrtausenden des engen Zusammenlebens der Eurasier mit ihren Haustieren entwickelt hatten.«

Auch der in Pasadena, Los Angeles, lehrende Stadtsoziologe Mike Davis glaubt, dass » ohne die Malaria- und Pockenepidemien in den 1930er-Jahren, denen mindestens Dreiviertel der nicht missionierten eingeborenen Bevölkerung zum Opfer fielen, die kalifornische Geschichte vielleicht einen ganz anderen Verlauf genommen hätte.«[14]

Nirgendwo sonst in der Welt haben Mensch und Haustier eine derart enge Gemeinschaft gebildet wie in Vorderasien und später in Europa. Das hat tiefe Spuren hinterlassen. Die schlimmsten Epidemien unter den Menschen in geschichtlicher Zeit wurden durch Pocken, Grippe, Tuberkulose, Keuchhusten, Malaria, Pest, Masern und Cholera verursacht. Die Erreger aller dieser Krankheiten haben nahe Verwandte, deren Wirte genau die Tiere sind, die wir zu unseren Haustieren gemacht haben. Vermutlich sind sie irgendwann während der Domestizierung auf den Menschen übergegangen.

Europa, 2003

Im Frühjahr 2003 brach mitten in Europa die Geflügelpest aus. In den Abendnachrichten konnten die Fernsehzuschauer verfolgen, wie astronautenähnlich gekleidete Seuchenexperten tote Vögel untersuchten. Zehntausende Hühner, Puten und Enten mussten in Holland notgeschlachtet werden. Der Erreger, Influenza-A H7N7, hielt sich aber nicht nur ans Federvieh. Bis Ende April 2003 infizierten sich auch 89 Menschen mit dem Vogelvirus, in wesentlich mehr Menschen wurden später Antikörper nachgewiesen. Bei den meisten blieb es bei einer leichten Grippe oder Bindehautentzündung, ein 57-jähriger Tierarzt aber, der sich geweigert hatte, ein bei Untersuchungen von verseuchtem Geflügel vorgeschriebenes Anti-Virus-Mittel einzunehmen, erkrankte schwer und starb wenige Tage später an Lungenversagen.

Die frühen Amerikaner kannten kaum Haustiere und waren demzufolge von ihren Krankheiten verschont geblieben. Sie starben in Massen an Masern und Tuberkulose, während umgekehrt die Spanier kaum Anlass hatten, sich vor neuen Infektionskrankheiten zu fürchten. Es war die europäische Anthropozönose, die den Sieg errang, nicht der europäische Mensch. Im Vergleich zu der Zahl amerikanischer Ureinwohner, die an den eingeschleppten Krankheiten starben, fallen die Opfer der Konquistadoren kaum ins Gewicht. Ihre Überlegenheit verdankten die Europäer weniger ihrer Kultur, obwohl sie sich das gern einreden, als ihrem Immunsystem. Dazu kam die ökologische Umgestaltung der Kolonien durch die mitgebrachten Tiere und Pflanzen.[15]

Dieser Austausch geht weiter. Im Jahr 2000 waren 1.709 Erreger bekannt, die Infektionskrankheiten beim Menschen hervorrufen können. 823, also 48 Prozent, waren sogenannte Zoonosen, das heißt Krankheiten, die von Tieren auf Menschen übertragen werden können. Knapp zehn Prozent dieser Krankheiten sind weltweit auf dem Vormarsch und bei der überwiegenden Mehrzahl sind Tiere beteiligt: als Vektoren, also Überträger, oder als Erregerreservoir.[16]

Es ist keineswegs einfach für einen Krankheitserreger, von einer Wirtsart auf eine andere überzuspringen, denn in einem neuen Wirt sind neue biochemische Hürden zu überwinden. Wenn der Kontakt zwischen den Wirtsarten allerdings eng genug ist, wenn durch die Nähe des Zusammenlebens gar nicht zu vermeiden ist, dass der Wirtswechsel über einen längeren Zeitraum immer wieder versucht wird, dann besteht die Gefahr, dass er irgendwann gelingt. Außerdem können tierische und menschliche Viren, wenn sie in einem Wirt zusammentreffen, Teile ihrer genetischen Information untereinander austauschen und zu neuen gefährlichen Typen mutieren, wie die Erreger der berühmten »Spanischen Grippe« von 1918 oder der »Hongkong-Grippe« von 1968. In beiden Fällen hatten menschliche Influenza-Viren von verwandten Vogelgrippen-Erregern ein paar dem humanen Immunsystem unbekannte Oberflächenproteine übernommen und sich damit, zumindest vorübergehend, unangreifbar gemacht – ein Vorgang, der sich jederzeit wiederholen kann. Oder die neue, aus China stammende Lungenkrankheit SARS: Von welcher Tierart der verursachende Corona-Virus auf den Menschen übersprang, ist bis heute nicht restlos geklärt.[17] Aber der »von Gänsen, Enten, Schweinen und Menschen überfüllte Süden Chinas gilt«, wie *Der Spiegel* schrieb, »als Hexenküche, aus der immer neue Erreger hervorblubbern.«[18]

Das Wirken des Menschen hat die Welt in drei Zonen geteilt, mit breiten und komplexen Übergängen:

– unser unmittelbares Lebensumfeld, die Häuser, Siedlungen, Dörfer und vor allem die Städte, den Lebensraum der Anthropobiozönosen;

– die Gebiete, in denen wir unsere Nahrungsmittel erzeugen, die wir nutzen, indem wir Holz schlagen und Rohstoffe gewinnen, die wir umgestalten, damit sie ihren jeweiligen Zweck erfüllen. Hier, in der Kulturlandschaft, haben sich die Lebensgemeinschaften der Agrobiozönosen entwickelt.

– Der Rest ist mehr oder weniger naturbelassen. Diese Landschaften sind die Lebensräume für die natürlichen Gemeinschaften, die Eubiozönosen. Sie bevölkerten über Hunderttausende von Jahren, bevor der Mensch sesshaft wurde und Ackerbau betrieb, die ganze Erde und der Homo sapiens war darin nur eine Art von vielen. Nach optimistischen Schätzungen einiger Wissenschaftler soll dieser »Rest« immerhin noch knapp die Hälfte der irdischen Landmasse ausmachen.[19] Aber

dieser Teil schrumpft – und liegt mit Sicherheit nicht in Mitteleuropa.

Viele Pflanzen- und Tierarten praktizieren ein Sowohl-als-
auch. Sie dringen aus Naturlandschaften in Agrarflächen vor
und ziehen sich wieder zurück, sie leben in der Kulturlandschaft
und unternehmen Ausflüge in die Stadt. In der Ökologie sind
Grenzziehungen nie absolut und für alle Zeiten. Die Ansprüche, die Tiere und Pflanzen an ihre Umwelt stellen, können sich
ändern, aus seltenen Besuchern können Dauergäste werden
und umgekehrt.

Trotzdem haben sich abgrenzbare Gemeinschaften heraus-
gebildet, und gerade in den beiden Extremen, in der Naturland-
schaft und in der Stadt, gibt es zahllose Organismen, die nie außerhalb ihres engeren Lebensraums zu finden sind. Wo sich
Menschen niederließen, haben sie die Lebewesen vor die Wahl
gestellt: Schließt euch uns an oder haltet euch fern! Die meisten wählen zunächst die Flucht, wenn sie sich mit den Veränderungen (noch) nicht arrangieren können. Es sind Kultur-
flüchter – ein schreckliches Wort, denn sie fliehen nicht die
Kultur, die ihnen herzlich egal ist, sondern suchen nur nach
Orten, die ihnen ein Überleben ermöglichen. Städte mögen für
viele Tiere und Pflanzen attraktive Lebensräume bieten, es ist
aber bei Weitem nicht für alle etwas dabei.

Schließt euch uns an oder haltet euch fern! Viele der Tiere,
die die erste Option wählten oder wählen konnten, weil sie entsprechende Vorlieben hatten, die Kulturfolger, verschwanden
aus der freien Natur. Zum Beispiel Haussperling, Zitterspinne
und Küchenschabe. Man trifft sie heute, zumal in kühleren Weltgegenden, ausschließlich in Städten und Gebäuden an und manche leben schon solange bei den Menschen, dass nicht mehr zu
klären ist, wo genau dieser Übergang stattgefunden hat, schon

in Mesopotamien, wo die ersten Städte entstanden, im Ägypten der Pharaonen oder erst im Alten Rom.

Die Verlockungen, die von den Städten ausgehen, sind groß, aber keineswegs unvergleichlich. Das Angebot muss stimmen, damit sich der Umzug lohnt. Auch unter den nestbewohnenden Begleitern von Vögeln und vor allem von Ameisen und Termiten haben viele dem Freiland den Rücken gekehrt. Sie sind ausschließlich in Nestern zu finden, und weil man an den falschen Orten nach ihnen suchte, hielt man sie lange Zeit für extrem selten.

Abgesehen davon, dass sie in unserem Ansehen gesunken sind, weil sie freiwillig den ehrenvolleren Status des Wildtieres aufgaben, hat den Stadttieren die Entscheidung, sich uns anzuschließen, nicht geschadet, im Gegenteil. Im Schlepptau des Homo sapiens konnten viele von ihnen zu Kosmopoliten werden, zu ökologischen Gewinnern in einer von Menschen dominierten Welt.

4. Die Häuser

Schwarze Schafe

Good night, sleep tight,
don't let the bed bugs bite.

Englischer Gute-Nacht-Gruß

Bevor wir an die frische Luft gehen, um uns einer blühenden und zwitschernden Stadtnatur zuzuwenden, müssen wir uns um die Gebäude kümmern. Ohne Häuser keine Städte und ohne eine hausbewohnende Fauna keine städtischen Zönosen. Die Zoologen nennen die Tiere, die mit uns unter einem Dach leben, Intradomalfauna oder in Analogie zu den Nidikolen der Vögel: Domikole.[1]

Da uns diese Wesen am dichtesten auf den Pelz rücken, sind sie zweifellos der unbeliebteste Teil der wilden Stadtnatur. Große artenreiche Tiergruppen fielen bei den Menschen in Ungnade, nur weil Einzelne ihrer Vertreter sich mit Vorliebe in Gebäuden und Wohnungen aufhalten. Wir vergelten es ihnen mit einer Art Kollektivstrafe. Bei aller Naturverbundenheit – zu Hause hört für fast alle Menschen der Spaß auf.

Zum Beispiel die Wanzen. Weltweit sind über 40.000 Arten beschrieben worden, bunte, vielgestaltige Insekten wie die Käfer oder Schmetterlinge. Sie zeigen die unterschiedlichsten Lebensweisen, aber eine Einzige von ihnen, die Bettwanze, die heimtückisch unsere Nachtruhe ausnutzt, um ihren Blutdurst zu stillen, hat den Ruf der ganzen Sippe restlos ruiniert.[2] Es reicht, ein Tier als Wanze zu klassifizieren, um bei den meisten Menschen Abscheu zu erregen. Kaum einer von ihnen dürfte in der Lage sein, eine Wanze von einem Käfer zu unterscheiden.

Kakerlaken erlitten dasselbe Schicksal. 4.000 verschiedene Schabenarten führen weltweit ein unbescholtenes und weitgehend verborgenes Leben in Wald und Flur, vor allem in den Tropen. Doch in großen Teilen der Welt haben vor allem zwei, die Deutsche und die Orientalische Schabe, das raue Dasein unter freiem Himmel gegen eine behütete und wohltemperierte Existenz in menschlichen Behausungen eingetauscht.

Schaben sind eine uralte Insektengruppe, die sich seit 350 Millionen Jahren kaum verändert hat. Ihre Voraussetzungen für ein Leben als Untermieter des Menschen waren nahezu ideal. Wollte man ein perfekt angepasstes Hausinsekt konstruieren, es hätte vermutlich Eigenschaften und Aussehen einer Schabe. Sie sind nachtaktiv und sehr flink und werden somit kaum bemerkt. Sie können nahezu jede Art von Nahrung verwerten und ihr flacher, relativ weicher Körper mit der geölten Oberfläche ermöglicht es ihnen, sich in die schmalsten Ritzen zu zwängen. Da ihre Eier in einer Art Kapsel stecken und mit herumgetragen werden, sind sie auch in der Lage, die chemische Kriegsführung der Hausherren zu überstehen. Die Menschen verliehen ihnen dafür einen kaum noch zu überbietenden Ekelstatus. Dabei sind die Schaben im Vergleich zu den blutsaugenden Parasiten eher harmlose Hausgenossen. Obwohl man ihnen alle möglichen schrecklichen Dinge anlastet, treten sie schlimmstenfalls als Salmonellenüberträger und Auslöser von Allergien in Erscheinung.[3] Trotzdem wird ihre Anwesenheit auch bei geringem Befall als ekelerregend empfunden. Nicht viel anders ergeht es den Fliegen (134.000 Arten) und Spinnen (35.000 Arten).

Seltsamerweise ist der Abscheu vor Käfern weit weniger ausgeprägt, dabei gäbe es gute Gründe, sie nicht zu mögen. Sie stellen die mit Abstand artenreichste Gruppe der Hausbewohner und richten als Holzzerstörer und Vorratsschädlinge große ökonomische Schäden an.

Damit wir uns nicht falsch verstehen: Ich kann diese bevorzugende Behandlung durchaus nachvollziehen, mir geht es genauso. Ich habe meine Jahre als Wissenschaftler mit der Erforschung von Käfern zugebracht. Nur sollten Sie nicht glauben, Ihre oder meine Zu- und Abneigungen seien irgendwie rational begründbar. Für unsere emotionalen Reaktionen auf die Tiere unserer Umgebung sind reale Gefahren nur ein Faktor von vielen, und vermutlich nicht einmal der wichtigste. Mindestens genau so wichtig ist etwa die Art und Geschwindigkeit ihrer Fortbewegung. Käfer sind eher behäbig und wirken deshalb nicht sonderlich bedrohlich. Die schnellen und abrupten Bewegungen von Schaben und Spinnen mit ihren überraschenden Richtungswechseln sind uns dagegen suspekt. Dazu kommen die An- oder Abwesenheit von Haaren, Lautäußerungen, Nahrung, Geruch und vieles andere mehr.

Hamburg, 1952

Viele Arten der sogenannten Speckkäfer, *Dermestidae*, sind vom Menschen mit Warentransporten über die ganze Welt verbreitet worden. Sie wurden zu Kosmopoliten, die weltweit vor allem an tierischen Produkten schädlich werden. Hafenstädte wie Hamburg spielten dabei eine entscheidende Rolle. Ein Zitat über das Vorkommen einer Speckkäferart aus Herbert Weidners *Die Insekten der »Kulturwüste«*: »*Dermestes vulpinus* F. in einigen Straßen der Hafengegend, z. B. Kehrwieder, in der warmen Jahreszeit stets zu finden, in einem Mühlenfegselhaufen am Bullerdeich, eingeschleppt mit Häuten, Kuhhaaren, Entenfedern, Knochen, Fischmehl, chinesischem Trockeneigelb, Fisch-Scraps, Hufen, in den Seronen der Sassaparilwurzeln, in Wolljacken, Lumpen, Puppenwiegen, in Korken, gepreßten Baumwollballen, Paraquaitabak.«[4]

Die Unduldsamkeit und weit verbreitete Abscheu gegenüber nahezu jeder Art von tierischen Hausbewohnern (abgesehen von den Haustieren) sind sicher ein Nachhall unseres Jahrtausende währenden Kampfes gegen Krankheiten, Nahrungskonkurrenten und Parasiten. Wer satt werden und gesund bleiben will, diese Lektion haben die Menschen im Verlauf einiger Tausend Jahre gelernt, muss Haus und Hof gegen aufdringliches Getier verteidigen. Leicht ist das nie gewesen, auch heute nicht.

Die Untermieter in Tierbauten lieferten einen Vorgeschmack. Ausgerechnet hier, den wenigen Quadratmetern, auf denen sich unser Privatleben abspielt, tummeln sich all jene, von denen bisher die Rede war, die Parasiten, die Vorrats- und Materialschädlinge sowie weiteres, durchweg unerwünschtes Kleingetier, kurz: genau die Tierarten der Stadt, die wir, als Erbauer und Bewohner dieser ›Kunsthöhlen‹, lieber heute als morgen zum Teufel schicken würden.

Heute, da die Waffen, die uns zu diesem Zweck zur Verfügung stehen, so scharf und effektiv sind wie nie zuvor, neigen wir zur Übertreibung. Es wird viel unschuldige Haemolymphe, das Blut der Insekten und anderer Gliederfüßer, vergossen. Günther Vater, ein maßgeblicher Spezialist vom Bezirks-Hygieneinstitut Leipzig der ehemaligen DDR, begründete den

Aktionismus vieler Menschen so: »Der expansiven Besiedlung der Räume durch Schädlinge stehen von Seiten des Menschen ein Meideverhalten, eine durch Komfortbewußtsein und Naturentfremdung verstärkte Unduldsamkeit gegen tierische Einmieter entgegen – gelegentlich bis zur Phobie.«[5] Ob im Sozialismus oder Kapitalismus, ob in Europa, Asien oder Amerika, in unserer Abneigung gegen unerwünschte Mitbewohner sind wir Menschen uns einig.

Sechs- oder achtbeiniges Getier, das uns unvorsichtigerweise in den eigenen vier Wänden über den Weg huscht, wird umständlich und unter größten Vorsichtsmaßnahmen eingefangen und aus dem Fenster expediert, allerdings nur wenn es hübsch aussieht (Schmetterlinge), aufgrund seiner Größe und Wehrhaftigkeit Respekt einflößt (Wespen) oder einfach nur Glück hat. Meistens hat es kein Glück. Es erregt im Gegenteil Ekelgefühle und wird zerquetscht, erschlagen, zertreten oder vergiftet. Viele sind nur harmlose Irrgäste, denen ein offenes Fenster zum Verhängnis wurde, oder Nützlinge auf der Suche nach einem geschützten Platz zum Überwintern, wie die Blattlaus fressenden, goldäugigen Florfliegen. Im *worst case*, dem massenhaften Befall, lassen wir vier-, sechs- oder achtbeiniges Ungeziefer von professionellen Kammerjägern ins Jenseits befördern, um endlich wieder unbehelligt im eigenen Hause zu sein.

In einer von funkelnden Fassaden und moderner Technologie bestimmten Welt empfindet man Hausungeziefer als etwas seltsam Unzeitgemäßes. Und tatsächlich, im reichen und klimatisch begünstigten Norden scheinen Schädlingskalamitäten, ob in Landwirtschaft oder Stadt, kaum noch der Erwähnung wert zu sein. Das Problem ist unter Kontrolle, so der vorherrschende Eindruck, im sauberen und wohl organisierten Mitteleuropa haben wir all das schon lange hinter uns gelassen.

Doch Vorsicht: Im Kampf gegen echte Schädlinge und Parasiten gibt es bestenfalls gewonnene Schlachten, niemals einen gewonnenen Krieg. Günther Vater betont mit Recht: »Schädlingsbekämpfungsmittel – am Zielort nur in Mikro- und Nanogrammbereichen wirksam, in der Umwelt des Menschen global zu mehreren Millionen Tonnen jährlich ausgebracht – haben es nicht vermocht, auch nur eine einzige gesundheitsschädliche Art zu liquidieren.«[6] Das Gleiche gilt für landwirtschaftliche Schädlinge. Diese Gegner kapitulieren nicht, im Gegenteil. Sie entwickeln Resistenzen gegen unsere neuen chemischen Waffen und kehren zurück, stärker und besser geschützt als je zuvor.

Als 1908 bei der San-José-Schildlaus die erste Resistenz gegen ein vergleichsweise primitives Schwefelpräparat entdeckt wurde, ahnte noch niemand, dass dieser Einzelfall der Beginn einer Gegenoffensive war. 1986 kannte man schon 447 schädliche Insektenarten, die gegen ein oder mehrere Pestizide resistent geworden waren. Bis heute sind viele weitere Organismen dazugekommen, darunter über hundert Erreger von Pflanzenkrankheiten, etliche Unkräuter und fünf Nagetierarten.[7]

Stubenfliegen sind wahre Resistenzkünstler.[8] Sie brauchten nur wenige Jahre, um überall auf der Welt die neuen Superwaffen DDT und Lindan zu entschärfen. Nicht anders erging es den nachfolgenden Präparaten, den Organophosphaten, Carbamaten und Pyrethroiden, mit denen der Mensch versuchte, der seit biblischen Zeiten verhassten Fliegenplage Herr zu werden. Jeder Chemieeinsatz lässt die Tiere überleben, denen das Gift am wenigsten schadet – Evolution in ihrer einfachsten Form. Der Mensch schafft neue Selektionsfaktoren und macht die Schädlinge, die er eigentlich bekämpfen will, immer unangreifbarer.

Gegen Schaben, das widerliche Hausinsekt schlechthin, fahren die Menschen schwerste Geschütze auf, bislang weitgehend erfolglos. Allein dieses Insekt (genau genommen sind es vier verschiedene Arten) unterhält in den Vereinigten Staaten eine Milliardenindustrie. Landesweit verdanken 15.000 Schädlingsbekämpfungsfirmen den Kakerlaken ein Drittel ihrer Einnahmen.

Mark Winston, Schädlingsexperte von der kanadischen Simon Fraser University, macht in seinem Buch *Nature Wars – People vs. Pests* folgende Rechnung auf: Allein in der Provinz British Columbia wurden 1991 knapp 100 Tonnen Insektengift für den häuslichen Einsatz verkauft. »Wenn man bedenkt«, so Mark Winston, »dass die für Menschen toxische Dosis der meisten Pestizide etwa ein hunderttausendstel bis zu einem millionstel Pfund beträgt, dann ist das eine beträchtliche Menge Gift.«[9] 100 Tonnen, das ergibt etwa fünfzig Gramm pro Einwohner und reicht aus, um 18,4 Billionen Schaben zu töten, eine Zahl mit elf Nullen. Jeder einzelne Bewohner British Columbias, vom Kleinkind bis zum Greis, wäre mit dieser Pestizidmenge in der Lage gewesen, neun Millionen Schaben zu vernichten. Unwillkürlich stellt sich die Frage: Wenn 1991 noch so viele dieser Insekten getötet werden mussten, was haben dann die vielen Tonnen Gift bewirkt, die 1990 und 1989 und in all den Jahren zuvor ausgebracht wurden?

Zudem drängt sich angesichts dieser immensen Giftmengen der Vergleich mit den sprichwörtlichen Spatzen auf, die mit Kanonen beschossen werden. Denn selbst im absoluten Katastrophenfall werden kaum jemals bedenkliche Populationsgrößen erreicht. Die Stadt Schenectady im US-Bundesstaat New York muss seit 1979 mit dem zweifelhaften Ruhm leben, Schauplatz des weltweit größten jemals registrierten Schabenbefalls gewesen zu sein. Damals ging es um schätzungsweise drei Millionen Schaben der Art *Blattella germanica*, die in Decken, Wänden, Böden, Dachgeschoss und Keller eines Zweifamilienhauses lebten.

Das Haus wurde, so der alarmierte Schädlingsbekämpfer, »von zwei einsiedlerischen älteren Damen« bewohnt, die »mit Flohbissen übersät und hinsichtlich ihrer sanitären Verhältnisse wahrscheinlich etwas aus der Balance geraten waren.«[10] Einsam waren die beiden Damen allerdings nicht. Sie teilten ihren Wohnraum mit 24 Hunden und 20 Katzen.

Vielleicht hätte diese Idylle noch Jahre weiter existieren können, wenn viele der im Haus ansässigen Schaben nicht eines warmen Sommerabends beschlossen hätten, in die Umgebung auszuschwärmen. Nicht die alten Damen waren es, die um Hilfe riefen, sondern die Nachbarn. Um 2.30 Uhr in der Nacht riefen sie bei der Polizei an, weil sie sich mit einer plötzlichen Schabeninvasion konfrontiert sahen, und diese wiederum alarmierte die Schädlingsbekämpfer. Denen war sofort klar, dass hier mit den üblichen lokalen Giftapplikationen nicht viel auszurichten war. Nicht nur das Haus selbst hatte eine intensive Behandlung nötig, sondern auch die ganze Umgebung, die Nachbarhäuser, die Bäume und Rasenflächen, sogar der Rettungswagen, in dem die beiden alten Damen abtransportiert werden sollten. Ihr Haus musste schließlich von Bulldozern eingerissen werden, während gleichzeitig ein Diazinon-Regen auf die flüchtenden Insekten niederging.

Zu den nicht auszurottenden Plagen der Menschheit gehört die in Mitteleuropa fast vergessene Bettwanze, *Cimex lectuarius*, die seit Ende der 1990er-Jahre ein überraschendes Comeback erlebt. Im September 2010 musste sogar ein City Night Liner der Deutschen Bahn in Innsbruck gestoppt werden, weil mehrere Fahrgäste über Wanzenattacken klagten. Zwei Wagons wurden ausgewechselt. Erst nach anderthalb Stunden konnte der Zug seinen Weg nach Rom fortsetzen.

Raleigh, North Carolina, 2011

Genetische Untersuchungen der North Carolina State University belegen, dass die Bettwanzen-Populationen im Osten der USA auf zahlreiche unabhängige Besiedlungsereignisse zurückgehen. Doch die genetische Vielfalt der einzelnen Populationen ist gering. Gegründet wurden diese Vorkommen also von wenigen Tieren, im Extremfall durch ein einziges besamtes Weibchen. Genau diesen Fall konnten die Forscher in einem großen Apartmenthaus nachvollziehen. Ausgehend von einem einzelnen eingeschleppten Weibchen wurden schließlich mehr als zwanzig Wohnungen infiziert. Die Bettwanzen, die in benachbarten Häusern gefunden wurden, stammten wiederum von anderen Tieren ab.[11]

Nicht nur die Deutsche Bahn hat ein Problem. »Immer mehr Gasthäuser klagen über Wanzenbefall«, sagt Jutta Klasen[12], die im deutschen Umweltbundesamt für Gesundheitsschädlinge zuständig ist. »Bei uns melden sich einfache Pensionen, aber auch Luxushotels.« »Die Zahlen sind alarmierend«, bestätigt Rainer Gsell vom Deutschen Schädlingsbekämpfer-Verband in Essen. Bei manchen Betrieben habe sich die Zahl der Aufträge zur Bettwanzen-Bekämpfung innerhalb weniger Jahre verfünffacht.[13]

In New York City können die Behörden von solchen Zahlen nur träumen. 537 Beschwerden wegen Bettwanzen-Befalls gab es im Jahr 2004, im Jahr 2010 waren es weit über 12.000.[14] Theo Sommer, ehemaliger Herausgeber der Wochenzeitung

Die Zeit, berichtete, dass keineswegs nur die Behausungen der Armen und Unterprivilegierten betroffen sind. Auch »das AMC-Empire-25-Kino am Times Square, das noble Waldorf Astoria Hotel, der schicke Nike-Shop an der 57. Straße, mehrere Broadway-Theater, die Staatsanwaltschaft, eine Etage des *Wall Street Journal*, der Teenager-Laden Hollister, die Kaufhäuser Bloomingdale's und Macy's, die Carnegie Hall, sündhaft teure Wohnungen in der Park Avenue, das Empire State Building, von dem aus King Kong einst sein Unwesen trieb, auch das Hauptquartier der Vereinten Nationen« gehören zu den von Bettwanzen geplagten Orten.[15] Mit Dreck und mangelnder Hygiene hat diese Invasion sicher nichts zu tun. »First they take Manhattan«, titelte zynisch die *Frankfurter Allgemeine Zeitung*.[16] Dann die ganze Welt.

Es ist wohl eher umgekehrt. Ausgestorben war dieser Plagegeist nie, schon gar nicht in Asien oder Osteuropa. Jetzt bringt ihn der lebhafte Reise- und Warenverkehr unserer globalisierten Welt wieder in die urbanen Zentren der westlichen Welt, wo der Rückkehrer sich häuslich einzurichten scheint. Dort ist das Wissen über die Blutsauger verloren gegangen. Wer denkt bei schwarzen Flecken auf dem Bettrand schon an Wanzen? Und wer erkennt noch ihren charakteristischen süßlichen Geruch?

Krankheiten überträgt die Bettwanze glücklicherweise nicht, was eigentlich erstaunlich ist. Für die bedauernswerten Zeitgenossen, deren Wohnungen von ihr befallen werden, weil sie in einem verseuchten Hotelzimmer genächtigt oder beim Trödler gebrauchte Möbel oder Teppiche gekauft haben, brechen jedoch auch so schwere Zeiten an. Da die Tiere in hungrigem Zustand flach wie ein Blatt Papier sind (»Tapetenflunder«), monatelang hungern können und nahezu überall Unterschlupf finden – von ihren Eiern und Jugendstadien ganz zu schweigen –, kann eine Entwanzung in hartnäckigen Fällen Wochen dauern. Manche Wohnungen müssen komplett entkernt werden.

»Forschung über die Auswirkungen von Bettwanzen auf die öffentliche Gesundheit hat in den vergangenen Jahrzehnten nur sehr begrenzt stattgefunden«, schreiben die Autoren einer gemeinsamen Erklärung zweier US-Behörden.[17] Warum auch? Die Tiere waren so gut wie verschwunden, wahrscheinlich infolge des weitverbreiteten Einsatzes von DDT. Andere zweifeln an dieser Theorie, denn auch Bettwanzen waren gegen das Umweltgift schon bald resistent. Die milderen Pyrethroide, die heute im Einsatz sind, können ihnen jedenfalls kaum noch etwas anhaben. In Berlin fanden Forscher des Umweltbundesamtes gegen dieses Gift unempfindliche Tiere. »Viele Wanzen lachen da bloß drüber«, sagte der Hamburger Schädlingsexperte Udo Sellenschlo.[18]

Omprakash Mittapalli und seine Mitarbeiter von der Ohio State University versuchen das Problem nun mit modernsten Labormethoden anzugehen.[19] Sie haben das Genom des Blutsaugers sequenziert und hoffen auf diese Weise dahinterzukommen, welche Gene und Stoffwechselwege der Bettwanzen für die erworbenen Resistenzen verantwortlich sind. Bis aus diesen Untersuchungen wirksame neue Bekämpfungsstrategien hervorgehen, werden sich noch viele unschuldige Schläfer über nächtliche Attacken und heftig juckende Quaddeln ärgern.

Es sind vor allem Bewohner der Städte, die eine chemiefreie ökologisch wirtschaftende Landwirtschaft fordern und am Leben erhalten und bei jedem neuen Pflanzenschutzmittelskandal über die finsteren Machenschaften der ›bösen‹ Landwirte fluchen. Es sind oft dieselben Stadtbewohner, die sofort zu chemischen Mitteln greifen, wenn eingebildete oder tatsächliche Schädlinge sich in den eigenen vier Wänden blicken lassen.

Das Liebesleben der Bettwanzen

Es gibt zweifellos genug Gründe, um Bettwanzen abscheulich zu finden. Zu allem Überfluss betreiben die Blutsauger auch noch eine äußerst brachiale Form der Begattung, die im Tierreich nicht allzu verbreitet ist. Bettwanzen-Männchen sind mit einem harten injektionsnadel-ähnlichen Begattungsorgan ausgestattet, das sie den Weibchen einfach in den Hinterleib rammen. Ihre Spermien müssen sich dann in der flüssigkeitsgefüllten Körperhöhle selbst ihren Weg zu den Eizellen suchen. Später zeugen schwarz gefärbte Narben von den Einstichen. Da Wanzen beiderlei Geschlechts solche Narben aufweisen, scheinen die Männchen bei der Partnerwahl recht wahllos vorzugehen.[20]

Parasiten und Schädlinge sind lästig. Sie sind gefährliche Gegner, die einzigen (außer uns selbst), die uns heute noch ernsthaft bedrohen können, indem sie Nahrungsmittel vertilgen und Krankheiten übertragen. Die Probleme mit diesen Tieren sind vielleicht geringer geworden, sie sind aber noch immer vorhanden, und man sollte nie vergessen, dass in den Städten und auf dem Land große Anstrengungen unternommen werden, damit das auch so bleibt. Der Kampf wird an vielen Fronten geführt: auf Äckern und Plantagen, in Wohnungen, Dachböden und Kellern, in Großküchen und Lagerhäusern, in Katakomben und Abwasserkanälen, auf den riesigen Müllkippen an den Rändern der Städte. Ob dabei immer die Verhältnismäßigkeit gewahrt bleibt, ob Risiko und Nutzen in einem vernünftigen Verhältnis stehen, ob in ausreichendem Maße schonendere Bekämpfungsmethoden entwickelt und angewendet werden, darf zumindest bezweifelt werden.

Natürlich kann die Lösung nicht sein, unsere Äcker kampflos den Schädlingen zu überlassen, die Häuser den Schaben und unsere Betten gar den Wanzen. Wir müssen uns nicht zwischen blindem Aktionismus und passiver Hinnahme entscheiden. Es gibt intelligentere Möglichkeiten. Das Beispiel einer funktionierenden und prosperierenden ökologischen Landwirtschaft ist der Beweis. Wir neigen dazu, den Teufel Schädling bevorzugt mit dem Beelzebub Gift auszutreiben, weil es so einfach zu sein scheint. Dabei nehmen wir ernste, in ihren langfristigen Auswirkungen nicht absehbare Konsequenzen in Kauf, für uns selbst und die Lebensräume dieser Erde. Trotzdem treten wir, bei allen Fortschritten im Einzelfall, auf der Stelle. Als ultima ratio wird die Menschheit kaum auf Pestizide verzichten können, letztlich führt aber kein Weg an der Erkenntnis vorbei, dass ein Leben ohne jede Beeinträchtigung oder Belästigung durch andere Organismen ein unerfüllbarer Wunschtraum bleiben wird. Ob es uns gefällt oder nicht, wir müssen akzeptieren, dass wir nicht alleine sind, dass wir es nie waren und nie sein werden, weder draußen unter freiem Himmel noch zu Hause in unseren Häusern und Wohnungen. Nicht einmal unseren Körper haben wir für uns allein. Und falls es Sie beruhigt: Eine moderne, saubere Küche ist für Vorratsschädlinge kein besonders verlockender Ort, ganz ohne Insektizide. Ausnahmen bestätigen die Regel.

Floh & Co.

Vielleicht hilft es Ihnen, die folgenden Seiten zu überstehen, wenn Sie sich klarmachen, um wie viel besser die Situation bereits geworden ist. Dafür gibt es verschiedenste Gründe: Ein enorm verbesserter Lebens- und Hygienestandard, funktionierende Abwassersysteme und Kläranlagen, die Verwendung neuer synthetischer Materialien sowie zahllose vergleichsweise einfache Dinge, zu denen etwa auch die Erfindung des Staubsaugers gehört. Die Fortschritte der modernen Agrarchemie, an die man in diesem Zusammenhang vielleicht zuerst denkt, waren nur ein Faktor von vielen.

Begeben wir uns zurück in die Vergangenheit, ins Irland der Dreißiger- und Vierzigerjahre. In der am Shannon liegenden Hafenstadt Limerick herrscht bittere Armut. Und es regnet viel. »Hauptsächlich waren wir: nass. . . . Von Oktober bis April glänzten Limericks Mauern von der Feuchtigkeit. Kleider trockneten nie: Tweed und wollene Jacken beherbergten Lebewesen, ließen zuweilen geheimnisvolle Vegetation keimen.«[1] Frank McCourts Familie konnte einschlägige Erfahrungen mit häuslichem Getier sammeln. Die Kinder des heutigen Irlands werden ihn kaum darum beneiden. In seinem Weltbestseller *Die Asche meiner Mutter* erzählt McCourt folgende Episode:

»Dann fuhr Eugene auf und kreischte und zerrte an sich herum. Ah, ah, Mammy, Mammy. Dad setzte sich auf. Was? Was ist los, mein Sohn? Eugene weinte weiter, und als Dad aus dem Bett sprang und die Gaslampe anmachte, sahen wir die Flöhe – sie hüpften, sprangen, verbissen sich in unserem Fleisch. Wir hauten auf sie drauf, aber sie hüpften einfach weiter von Körper zu Körper, sie hüpften und bissen. Wir kratzten an den Bissen, bis sie bluteten. Wir sprangen aus dem Bett, die Zwillinge weinten, Mam stöhnte, o Jesus, kommen wir denn nie zur Ruhe! Dad goß Wasser und Salz in ein Marmeladenglas und betupfte unsere Bisse. Das Salz brannte, aber er sagte, bald würden wir uns besser fühlen.

Mam saß mit den Zwillingen auf dem Schoß bei der Feuerstelle. Dad zog sich seine Hose an und zerrte die Matratze vom

Bett und auf die Straße hinaus. Er goß Wasser in den Kessel und in den Topf, stellte die Matratze gegen die Hauswand, drosch mit einem Schuh auf sie ein, sagte mir, ich soll Wasser auf die Erde schütten, damit die Flöhe ertrinken, die hineinfallen.«[2]

Zustände, wie Frank McCourt sie schildert, sind in vielen armen Ländern nach wie vor an der Tagesordnung, in Mitteleuropa und anderen Industrienationen dürften sie heute Seltenheitswert haben. *Pulex irritans*, der Menschenfloh, hat sich rar gemacht. Einer unserer ältesten Begleiter ist durch den Einsatz unzähliger Staubsauger so selten geworden, dass Wissenschaftler sich 1992 zur Gründung der Initiative »Rettet den Menschenfloh (RdM)« veranlasst sahen.

Darüber, wie Mensch und Floh zusammenfanden, gibt es unterschiedliche und widersprüchliche Ansichten. Manche behaupten, die Menschen hätten ihren Floh schon vor 500.000 Jahren aufgelesen, vielleicht in einer ehemals von Raubtieren bewohnten Höhle.[3] Tatsache ist, dass einige Hundert oder Tausend Menschengenerationen, die diesen unglücklichen Pionieren folgten, die kleinen lästigen Sprungwunder nicht wieder losgeworden sind. Sie waren seitdem immer dabei. In der wetterfesten Kleidung von Ötzi, der berühmten, 5.300 Jahre alten Gletschermumie, die Wanderer 1991 in 3.210 Meter Höhe auf dem Hauslabjoch der Ötztaler Alpen entdeckten, fanden Wissenschaftler die Überreste zweier Menschenflöhe.[4] Die Theorie, nach der *Pulex irritans* aus Nordamerika stamme und dort erst in den letzten 14.000 Jahren mit seinen zukünftigen Namensgebern in Kontakt gekommen sei, dürfte damit vom Tisch sein.[5]

Die Namen der Flöhe sind irreführend. Der Menschenfloh war nie ausschließlich auf humanes Blut festgelegt. In Gebäuden mag er selten geworden sein, im Fell von Dachsen, Füchsen und Hunden, seinen Hauptwirten, ist er nach wie vor zu Hause. Zur Not nimmt er auch mit dem Blut von Katzen, Schweinen und Schafen vorlieb, sogar Hausmaus und Ratte, Tauben und Enten werden nicht verschmäht.[6] Wer ihm das Blut spendet, ist zweitrangig. Will eine Flohspezies überleben, braucht sie neben der Blutnahrung vor allem Schutz und Nahrung für ihre Larven, die sich von Staub und verschiedensten organischen Substanzen ernähren. Ein »Nestwirt« bietet dem Floh beides, Blut und Lebensraum für den Nachwuchs, mit dem »Schankwirt«, also dem reinen Blutspender, muss er nicht identisch sein.

München, 2005

Hans Mathes, einer der letzten Flohzirkusdirektoren Europas, hat ernste Nachwuchssorgen. Mittlerweile muss er sich seine winzigen Artisten in fernen Ländern zusammensuchen. Wo genau er seine Flöhe findet, behält er allerdings lieber für sich. Als sein Vater und Lehrer Heinz Mathes dem Magazin *Stern* einmal erzählte, er habe seine Tiere aus Griechenland und der Türkei, reagierten deren Tourismusverbände mit heller Empörung.[7] Flöhe? Doch nicht bei uns!

Mittlerweile hat Hans Mathes den seit 150 Jahren existierenden Flohzirkus aus gesundheitlichen Gründen an seinen Freund Robert Birk übergeben. Als dieser 2005 wieder auf der Münchener Wiesn gastieren wollte, raffte kurz vor der Premiere ein rätselhaftes Flohsterben alle seine Artisten hin. Zeitungen veröffentlichten einen Notruf an alle Hundebesitzer: Flohspender dringend gesucht. Angelika Kraml (61) meldete sich und bot ihre völlig verflohten fünf Pinscher-Welpen an. »Die meisten Flöhe findet man tatsächlich im Fell von Welpen, weil die sich nicht kratzen«, verriet Hans Mathes der *BILD*-Zeitung. Er fuhr zu Angelika Kraml nach Riem und kehrte mit 100 Nachwuchsflohartisten zurück. Eine der ältesten Wiesn-Attraktionen war gerettet. In Schaustellerkreisen ist Angelika Kraml keine Unbekannte. Ihr Vater war ein berühmter Dompteur, der mit einer gemischten Raubtiergruppe auftrat. Sie selbst wurde mit ihren boxenden Kängurus bekannt.[8]

Seit Matratzen mit Latex und Kunststoffen und nicht mehr mit Stroh gefüllt werden, seit Staubsauger die Eier und Puppen des Menschenflohs aus Teppichen und Dielenritzen holen und trockene Heizungsluft den Larven das Leben schwermacht, sind menschliche Behausungen für *Pulex irritans* kein optimales Biotop mehr. In Mitteleuropa hat der Mensch als Nestwirt der Menschenflöhe seine Bedeutung verloren. Schon zwischen den Weltkriegen war ihr Rückgang so offensichtlich, dass in der Presse über eine mögliche Flohseuche spekuliert wurde.

Damit endet, zumindest vorläufig, eine Jahrhunderte andauernde Vorherrschaft. Vieles spricht dafür, dass in Mitteleuropa der Menschenfloh der Hauptüberträger der verheerenden Beulenpest war, nicht sein zu Unrecht gescholtener, im Rattenfell lebender europäischer Verwandter.[9] Menschenflöhe sind eben nicht gerade wählerisch. Sie besaßen beste Voraussetzungen, um den Pesterreger von einer Spezies auf die andere zu übertragen. Man fand sie im Fell eines fünfhundert Jahre alten Rattenkadavers, der im Zentrum von London ausgegraben wurde.[10]

Pulex irritans ist zwar die einzige Flohart, die in der Umgebung des Menschen und ohne andere Wirte dauerhafte Populationen unterhalten kann, aber er ist mitnichten der einzige Floh, der uns sticht. Der russische Wissenschaftler Lioff berichtete 1941 über Experimente, die er mit 71 verschiedenen Fl

harten durchgeführt hatte. 36 davon ließen sich leicht »zum Blutsaugen am Menschen bringen«, 6 nur schwer, bei den restlichen 29 waren alle Versuche vergebens.[11] Leider ließ sich über diese Experimente nicht mehr in Erfahrung bringen. Man wüsste doch gern, wie und vor allem mit wem Lioff diese Versuche durchführte.

Der Menschenfloh ist selten geworden, das heißt aber nicht, dass es in den Lebensräumen der modernen Städte keine Flöhe mehr gibt. Aus Europa sind heute etwa zwanzig Stadt-Arten[12] bekannt, immerhin ein Viertel aller in Mitteleuropa lebenden Flohspezies. Man findet sie vor allem in den Nestern von Kleinsäugern und Vögeln. Acht davon kommen mehr oder weniger regelmäßig in Kontakt mit Menschen.[13]

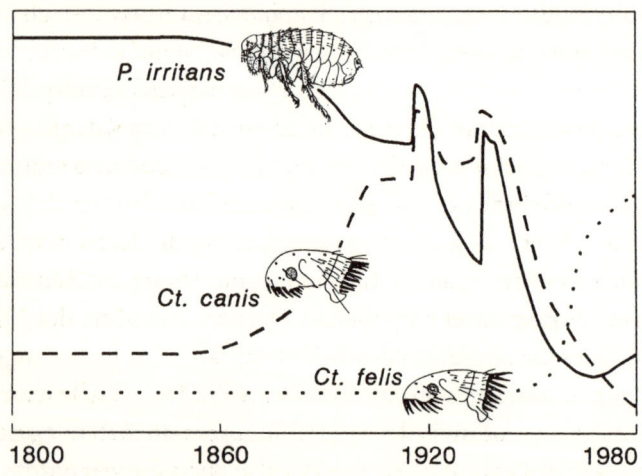

Mutmaßlicher Flohbefall beim Menschen in Mitteleuropa. *Pulex irritans*, der Menschenfloh, verliert seit Mitte des 19. Jahrhunderts an Boden. Der Hundefloh springt in die Bresche. Heute dominiert der Katzenfloh, *Ct. Felis*.

In unserem unmittelbaren Lebensumfeld haben seit etwa hundert Jahren die Flöhe der Haustiere das Kommando übernommen. Anders als der Menschenfloh halten sie sich nicht am Fußboden, sondern im Fell der Tiere auf und damit außer Reichweite der Staubsauger. Nach einer Hundefloh-Periode in der ersten Hälfte des 20. Jahrhunderts ist der Katzenfloh (*Ctenocephalides felis*) seit dem Zweiten Weltkrieg der unbestrittene Flohchampion unserer Zeit geworden, vermutlich eine Folge der wachsenden Zahl streunender Katzen.

Dabei war und ist der Katzenfloh, der erst mit den Hauskatzen aus Nordafrika und dem Nahen Osten nach Europa kam, genauso wenig auf Katzen abonniert wie der Menschenfloh auf Menschen. Man hat ihn mittlerweile auf über fünfzig verschiedenen Wirtstieren entdeckt. In Nordamerika wurde er häufig auf Opossums und Waschbären gefunden, wobei Tiere, die aus Städten stammten, viel stärker befallen waren als ihre Artgenossen auf dem Land.[14] In einer Magdeburger Studie fand man im Fell von 51 Hunden, die als Patienten in die dortige Tierklinik gebracht wurden, fünf Floharten, mit dem Katzenfloh an der Spitze, gefolgt von Hunde-, Menschen-, Igel- und Hühnerfloh. Im Fell eines Jagdterriers namens *Ulan* fanden sich vier Spezies gleichzeitig. Auf Stadthunden war der Katzenfloh besonders dominant, auf dem weiten Land scheint die Zeit dagegen etwas langsamer zu vergehen. Dort dauerte Mitte der Achtzigerjahre die Hundefloh-Periode noch an.[15]

Immer häufiger wird der Igelfloh gefunden. »Vielleicht«, so vermuten die Autoren der Magdeburger Studie, »ist der gestiegene Igelflohbefall auf Hunden Ausdruck für die vermehrt von verkehrstoten Igeln stammenden und herrenlos herumirrenden Igelflöhe einer immer stärker technisierten Landschaft.«[16] Für Menschen interessieren sich Igelflöhe in der Regel nicht, die Igel aber, die fast zu hundert Prozent ganzjährig verfloht sind, werden von ihnen regelrecht belagert. Mehr als dreihundert Flöhe auf einem einzigen Igel sind keine Seltenheit.[17]

Afrika, vor 500.000 Jahren

Es schien so einfach zu sein: Der Frühmensch, so die herrschende Lehrmeinung, verlor seine äffische Körperbehaarung, weil es ihm in den Savannen des tropischen Afrikas zu warm wurde. Falsch, sagen nun zwei britische Wissenschaftler aus Oxford und Reading. Bei dieser Argumentation werde schlicht vergessen, dass afrikanische Nächte bitterkalt sein können. Das dichte Fell der Frühmenschen landete auf dem Müllhaufen der Evolutionsgeschichte, weil es eine ewige Quelle von Krankheiten gewesen sei. Nach der Erfindung von Feuer und Kleidung, die für den Schutz vor der Kälte sorgten, konnten sich unsere Vorfahren zusammen mit ihrer Körperbehaarung auch etlicher Parasiten entledigen. Der nackte Affe wäre somit indirekt ein Produkt seiner Flöhe und Läuse. Zugleich gewann der Frühmensch damit viel Zeit. Schimpansen, unsere nächsten Verwandten, verbringen den halben Tag mit Fellpflege, Zeit, die der Homo sapiens fortan sinnvoller verbringen konnte.[18]

Bei all dem Leid, das die Flöhe den Menschen zugefügt haben, ist es verwunderlich, dass man ihnen sogar zu ihren Hochzeiten nicht ohne Sympathie begegnete. Ihre unrühmliche Rolle bei der Übertragung der Pest wurde erst Ende des 19. Jahrhunderts erkannt, bis dahin war der Floh unter unseren Plagegeistern quer durch alle Bevölkerungsschichten bei Weitem der beliebteste. Frank McCourt fand Läuse schlimmer als Flöhe: »Flöhe hüpfen und beißen, und sie sind sauber, und wir mögen sie lieber.«[19] Flöhe zu haben, war keine Schande, im Gegenteil. »Die Jagd nach den Lästlingen motivierte Paare einst zu galanten Spielen«, erzählt Jörg Blech in seinem Buch *Leben auf dem Menschen*. »Kavaliere des 17. Jahrhunderts haschten ihrer Angebeteten den winzigen Blutsauger aus der Wäsche und trugen ihn in einem Medaillon spazieren.«[20]

Außerdem gab es die heute nahezu ausgestorbenen Flohzirkusse, die auf keinem Jahrmarkt fehlen durften und in denen die Winzlinge ihre Kraft und Gelehrigkeit demonstrierten. Was derart lustig hüpft und sich von uns dressieren lässt, kann so böse nicht sein, war wohl die allgemeine Auffassung.

Flöhe traten zumeist nicht in riesigen Massen auf. Man fing sich einen Floh und reagierte, solange ihr dunkles Geheimnis noch unbekannt war, genervt und belustigt zugleich. Menschenflöhe bleiben zudem nicht auf Dauer. Sie statten uns für eine Blutmahlzeit einen Besuch ab und hinterlassen dabei, weil sie sich leicht gestört fühlen, mehrere juckende Einstiche. Danach machen sich die Weibchen auf dem Boden an die Eiablage.

Das Sprungvermögen der Flöhe ist legendär. Es hat uns so sehr beeindruckt, dass wir auch viele andere kleine hüpfende Tiere als Flöhe bezeichnen, auch wenn sie mit den echten Flöhen nur entfernt verwandt sind. Wasserflöhe sind in Wirklichkeit Krebse, Erdflöhe gehören zu den Käfern und die Gletscherflöhe zu den Ur-Insekten. Menschenflöhe und einige ihrer Verwandten sollen fast 50 Zentimeter weit und bis zu 30 Zentimeter hoch springen können.[21] Immer wieder liest man Vergleiche, nach denen der Mensch, könnte er Entsprechendes leisten, mit einem Satz mühelos über das Mittelschiff des Kölner Doms springen würde.[22] Natürlich sind solche Vergleiche unsinnig, denn ein Wesen mit der Sprungkraft des Flohs und Größe und Gewicht eines Menschen kann es nicht geben. Biomechanische Gesetze lassen sich nicht austricksen. Außerdem, an wem sollte ein derart riesiger Floh Blut saugen?

Nicht alle Flöhe zeigen sich in gleicher Weise springfreudig. Das Sprungvermögen der einzelnen Floharten ist der Grö-

ße ihrer Nestwirte angepasst und der Geräumigkeit der Wohnstätten. Nur wer das Blut großer, hochbeiniger und schnell beweglicher Säugetiere saugt, muss zu rekordverdächtigen Hoch-
und Weitsprüngen fähig sein. Die Flöhe von Vögeln oder kleinen Nagetieren sind eher sprungunwillig und können allenfalls Distanzen von 7 bis 15 Zentimeter überbrücken. Für Fle-
dermausflöhe, die zusammen mit ihrem Wirt an der Decke
von Höhlen hängen, wäre es sogar völlig widersinnig zu springen, weil sie dann Gefahr liefen, im Fledermauskot auf dem
Höhlenboden zu landen, wo ihre Larven leben. Sie müssten
dann den ganzen weiten Weg wieder nach oben klettern, also
bleiben sie lieber an Ort und Stelle. Laut Fritz Peus, der den Flöhen große Teile seines Forscherlebens widmete, muss man »einen solchen Floh schon beharrlich anstoßen und ›ärgern‹, ehe
er sich endlich zu einem schwachen Sprung bequemt, der dann
höchstens 1 bis 2 cm weit führt.«[23] Hops!

China, vor 165 Millionen Jahren

Selbst Dinosaurier blieben offenbar von Flöhen nicht verschont.
Außerordentlich gut erhaltene Fossilien aus China und der Mongo-
lei erlauben nun einen überraschenden Blick zurück in die Frühzeit
der Blutsauger. Nachdem sie die Krallen und Extremitäten der fos-
silen Flöhe genau unter die Lupe genommen haben, gehen Diying
Huang und seine Mitarbeiter von der Chinese Academy of Sciences
in Nanjing davon aus, dass die Tiere Wirte mit Haar- oder Federkleid heimsuchten. Die damals lebenden Säugetiere waren jedoch
viel zu klein. Die neun entdeckten Urflöhe waren nämlich stattliche
zwei Zentimeter groß. Vermutlich holten sie sich ihre Blutmahlzeit
an gefiederten Dinos, die gerade in China in großer Zahl entdeckt

wurden. Ihr Stechapparat unterscheidet sich, bis auf seine Größe, kaum von dem ihrer heutigen Nachfahren. Nur eines konnten die Riesenurflöhe offenbar nicht: springen. Da Vögel die einzigen heute lebenden Dinosauriernachfahren sind, könnten die chinesischen Forscher auf die Vorfahren der heutigen Vogelflöhe gestoßen sein.[24]

In mitteleuropäischen Städten werden etwa 200 Tierarten zu den sogenannten Gesundheitsschädlingen gezählt, von der *Anopheles*-Mücke über die Flöhe bis zur Zecke. Sie stellen als Parasiten, Krankheitsüberträger oder Erreger von Allergien ein direktes medizinisches Risiko dar, viele von ihnen treten als Lästlinge in Erscheinung, als Plage- und Ekelerreger, wobei die Einordnung in die letzte Kategorie von der Toleranzschwelle jedes einzelnen Menschen abhängen dürfte.

Aber der moderne Mensch gibt sich nicht kampflos geschlagen. Die Existenz von etwa 1.000 im DSV, dem Deutschen Schädlingsbekämpfer-Verband, zusammengeschlossenen Betrieben zeigt zudem: Die Beseitigung solcher Plagen ist auch heute noch ein lukratives Geschäft und wird mit professioneller Entschlossenheit und zahlreichen chemischen und physikalischen Tricks betrieben.

Der Kammerjäger ist tot, es lebe der IHK-geprüfte Schädlingsbekämpfer. Mit dem klassischen Angestellten hochherrschaftlicher Fürstenhäuser, der seinen Arbeitgebern mit eher bescheidenem Erfolg Ungeziefer, Ratten und Mäuse vom Leib zu halten versuchte, hat das heutige Pendant des Kammerjägers nur noch wenig gemein. Das Betätigungsfeld des modernen Schädlingsbekämpfers geht weit über die Beseitigung von Wohnungsungeziefer hinaus, deshalb hört man die Bezeich-

nung » Kammerjäger« nicht gerne. Bauten- und Vorratsschutz
stehen im Mittelpunkt, dazu kommen eine in vielen Fällen pro-
phylaktische Bekämpfung von Ratten und Mäusen und die Abwehr von Schädlingen in Großküchen, Krankenhäusern und
ähnlichen Einrichtungen. Moderne Fachbetriebe für Schädlingsbekämpfung haben auch eine effektive › Maulwurfvergrau-
lung‹ im Angebot, sie vergrämen Steinmarder und schützen
Gebäude vor Verkotung durch die Ratten der Lüfte, die Tauben,
indem sie mit Metalldornen bewehrte Vogelabwehrsysteme
installieren.

Doch auch heute können hartgesottene Profis noch an ihre
Grenzen kommen. Was einem professionellen Schädlingsbekämpfer jüngst in Hilden in der Nähe von Düsseldorf wider-
fuhr, bezeichnete er selbst als einprägsames, » wirklich überra-
gendes Erlebnis«. Die Besitzerin eines Einfamilienhauses, die
kurz zuvor verstorben war, hatte dort mit mehreren Dutzend
Katzen zusammengelebt. » Da es sich«, schrieb der Schädlingsbekämpfer in seinem Verbandsorgan[25], » bei der Mutter der Katzen um eine Homöopathin für eben jene Vierbeiner handelte,
die sich der Erforschung und Beobachtung von Hauskatzen als
auch von streunenden Katzen gewidmet hatte, beherbergte das
Haus ebenfalls eine recht stattliche Flohpopulation.« Was wohl
heißen sollte, dass er die Frau für ziemlich verrückt hielt – und
eine homöopathische Flohbehandlung von Haustieren für absolut wirkungslos.

Die Katzen hatte das Tierheim bereits abgeholt. Die ausge-
hungerten Jungflöhe, die mittlerweile in Massen aus ihrer Pup-
penwiege schlüpften, waren nun Sache des Schädlingsbekämpfers. Da auf sein Klingeln niemand öffnete, setzte sich der Mann
auf die Stufen des Hauses, zündete sich eine Zigarette an und
wartete.

Plötzlich hörte er die Stimme einer Frau. »Und, haben Sie auch schon Flöhe an den Beinen?« Es war die Nachlassverwalterin. Sie stand in einigen Metern Entfernung und machte keine Anstalten, näher zu kommen.

Tatsächlich, »mindestens zwanzig oder mehr dieser liebenswerten Tiere« krochen auf seinem Schutzanzug herum. Schädlingsbekämpfer machen um so etwas nicht viel Gewese. »Mit einer Handbewegung wischte ich sie ab.« Aber das verschaffte ihm nur eine kurze Atempause. Unter der Haustür zwängten sich »unzählige nach meinem Blut gierende Flöhe« durch. Er lief zum Wagen und holte seine Ausrüstung. Weiterhin auf sicheren Abstand bedacht übergab ihm die Frau den Hausschlüssel.

Mit einer Giftspritze voller Fettsäuren sorgte der Schädlingsbekämpfer erst einmal vor dem Hauseingang für Ordnung, dann hinter der Tür, im Flur und in der Küche. »Von einigen Flöhen begleitet« inspizierte er das Haus. »Überall standen Katzenbäume, Katzenspielzeuge, Katzentoiletten und sogar eine Katzensauna, samt Solarium.« Im Dachgeschoss »befand sich eine Art von Treibhaus, ausgestattet für Vögel und Katzenkinder«.

Auf seinem Rundgang hatten sich dem Schädlingsbekämpfer immer mehr Flöhe angeschlossen und ›Logenplätze‹ auf seinem Kopf eingenommen. Er machte sich an die Arbeit. »Schon nach der ersten Maßnahme waren die Böden mit rötlichen Flohleichen übersät.« Aber eine Maßnahme reichte nicht. Insgesamt musste die Bekämpfung vier Mal wiederholt werden. Zum Schluss konnte er »mehrere Putzeimer voll zusammenfegen«.

Die meisten Flohprobleme werden heute von Katzenflöhen verursacht; ein ernsthaftes Gesundheitsrisiko stellen sie allerdings nur in Ausnahmefällen dar, wie etwa im Haus der Heimtier-Homöopathin in Hilden. Häufig sind verlassene Lagerstellen streunender Katzen die Ursache solcher Plagen. Ein weiblicher Katzenfloh kann bis zu tausend Eier legen. Bleibt das Katzenlager leer, schwärmen ganze Hundertschaften an hungrigem Flohnachwuchs hopsend in die Umgebung aus, um alles anzuspringen, was eine anständige Blutmahlzeit verspricht.

Die Abteilung für Schädlingsbekämpfung des Berliner Betriebes für Zentrale Gesundheitliche Aufgaben legte im Jahr 2003 aktuelle Zahlen für die deutsche Hauptstadt vor. Demnach wurden in den letzten 14 Jahren 414 Flohproben eingeschickt. Zwei Drittel entfielen auf Katzenflöhe, 22 Prozent waren Vogelflöhe, in großem Abstand gefolgt von Menschen- und Rattenfloh.[26] In den Sechziger- und Siebzigerjahren lag die Zahl der von den zuständigen Stellen durchgeführten Flohbekämpfungen in Leipzig und Potsdam jährlich bei etwa zwei- bis dreihundert. Das waren nur zwei Prozent aller Bekämpfungseinsätze gegen Gesundheitsschädlinge.[27]

In den USA scheinen Flöhe häufiger zu sein. Oder die Hysterie größer. Wahrscheinlich beides. 1990 wurde ein Viertel aller Häuser und Wohnungen des Landes von Profis gegen Flöhe behandelt, übrigens genauso viele wie gegen die vermeintlich sehr viel häufigeren Schaben.[28]

Welche Flohart kürzlich in New York für Aufregung sorgte, ist bislang nicht bekannt, aber den Betroffenen dürfte es letztlich egal gewesen sein. »David's Bridal« ist eine Ladenkette, die sich auf Brautkleider und entsprechende Accessoirs spezialisiert hat und landesweit 200 Läden unterhält. Kundinnen, die das dreistöckige Geschäft in der 86. Straße in Bay Ridge betraten, um sich für den schönsten Tag ihres Lebens auszustatten, rechneten sicher mit vielem, nur nicht mit den Attacken hungriger Flöhe. »Leute kommen herein und probieren die Kleider an, und die Flöhe beißen die Mädchen«, klagte ein Angestellter. »Sie springen von Kleid zu Kleid, wenn die Kundinnen sie anziehen«, schrieb ein anderer in einer internen E-Mail, die der *New York Post* zugespielt wurde. »Einer meiner Kollegen wurde in die Hand gebissen und eine andere rief den Kammerjäger, weil sie sie mit nach Hause gebracht hatte. Sie waren in ihrer Jacke ... Wir brauchen Hilfe.« Eine Managerin schrieb zurück, man solle »die Information über unsere kleinen Insekten-Freunde natürlich vertraulich behandeln«. In einer anderen E-Mail wurde empfohlen, den Transfer von Kleidern aus diesem Laden in andere Geschäfte einzustellen, bis das Malheur beseitigt war. Konfrontiert mit den Unterlagen der *New York Post* musste der Sprecher von »David's Bridal« nun einräumen, dass es im Laden 53 in Brooklyn ein Flohproblem gibt. Möglicherweise seien die Tiere in einer Lieferung Tüll aus Übersee eingeschleppt worden.[29]

Deutschland 2000

Deutschlands größter Floh ist – oder besser: war – exakt 5,4 Millimeter groß. Diese Erkenntnis verdanken wir einer Aktion der Firma Merial, einem großen Hersteller von Tierarzneimitteln. Merial hatte Veterinäre im ganzen Land aufgefordert, sich an der Suche nach Deutschlands Rekordfloh zu beteiligen. 625 Tierärzte ließen sich nicht lumpen und schickten 2.623 Flöhe ein, die zu 14 verschiedenen Arten gehörten. Durchschnittlich jeder achte Hund und jede vierte Katze sind von den hopsenden Blutsaugern befallen, gab Dr. Matthias Pollmeier bekannt, der wissenschaftliche Leiter bei Merial. Häufig handele es sich um Tiere, die ins Freie dürften und zusammen mit anderen Haustieren gehalten würden. Flöhe seien Überträger von Bakterien, Hautpilzen und Bandwürmern und viele Hunde und Katzen litten zudem unter einer Flohspeichelallergie. Der Fernseh-Tierarzt Dr.

Rolf Spangenberg betonte, moderne Flohbekämpfung müsse strategisch, »also mit Grips« erfolgen. Der natürliche Feind eines jeden Flohs sei der Staubsauger. Der 5,4-Millimeter-Riese entpuppte sich als Maulwurfsfloh. Auf Hunden und Katzen ist er nur ein seltener Zufallsgast.[30]

Ich erspare Ihnen an dieser Stelle ähnliche Geschichten über Pharaoameisen und Läuse, Hausböcke und Kleidermotten. Dass dieses und weiteres Hausgetier bis heute sein Unwesen treibt, beweisen schon allein die gut sortierten Regale mit Schädlingsbekämpfungsmitteln in Drogeriemärkten, Apotheken und Gartencentern.

Prof. Herbert Weidner, langjähriger Direktor des Zoologischen Museums Hamburg und Pionier der Stadtinsektenkunde, veröffentlichte schon 1952 eine umfangreiche Arbeit mit dem vielsagenden Titel *Die Insekten der »Kulturwüste«*. Er setzte das Wort »Kulturwüste«, das wir heute in einem ganz anderen Zusammenhang gebrauchen, in Anführungszeichen und verstand darunter »eine durch die menschliche Kultur vegetationslos gemachte Landschaft«.[31] Gemeint war in erster Linie die Innenstadt Hamburgs mit ihren Häusern und Wohnungen.

Spätestens seit Walt Disneys berühmtem Naturfilm wissen wir: »Die Wüste lebt«. Das gilt auch für die Kulturwüste im Weidner'schen Sinne. Der Zoologe listete 308 Insektenarten auf, die das Museum im Verlauf von Jahrzehnten in der Stadt zusammengetragen hatte und die Weidner als typische Hamburger Hausinsekten ansah. Es war das erste Mal, dass eine derartige Zusammenstellung für eine bestimmte Stadt versucht wurde. Fast die Hälfte dieser Insekten waren Käfer (149 Arten), von denen immerhin ein Drittel nahezu ausschließlich in der Kulturwüste lebt. In weitem Abstand folgten Fliegen (40 Arten) und Schmetterlinge (23 Arten), zu denen auch die Motten gehören.

Anders als in freier Natur, wo man die dort lebenden Tiere mit Fallen, Käschern, Netzen und einer Vielzahl weiterer Hilfsmittel erfassen kann, ist eine systematische Untersuchung der Fauna von Häusern und Wohnungen nahezu unmöglich. Stellen Sie sich vor, eines Tages stünde eine schwer beladene Einsatztruppe von Zoologen vor Ihrer Tür und fragte, ob sie das Haus nach Insekten durchsuchen dürften. Zuerst wären Sie vielleicht gar nicht abgeneigt (– obwohl von vielen Menschen allein die Annahme, ihr sauberer und gepflegter Haushalt beherberge Insekten, als Beleidigung empfunden werden könnte). Aber dann eröffnen Ihnen die Wissenschaftler, dass dazu sämtliche Möbel entfernt, Teppiche eingerollt, Verkleidungen entfernt, Dielenbretter herausgerissen und Rohr- und Leitungsschächte freigelegt werden müssten. Vermutlich würden Sie den Insektenjägern ein paar freundliche, aber bestimmte Worte sagen und sie unverrichteter Dinge wieder wegschicken.

Bis heute gibt es keine umfassenden quantitativen Daten über die Häufigkeit und Verbreitung hausbewohnender Tierarten. Man ist auf den Zufall angewiesen. Fast alle Insekten auf Weidners Liste waren in irgendeiner Weise unangenehm aufgefallen. Extremfälle, wie die Katzen-Homöopathin in Hilden und die beiden alten Damen in Schenectady, rufen Fachleute und Behörden auf den Plan, aber das sind Ausnahmen. Der Normalfall ist wesentlich unspektakulärer. Meist fühlen sich Hausbewohner von irgendeinem massenhaft auftretenden Getier belästigt, suchen, wenn sie sich selbst nicht zu helfen wissen, Rat bei zoologischen Experten oder wenden sich gleich an

Schädlingsbekämpfer. Ihr Ziel ist natürlich nicht die Vermehrung zoologischen Wissens, sondern eine möglichst rasche und gründliche Beseitigung des Ungeziefers. Aus der Häufigkeit solcher Anfragen und der Menge eingeschickter Proben lassen sich allenfalls grobe Tendenzen ablesen. Die Liste von Herbert Weidner umfasst zudem nur die Arten, die ihren gesamten Lebenszyklus in der »Kulturwüste« durchlaufen und sich in Hamburg über mehrere Generationen fortgepflanzt haben.

Es soll uns hier nicht weiter beschäftigen, inwieweit Weidners Liste vollständig ist und noch den heutigen Verhältnissen entspricht. Einige Arten dürften verschwunden, viele neue dazugekommen sein. Den meisten Vertretern dieser Liste wird man in fast jeder Großstadt der Welt begegnen können. Die ungeheuren Warenströme der heutigen Zeit sorgen gerade in einer Hafenstadt wie Hamburg für stetigen Nachschub und gründliche Durchmischung. In einem einzigen Jahr wurden auf einem Holzlagerplatz des Hamburger Freihafens fünfzig tropische Käferarten gefunden.[32] Eine Angestellte eines Münchner Supermarktes sah sich kürzlich mit einer ausgewachsenen grün-gelben Bananenspinne konfrontiert, als sie die Früchte aus einem Karton ins Verkaufsregal sortieren wollte. Die Feuerwehr musste anrücken, um den giftigen blinden Passagier einzufangen und zwecks Identifizierung ins Zoologische Institut zu transportieren.[33]

Interessanter als die Vervollständigung zoologischer Artenlisten sind die von Herbert Weidner aufgeführten, mitunter skurrilen Begleitumstände, die zu einem bestimmten Fund geführt haben. Man ahnt beim Lesen der Liste: Ein Stadtinsektenforscher ist immer im Dienst. Hier ein kleine Auswahl[34] (in Klammern der von mir eingefügte deutsche Name der jeweiligen Insektengruppe):

Nr. 7: *Isotoma notabilis* (ein Springschwanz) auf Blumentopf,

Nr. 9: *Sinella coeca* (ein weiterer Springschwanz) in Wohnung unter Blumentopf,

Nr. 57: *Aspidiotus hederae* (eine Schildlaus) auf verschiedenen Zimmerpflanzen, besonders Efeu, Oleander, Phoenix,

Nr. 85: *Pristonychus terricola* (ein Laufkäfer) in Kellern, Backstuben und Ställen, in Kellern zu Poppenbüttel und Eppendorf, im Antilopenhaus des Zool. Gartens,

Nr. 86: *Atheta fungi* (ein Kurzflügelkäfer) in Keller,

Nr. 105: *Dermestes cadaverinus* (ein Speckkäfer) im Freihafen, an Kopra im Nuss-Musterlager einer Margarinefabrik, eingeführt an Schlangenhäuten,

Nr. 242: *Ephestia calidella* (eine Motte) in Wohnungen, an Rosinen und Walnüssen,

Nr. 250: *Petaurista regalationis* (eine Mücke) – zahlreiche Funde aus der Stadt. Die Larven leben in Kellern an faulenden Kartoffeln und Rüben.

Praktisch jede in Häusern befindliche tierische oder pflanzliche Substanz findet interessierte Abnehmer, vor allem, wenn diese Stoffe faulen, unsachgemäß aufbewahrt werden und Feuchtigkeit ausgesetzt sind. Besonders ergiebig sind natürlich Orte, an denen große Mengen an Lebensmitteln und Naturprodukten gelagert oder verarbeitet werden, etwa Getreidespeicher, Mühlen, fleischverarbeitende Betriebe und Gerbereien. Das war vor fünfzig Jahren, als Weidners Arbeit veröffentlicht wurde, nicht anders als im beginnenden 21. Jahrhundert. Großküchen, die für die Außer-Haus-Verpflegung produzieren, haben sich heute einen boomenden Markt erschlossen. In Deutschland erwirtschaften 400.000 Betriebe einen Jahresumsatz von knapp 70 Milliarden Euro. »Für den Schädlingsbekämpfer stellen sie ein wirtschaftlich interessantes Marktpotenzial dar«, sagt Prof. Werner Peschke, Experte für Ernährungs- und Hygienetechnik. »Von allen Nutzungstypen der Lebensmittelbranche sind Betriebe der Außer-Haus-Verpflegung am häufigsten von Schädlingsbefall betroffen.«[35]

Hausinsektenforscher wie Herbert Weidner werden allerdings auch im Kleinen fündig, denn viele Domikolen sind ausgesprochene Feinschmecker. Unsere Häuser bieten Ressourcen, von denen wir uns kaum eine Vorstellung machen. Einen Bockkäfer fand Weidner zum Beispiel in der »Korkumhüllung einer Südweinflasche«. Die Raupe eines kleinen Schmetterlings lebt von »Algen, die an den Weinfässern wachsen und in den Korken von Weinflaschen. 1930 waren in einem Weinlager zahlreiche Weißweinflaschen... von den Raupen befallen worden. Sie durchbohrten die Korken, sodass die Flaschen ausliefen.«[36]

Oder die Bücher. Nicht weniger als 64 Arten soll es geben, die sich mehr oder weniger regelmäßig an Papier, Leim und Einbänden unserer Geistesnahrung gütlich tun, von Bücherläusen bis zu den Palpenmotten. Aber, Gott sei Dank, der Inhalt bleibt weitgehend unangetastet. »Die meisten Arten leben außerhalb des Buches.«[37]

Es mutet fast wie ein hintergründiger Scherz des Schöpfers an, dass die schlimmsten Feinde von Insektensammlungen aus den eigenen Reihen kommen. Gelingt es bestimmten Käferarten, zum Beispiel dem Museumskäfer, ins Innere von Insektenkästen zu gelangen, können sie wertvolle Sammlungen in ein Durcheinander von Extremitäten, ausgehöhlten Köpfen, Brustpanzern und Staub verwandeln. Dagegen helfen nur Giftprophylaxe und regelmäßige Kontrollen sowie eine strikte Quarantäne für Exemplare fremder Herkunft, damit keine Trojanischen

Insekten eingeschleppt werden, in denen der Sammlungstod lauert.

Nicht nur getrocknete Insekten, auch importierte Hölzer können ein reges Innenleben haben. Es wird mitunter erst entdeckt, wenn das Holz schon lange verbaut ist. So dürfte der Besitzer einer Chaiselongue überrascht gewesen sein, als aus seinem neu gekauften Möbelstück am 4. Mai 1951 ein stattlicher Bockkäfer schlüpfte und dabei ein hässliches Loch hinterließ. Ein anderes Tier kämpfte sich gar aus dem Inneren eines Besenstiels an die frische Luft, ein Prachtkäfer steckte in »der Leiste vor den Tasten eines Klaviers«.[38]

Den kleinen Käfer *Enicmus minutus* entdeckte man »1936 in den Kleidern einer alten schmutzigen Frau, die zu keinem Wäschewechsel bewegt werden konnte«.[39] Die Art ist allerdings ansonsten nicht gerade selten. Als Fundorte werden unter anderem angegeben: »In Häusern an feuchten Wänden, an frischen Tapeten, in Neubauwohnungen, in Schaufensterauslagen, an Walnusskernen, an Camembertkäse, [...] an Pflaumenkernen.«

Mitunter werden die Grenzen des Zumutbaren weit überschritten. Mit nordischem Fischguano gelangten früher ungeheure Mengen einer bestimmten Fliegenart, *Phormia coerulea*, nach Hamburg. »Als 1875 ein Speicher in Altona niederbrannte, in dem solcher Fischguano lagerte, traten die Larven in solchen Mengen auf, dass sich zeitweise die Rettungsmannschaften zu arbeiten weigerten.«[40] Fünfundsiebzig Jahre später schlug die Stunde einer anderen Fliegenart, der Schmeißfliege *Calliphora vomitoria*, einem häufigen Stadtinsekt, das recht unappetitliche Lebensumstände bevorzugt. Ihre Larven wandern »vor der Verpuppung oft in langen Zügen vom Ort ihrer Entstehung (faulenden tierischen Substanzen, z. B. toten Ratten) aus. [...] 1949 berichteten im August die Tageszeitungen über einen Madenstrom, der sich aus den Abfällen einer Fischbratküche in Harburg über die Straße ergoss und zu dessen Beseitigung die Feuerwehr alarmiert wurde.«[41]

Viele der Tiere in unseren Häusern haben eines gemeinsam: Sie stammen ursprünglich aus südlicheren Weltgegenden und lieben die Wärme. Der Mensch verschleppte sie mit seinen Warentransporten in die ganze Welt, und da er gleichzeitig überall riesige Lager und dauerhaft beheizte Häuser errichtete, können wärmebedürftige Bewohner der Tropen oder des Mittelmeergebiets heute in Hamburg, New York oder Helsinki existieren. In den Häusern suchen sie die Nähe von Wärmequellen, von Kühlschrankaggregaten, Warmwasser- oder Heizungsrohren. Da dort fast das ganze Jahr über konstant günstige Bedingungen herrschen, können die Tiere ununterbrochen ihrem Fortpflanzungsgeschäft nachgehen und höhere Nachkommenzahlen erreichen als freilebende Verwandte. Weil zudem Räuber und Parasiten als Gegenspieler selten sind, neigen sie zu unserem Leidwesen zu Massenvermehrungen. In diese Gruppe gehören fast alle Hausbewohner, die auch außerhalb von Spezialistenkreisen bekannt sind: die Schaben, Heimchen, Silber- und Ofenfischchen, Pharaoameisen, die schon im Altertum bekannten Bettwanzen sowie zahllose Vorratsschädlinge. Mehr als die Hälfte der von Weidner als spezifisch für die »Kulturwüste« bezeichneten Arten wurde eingeschleppt. Die Bettwanze kam schon mit den Römern nach Mitteleuropa. Ein großer Teil gelangte jedoch erst im 19. und 20. Jahrhundert nach Hamburg und bildete dort dauerhafte Populationen.[42]

Mehlmotten und Pharaoameisen entwickeln sich am besten, wenn Temperaturen von 25 bis 30 Grad herrschen, der Reismehlkäfer beginnt sich erst jenseits der 30 Grad wohlzufühlen.[43] Die kosmopolitisch verbreitete Deutsche Schabe, die eigentlich von der Krim[44] stammt, bevorzugt Temperaturen zwischen 24 und 33 Grad. Ihre Verwandte, die Orientalische oder Küchenschabe, *Blatta orientalis*, mag es etwas kühler, deshalb besiedelt sie Keller und untere Stockwerke, während oben die Deutsche Schabe im Vorteil ist. Altbauten sagen ihr eher zu als Neubauten mit ihrer besseren Wärmeisolierung.

Neben der Temperatur ist die Luftfeuchte von großer Bedeutung für die Entwicklung von Insekten, wobei jede Art spezifische Anforderungen stellt. Die Kleidermotte, die erst Anfang des 19. Jahrhunderts aus Afrika eingeschleppt wurde, entwickelt sich besonders gut in dauerbeheizten Gebäuden und relativ trockener Luft. Viele Arten benötigen jedoch weit feuchtere Bedingungen und bevorzugen deshalb Keller oder Parterrewohnungen. Sie profitieren von der bei hoher Feuchtigkeit einsetzenden Schimmelpilzbildung.

Köln, 1998

Auf einem Kölner Waldfriedhof untersuchte die Biologin Regina Häusler die Insektenfauna von 56 Nistkästen, die vom Kleiber und von Blau- und Kohlmeisen genutzt wurden. Sie fand mehr als 17.100 Insekten, darunter nicht weniger als 9.500 Flöhe. Unter den restlichen Nidikolen fanden sich auch einige alte Bekannte, etwa die Kleidermotte, Staubläuse und verschiedene als Vorratsschädlinge berüchtigte Speckkäferarten. Besonders häufig war die Braune Hausmotte, *Hofmannophila pseudospetrella*, ein Allesfresser, für den Verpackungsmaterial und Kunststoffbehälter kein Hindernis sind. In Laborversuchen gelang es den winzigen Raupen, sich durch ein Millimeter starkes Polystyrol zu fressen. Die Motte breitet sich im Rheinland verstärkt aus. Regina Häusler vermutet, dass »Schäden, die in vielen Fällen der Kleidermotte angelastet werden, teilweise auf die Braune Hausmotte«[45] zurückzuführen sind. Wer kann die beiden schon auseinanderhalten? Meist sieht man ohnehin nur das Resultat ihres Zerstörungswerks: die Löcher im Lieblingspullover. Regina Häusler empfiehlt, die Nistkästen nach der Brutperiode zweimal gründlich zu reinigen.

Zwischen der Hausfauna und den Bewohnern von Vogelnestern bestehen enge Beziehungen. Herbert Weidner hat sich auch mit dieser Frage beschäftigt und kommt zu folgendem Schluss: »Wichtiger als Aas erscheinen mir jedoch für die meisten in der Kulturwüste auftretenden Saprophagen die Vogelnester. Hier ist wahrscheinlich die eigentliche Heimat vieler Textilschädlinge zu suchen.«[46]

Einige Stadtvögel, etwa Rauchschwalben, Spatzen und Mauersegler, bauen ihre Nester in und an Häusern und damit in unmittelbarer Nachbarschaft der Wohnungen – beste Voraussetzungen für einen regen Austausch. Der Lebensraum Vogelnest kann so zur Besiedlungsquelle des Hausinneren werden und umgekehrt. In Vogelnestern haben einige der Nidikolen eine wichtige Funktion. Sie übernehmen die Abfallentsorgung, den Abbau toter organischer Substanz, die sie wieder dem Nährstoffkreislauf zuführen. Gelangen sie in Wohnungen, wo sie im Grunde genau dasselbe tun, werden sie aus Menschensicht schädlich. Zwischen der Rolle als Reinigungskraft und der des verhassten Schädlings liegen oft nur wenige Meter.

In Nestern von Stadtvögeln ausschließlich ein Reservoir von Ungeziefer zu sehen, wäre allerdings eine verzerrte Sichtweise. Es steht außer Frage, dass etliche Bewohner von Tiernestern im Verlaufe der letzten Jahrtausende den Weg in menschliche Behausungen gefunden haben; angesichts der Größenverhältnisse ist es aber sehr wahrscheinlich, dass gerade in Städten die Wanderung heute eher in die andere Richtung erfolgt: von den Menschen zu den Vögeln. Besonders deutlich wird dies, wenn erst in jüngster Zeit eingeschleppte Arten plötzlich in Vogelnestern auftauchen. Die Kleidermotte hat sich, aus Afrika kommend, zuerst in unseren Kleiderschränken eingenistet und ist erst danach auch in Vogelnestern fündig geworden. In Nestern von Hamburger Stadttauben hat man zahlreiche aus Australien eingeschleppte Diebskäfer gefunden. Diese Art gelangte erst 1916 nach Europa und verdrängt hier nun seinen einheimischen Verwandten.[47]

Gerade den Stadttauben, oft als »Ratten der Lüfte« bezeichnet, hat man vorgeworfen, ihre Nester seien eine ewige Quelle für Schädlinge aller Art. Tatsächlich wimmelt es darin von sechs- und achtbeinigen Untermietern. Stephan Krall, der 1980 Hamburger Stadttaubennester untersuchte, fand über 70 Insektenarten, allen voran Käfer, Fliegen und Schmetterlinge, von denen eine große Zahl auch aus Häusern bekannt ist. In Einzelfällen, wenn ein solches Nest sich direkt neben einem Fenster oder auf dem Dachboden befindet, kann davon eine erhebliche Belästigung ausgehen. Die Menschen, die im Hydrobiologischen Institut in Hamburg arbeiteten, ärgerten sich oft über die vielen Fliegen im Haus, bis endlich ein einzelnes Taubennest auf dem Balkon als Brutstätte identifiziert wurde. »Da die Stadttauben nicht besonders auf Hygiene bedacht sind«, schreibt Stephan Krall, »findet man sehr häufig«, neben Kot und Federn und Nistmaterial, »auch noch die Kadaver von verendeten Jungtauben [...], die von den Alttieren nicht entfernt werden. Das alles hat natürlich Auswirkungen auf die Zusammensetzung der Nidikolenfauna.«[48] Danke, so genau wollten wir es gar nicht wissen.

Allerdings nisten die meisten der etwa 25.000 Stadttauben[49] der Hansestadt unter Brücken und damit nicht in unmittelbarer Nähe von menschlichen Behausungen. »Von dort aus ist ein Befall kaum zu erwarten, da viele der Schädlinge keine oder schlechte Flieger sind.«[50]

Den Tauben geht es nicht anders als den Menschen. Wir schlagen uns im Großen und Ganzen mit denselben Übeltätern herum und es gibt große Unterschiede von Wohnung zu Wohnung bzw. von Nest zu Nest. Nicht alle sind in gleicher Dichte besiedelt, manche sehr stark, andere kaum. In einem einzigen Nest, das ungewöhnlich feucht war, fand Krall 1.570 Fliegen und Fliegenlarven. Andere waren praktisch insektenfrei.[51] Nicht nur die Bedingungen vor Ort bestimmen die Größe der Populationen, auch die Umgebung ist von Bedeutung und, nicht zu vergessen, der Zufall. Wo Feuchtigkeit herrscht und die sanitären Verhältnisse zu wünschen übrig lassen, wo Lebensmittel und Naturstoffe zugänglich sind und viele Individuen dicht gedrängt nebeneinander wohnen, können die winzigen Mitbewohner für Tauben wie Menschen zum Problem werden.

Wir anderen, die wir Kühlschränke besitzen, auf Sauberkeit achten und in einem reichen Land leben, bleiben – mit ein bisschen Glück – weitgehend von ihnen verschont.

Von Milben und Menschen – Ökosystem Bett

Das hatte sich Prof. Dr. Friedrich Ludwig, Gymnasialoberlehrer in Greiz, nicht träumen lassen. Kaum druckte die *Leipziger Illustrierte Zeitung* am 13.8.1903 seinen kurzen Aufsatz über massenhaft auftretende Pflaumenmilben in der Wohnung eines Kolonialwarenhändlers, da flatterten ihm aus ganz Deutschland Hilferufe verzweifelter Menschen ins Haus, die ein ähnliches Plagegeschehen erdulden mussten. Unter anderem sah sich ein »Herr aus Barmen« mit Unmengen winziger Milben konfrontiert, die bald den ganzen Fußboden und jedes Möbelstück bedeckten und sogar ins Schlafzimmer vordrangen. Der Albtraum hatte begonnen, als er nach fünfwöchiger Abwesenheit sein Sofa ausklopfte. Heraus rieselte nicht nur Staub.

»Ich habe nun alles Mögliche getan, um von diesen äußerst unangenehmen Tierchen befreit zu werden«, schrieb der Herr aus Barmen, »aber leider alles vergeblich. Ich habe die gesamten Zimmer mit Chlorkalk und Salzsäure ausgeräuchert, die Räume von der städtischen Feuerwehr zweimal mit Formaldehyd desinfizieren lassen; meine gesamten Möbel sind mit einer 3-prozentigen Karbollösung abgewaschen worden; die Betten, Matratzen usw. sind etwa eine viertel Stunde im Dampfkastenbade [auf 110 Grad erhitzter Wasserdampf] gewesen, ebenso wie die Wände, Decken, Fußböden usw. mit einer 40-prozentigen Karbollösung behandelt wurden, indes alles vergebens. Ebenso hat ein Kammerjäger seine Kunst versucht, der Tierchen Herr zu werden, aber auch mit vollständig negativem Erfolge. Nun wurde mir geraten, es mit trockener Hitze zu versuchen; ich habe auch dies getan und die Zimmer 24 Stunden unter einer solchen Hitze gehabt, dass sich die Möbel zogen und die Kerzen meines Kronleuchters schmolzen, und trotzdem finden sich immer noch Haufen dieser Tierchen, sodass ich und meine Frau tatsächlich dem Verzweifeln nahe sind.«[1]

Was man gut verstehen kann. Prof. Ludwig konnte die »Tierchen« als Polstermilben, *Glycyphagus domesticus*, identifizieren. Diese und ähnliche Hilferufe veranlassten ihn offenbar, eine Abhandlung über »Die Milbenplage der Wohnungen« zu verfassen. Ob er dem geplagten Herrn aus Barmen helfen konnte, schrieb er leider nicht, aber er verwies auf einen geheimnisvollen Desinfektionskasten des Bremer Professors Buchenau, den er »als völlig Unparteiischer [...] als das zweckmäßigste Mittel gegen die Milbenplage« empfahl. Er betonte, dass die Milben »auch in dem reinlichsten Haushalt auftreten können«, obwohl natürlich »ein Mangel an Reinlichkeit und Sauberkeit die allererste Bedingung zu ihrer Verbreitung« seien. Milben, daran gab es nicht den geringsten Zweifel, seien »imstande, das häusliche Glück zu untergraben und das Heim zu einer Hölle zu gestalten – eine wahre Geißel der Menschheit.«

Die erstaunliche Widerstandskraft dieser winzigen Spinnentiere gegen die damals üblichen Desinfektionsmethoden hat mit einer Besonderheit ihres Lebenszyklus zu tun, der Ausbildung sogenannter Wandernymphen (*Hypopi*), deren Mundwerkzeuge reduziert sind und die über »besondere Einrichtungen zum Festklammern« verfügen. Diese Wanderlarven können noch dazu enzystiert vorkommen, eingeschlossen in eine widerstandsfähige Kapsel, in der sie ungünstige Lebensumstände, etwa die Bekämpfungsversuche des Herrn aus Barmen, überdauern können. Frei bewegliche Wandernymphen klammern sich an größere Tiere, insbesondere Insekten, und lassen sich von ihnen zu neuen Nahrungsquellen tragen. »Die Stubenfliege«, erläutert Prof. Ludwig, »gilt als das gewöhnliche Reitpferd der Hausmilben.« Aber »selbst auf Flöhen und Ameisen hat man Hypopuslarven gefunden.« Ludwig nennt sie »Milben im Reisekostüm«. Ratten und Mäuse, sogar Hunde und Katzen kommen als Milbentransporteure infrage.[2]

Auch als Vorratsschädlinge waren Milben zu Ludwigs Zeiten weit verbreitet. Die Käsemilbe macht normalerweise ihrem

Namen alle Ehre, in Lyon richtete sie aber » in einer der größten Fabriken beträchtlichen Schaden an «, als sie sich über Schuhwichse hermachte und den Inhalt von 10.000 Büchsen in graues Milbenpulver verwandelte, obwohl man die ölige Wichse vorsorglich mit Quecksilberchlorid versehen hatte. Die Pflaumenmilbe wütete ihrerseits in Konservenfabriken, eine verwandte Art verdarb große Mengen an Trockenfrüchten und vernichtete » einen beachtlichen Vorrat südlicher Süßweine «, in die sie vermutlich über kontaminierte Rosinen gelangt war. Die Mehlmilbe, bis in die heutige Zeit ein gefürchteter Vorratsschädling, war in Bäckereien allgegenwärtig, auch in Lederwarenfabriken, die mit Mehlkleister arbeiteten.

Als Quelle der » Wohnungsvermilbung trotz peinlicher Reinhaltung « erwies sich damals die Füllung nagelneuer Polstermöbel. » Fettiges Polstermaterial, wie Rosshaare usw., bildet nächst feuchtem Heu, Stroh usw. einen ganz besonderen Anziehungspunkt « für die Hausmilben. Pflanzenfasern kamen als Polstermaterial in Mode, besonders das sogenannte Crin d'Afrique, das aus der Schale von Kokosnüssen hergestellt wurde. » Verschiedene Sattler versicherten mir, dass das Crin d'Afrique sehr häufig von Milben wimmele «. Man müsse es unbedingt vor seiner Verwendung desinfizieren.[3]

Gestützt auf einige Millionen Jahre Erfahrung hätten Vögel und all die anderen tierischen Nestbauer vorhersagen können, wen sich die Menschen mit Samen, Pflanzenfasern und Tierhaaren in ihre Höhlen und Wohnungen holen würden. Wo sich organische Substanz ansammelt oder wo sie angesammelt wird, sind Milben, lateinisch *Acari*, nicht fern.

Laut Tyler Wooley, einem Experten von der Colorado State University und Verfasser des Standardwerkes *Acarology and*

Human Welfare, ist die Akarologie oder Milbenkunde »eine der am schnellsten wachsenden Disziplinen in der Zoologie.«[4] Draußen werden die Winzlinge von Menschen kaum zur Kenntnis genommen. Sie sind zu klein, und was sie tun, spielt sich im Verborgenen ab. Bis heute sind etwa 50.000 verschiedene Arten beschrieben worden[5] und sie leben überall, in Meeren und Seen, auf Berggipfeln und Baumkronen, auf Pflanzen und Tieren, vor allem im Boden, wo sie sich an der Zersetzung organischer, überwiegend pflanzlicher Substanz beteiligen und einen erheblichen Anteil der tierischen Biomasse stellen. Ihr biologischer Bauplan, ein kompakter winziger Körper, acht Beine und ein Paar zumeist zangenförmiger Mundwerkzeuge, hat sich über lange Zeit bewährt und bot doch genügend Flexibilität für die bizarrsten Anpassungen. (Denken Sie an die Ameisenkrallenmilbe *Macrocheles*.) Die älteste bekannte fossile Milbe, *Protacarus crani*, stammt aus dem Devon. Sie ist stattliche 400 Millionen Jahre alt und unterscheidet sich kaum von ihren heute lebenden Verwandten.[6]

Sofern man ihre Anwesenheit überhaupt bemerkt, sind Milben in Vorratslagern, Häusern und Wohnungen grundsätzlich unerwünscht, zumal, wenn sie sich in Massen einfinden. Die Interessen von Menschen und Milben sind gleich auf mehreren Gebieten diametral entgegengesetzt und Konflikte unvermeidlich. Milben konkurrieren mit uns um unsere Nahrung und sie sind in Gestalt der Zecken als Blutsauger, neben den Mücken, die wichtigsten Überträger von Krankheiten. Die Krätzmilbe und andere Hautparasiten können selbst zur Krankheit werden.

Obwohl wir all dies nicht ohne Gegenwehr über uns ergehen lassen, tanzen die Milben uns buchstäblich auf der Nase herum. Manche von ihnen sind so winzig, dass sie unerkannt in den Poren unserer Gesichtshaut existieren können. Beliebte

Aufenthaltsorte sind Nasenwurzel, Augenlider und Gehörgänge, wo sie von den Sekreten unserer Talkdrüsen naschen. Die maximal 0,4 Millimeter messenden *Demodex*-Milben leben im Gesicht fast jedes Menschen, aber nie sind es mehr als etwa tausend Tiere. Unser Immunsystem scheint ihrer weiteren Vermehrung einen Riegel vorzuschieben. Nur wenn es schwächelt, zum Beispiel bei Aidskranken, kann *Demodex* zum Problem werden.

Auch fünfundsiebzig Jahre nach der Veröffentlichung von Ludwigs Schrift über die Hausmilben hatten die winzigen Spinnenverwandten nichts von ihrem Schrecken verloren. Nur das Artenspektrum und die Gründe für ihre Anwesenheit hatten sich geändert. Zwischen Milben und Menschen ergeben sich immer wieder neue Konfliktfelder.

Was sich zum Beispiel in der bayerischen Kleinstadt Pocking bei Passau abspielte, war der Albtraum jedes Häuslebauers. Die Bauherren hatten den Stress mit den Handwerkern hinter sich, der Umzug war geschafft, das erträumte Eigenheim endlich Wirklichkeit. Und dann das: eine Heimsuchung. Viel schlimmer noch: eine nicht enden wollende Kette von Heimsuchungen.

Im Oktober 1978 erhielt Dr. Gisela Rack, Oberkustodin am Zoologischen Institut und Museum der Universität Hamburg, aus Pocking eine Probe zugeschickt. Sie sah aus wie ziegelroter Staub und stammte von einem Belag der Parkettleisten im Schlafzimmer des Pockinger Neubaus. Es handelte sich nicht um Bohrstaub. Der Belag war lebendig. Wie die Hamburger Biologin bald feststellte, bestand die Probe zum größten Teil aus erwachsenen Weibchen der nur 0,3 Millimeter großen Milbe *Terpnacarus subterraneus*, die zuvor noch nie in Häusern aufgetreten war. Die einzigen bekannten Tiere dieser Art hatte man bislang in Dänemark gefunden, im Boden einer trockenen Viehweide. Die mittlerweile vollkommen verzweifelten Pockinger Hausbesitzer dürfte es kaum getröstet haben, aber die von ihnen eingesandte Probe machte Karriere in der zoologischen Fachliteratur.[7] Wie die Milbe in das Schlafzimmer gekommen war, wird wohl für immer ungeklärt bleiben; der im September 1978 plötzlich auftauchende Belag war aber nicht der erste Zwischenfall dieser Art. Als die rote und im Übrigen harmlose *Terpnacarus*-Milbe in ihrem Schlafzimmer ihr Unwesen trieb, hatten die Pockinger Hausbesitzer bereits ein zweijähriges Martyrium hinter sich.

Gisela Rack war ausgewiesene Spezialistin für Hausschädlinge und hatte unter anderem in der Zeitschrift *Der praktische Schädlingsbekämpfer* mehrere Aufsätze über massenhaft auftretendes Ungeziefer veröffentlicht, insbesondere über »Neubaumilben« und einen »Milbenbefall im neuen Rathaus zu Flensburg«.[8] Bis auf die überraschend aufgetauchte rote Milbe waren die Vorgänge in Pocking nicht neu für sie. Gerade in Neubauten waren Schädlingskalamitäten keine Seltenheit. Immer wieder hatte sie eine bestimmte Abfolge von Massenvorkommen verschiedener Tierarten beobachtet, eine Sukzession, wie man sie auch von anderen neu entstandenen Lebensräumen kennt. Die aus Wänden und Böden tretende Feuchtigkeit und der mangelnde Luftaustausch ließen verschiedene Schimmelpilze gedeihen, die ihrerseits zum Nährboden für ein reges Kleintierleben wurden. Gisela Rack war schon auf ganze Milbengesellschaften aus zwei bis sieben Arten gestoßen, dazu gesellten sich Plattkäfer, Schimmelkäfer und Stäublingskäfer. Die Tiere stammten meist aus der Umgebung der Baustelle und besiedelten in geringer Zahl schon den Rohbau. Wurden dann Isolierschichten aufgelegt, die Fenster verglast und geschlossen und die Heizung aufgedreht, entstand in den Neubauten eine für die Milbenentwicklung günstige hohe Luftfeuchtigkeit.[9] Aufwendige Bekämpfungsmaßnahmen und gerichtliche Auseinandersetzungen mit den Baufirmen waren die Folge. Die Bauherren, denen zumeist jedes Verständnis für die Domikolen ihres Hauses abging, wurden nicht selten an den Rand eines Nervenzusammenbruchs getrieben. Das Einfamilienhaus in Pocking war im Dezember 1976 bezogen worden, nach nur fünf Monaten Bauzeit. Man hatte es eilig, wahrscheinlich zu eilig, denn während des Winters sammelte sich im offenbar unzureichend belüfteten Dach so viel Feuchtigkeit an, dass das Wasser an den Wänden des ausgebauten Dachgeschosses hinunterlief. Der Albtraum konnte beginnen.

»Anfang März 1977 traten die Tiere in Massen zuerst an den Holzdecken (nordische Kiefer) und den Wänden der fünf Räume im ausgebauten Dachgeschoss auf, sehr bald auch im Erdgeschoss [...]. Es wurden chemische Bekämpfungen durchgeführt, das Dach geöffnet und die im Fußboden verlegte Heizung auf Höchstleistung gebracht, um die Milben weg- und die Feuchtigkeit aus dem Haus herauszubekommen. Der Kosten- und Arbeitsaufwand war groß, der Erfolg nach Auskunft der Bewohner gering, erst im Sommer 1977 gab es etwas Ruhe.«

Aber die von der Holzdecke rieselnden Modermilben waren nur der Anfang. Schon im Oktober gab es wieder Milbenalarm, fälschlicherweise. Denn diesmal waren es Staubläuse, also Insekten, die sich massenhaft vermehrten, keine Modermilben, »was zu erwarten war«, wie Gisela Rack lakonisch feststellt, »denn nach langjährigen Beobachtungen treten Modermilben in einjährigen Neubauten nicht mehr in Massen auf, sie bevorzugen noch sehr nasse, etwa ein halbes Jahr alte Neubauten.«

Wieder wurden die Parkettleisten entfernt und geheizt, was der Brenner hergab. Die Staublaus-Plage klang langsam ab.

Im Dezember 1977 folgten die Springschwänze, kleine flügellose Ur-Insekten, die vor allem durch ihre hopsende Fortbewegungsweise auffallen. Gisela Rack konnte sie nicht mehr genau bestimmen, da die Hausbesitzer diese Phase der Hausbesiedlung nicht gerade fachmännisch dokumentiert hatten. Sie übergaben ihr ein Stück Tesafilm, auf dem vertrocknete und zusammengepresste Insektenreste klebten. Selbst für eine Spezialistin wie Gisela Rack war das zu wenig.

Mit dem Frühjahr 1978 kamen wieder die Staubläuse, aber diesmal war es eine andere Art als beim ersten Mal. Sie vergnügten sich vor allem »auf der im Haus befindlichen, auf Betonstufen verlegten Eichentreppe«, später auch in zwei Räumen des Dachgeschosses. »Die Hausbewohner sprachen von schrecklichen Sommermonaten.« Bis hierhin folgten die Schädlingsinvasionen dem bekannten Muster, das Gisela Rack schon in verschiedenen Neubauten beobachten konnte. Im September 1978 tauchte dann der ziegelrote Belag im Schlafzimmer auf. Es wurde gewischt und ein Heizofen aufgestellt, wieder gewischt und wieder getrocknet. Vergeblich. Die Milben vermehrten sich weiter. Mit Anbruch des Winters war der Spuk genau so plötzlich beendet, wie er begonnen hatte. »Ab November 1978«, so Gisela Rack, »traf keine Meldung mehr ein.«[10]

Hausstaub ist etwas sehr Persönliches, »ein Konglomerat verschiedenster Partikel, die in der Wohnung sedimentiert sind«, ein unvermeidliches Produkt des Wohnens und somit mikrokosmisches Abbild der häuslichen Umgebung und des Verhaltens, der täglichen

Gewohnheiten und kulinarischen Vorlieben des Wohnungsinhabers und seiner Haustiere. So ist Reisstärke vor allem ein Bestandteil des Staubs asiatischer Wohnungen, während in Europa und Nordamerika Kartoffel-, Weizen- und Maisstärke häufiger ist.

Im Hausstaub finden sich unter anderem:

»1. Teile von Tier- und Menschenhaaren und Hautschuppen von Mensch und Tier

2. Textilfasern pflanzlichen und tierischen Ursprungs (Baumwolle, Wolle, Leinen, Jute, Seide) sowie Fragmente aus dem Bettzeug (Federn, Rosshaar, Kapok)

3. Kunstfasern synthetischer Gewebe

4. Gliederfüßer wie Staubläuse, Pseudoskorpione, flügellose Insekten, Milben oder jeweils Teile davon

5. Bakterien, Einzeller, Hefen, Schimmelpilze

6. Pollen von Gräsern und Bäumen, Sporen von Farnen und Moosen, Algen

7. Holzteilchen als Abrieb von Möbeln, Zigarettenasche, Sand, Kohlepartikel (bei Ofenheizungen) und vieles andere mehr.«[11]

In » Gattaca «, Andrew Niccols eindringlichem Science-Fiction-Film, unterzieht sich Hauptdarsteller Ethan Hawke jeden Morgen einer im wahrsten Sinne des Wortes aufreibenden Prozedur. Er betritt eine Art Hightech-Dusche und schrubbt sich dort minutenlang von Kopf bis Fuß gründlich ab. Wenn er die Kabine verlässt, glüht deren Inneres kurz auf und alle Rückstände werden verbrannt. Hawke lebt das Leben eines anderen Menschen. Er will verhindern, dass an dem Arbeitsplatz, den er sich erschlichen hat, Hautschuppen und Haare zurückbleiben, die seine wahre genetische Identität verraten könnten.

Jeden Tag verliert der Körper eines Menschen ein bis anderthalb Gramm Hautschuppen. Wir hinterlassen sie überall, vor allem da, wo es direkten Hautkontakt gibt, auf Kleidungsstücken, Polstermöbeln, Teppichen, Kuscheltieren und Matratzen. Dieser konstante Input an abgestorbener organischer Substanz bildet die wichtigste Energiequelle einer bizarren Lebensgemeinschaft, deren Kopfzahl in die Zehntausende geht und auf die Wissenschaftler wegen ihrer wachsenden medizinischen Bedeutung seit Jahren besorgte Blicke werfen. Für immer mehr Menschen könnte Ethan Hawkes morgendlicher Reinigungsexzess in einem ganz anderen Zusammenhang Sinn machen, nicht als Selbstschutz in einer albtraumhaften fernen Zukunft, sondern im Hier und Jetzt, in der Konfrontation mit einer stammesgeschichtlich alten, nahezu allgegenwärtigen Organismengemeinschaft.

Winzige, maximal einen halben Millimeter messende Hausstaubmilben gedeihen überall in Wohnungen, aber am wohlsten fühlen sie sich im Bett. Das hat mikroklimatische Gründe und liegt an uns und unserer Warmblütigkeit. Wenn draußen die Temperaturen fallen und Heizungen für ungemütlich trockene Luft sorgen, schaffen menschliche Körperwärme und literweise ausgeschiedene Feuchtigkeit zwischen Decke und Matratze Nacht für Nacht auch weiterhin ein günstiges Milbenklima. Für Allergiker sind Hausstaubmilben heimtückische, weil unsichtbare Gegner, denen sie kaum entkommen können. Dabei handelt es sich nicht um Parasiten, die wie Bettwanzen am Körper schmarotzen, sondern um eigentlich harmlose Saprophagen. Problematisch ist nicht ihr Fraßverhalten, sondern ihr Kot, der hochwirksame allergene Substanzen enthält.

Wie eigentümlich diese Lebensgemeinschaft ist, enthüllt sich am besten, wenn wir uns kurzerhand mit Mikroskopaugen in sie hineinzoomen. Entfernen wir also das Laken, vorzugsweise im Spätsommer, der besten Milbenzeit, und begeben uns auf eine Reise in die seltsam gleichförmige Landschaft einer Matratzenoberfläche. Bei hundertfacher Vergrößerung sind sie schon gut zu erkennen, knapp mausgroße kugelig-ovale Wesen, die mit kurzen teleskopartigen Beinen träge über die regelmäßig angeordneten Textilfasern klettern. Bezogen auf die riesige Fläche, das Bett hat die doppelte Größe eines Fußballplatzes angenommen, sind es nicht viele, aber beim genaueren Hinsehen entdeckt man zwischen den zu Kabelstärke angeschwollenen Fasern, in Knopfmulden, Nähten und Reisverschlüssen Massen von sehr viel kleineren weißlichen Tieren. Es sind Jugendstadien unterschiedlichen Alters.

Wir betätigen wieder die Zoomtaste und lassen das Bett bei tausendfacher Vergrößerung auf zwei Kilometer Länge anwachsen. Jetzt haben selbst die kleinsten Milbenlarven das Format eines jungen Meerschweinchens und man erkennt deutlich, dass sie nur sechs Beine besitzen. Die etwas älteren Jungtiere, die Nymphen, haben dagegen vier Beinpaare, wie es sich für Spinnentiere gehört. Ihre Zahl geht in die Zehntausende. Sie scheinen ununterbrochen zu fressen, sodass ihnen ihr Chitinpanzer bald zu eng wird. Sie müssen sich häuten und hinterlassen dabei zahllose leere Larvenhäute, die man überall herumliegen sieht. Die Tiere haben es eilig. Von der Eiablage bis zur Geschlechtsreife benötigen sie, je nach äußeren Bedingungen, zwei bis vier Wochen. Für die Kopulation nehmen sie sich allerdings Zeit. Sie kann bis zu 48 Stunden dauern.[12]

Auf einem längeren Streifzug durch die eintönige Matratzenlandschaft schärft sich unser Blick. Plötzlich erkennen wir, dass die selteneren Elterntiere, die nun die Größe eines prallen Sofakissens haben, unterschiedlich aussehen. Einzelne Exemplare sind beweglicher und besitzen eine ganz andere Körpergestalt, schlanker, langbeiniger, haariger. (In Wirklichkeit müsste man selbst bei dieser Vergrößerung über die geschulten Augen eines Milbenspezialisten verfügen, um die Arten auseinanderzuhalten.) Was zunächst wie eine einförmige Herde aussah, entpuppt sich bei genauerem Hinsehen als erstaunlich komplexe Gesellschaft unterschiedlicher Arten.

Machen wir eine Bestandsaufnahme, wie sie 1983 in Hamburg durchgeführt wurde. Die Biologin Hildegard Keil, eine Diplomandin von Gisela Rack, konnte zu diesem Zweck allerdings keine Reise in den Mikrokosmos unternehmen. Für die Probennahme standen ihr nur ein bewährter Siemens-Staubsauger (Typ VR 8400) und diverse Filter zur Verfügung.[13]

Dass es *die* Hausstaubmilbe nicht gibt, ahnten wir schon auf unserem Ausflug in die Matratzenwelt; die von Hildegard Keil in nur 36 Hamburger Betten ermittelte Zahl von 35 Milbenarten aus 22 Familien ist dennoch erstaunlich. (Zum Vergleich: In Deutschland leben 87 Arten von Säugetieren, davon gehören allein 21 zu den Fledermäusen.) Da die meisten Arten nur in wenigen Betten gefunden wurden, dürfte ihre Zahl in ganz Hamburg noch deutlich höher liegen. Auf unseren Teppichen und Matratzen leben auch räuberische Milben, die Bakterien, Insektenlarven und anderen Milben nachstellen.

Wenn aus dieser Hausstaubmilbengesellschaft überhaupt Einzelne herauszuheben sind, dann zwei Arten der Gattung *Dermatophagoides*, zu Deutsch: Hautfresser. Ob im Hausstaub von Surinam, in Iran, in Kanada, Frankreich oder der Schweiz, überall stellen diese beiden Arten den Löwenanteil. Von den knapp 8.000 in einem Hamburger Durchschnittsbett lebenden Milben – das Maximum lag bei über 90.000 – gehörten mehr als achtzig Prozent zur Gattung der Hautfresser.[14]

Man sollte meinen, der Matratzenstaub, dessen größte Fraktion von trockenen menschlichen Hautschuppen gebildet wird, sei für die Hautfresser das reinste Schlaraffenland. Theoretisch reicht ein Gramm dieser Schuppen, um 100.000 Milben durch den Tag zu bringen.[15] Versucht man allerdings, die Tiere im Labor ausschließlich mit ihrer Lieblingsnahrung zu füttern, erlebt man eine Überraschung. Statt zu wachsen und sich zu vermehren, entwickeln sich die Tiere nur schlecht und kümmern vor sich hin. Der vermeintliche Leckerbissen erweist sich als schwer verdaulich. Eine reine Hautschuppendiät ist wegen ihres hohen Fettgehalts für Hautfressermilben Gift. Da es den Tieren auf unseren Matratzen wesentlich besser geht, müssen wir einen wesentlichen Teil des »Ökosystems Bett«[16] übersehen haben. Also zurück ins Dickicht des Matratzenstaubs. Schauen wir noch einmal genau hin.

Der Boden aus Textilfasern ist von einer dichten, chaotisch strukturierten Schicht unterschiedlichster Staubpartikel bedeckt. Wir beobachten die Milben bei der Nahrungsaufnahme und machen eine überraschende Entdeckung. Wo sie mit ihren scherenförmigen Mundwerkzeugen fressen, ist die Oberfläche der trockenen Hautpartikel nicht hart, sondern weich und nachgiebig. Wie ist das möglich?

Hin und wieder ragen kugelige Gebilde aus dem Substrat, die von den Milben ebenfalls verschlungen werden. Die Hautschuppen selbst werden von fädigen Strukturen überwachsen und durchdrungen. Jetzt fällt der Groschen. Die Milben sind im Hausstaub nicht allein. Sie haben Partner. Die fehlenden Glieder in der Nahrungskette der Hausstaubfauna sind Pilze. Nicht weniger als fünfzig verschiedene Pilzarten helfen ihnen, indem sie Enzyme ausscheiden und die spröden Hautschuppen von Mensch und Tier in einen vorverdauten, für die Hautfresser verwertbaren Brei verwandeln. Pilze und Milben leben in echter Symbiose. Die Pilzsporen, die die Milben mit verzehren, brauchen die Darmpassage, um besser keimen zu können. Auf diese Weise haben beide einen Vorteil. Die Pilze helfen den Milben, die unbekömmliche Nahrung aufzuschließen, und die Milben erleichtern den Pilzen die Besiedlung des von unseren Körpern rieselnden Hautschuppensubstrats.[17] Man könnte dieses Geben und Nehmen im Mikrokosmos unserer Betten sympathisch finden, wenn die Milben dabei nicht jede Menge Kot produzieren würden, pro Tier das Tausendfache seines Körpergewichts.[18]

Im Bett

Welche Bedingungen herrschen im Ökosystem Bett? Die Landschaft unserer Betten ist von eifrigen Wissenschaftlern nach allen Regeln der Kunst vermessen worden. So wissen wir zum Beispiel, dass die relative Luftfeuchtigkeit im Kopfkissen während des Schlafs um 5 bis 8 Prozent ansteigt. Direkt auf der beschlafenen Fläche der Matratze erhöht sich die Temperatur um 15 Grad. Das ist den Milben deutlich zu warm, da bei derart hohen Temperaturen die relative Feuchtigkeit sinkt. In einem gewissen Abstand zum Schläfer steigt die Temperatur dagegen nur um sechs Grad, die Störungen durch den monströsen Körper des Schlafenden halten sich in Grenzen und etwa eine Stunde nach dem Zubettgehen wird bei angenehmer Feuchte eine optimale Milbentemperatur erreicht.[19]

Machen Sie sich keine Illusionen, dass es bei Ihnen im Bett anders aussehen könnte. Von 36 in Hamburg untersuchten Matratzen waren ganze vier milbenfrei, was möglicherweise nur heißt, dass die Tiere Hildegard Keils Staubsauger entkommen konnten. Auf Teppichen erreichte der Befall, bei geringeren Individuenzahlen, hundert Prozent. Überall in der Welt ist die Staubfauna von ähnlicher Dimension und Zusammensetzung. Auf der Ebene der Hausstaubmilben ist die globalisierte Welt schon lange Realität. Ihr Siegeszug hat vor allem zwei Gründe: Die Verwendung von Teppichen und Tatamis (Matten aus Reisstroh) als Bodenbelag sowie effektive Heizungen, Klimaanlagen und dicht schließende Fenster, die in modernen Wohnungen bei geringem Luftaustausch während des ganzen Jahres für weitgehend konstante Temperatur- und Feuchtigkeitsbedingungen sorgen. Beides sind Errungenschaften der letzten fünfzig Jahre. Die Produktion von Teppichen und Auslegwaren begann um 1920. Weil textile Bodenbeläge bei den Menschen seitdem immer beliebter wurden und für die winzigen Milben beste Bedingungen bieten, konnten die Tiere ihre Verstecke in verstaubten Zimmerecken und Nischen verlassen und in die weite Welt unserer Wohnungen ausschwärmen.

Da es überall mehr oder weniger dieselben Hausstaubmilben gibt, sind auch die von ihnen verursachten Probleme eine globale Erscheinung. Ob in Japan, Deutschland oder den Vereinigten Staaten von Amerika, überall haben sich Hausstauballergien zu einem ernsten Gesundheitsproblem entwickelt. Wieder zeigt sich, dass für Fortschritte in unseren Lebensbedingungen ein Preis gezahlt werden muss. Koloniebildung schützte vor Räubern, verschärfte aber die Auseinandersetzung mit Parasiten, Landwirtschaft und Vorratshaltung sorgten für ein gesichertes Nahrungsangebot und ermöglichten die Gründung von Städten, gleichzeitig wurden dadurch aber Hunderte, wenn nicht Tausende Tierarten zu gefährlichen Gegenspielern, den Schädlingen. Experten befürchten, dass es so weitergeht. Verbesserte Wohnverhältnisse werden Allergien zu einem immer größeren Problem werden lassen. Untersuchungen in Bayern und Ostdeutschland haben bestätigt, »dass möglicherweise ›moderne‹ Wohnbedingungen schlechthin mit einem höheren Sensibilisierungsrisiko einhergehen.«[20]

Bereits heute leiden etwa vier Prozent der Bevölkerung an einer Hausstauballergie, die damit eine der häufigsten Allergieerkrankungen darstellt. In den Städten der USA[21] ist Asthma der häufigste Grund, warum Kinder einen ärztlichen Notfalldienst aufsuchen, und bis zu 80 Prozent aller Asthma-Patienten sind gegen Hausstaub sensibilisiert.[22] In Skandinavien wurde jahrzehntelang nur eine vergleichsweise geringe Belastung mit Hausstaubmilben gefunden, aber auch hier verschlechtert sich die Situation und die Zahl allergischer Erkrankungen bei Kindern steigt kräftig an. In Stockholm wurden 1979 nur in 1,5 Prozent der untersuchten Häuser Milben nachgewiesen, 1994 waren es über sechzig Prozent. In Dänemark hat sich der Anteil milbenbelasteter Häuser innerhalb von nur neun Jahren auf 82 Prozent vervierfacht.[23]

Dass im Hausstaub potente Allergene stecken, ist der Wissenschaft seit achtzig Jahren bekannt. Aber erst 1964 gelang japanischen und niederländischen Forschern der Nachweis, dass diese Stoffe von *Dermatophagoides*-Milben produziert werden. Heute weiß man, dass zwischen der Allergenbelastung und der Milbenzahl im Hausstaub ein direkter Zusammenhang besteht. Extrakte dieser Tiere rufen bei Allergikern noch in 0,000001-prozentiger Verdünnung eine Hautreaktion hervor. Wichtigste Allergenquellen sind der von den Milben ausgeschiedene Kot und die bei den Häutungen der Larven frei werdende Häutungsflüssigkeit.

Fatalerweise erfolgt die Sensibilisierung vielfach bereits im Kindesalter.[24] Erste Krankheitssymptome treten im zweiten und dritten Lebensjahr auf und erreichen bei Zehn- bis Vierzehnjährigen ihren Höhepunkt. Untersuchungen in verschiedenen Regionen von New South Wales, Australien, zeigten, dass der Anteil sensibilisierter Kinder mit steigender Konzentration des Milbenallergens in ihren Betten wächst.[25] Mit anderen Worten: Je mehr die Kinder den Milben ausgesetzt sind, desto größer wird die Gefahr einer Allergie. Dabei scheint es eine Art Allergenhierarchie zu geben. Die Wirkung von anderen potenziellen Allergenträgern im Haushalt, etwa von Katzen, Hunden oder Schaben, wird von den Milben überlagert. Einige der betroffenen Menschen reagieren bald auf eine Vielzahl von Insekten und Gliederfüßern allergisch. Das Problem hat sich zu einer sogenannten Pan-Allergie ausgewachsen. Mittlerweile mehren sich alarmierende Hinweise, dass die Reizstoffe der Hausstaubmilben »eine allgemein allergiefördernde Wirkung« haben könnten.[26] Die Steigerungsraten bei allergischen Erkrankungen sind enorm. Einer Umfrage des deutschen Robert Koch-Institutes zufolge hat allein die Häufigkeit des allergischen Schnupfens in den letzten zehn Jahren um 70 Prozent zugenommen.

Die Bekämpfung der Milben ist schwierig. Der Einsatz von räuberischen Milbenarmeen, die in unseren Betten wieder für Ordnung sorgen könnten, trifft bei den betroffenen Menschen auf keine große Gegenliebe und aus naheliegenden Gründen ist auch die Anwendung chemischer Mittel problematisch. Selbst wenn es gelänge, alle Milben abzutöten, wären ihre Kotkügelchen und Kadaver und die darin enthaltenen Allergene nicht aus der Welt. Fachleute wie William Robinson, Direktor des Urban Pest Control Research Center an der State University Virginia, sehen daher in der Fauna des Hausstaubs »eines der wichtigsten Probleme der Schädlingskontrolle im nächsten (21.) Jahrhundert«.[27]

Flöhe und Läuse, die alten lästigen Plagegeister der Menschen sind in modernen Städten auf dem Rückzug und sorgen nur noch episodisch für Aufregung. Doch die Bettwanzen sind wieder im Kommen und die Hausstaubmilben durchleben eine wahre Glückssträhne auf ihrem langen Weg durch die Naturgeschichte. Sie sind die unsichtbaren Profiteure in einer Anthropozönose des Wohlstands. Im Gefolge des Menschen ist die Welt für sie noch nie so groß gewesen wie heute.

Fliegen und Netze

> *God in His Wisdom made the fly*
> *And then forgot to tell us why.*
>
> Ogden Nash[1]

Mit der Stubenfliege verbindet die Menschen eine Art Hassliebe, wobei, darin sind wir uns sicher einig, die negativen Gefühle überwiegen. Obwohl *Musca domestica* weder beißt noch sticht, ist sie unbeliebt und muss bei massenhaftem Erscheinen mit heftigen Abwehrmaßnahmen rechnen. Nicht wenige wurden von Kinderhänden bei lebendigem Leibe in ihre Einzelteile zerpflückt.

Doch insgeheim, trotz aller Abscheu, nötigt uns dieses verdammte Insekt Respekt ab. Ihre Flugkünste sind imposant, ebenso ihre Wachsamkeit, die Schnelligkeit ihrer Reaktionen, ihre Respektlosigkeit und Penetranz, ihre Fähigkeit, den kleinsten Fensterspalt zu finden und an Decken und Wänden entlangzulaufen. Von Goethe über Wilhelm Busch bis zu Durs Grünbein, die Fliege hat unzählige Dichter und Denker zu nachdenklichen oder humorvollen Zeilen inspiriert.

Mensch und Fliege aus Sicht des berühmten Zeichners Wilhelm Busch

Einer der eindrucksvollsten Texte stammt von Robert Musil. In » Das Fliegenpapier « schildert er drei Seiten lang den Todeskampf auf vergifteten Leim gegangener Fliegen. Hier eine Kostprobe, die kurz vor dem bitteren Ende einsetzt:

»Ein Nichts, ein Es zieht sie hinein. So langsam, dass man dem kaum zu folgen vermag, und meist mit einer jähen Beschleunigung am Ende, wenn der letzte innere Zusammenbruch über sie kommt. Sie lassen sich dann plötzlich fallen, nach vorne aufs Gesicht, über die Beine weg; oder seitlich, alle Beine von sich gestreckt; oft auch auf die Seite, mit den Beinen rückwärts rudernd. So liegen sie da. Wie gestürzte Aeroplane, die mit einem Flügel in die Luft ragen. Oder wie krepierte Pferde. Oder mit unendlichen Gebärden der Verzweiflung. Oder wie Schläfer. Noch am nächsten Tag wacht manchmal eine auf, tastet eine Weile mit einem Bein oder schwirrt mit dem Flügel. Manchmal geht eine solche Bewegung über das ganze Feld, dann sinken sie alle noch ein wenig tiefer in ihren Tod. Und nur an der Seite des Leibs, in der Gegend des Beinansatzes, haben sie irgendein ganz kleines, flimmerndes Organ, das lebt noch lange. Es geht auf und zu, man kann es ohne Vergrößerungsglas nicht bezeichnen, es sieht wie ein winziges Menschenauge aus, das sich unaufhörlich öffnet und schließt.«[2]

Das kleine, flimmernde Organ, das Musil beschreibt, ist vermutlich eines der beiden Schwingkölbchen, gewissermaßen das Markenzeichen der Fliegen. Als zarte flüssigkeitsgefüllte Anhängsel ragen sie rechts und links aus dem Brustpanzer und sehen aus wie winzige Trommelschlegel. Von den zwei Flügelpaaren fast aller Insekten ist den Fliegen und Mücken, in der Fachsprache *Diptera*, Zweiflügler genannt, nur das vordere geblieben, das umso effektiver und kraftvoller arbeitet. Die hinteren Flügel wurden zu dieser völlig neuartigen Struktur umgebildet, den Schwingkölbchen oder Halteren, die nur bei den Zweiflüglern zu finden sind. Es sind zwar keine Augen, dafür aber empfindliche Gleichgewichts- und Steuerungssensoren, die der Fliege während des Fluges Informationen über ihre Lage im Raum liefern. Sie schwingen mit der gleichen Frequenz wie die Flügel, bei der Stubenfliege mit etwa 200 Schlägen in der Sekunde, aber in entgegengesetzter Phase. Wie wichtig sie für die Fliegen sind, ist nicht ganz klar. Entfernt man die Schwingkölbchen, zeigen sich manche Arten kaum beeinträchtigt, andere können sich sogar zu ebener Erde nur noch mit Mühe auf den Beinen halten. Trotz ihrer geringen Größe sind die kompakt gebauten Flugkünstler in der Lage, große Entfernungen zu überwinden. An einem warmen Tag, der optimale Betriebstemperatur gewährleistet, schafft etwa die Schmeißfliege *Phormia regina* bis zu 46 Kilometer.[3] Die Geschwindigkeit, mit der Fliegen dabei unterwegs sein können, ist beträchtlich. Nicht selten geistern allerdings Zahlen durch den Blätterwald, bei denen Menschen wie Fliegen eigentlich Hören und Sehen vergehen müsste – und das ist ganz wörtlich gemeint.

Eine parasitische Dasselfliege galt mehr als ein Jahrzehnt als das schnellste Lebewesen auf Erden, was auf einen gewissen Charles Townsend zurückging. Als Townsend im mexikanischen Bergland der Sierra Madre mit Vermessungsarbeiten beschäftigt war, staunte er immer wieder über die als »bräunliche Schemen in der Luft« vorbeisausenden Fliegen. »Auf der Suche nach Wirten passierten trächtige Weibchen mit einer Geschwindigkeit von mehr als 300 Yards pro Sekunde«, schrieb er 1927 in einer Fachzeitschrift, und nicht nur die *New York Times* glaubte ihm. 300 Yards pro Sekunde, das sind 988 Kilometer pro Stunde. »Wahrscheinlich«, so Townsend, »hätten sie mit den Granaten Schritt halten können, die die deutsche Dicke Berta während des Weltkrieges nach Paris schoss.«

Der imponierende Rekord von Townsends Dasselfliegen hielt elf Jahre. Bis Irving Langmuir, ein Ingenieur, nachrechnete und einmal mehr bewies, dass man nicht alles glauben sollte, was Wissenschaftler behaupten. Er errechnete, derart schnelle Fliegen müssten wie Geschosse in ihre Wirte, die Rehe, einschlagen, was für ein Tier, das darauf angewiesen ist, unbemerkt seine Eier abzulegen, keine besonders erfolgversprechende Strategie wäre. Außerdem hätte eine solche Hochgeschwindigkeitsfliege einen enormen Energiebedarf. Pro Sekunde müsste sie das Anderthalbfache ihres Körpergewichts an Nahrung zu sich nehmen. Townsend hatte sich gründlich verschätzt.[4] Ähnlich unsinnig ist die Aussage, die Fluggeschwindigkeit einer Fleischfliege entspräche, auf die Größe des Menschen hochgerechnet, fast 1.300 Stundenkilometern. Sie wäre somit schneller als der Schall. Tatsächlich bewegen sich Fleisch- wie Stubenfliege nur mit gut sieben Kilometern in der Stunde fort, was erstaunlich genug ist.[5] Ihre Fähigkeit, bei dieser Geschwindigkeit die Übersicht im Raum zu behalten, finden Ingenieure der amerikanischen Cornell-Universität so bemerkenswert, dass sie sich vom Studium der Fleischfliege neue Entwicklungen für Kampfflugzeuge versprechen.[6]

Die Flugkünste der Fliegen sind nur im Zusammenspiel mit leistungsfähigen Sinnesorganen möglich. Fliegen gelten als die höchstentwickelten Insekten. Sie besitzen nicht nur Schwingkölbchen, zahllose Sinneshaare für Erschütterungen und Luftströmungen, einen ausgeprägten Geruchs- und Geschmackssinn, sondern oft auch sehr große Komplexaugen, die bei der Stubenfliege aus etwa 4.000 einzelnen Lichtsinnesorganen, den sogenannten Ommatidien zusammengesetzt sind. Augen dieses Konstruktionstyps sind hervorragende Bewegungsdetektoren, was erklärt, warum es so schwer ist, eine Fliege mit der Hand zu fangen. Da sie sich nicht wehren kann, ist ihre Verteidigungsstrategie ausschließlich auf frühzeitiges Erkennen von Gefahren und Flucht ausgelegt. Die Linsenaugen der Wirbeltiere liefern zwar ein schärferes räumliches Bild, dafür sind die Augen der Fliegen unschlagbar, wenn es um zeitliche Auflösung geht, eine Fähigkeit, die sich zweifellos im Zusammenhang mit ihrem flotten Flug entwickelt hat. Ein Spielfilm besteht normalerweise aus 24 Einzelbildern pro Sekunde. Das flinke Auge einer Fliege würde jedes einzelne Bild und damit nur eine Art hektischen Diavortrag wahrnehmen. Um ihr die Illusion einer fließenden Bewegung zu verschaffen, müsste man mehr als einhundert Bilder pro Sekunde auf die Leinwand werfen.

Oslo, 1995

1965 verfügte der Gesetzgeber in Norwegen, dass Leichen fortan in wasserundurchlässigen Plastiksäcken zu begraben seien. Als man die Gräber nach dreißig Jahren Ruhezeit neu belegen wollte, kam es zu »unerwarteten Entdeckungen«. Probleme mit unzersetzten Leichen sind auch aus vielen deutschen Städten bekannt. Es soll Totengräber geben, die in ihrer Not alte Grabinsassen »tiefer gelegt« oder »mit dem Spaten klein gemacht haben«. Ratlose Friedhofsverwaltungen sind immer häufiger mit einer »Verwesungsmüdigkeit des Bodens« konfrontiert. Komplizierte chemische Prozesse führen zu einer panzerartigen Fettwachsbildung und Mumifizierung der Leichen, der Zersetzungsprozess kommt zum Stillstand. Die Gründe sind vielfältig und beginnen bereits mit dem verbreiteten Verbot, Verstorbene im offenen Sarg aufzubahren. »Die Möglichkeit der Erstbesiedlung besteht heute nicht mehr in jedem Fall«, klagen die Autoren einer Studie des Landesamtes für Geologie in Baden-Württemberg. Erstbesiedler, das sind verschiedene Fliegenarten, die von dicht schließenden Sargdeckeln ausgesperrt werden und keine Möglichkeit zur Eiablage haben. Für die Hinterbliebenen ist die Vorstellung, ihre Lieben könnten von Insekten durchlöchert werden, unerträglich, Fliegen und ihre Maden sind aber wichtige Zersetzer, deren Pionierarbeit Zugänge und Angriffspunkte für andere Organismen schafft.[7]

Sofern Sie in einem reichen Land gemäßigten Klimas und nicht gerade in der Nähe eines Schweinestalles wohnen, fühlen Sie sich von Fliegen vermutlich eher belästigt als bedroht. Fliegen nerven durch penetrantes Gesumme und ihre unermüdlichen Versuche, durch geschlossene Fenster zu fliegen. Sie kitzeln, wenn sie über unsere Haut krabbeln, und hinterlassen überall in Wohnungen und Häusern schwarze Kotflecke. Wer allerdings schon einmal über den europäischen oder nordamerikanischen Tellerrand hinausgesehen hat, weiß, welches Ausmaß diese Belästigung annehmen kann. Die Qual in den Gesichtern hungernder afrikanischer Kinder, denen Fliegen in Augen, Nase, Mund und offene Wunden kriechen, ist kaum zu ertragen. »Die asiatische Fliege«, schrieb der Schweizer Reiseschriftsteller Nicolas Bouvier, »ist vom Überfluss an Sterbendem und von der Vernachlässigung des Lebenden verwöhnt und von verhängnisvoller Dreistigkeit. Sobald es Tag wird, ist an Schlaf nicht mehr zu denken. Wenn der Mensch sich nur einen Augenblick Ruhe gönnt, hält sie ihn für ein krepiertes Pferd und macht sich über ihre Lieblingsbissen her: Mundwinkel, Bindehaut, Trommelfell.«[8]

Welche Wirkung eine permanente Belagerung durch Fliegen hat, kann man am Beispiel der Rinder sogar quantifizieren. 1949 setzte sich ein gewisser O. Gerhard in einen Stall und registrierte die Abwehrbewegungen fliegenumschwirrter Kühe. In der Wochenzeitung *Der Landbote* machte er folgende Rechnung auf: »Nach gewissenhafter Zählung meiner Bleistiftstriche ergab sich, dass meines Nachbarn beste Milchkuh im Verlauf einer Stunde an einem mäßig warmen Junitag ihren Schwanz 142 Mal hatte in kräftige Bewegung setzen müssen.« Bei 14 Stunden Tageslicht macht das etwa 2.000 tägliche Schwanzhiebe. Das bleibt nicht ohne Konsequenzen. Untersuchungen haben gezeigt, dass sich der Milchertrag in einem »mit neuzeitlichen Sprühmitteln fliegenfrei gehaltenen Stall« um 14 Prozent steigern ließ. Beim Weidevieh sind die Folgen noch gravierender. Der Fleischverlust durch »Fliegen- und Bremsenbeunruhigung« wurde je Tier und Weideperiode auf 19 bis 32 Kilogramm beziffert.[9]

Die eigentliche Bedrohung für Menschen und ihre Tiere liegt allerdings auf einem anderen Gebiet. Schon den frühen Hochkulturen war nicht entgangen, dass Fliegen von Tod und Verfall magisch angezogen werden. Ohne die Zusammenhänge im Einzelnen zu verstehen, spürten die Menschen, dass zwischen den Fliegen und der Ausbreitung gefürchteter Krankheiten von Nutztieren und Menschen eine Verbindung besteht. Die Fliege wurde zum Symbol für das Böse schlechthin. Baal-Sebul, ursprünglich eine phönizische Gottheit, mutierte im Alten Testament zu Baal-Zevuv, zum Herrn der Fliegen. Das Neue Testament machte Beelzebub daraus, den Obersten der Teufel.

Hat ein Mensch oder ein Tier seinen letzten Atemzug getan, setzen im Körper chemische Veränderungen ein, die in kurzer Zeit, innerhalb von Minuten oder Stunden, Schmeiß- und Stubenfliegen auf den Plan rufen. Eiablage und Entwicklung der Larven gehen so schnell, dass die Menschen lange Zeit annahmen, Fliegenmaden seien ein Produkt des verwesenden Fleisches. Erst im 17. Jahrhundert konnte der Italiener Francesco Redi beweisen, dass dem scheinbar spontanen Auftauchen der Maden stets der Besuch eines Fliegenweibchens vorausgegangen sein muss. Heute ist die Insektengesellschaft, die beim Leichenschmaus einem strikten Zeitplan folgt, so gut bekannt, dass forensische Insektenkundler vor Gericht präzise Aussagen über Ort und Zeitpunkt des Todes machen können.

Stubenfliegen sind, wie wir gehört haben, »das gewöhnliche Reitpferd der Hausmilben«. Aufgrund ihrer Ernährungsgewohnheiten sind sie aber auch Träger einer brisanten Kollektion gefährlicher Mikroben. Sind die Tiere einmal kontaminiert, bleiben mögliche Erreger zeitlebens an ihnen haften.[10] Betroffen ist vor allem der menschliche Magen- und Darmtrakt. (Von den Tsetse-Fliegen, *Anopheles*-Mücken, Augenfliegen und etlichen anderen Übeltätern wollen wir hier gar nicht reden. Keine andere Tiergruppe ist für den Menschen und seine Nutztiere von derart überragender medizinischer Bedeutung.)

Wenn man sich klarmacht, welche Art von Landeplätzen eine Stubenfliege aufgesucht haben könnte, bevor sie sich auf unser Käsebrot setzt, ist die Art ihrer Mitbringsel nicht überraschend. Fliegen kennen keinen Ekel und sie sind in der Lage, praktisch jede organische Materie zu verwerten, die eine feuchte Oberfläche besitzt und sich mit ihren wie ein Schwamm arbeitenden Mundwerkzeugen aufnehmen lässt. Allerdings haben sie eindeutige Vorlieben. Dem Gießener Zoologen Martin Münzel verdanken wir die Erkenntnis, dass Weißwurst, gekochtes Ei und Camembert für Stubenfliegen unwiderstehlich sind. Schinken, Rippchen und Fleischwurst werden geschätzt. Aber sie nehmen nicht alles. Mit Blutwurst, Salami und Hering in Gelee können Sie Stubenfliegen jagen.[11]

Ein typischer täglicher Rundflug einer urbanen *Musca domestica* sieht vielleicht so aus: Morgens Hundekot auf der Straße, Eiablage, dann Obstschale auf dem Küchentisch, Putzlappen in der Spüle, Vogelkadaver in der Regenrinne, Eiablage, Taubenkot auf dem Gesims, Mülltonne auf dem Hof, Eiablage, Küchenfenster, Schweineschnitzel in der Küche, Nachtruhe auf der Lampe.

Stubenfliegen sind eher bodenständig. In der Regel bleiben sie, wo genügend Nahrung zu finden ist, und entfernen sich maximal einige Kilometer von ihrem Brutgebiet. Ergiebige Nahrungsquellen werden mit einem im Speichel enthaltenen »fly-factor« markiert, der ihre Attraktivität für andere Fliegen erhöht.[12]

An Fliegen wurden über 100 verschiedene Erreger gefunden.[13] Die Liste der in der Literatur genannten Krankheiten ist furchterregend: Typhus, Cholera, Diarrhö, Dysenterie, Tuberkulose, Kinderlähmung, in unseren Breiten vor allem Salmonellen, die zu schweren Lebensmittelvergiftungen führen können. Die Keime werden mechanisch übertragen oder über den Kot und das Speichelsekret, das die Fliege über ihre Nahrung speit.

Allerdings sagen alle diese Quellen nur, dass Krankheitserreger *an* und *in* Fliegen gefunden wurden. Zweifellos werden sie auch übertragen; ob eine konkrete Erkrankung aber tatsächlich durch Fliegen verursacht wurde, ist kaum zu klären. Das ist eine völlig andere Ausgangslage als etwa bei der Malaria, die grundsätzlich durch Mücken übertragen wird. Es gibt keine Zahlen, die darüber Auskunft geben könnten, an wie vielen Fällen von Durchfall Fliegen beteiligt sind. Aufzählungen von Krankheiten, wie sie immer wieder im Zusammenhang mit Stubenfliegen, aber auch Schaben und Pharaoameisen zu lesen sind, bedeuten keinesfalls, dass jede Küchenschabe oder Stubenfliege ein potenzieller Ansteckungsherd für Cholera oder Kinderlähmung ist; in unseren Breiten ist das sogar nahezu auszuschließen. Es kann aber zum Beispiel heißen: Wenn in den Städten die öffentliche Ordnung zusammenbricht, wie im zivilisierten Mitteleuropa zuletzt vor siebzig Jahren, wenn Abfallentsorgung und Hygiene zum Luxus oder gar unmöglich werden, wenn bittere Armut, Krankheiten und Tod regieren, gehören die Fliegen zu den Gewinnern und machen für die Menschen alles noch viel schlimmer.

»Überhaupt stinkt Berlin jetzt sehr«, schrieb eine Zeitzeugin über das Berlin im Frühjahr 1945. »Der Typhus geht um; die Ruhr lässt kaum jemanden aus. Herrn Pauli hat sie kräftig erwischt [...] Überall fliegenverseuchte Müllfelder. Fliegen über Fliegen, blauschwarz und fett.«[14]

Wenn ich heute aus dem Fenster in meinen innerstädtischen Berliner Hinterhof blicke, sehe und höre ich natürlich nichts dergleichen. Ein halbes Dutzend mit Deckeln verschlossene Mülltonnen stehen auf sauber gefegtem Beton, ringsherum geharkter nackter Boden ohne jede Laubauflage. Mit anderen Worten: Ich sehe nichts, was als Kinderstube für größere Populationen von Fliegen dienen könnte.

Auf unserem Streifzug durch die Stadtnatur markiert der Blick aus dem Fenster einen wichtigen Schritt, denn streng genommen haben wir mit den Fliegen die Welt der Hausbewohner, der eigentlichen Domikolen, verlassen. Sogar *Musca domestica* – dem Namen nach der Inbegriff eines Hausinsekts – verbringt entscheidende Phasen ihres kurzen Lebens im Freien. Sie ist wie ein Besucher, der gerne unsere Räumlichkeiten nutzt, dann aber das Gästebett verschmäht und lieber im Garten sein Zelt aufschlägt. Sie nimmt, was sie finden kann, egal wo, eine Pendlerin zwischen drinnen und draußen. Die Fortpflanzung aber findet an der frischen Luft statt, in warmem, feuchtem organischem Substrat, das in modernen Innenstädten nicht leicht zu finden ist.

Das Vermehrungspotenzial von Fliegen ist legendär. Nicht zuletzt deshalb ist die Kleine Essigfliege *Drosophila melanogaster*, die im Sommer über unseren Obsttellern tanzt, zum Lieblingstier der Genetiker geworden. Allerdings hat es auf diesem Gebiet, ähnlich wie bei der Reisegeschwindigkeit, grobe Fehleinschätzungen gegeben, die sich hartnäckig hielten und jahrzehntelang zitiert wurden. 1904 errechnete der Amerikaner L. O. Howard, dass ein einziges Stubenfliegenweibchen bis zum 15. September eines Jahres genug Nachkommen hervorbringen kann, um die gesamte Erde mit einer 15 Meter dicken Schicht von Fliegenleichen zu überziehen. Erst sechzig Jahre später wurden diese Zahlen als Horrorgemälde entlarvt. Der britische Fliegenkundler Harold Oldroyd ermittelte, dass »eine Schicht dieser Dicke nur eine Fläche von der Größe Deutschlands bedecken würde.« Allerdings gab er zu bedenken: »Das sind immer noch sehr viele Fliegen.«[15]

> »An der alten Redensart ist es etwas Wahres dran: Wenn du für einen Tag einer Fliege folgst, wirst du für eine Woche nichts essen wollen.«[16]

Ein Stubenfliegenweibchen wird meist nur einmal begattet. Die vom Männchen empfangene Spermienmenge reicht für mehrere Eipakete, die auf geeignete Substrate verteilt werden. Die Zahl der Eier, die ein Weibchen ablegt, hängt nicht zuletzt von der Zeit ab, die ihr auf Erden vergönnt ist, und kann stark schwanken. Die meisten Fliegen leben nur wenige Tage, die Glücklichsten erreichen ein Alter von vier bis sechs Wochen und bringen es auf 800 bis 1.000 Eier. Da die Entwicklung über Ei, Made und Puppe bis zur fertigen Stubenfliege bei sommerlichen Temperaturen nur zwei Wochen dauert, können in einem günstigen Jahr zehn bis zwölf Generationen heranwachsen.

Stallmist, besonders von Schweinen, ist ein ideales Stubenfliegenrevier, deshalb sind Stubenfliegen in ländlichen Gegenden weit häufiger als in der Stadt. Es gibt auch Stämme, die ihr Leben nur auf den Weiden beim Vieh verbringen und nie in die Häuser kommen. Seit die Nutztiere aus unseren Städten verschwunden sind und Pferdeäpfel im Stadtverkehr keine Rolle mehr spielen, hat sich die Stubenfliege eher in die Randgebiete zurückgezogen, wo es Müllkippen, Mist- und Komposthaufen gibt. Der Stadtinsektenforscher Herbert Weidner fing über Jahre alle Fliegen, die sich in seine Hamburger Wohnung verirrten, und zählte mehrere Dutzend Arten – *Musca domestica* war nicht darunter. Zu Konflikten mit Stubenfliegen kommt es vor allem in neuen Wohnsiedlungen, die in der Nähe von ländlichen Unternehmen wie Hühnerfarmen und Schweinemastbetrieben liegen.

Stadtmenschen und Fliegen begegnen sich heute weniger in den modernen Innenstädten, sondern weit draußen, in Naherholungsgebieten und auf Autobahnparkplätzen. Da Stadtbewohner eine reibungslose und zügige Entsorgung von Abfällen gewohnt sind und ihnen in frischer Luft die häusliche Ordnungsliebe allzu oft abhanden kommt, hinterlassen sie große Mengen an organischem Müll, überlasten die Toiletten oder verschwinden lieber gleich in den Büschen.

Bei Untersuchungen auf der Halbinsel Scheid, einem am Edersee in Nordhessen gelegenen Erholungsgebiet mit Campingplätzen, Uferwegen, Liegewiesen und Wochenendhäusern, waren nur sechs Prozent aller gefangenen Fliegen frei von Keimen. Während der Ferienzeit ging die Zahl steriler Fliegen fast auf null zurück, dafür erreichte die Belastung mit diversen Darmbakterien, z. B. *Escherichia coli*, einem Fäkal-Indikator, ihr Maximum.[17] Ähnliche Ergebnisse lieferte eine Untersuchung von Autobahnraststätten durch die Universität Gießen.[18] Jeder Autofahrer kennt die stinkenden Waldsäume und überquellenden Abfallbehälter, die sich als Tummelplatz für 34 verschiedene Fliegenarten entpuppten. 95 Prozent aller Tiere waren mit Keimen kontaminiert. Fast die Hälfte muss aufgrund der gefundenen Keimzusammensetzung Kontakt mit Fäkalien gehabt haben. Besonders schlimm war die Situation auf Waldparkplätzen ohne Toiletten.

Halten Sie das nächste Mal lieber an einer ordentlichen Raststätte. Dort können Sie in Ruhe einen Kaffee trinken und treffen in erster Linie auf Stubenfliegen, deren Bakterienfracht sich in diesem Umfeld noch als vergleichsweise harmlos erwies.

USA, 4. Juli 1776

Zweiflügler haben die Weltgeschichte nachhaltig beeinflusst, vor allem als Überträger von Krankheiten. Selten aber war ihr Einfluss so hautnah zu spüren wie am 4. Juli 1776, als der 2. Continental Congress in Philadelphia zusammentrat, um die von Thomas Jefferson konzipierte Unabhängigkeitserklärung zu beraten. Man hatte sich auf langwierige und komplizierte Verhandlungen eingestellt, aber der Zufall wollte es, dass die Versammlung an einem heißen Tag und direkt neben einem Pferdestall stattfand, sodass es nicht lange dauerte, bis unzählige unternehmungslustige Wadenstecher-Fliegen ausschwärmten und in völliger Missachtung dieses historischen Großereignisses über die mit ihren dünnen Seidenstrümpfen nur unzureichend geschützten Kongressteilnehmer herfielen. Sie wüteten so schlimm, dass bald jemand vorschlug, man möge sich doch beeilen, um endlich von diesem Fliegengeschmeiß wegzukommen. Die Versammlung schloss die Beratung ab und die entnervten Anwesenden beeilten sich, die historische Deklaration zu unterzeichnen. Niemand kann sagen, welche Veränderungen das berühmte Dokument noch erfahren hätte, wenn die Diskussion ohne die Einmischung der Wadenstecher stattgefunden hätte. Vielleicht würden die Amerikaner ihren Nationalfeiertag heute nicht am 4., sondern am 5. oder 6. Juli feiern.[19]

Stubenfliegen gehören sicher zu unseren ältesten Begleitern, ihre Ursprünge liegen aber weitgehend im Dunkeln. Vermutlich haben erste zaghafte Annäherungsversuche bereits im Ostafrika der Frühmenschenzeit stattgefunden. Noch heute gibt es in den afrikanischen Tropen wild lebende Stämme, die sich mittlerweile in vielen Details von den Stubenfliegen der gemäßigten Zonen unterscheiden – für Genetiker, die diese Zusammenhänge entwirren wollen, ein äußerst kompliziertes Arbeitsgebiet. In Naturlandschaften sind Stubenfliegenpopulationen allerdings klein und verteilen sich über große Gebiete. Erst als die Menschen sich niederließen, als die Abfallmengen wuchsen und Haustiere, vor allem Schweine, domestiziert wurden, entwickelten die entstehenden Siedlungen für sie eine unwiderstehliche Anziehungskraft. Stubenfliegen und einigen ihrer Verwandten bot sich die Möglichkeit zu massenhafter Vermehrung. Sie konnten gar nicht anders, als die Einladung dankend anzunehmen.

Die Unterscheidung der einzelnen Fliegenarten ist selbst für Fachleute schwierig, sodass es nicht selten zu Verwechslungen kam und der Stubenfliege hygienisch bedenkliche Befunde untergeschoben wurden, die eigentlich von anderen, ähnlich aussehenden Arten zu verantworten waren.[20] Zwar dürfte den meisten Menschen aufgefallen sein, dass es schwarze Fliegen gibt, die Fliegen im engeren Sinne, und, in der Kategorie der »Brummer«, gräuliche mit roten Augen sowie große metallisch schillernde. Aber von der tatsächlichen Artenzahl dieser Tiergruppe macht sich der Laie kaum eine Vorstellung. Vermutlich stehen viele Menschen auf dem Standpunkt, dass es völlig egal ist, mit welchen Fliegenarten man es im Einzelnen zu tun hat, da sie ohnehin alle überflüssig sind. Gerade bei Gesundheits- und Hygieneschädlingen ist jedoch eine korrekte Bestimmung entscheidend, da nur genaue Kenntnis der artspezifischen Biologie eine gezielte und effektive Bekämpfung gewährleistet. Wir können es uns kaum leisten, auf jede Belästigung oder Bedrohung mit einem wahllosen Rundumschlag zu reagieren, weder ökonomisch noch ökologisch. Also führt kein Weg an der fast schon sprichwörtlichen Fliegenbeinzählerei vorbei. Gezählt bzw. untersucht werden dabei allerdings nicht die Beine – es sind immer sechs –, sondern vor allem Beborstung, Flügeladerung und Genitalstrukturen.

Weltweit sind etwa dreihundert Zweiflüglerarten mit dem Menschen liiert.[21] Etwa ein Zehntel davon lebt auch in Mitteleuropa und anderen gemäßigten Zonen.[22] Sie sind es, die weltweit und regelmäßig in Stadt und Land unsere Häuser und Wohnungen aufsuchen. Die Zahl der im Freien lebenden Müll- und Exkrementverwerter ist allerdings viel größer. Sogar auf einem relativ kleinen Müllplatz der Ferieninsel Spiekeroog, die sechs Kilometer vom Festland entfernt in der Nordsee liegt, hat Friedrich Kühlhorn von der Zoologischen Staatssammlung München fast 140 Fliegen- und Mückenarten gefunden.[23] Am Hundekot der Stadt Hamburg, von dem Jahr für Jahr etwa 3.000 Tonnen anfallen, entdeckte dieser unerschrockene Forscher sogar 232 verschiedene Arten; viele, die für Laien nicht von der Stubenfliege zu unterscheiden sind, gelangen auch in Wohnungen. Große städtische Müllkippen können jährlich pro Hektar mehr als zehn Millionen Fliegen ausbrüten.[24]

In modernen Städten, davon war schon die Rede, sind Stubenfliegen unter ihresgleichen in der Minderzahl. Das gilt auch für verwandte Arten, die sich bevorzugt in den Exkrementen größerer Tiere entwickeln, etwa die Kleine Stubenfliege, *Fannia canicularis*, deren Männchen unter der Zimmerdecke Tanzgesellschaften bilden, oder der Wadenstecher, *Stomoxys calcitrans*, der immer wieder für Verblüffung sorgt, wenn er sich, als harmlose Stubenfliege eingestuft, plötzlich mit einem schmerzhaften Stich als elender Blutsauger outet. In Städten dominieren die zum Teil bunt schillernden Schmeißfliegen. Sie sind besser an ein urbanes Leben angepasst, vor allem an die Verwertung von organischem Müll.

> »Im typischen Fall findet nur noch ein winziger Ausschnitt des Stoff-
> kreislaufs, in welchen die Stadtmenschen integriert sind, in der Stadt
> selber statt, und die Zeit vom Öffnen der Raviolibüchse bis zum Run-
> terspülen der Scheiße reicht nicht einmal für eine Fliege, am Stoff-
> umsatz teilzuhaben.«[25]

Eine Gruppe von parasitischen Schmeißfliegen (vor allem *Pollenia rudis*), die in enormen Zahlen auftreten kann, profitiert zunehmend von der Liebe der Großstädter zu ausgedehnten und intensiv gepflegten Rasenflächen. In der warmen Jahreszeit treten die Fliegen für uns kaum in Erscheinung. Sie legen ihre Eier in feuchten Boden und die schlüpfenden Larven begeben sich sofort auf die Suche nach Regenwürmern, die in gut gewässertem städtischem Rasen in großer Zahl zu finden sind. Während die Larve ihr Leben als Parasit in ihrem Regenwurmwirt verbringt, sind die in bis zu vier Generationen pro Jahr schlüpfenden Fliegen Blütenbesucher. Erst im Herbst begeben sie sich in die Nähe des Menschen und machen ihrem englischen Namen, *cluster* oder *attic fly*, alle Ehre. Auf der Suche nach Überwinterungsplätzen sammeln sie sich in großer Zahl an warmen Hauswänden, auf Dachböden oder in anderen geschützten Räumen und erwachen bei wärmerem Wetter wieder zum Leben. Im Oktober 1997 wurde ein Militärkrankenhaus am Stadtrand von Ulm von einer solchen Invasion heimgesucht.

Tausende von Cluster-Fliegen versammelten sich an den Fenstern der oberen Stockwerke und beunruhigten Patienten und Krankenhauspersonal. Untersuchungen ergaben, dass die Tiere trotz ihres vergleichsweise sauberen Lebenswandels Träger von etlichen Bodenbakterien waren. Die Experten bezeichneten das Infektionsrisiko für die Krankenhausinsassen als »gering, aber nicht zu vernachlässigen«.[26]

Einen Sonderfall innerhalb der stadtbewohnenden Zweiflügler stellen die Stechmücken dar, weil ihre Larven im Wasser leben. Aus Städten sind Dutzende verschiedener Stechmücken bekannt, allein in Berlin leben 75 Prozent aller mitteleuropäischen Arten.[27] Wenn sie sich für ihre Larven mit kleinsten, stark verunreinigten Pfützen und Wasseransammlungen zufriedengeben, können sie bis in die Innenstädte vordringen, wobei ihr Aktionsradius kaum mehr als einige Häuserblocks umfasst. In Südostasien, etwa in den großen Städten Thailands und Malaysias, ist die Mücke *Aedes aegypti* mittlerweile zum dominanten Wohnungsmoskito geworden, weil sie sich hervorragend mit den überall aus dem Boden schießenden Hochhäusern arrangieren kann. In winzigen Hohlräumen der Hausfassaden findet die Art, die als wichtigster Überträger des Dengue-Fiebers gilt, bis hinauf in den 16. Stock geeignete Brutplätze.[28]

Culex pipiens, der Gemeine Hausmoskito, piesackt uns vermutlich, seit es Häuser gibt. Bisher hat er noch mit jeder Veränderung der menschlichen Siedlungsstruktur Schritt gehalten. Vermutlich, um diese (und andere) fliegende Blutsauger auszusperren, verzichteten die Menschen in ihren ersten Häusern häufig auf Lüftungsmöglichkeiten und zogen es vor, wie der Historiker John McNeill schreibt, »im Innern von Rauchwolken« zu leben.[29]

Der Hausmoskito dringt aktiv in Wohnungen ein und überwintert gerne in Kellern. Genau genommen handelt es sich um einen weltweit verbreiteten Artenkomplex mit diversen Subspezies, die jeweils spezielle Vorlieben entwickelt haben, mit teilweise grotesken Anpassungen. So hat sich eine asiatische Variante des Hausmoskitos auf die riesigen unterirdischen Einkaufszentren japanischer Großstädte spezialisiert.[30] Für die Aufzucht der Larven reichen ihr die dort zu findenden Wasseransammlungen, und anstatt sich Abend für Abend auf die Suche nach neuen Opfern zu begeben, hält sie sich rund um die Uhr an Orten auf, wo die Opfer, die einkaufenden Menschen, zu ihr kommen. Auch im Tunnellabyrinth der Londoner U-Bahn ist eine spezielle Moskitoform entstanden, der manche Zoologen sogar den Status einer eigenen Art zubilligen. Da der Hausmoskito kein Kostverächter ist, kann er in Ermangelung einer Blutmahlzeit am Menschen auf Vögel und diverse Säugetiere zurückgreifen.

Für den Stadtinsektenforscher William Robinson steht fest: »Der hohe Klang der Weibchen, die auf der Suche nach einer Blutmahlzeit sind, wird wahrscheinlich immer ein Bestandteil urbaner und ländlicher Räume und von Schlafzimmern nach Sonnenuntergang bleiben.«[31]

Bei all den Fliegen und Mücken, die uns in unsere Häuser und Wohnungen verfolgen, darf nicht vergessen werden, dass die Masse der großstädtischen Zweiflügler nur locker mit dem Menschen assoziiert ist und nie oder nur zufällig in Gebäuden auftaucht. Sie leben in Parkanlagen, Gärten, Grünflächen und Wäldern, und da sie als Hygieneschädlinge kaum in Erscheinung treten und nicht besonders attraktiv sind, haben sich weder die Wissenschaft noch private Sammler für sie interessiert. Ihre Zahl ist nirgendwo vollständig erfasst worden und dürfte bei etlichen Hundert bis weit über Tausend Arten liegen. Wer sich die Mühe macht, kann mitten in europäischen Metropolen zoologisches Neuland betreten. So wurden an beleuchteten Schaufenstern 47 Stelzmückenarten gefangen, von denen elf bislang noch keinem deutschen Fliegenkundler untergekommen waren, zwei erwiesen sich gar als neu für die Wissenschaft.[32] Als sich die Biologin Jutta Wehlitz den Tanzfliegen im Stadtgebiet von Köln widmete, entdeckte sie 115 Arten, von denen 19 Erstfunde für die alte Bundesrepublik Deutschland waren. Auch Kölns Lanzen- und Faulfliegenfauna barg Überraschungen, desgleichen die der Scheu- und Nacktfliegen. Waffen-, Horn- und Schwingfliegen erbrachten eher durchschnittliche Resultate. Minier- und Halmfliegen mit 255 Arten sprengten jeden Rahmen.[33] Über die Lebensweise all dieser Tiere gibt es vielfach nur Mutmaßungen. »Vielleicht«, »möglicherweise«, »unbekannt« – in der Fachliteratur wimmelt es von verbalen Fragezeichen. Auf dem Gebiet der Siedlungs- und Stadtdipterologie können eifrige Forscher, natürlich ohne jede Aussicht auf angemessene Entlohnung, noch viele wissenschaftliche Meriten ernten.

Wo Fliegen hinter Fliegen fliegen, gibt es Nahrung für hungrige Fliegenfänger. Dies ist der Moment für einen längst überfälligen Lobgesang auf eine Tiergruppe, die seit Urzeiten zu den Todfeinden der Zweiflügler gehört. Für Menschen ungefährlich – zumal in der Stadt und von wenigen, in warmen Gefilden lebenden Ausnahmen abgesehen –, sind sie die wichtigsten Gegenspieler der Insekten und damit natürliche Verbündete in unserem Jahrtausende währenden Kampf gegen Schädlinge und aufdringliches Hausgetier.

Wie fängt man derart gewandte Flugkünstler, wenn man selbst nicht fliegen kann und keine Gifte mit Fernwirkung zur

Verfügung hat? Man baut raffinierte Fallen, natürliche Vorläufer des Musilschen Fliegenpapiers, und fischt sie aus der Luft. Die Rede ist von den Spinnen.

Obwohl Horst Sterns unvergessene »Bemerkungen über die Spinne« (1975) zur Imageaufhellung beigetragen haben, konnten sie das Ansehen seiner Filmhelden nicht nachhaltig verbessern. Spinnen machten den Fehler, ihrer Insektenbeute bis in unsere Häuser zu folgen, daher schlägt ihnen vonseiten der Menschen statt verdienter Wertschätzung meist derselbe Hass und Ekel entgegen, mit dem auch ihre Beutetiere begrüßt werden. Zu anderen Zeiten waren wir den Spinnen freundlicher gesinnt. Schon die frühen eiszeitlichen Künstler, die in Spanien prachtvolle Felsmalereien schufen, wussten um die Bedeutung der netzbauenden Insektenfänger und malten sie im Kreis ihrer verhassten zweiflügligen Beutetiere. Das in vielen alten Kulturen dargestellte Fadenkreuzsymbol wird als stilisiertes Spinnennetz gedeutet, dessen magische Kräfte nicht nur die Tod und Verderben bringenden Fliegen, sondern auch Dämonen und andere Abscheulichkeiten fernhalten sollten.[34] Noch heute werden in tropischen Ländern für europäische Verhältnisse monströs große Spinnen gern in Häusern geduldet, weil man ihre Qualitäten als Kammerjäger schätzt.

In Städten, mit ihrer großen Vielfalt an Strukturen und Nischen, leben Hunderte von Spinnenarten. In Köln wurden 155 Arten nachgewiesen, in Warschau 254, im sehr gut untersuchten Berlin sogar doppelt so viele.[35] Besonders kleine bis winzige Arten zieht es in die Städte. Als sogenannte Aeronauten werden sie, an einem hauchdünnen Seidenfaden hängend, vom Wind verdriftet und in neue Lebensräume getragen. Etwa einhundert dieser urbanen Spinnen nutzen Häuser, sowohl die Räumlichkeiten vom Keller bis zum Dachboden als auch deren warme

Außenhaut, die Fassaden mit ihren zahllosen kleinen Versteck-möglichkeiten und den Hauslampen, die abends und nachts für stetigen Insektennachschub sorgen. Ihr Jagdstil reicht vom ty-pischen Netzfang über das Auslegen von Fußangeln bis zur Überrumpelungstaktik der Springspinnen. Die vor allem in feuchten Räumen lebende Speispinne hat eine besonders un-gewöhnliche Jagdtechnik entwickelt. Sie bespuckt ihre Beute aus sicherer Entfernung mit einem klebrigen Sekret und macht sie auf die Weise fluchtunfähig.

Ein gutes Dutzend Spinnenarten gehen in ihrer Vorliebe für menschliche Behausungen so weit, dass sie nur selten außer-halb von Gebäuden anzutreffen sind. Da sie eine relativ geringe Stoffwechselrate haben und zumeist still in ungestörten Ecken und Ritzen verharren, können Spinnen lange ohne Nahrung auskommen. Außerdem prädestiniert ihre nächtliche Lebens-weise sie für ein Leben unter den Menschen. Nach ihren bevor-zugten Aufenthaltsorten hat man ihnen Namen wie Keller-spinne, Hauswinkelspinne oder Gewächshausspinne gegeben. Die meisten von ihnen bauen Netze, was jedem auf Sauberkeit bedachten Haushalt ein Dorn im Auge ist, zumal sich in dem Gespinst Beutereste, Staub und andere suspekte Dinge ansam-meln. Für viele der nützlichen und genügsamen Hausinsek-tenjäger endet das Leben daher in einem Staubsaugerbeutel.

Eine Art, deren Netze für das ungepflegte Erscheinungsbild wenig genutzter Räumlichkeiten[36] verantwortlich sind, mag hier stellvertretend für die ganze Verwandtschaft stehen. Am 10. Januar 2003 wurde nach Wasser-, Wespen- und Listspinne per Proklamation durch die Arachnologische Gesellschaft e.V. ein Hausbewohner zur »Spinne des Jahres« gekürt. Sie ist eine der Ersten, die in Neubauten eindringen und sich die besten Plätze sichern. In Nordamerika, Europa und dem Mittelmeergebiet dürfte sie in kaum einem Gebäude fehlen. Die nun geadelte Große Zitterspinne, *Pholcus phalangioides*, ist mithilfe der Menschen zum ganzjährig fortpflanzungsfähigen Weltbürger geworden. Sie lebt bereits solange in unserer Mitte, dass ihre eigentliche Heimat unbekannt ist.

Bestimmt haben Sie diesen Hausbewohner schon einmal gesehen, aber Vorsicht, es besteht Verwechslungsgefahr. Mit seinen sogar für Spinnenverhältnisse ungewöhnlich langen, zarten Beinen ähnelt er den Weberknechten, die ebenfalls in Häusern leben können, aber eine andere Ordnung der Spinnentiere bilden – für Arachnologen, jene seltsame und seltene Menschenspezies, die die Verständnislosigkeit ihrer Umwelt heldenhaft ignoriert und sich für Spinnen interessiert, sind das Welten. Der grauweiße Körper der Zitterspinne ist maximal einen Zentimeter lang und im Gegensatz zu den Weberknechten deutlich zweigeteilt, mit einem länglich-zylindrischen Hinterleib.

Fliegen stehen auf dem Speiseplan aller netzbauenden Spinnen, auch bei der Großen Zitterspinne, die Liste ihrer Beutetiere ist aber wesentlich länger. Wie effektiv sie bei der Jagd zu Werke geht, konnte der deutsche Spinnenkundler Helge Uhlenhaut im Haus seiner bayerischen Schwiegereltern verfolgen. Beim Besuch der Toilette einer wenig genutzten Einliegerwohnung entdeckte er an der Decke einige Zitterspinnen und beschloss spontan, deren über den Fußboden verteilte Beuterestpakete zu sammeln. Er tat dies mit wissenschaftlicher Gründlichkeit sechzehn Monate lang, wobei »die Sammeltätigkeit, meine Schwiegermutter möge es verzeihen, nicht im Familienkreis diskutiert« wurde. Spinnenforscher haben gelernt, mit der Ignoranz ihrer Mitmenschen zu leben, am besten, indem sie den Mund halten. »Allerdings«, so Helge Uhlenhaut, »ließ sich deshalb nachträglich leider nicht feststellen, wie viele

Beutereste während des Untersuchungszeitraumes Putzaktivitäten zum Opfer gefallen sind.«[37]

Uhlenhauts Untersuchungen ergaben einen überraschend vielfältigen Zitterspinnenspeiseplan, wobei ihm der Umstand zu Hilfe kam, dass die Tiere ihre Opfer nicht wie andere Spinnen bis zur Unkenntlichkeit »durchkneten«. Ihre Mundwerkzeuge sind dafür zu klein. Wenn es im Netz zappelt, stürzt die Zitterspinne herbei, hält große und wehrhafte Opfer mit ihren langen Beinen auf Abstand und wickelt sie rasch in Spinnenseide. Danach verpasst sie ihrer eingesponnenen Beute einen Giftbiss und saugt sie langsam aus, was sogar bei einer winzigen Stechmücke viele Stunden dauert. Die leeren Chitinhüllen werden aus dem Netz geworfen, bleiben in ihrem seidigen Sarg aber nahezu unversehrt und können genau bestimmt werden. Uhlenhaut präparierte die Beutereste frei und erhielt auf diese Weise eine ziemlich vollständige Liste des Kleingetiers, das durch das fast immer gekippte Toilettenfenster ins Haus drang. Neben Fliegen und Asseln fand er vor allem viele andere Spinnen, sogar einige Artgenossen der Zitterspinne. Nie konnte Uhlenhaut potenzielle Beutetiere lebend beobachten. Bis zu sechs ausgewachsene Zitterspinnen, so sein Fazit, verwandelten den kleinen Raum in eine Todesfalle, »sodass kaum ein Gliederfüßer die Chance erhielt, diese Toilette im Haus der Schwiegereltern wieder lebend zu verlassen.«[38]

Bleibt zum Schluss nur die Frage, warum die Große Zitterspinne eigentlich zittert. Sie zu beunruhigen, ist leicht. Ein plötzlicher Luftzug, wie er bei der Annäherung von Vögeln und Menschen entsteht, oder feinste Vibrationen, die das Kommen einer anderen Spinne ankündigen, reichen aus. Die Zitterspinne reagiert, indem sie in ihrem Netz zu schwingen beginnt, immer schneller, bis ihre Umrisse sich auflösen. Dieses Zittern dauert kaum eine Minute, aber seine Wirkung ist verblüffend. Die schreckhafte Spinne des Jahres ist in der Lage, sich unsichtbar zu machen.

Holländische Wissenschaftler haben entdeckt, dass es auch ein Langzeitzittern gibt, das Stunden oder sogar Tage andauern kann.[39] Seine Frequenz ist wesentlich niedriger, sodass die Spinne für das menschliche Auge nicht verschwindet. Die Frage ist: Dient auch dieses Zitterverhalten der Abwehr von Fressfeinden? Da die Biologen von der Universität Amsterdam wussten, dass Spinnen sich gegenseitig spinnefeind sind, sperrten sie eine Zitterspinne mit jeweils einer von 27 unterschiedlichen anderen Spinnen in eine Glasschale, eine sogenannte Eins-zu-eins-Arena. Dann beobachteten sie, was passierte, ob und wie lange gezittert wurde. Bei den meisten Konfrontationen in der Petrischale zitterte die Spinne des Jahres nicht, doch in der Regel, unter Umständen erst nach Tagen, endete einer der beiden Kontrahenten in den Fängen des anderen, Laborgladiatoren im Dienste der Wissenschaft.

Nur wenn der Gegner eine Springspinne war, geschah etwas Erstaunliches: Die Zitterspinne setzte sich und ihr Netz in schwingende Bewegung und wollte sich für Stunden nicht mehr beruhigen. Die Springspinnen liefen unterdessen in der Arena herum, richteten sich immer wieder auf die erspähte Beute aus, versuchten, Maß zu nehmen, ... aber sie sprangen nicht. Es sind optisch jagende, mit großen Augen ausgestattete Räuber, die die Entfernung der Beute berechnen müssen, damit ihr Angriffssprung zielgenau sitzt. Beim Kampf Spinne gegen Spinne kann der Angreifer ansonsten leicht zur Beute werden. Wie effektiv und spezifisch dieses Abwehrverhalten ist, zeigt folgende Beobachtung der holländischen Forscher: Als eine Zitterspinne nach zwei Stunden Dauerzittern eine Pause einlegte, vergingen keine fünf Sekunden, bis der Gegner, eine Zebra-Springspinne, ihre Angriffsposition einnahm, sprang und siegte. Außerhalb einer geschlossenen Arena hätte der Angreifer vermutlich schon lange das Interesse verloren und sich nach anderer Beute umgesehen.

Vielleicht ist Ihnen eine Zebra-Springspinne, *Salticus scenicus*, schon einmal zwischen den Balkonpflanzen begegnet. Die kleinen agilen Tiere jagen gerne an besonnten Hauswänden nach Insekten, die dort Wärme tanken, und dringen von dort auch in die Gebäude ein, ins Reich der Zitterspinnen. Dramatische Begegnungen wie die eben geschilderte sind also auch außerhalb von Petrischalen jederzeit möglich.

Offenbar ist die Zitterspinne in der Lage, Springspinnen schnell und sicher von allen anderen Spinnen zu unterscheiden, was angesichts ihrer beschränkten visuellen Fähigkeiten nur über die Wahrnehmung von Vibrationen möglich ist, die ihrerseits eine Folge charakteristischer Bewegungsmuster sind.[40] Gemessen an unseren Fähigkeiten ist dieser Spinnensinn für feinste Erschütterungen unfassbar empfindlich. Die Reaktion der Großen Zitterspinne ist so spektakulär wie spezifisch. Die springende Verwandtschaft scheint eine echte Bedrohung darzustellen.

Wenn Sie also das nächste Mal im Keller oder im Schuppen vor einer langsam, aber ausdauernd zitternden Spinne stehen, verkneifen Sie sich bitte das mitleidige Lächeln, weil es ihr nicht gelingt, sich vor Ihren Augen zu verbergen. Denken Sie daran, dass nicht Sie der Grund für das seltsame Verhalten der Großen Zitterspinne sind. Vielleicht kann das verschreckte Tier sich nur deshalb nicht beruhigen, weil vor Kurzem der Tod in Gestalt einer jagenden Springspinne an seinem Netz vorbeigeschlichen ist.

5. Über Himmelssichtfaktoren und Versiegelung

Hinter den Mauern, Fenstern und Türen seiner Häuser sorgt der Mensch für ein konstantes Raumklima, dessen Temperatur und Feuchte ungeachtet der Wetterturbulenzen draußen nur innerhalb enger Grenzen schwanken. Zu diesem Zweck haben wir Heizungen, Klimaanlagen, Thermostaten und Luftbefeuchter erfunden.

Wie wir gesehen haben, ist das künstlich und mit einem hohen Energie- und Materialaufwand aufrechterhaltene schmale Klimafenster unserer Wohnungen nicht nur für den Homo sapiens attraktiv. Eine ganze Anthropozönose der Häuser hat sich darin eingerichtet – mit den Menschen in ihrem Mittelpunkt.

Besonders gemütlich wird es, wenn draußen die Naturgewalten toben, wenn Herbststürme das Laub durch die Straßenschluchten wehen, wenn Blitz und Donner den Boden erbeben lassen und heftiger Regen gegen das Isolierglas der Fenster prasselt. Wer in solchen Momenten im Freien überrascht wird, auf dem Heimweg von der Arbeit oder beim Einkauf in einer richtigen Straße, nicht in einem dieser wie Pilze aus dem Boden schießenden gläsernen Einkaufszentren, der bekommt zu spüren, was im hektischen Betrieb des urbanen Lebens oft in Vergessenheit gerät: Städte, trotz all ihrer von Menschen geschaffenen Künstlichkeit, sind Teil der Natur. Sie sind groß und ihr Einfluss reicht weit, aber sie atmen dieselbe Luft wie das umgebende Land, und ihre Fundamente wurzeln im selben Boden.

Das urbane Klima

Ob Wald, See, Wüste oder Gebirge, jede Landschaftsstruktur, die eine gewisse Größe erreicht, ist zugleich Objekt und Subjekt der globalen Wettermaschine. Ein Gebirge wird nach seiner Geburt von Frost, Schnee, Regen, Wind und Sonne geformt, zum Teil von Kräften, die ihre Energie an weit entfernten Orten bezogen haben. Aber durch ihre bloße Existenz beeinflussen die Berge den Strom der Luftmassen und steuern so Menge und Verteilung der Niederschläge, die entscheidend sind für das Entstehen seiner unterschiedlichen Lebensgemeinschaften, im Tal und im Hochgebirge, in Wäldern und Flüssen, an Nord- und an Südhängen.

Über Dörfer und kleine Siedlungen der Menschen fegt das Wetter unbeeindruckt hinweg. Die Städte aber haben schon lange eine Größe erreicht, die sie, wie ein Gebirge, zum Klimafaktor machen. Damit ist nicht nur ihr immenser Ausstoß von Schadstoffen und Treibhausgasen gemeint, der im 20. Jahrhundert global bedrohliche Ausmaße angenommen hat. Die Geschichte der Städte ist eine Geschichte der Luftverschmutzung, jahrhundertelang vor allem durch Ruß und Rauch. Schon der Politiker und Philosoph Seneca, ein Zeitgenosse Jesu, fühlte sich besser, wenn er »die schwere Luft Roms mit ihrem Gestank aus qualmenden Kaminen« hinter sich lassen konnte.[1] Im 12. Jahrhundert klagte der Arzt Maimonides, der von Cordoba bis Kairo das ganze Mittelmeergebiet bereiste, die Luft in den Städten sei »stockend, trüb, dick, neblig und diesig«, was bei ihren Bewohnern zu »Geistesträgheit, Mangel an Intelligenz und schlechtem Gedächtnis« führe.[2]

Wie weit der Einfluss der wuchernden Städte auf das Klima wirklich reicht, ist bislang noch unzureichend erforscht. Die

Entwicklung verläuft so schnell, dass einmal gewonnene Erkenntnisse rasch überholt sind. Wie groß sind die Städte eigentlich, jetzt, in diesem Moment? Wie schnell wachsen sie und wie verändern sich dabei ihre Klimaparameter? Die Koordination zahlloser Forschungsprogramme in aller Welt, die nötig wäre, um überall vergleichbare Datensätze zu gewinnen, ist ein ungelöstes Problem. Wissenschaftler der Boston University beklagten 2003 auf der Herbsttagung der American Geophysical Union, dass viele Studien sich auf veraltete Daten stützen und nicht einmal für die globale Flächenausdehnung der Städte aktuelle Karten existieren. In einer Untersuchung, die Satellitenaufnahmen der NASA auswertete, wiesen sie nach, wie rasant und unkontrolliert sich viele Städte ins Umland fressen. Nicht nur Shanghai, Johannesburg und andere bekannte Stadtmonster Asiens und Afrikas, auch nordamerikanische Städte wie Atlanta, Georgia und Calgary sind in den letzten zehn Jahren um bis zu 25 Prozent gewachsen.[3] Im Windschatten von Metropolen fällt heute deutlich mehr Regen als vor fünfzig Jahren, ein Effekt der Klimaküche Großstadt.[4] Abgesehen von den Emissionen, nimmt vor allem die fortschreitende Bodenversiegelung Einfluss auf die globale Klimaentwicklung.[5]

In unserem Zusammenhang interessiert allerdings weniger, welche klimatischen Auswirkungen die Städte auf ihr Umland haben. Hier geht es um die Stadt selbst. Wie in jedem anderen Lebensraum wird auch die urbane Tier- und Pflanzenwelt vor allem durch das herrschende Klima bestimmt. Wer die wilde Stadtnatur, ihre Eigenheiten und Lebensumstände verstehen will, muss zuerst zu den Hilfsmitteln der Meteorologie greifen. Uns reicht vorerst ein einfaches Thermometer.

Seit Anfang des 19. Jahrhunderts, als in England das Buch *Climate of London* des Chemikers und Amateurmeteorologen

Luke Howard erschien, ist das Stadtklima zum Gegenstand wissenschaftlicher Untersuchungen geworden. Howards wichtigste Tat war die Entdeckung der urbanen Wärmeinsel. Nach umfangreichen Messungen konnte er erstmals belegen, dass im Stadtgebiet von London höhere Lufttemperaturen herrschten als im Umland. Die mittlere Differenz betrug im Sommer 0,6 und stieg in den Wintermonaten auf 1,0 Grad. 1855 registrierte der Meteorologe Renou in der französischen Hauptstadt Paris ganz ähnliche Temperaturunterschiede.

Hundert Jahre später, gemessen im Mai 1959, erreichte die Überwärmung der Londoner City bereits 6,7 Grad.[6] Im Häusermeer mancher amerikanischer Millionenstädte kann die Luft heute bis zu 12 Grad wärmer sein als im Umland. Die Auswertung von Satellitendaten durch das Goddard Space Flight Center der NASA ergab, dass dieser Wert im Extremfall noch höher ausfallen kann, zum Beispiel in der Weltmetropole schlechthin, in New York City. Am 6. Juni 1978, einem klaren Sommertag, ermittelten die NASA-Experten für die Stadt eine Überwärmung von 17 Grad.[7] In europäischen Städten liegt dieser Wert bei 8, in Japan, wo in kleineren Städten noch viele Holzhäuser stehen, bei maximal 5 Grad. Wohlgemerkt, es handelt sich um Extremwerte, aber die Tendenz ist eindeutig. Für die Stadt Bochum ermittelte der Essener Klimatologe Wilhelm Kuttler, dass in 80 Prozent aller Jahresstunden höhere Temperaturen erreicht werden als im Umland.[8] Das Temperaturgefälle zwischen Stadt und Land wächst mit der Einwohnerzahl und Größe der Ballungsräume, sodass bei ungebremster Urbanisierung in Zukunft noch höhere Werte zu erwarten sind. Für viele wachsende Großstädte, etwa Tokio, New York oder Paris, ist dieser im wahrsten Sinne des Wortes hausgemachte Temperaturanstieg in langjährigen Messreihen dokumentiert worden.[9]

Der Wärmeinseleffekt der Großstädte kann bis in Höhen von 200 bis 300 Metern gemessen werden und ist vor allem ein Phänomen der dunklen Tagesstunden, der klaren Abende und Nächte, zur Freude der Betreiber von Biergärten und Straßencafés (und zum Leidwesen von Kinobesitzern und Theaterintendanten). Die Zahl der sogenannten Grillpartytage, an denen die Lufttemperatur um 21.00 Uhr noch über 20 Grad Celsius liegt, ist in Städten gegenüber dem Umland deutlich erhöht.[10] Wenn Landbewohner sich fröstelnd die Pullover überstreifen oder zum Schlummertrunk ihre Häuser aufsuchen, zieht es leicht bekleidete Städter in Massen hinaus in die laue Sommernacht.

Luke Howard führte die Überwärmung des Londoner Stadtgebiets damals auf die Verbrennung großer Mengen Kohle in Öfen und Küchen zurück. Der Kohleverbrauch der englischen Hauptstadt war immens und ihre Luft berüchtigt. »Die Hölle ist eine Stadt ganz ähnlich London«, stöhnte der Dichter Percey B. Shelley im 17. Jahrhundert, »eine Stadt voll Menschen und Rauch.«[11] Howard prägte für die städtische Dunstglocke, die zweihundert Jahre nach Shelley noch dichter geworden war, den Begriff »city fog«. Zur Mittagszeit war es im Londoner Stadtzentrum an manchen Wintertagen so dunkel, dass »Lampen und Kerzen in allen Geschäften und Büros angezündet wurden und die Kutschen in den Straßen nicht wagten, schneller als Schrittgeschwindigkeit zu fahren. Zur selben Zeit war die Atmosphäre fünf Meilen außerhalb der Stadt klar und wolkenlos mit einer strahlenden Sonne.«[12]

Howards Hausbrand-Theorie erklärte vielleicht die miserable Luftqualität und den dichten Londoner Nebel. Eine Erklärung für das Phänomen der Überwärmung lieferte sie nur bedingt. Die stärkste Ausprägung der Wärmeinsel wird im

Sommer und Herbst beobachtet, sodass die von Menschen produzierte Wärme nicht die primäre Ursache sein kann.[13] Sie ist für das Stadtklima eher lokal von Bedeutung, etwa in der Umgebung großer Industrieanlagen. Über den Stahlfabriken des englischen Sheffield fällt angeblich nie Schnee.[14] Die anthropogene Wärmeproduktion hängt zudem stark von der geografischen Lage der Städte ab. Im kanadischen Montreal übertrifft sie im Winter die natürlicherweise einfallende Strahlungsenergie um ein Vielfaches, in subtropischen und tropischen Metropolen ist sie praktisch zu vernachlässigen. Trotzdem schwitzt auch das äquatoriale Singapur unter einer großstädtischen Hitzeglocke.[15]

Entscheidend für die Ausbildung der urbanen Wärmeinsel sind die Bodenversiegelung und die physikalischen Eigenschaften von Asphalt, Beton, Metall, Glas und Naturstein, die im Großstadtdschungel die Vegetationsdecke ersetzt haben. Fast allen in der Stadt verbauten Materialien ist gemeinsam, dass sie viel Wärme speichern, aber kaum Wasser aufnehmen können. Dies hat zur Folge, dass im Vergleich zu unbebautem Land 16 Prozent weniger Strahlungsenergie durch Verdunstung abgeführt werden kann, Energie, die stattdessen in eine zusätzliche Erwärmung der Luft fließt.[16]

Die dichte und hohe Bebauung, die Geometrie der Straßenschluchten, führt dazu, dass der Horizont für Stadtbewohner, die nicht gerade in einer Dachgeschosswohnung oder einem Penthouse leben, stark eingeschränkt ist. Dieser großstädtische Mangel an Weite und sichtbarem Himmel kann – streng mathematisch – in Form einer einfachen Zahl zwischen 0 und 1 ausgedrückt werden, als Quotient von real sichtbarer Himmelsfläche und dem, was man potenziell sehen könnte, wenn alle Gebäude ringsum dem Erdboden gleichgemacht würden. Kli-

matologen haben dieser Zahl den schönen Namen »Himmelssichtfaktor« gegeben.

Das Aufatmen vieler Großstädter in weiter, offener Landschaft ist ganz wörtlich zu nehmen. Ein hoher Himmelssichtfaktor ist gleichbedeutend mit erfrischenden Winden und an-
genehmen Temperaturen, einem Ort, wo der Blick ungehindert
in die Ferne schweifen kann, Labsal für Körper und Seele. Ein
niedriger Himmelssichtfaktor, wie er für Innenstädte mit dicht
stehenden Hochhäusern und engen Straßenschluchten typisch
ist, bedeutet stickige stehende und stinkende Luft und die Gefahr von Inversion. Messungen in der ganzen Welt haben ergeben, dass die Überwärmung einzelner Straßenzüge umso
größer wird, je kleiner das zwischen den Baukörpern sichtbare
Firmament ist.[17] Psi, der Himmelssichtfaktor, entpuppt sich
als ein einfaches, für jeden, der den Kopf in den Nacken legt, er-
fahrbares Maß eines komplexen und urbanen Phänomens, das
Resultat von Traufhöhen und Straßenbreiten, von Strahlungs-
bilanzen, Luftverschmutzung, Materialeigenschaften und Reflexionen.

New York City, 2003

In Städten sind Pflanzen zahllosen Schadstoffen, höheren Tempera-
turen und einer höheren CO_2- und Stickstoff-Deposition als auf dem
Land ausgesetzt. Wie alle diese Faktoren zusammen sich auf ihr
Wachstum auswirken, ist kaum bekannt. Nun haben amerikanische
Forscher in *Nature* über eine ganze Serie von Experimenten mit ei-
nem genetisch identischen Klon nordamerikanischer Pappeln in New
York und Umgebung berichtet. In der Stadt lieferten die Pappeln fast
die doppelte Pflanzenbiomasse wie auf dem Land. Doch die Experi-

mente zeigen gleichzeitig, dass offenbar keiner der aufgezählten Unterschiede dafür verantwortlich ist. Mehr CO_2 und Stickstoff bei höheren Temperaturen könnten in der Stadt zu einem Düngeeffekt führen, die Forscher registrierten jedoch nichts dergleichen. Stattdessen scheint sich der hohe, auf Emissionen der Stadt zurückgehende Ozon-Gehalt der ›guten‹ Landluft bremsend auf das ländliche Pflanzenwachstum auszuwirken.[18]

Ein kräftiger Wind kann das Wärmeinselphänomen rasch beseitigen, aber auf eine frische Brise warten von Hitze, Schwüle und Abgasen geplagte Großstädter oft vergebens. Weil die Gebäudemassen sich dem Wind in den Weg stellen, stören und behindern sie den Luftmassenstrom – Auswirkungen, die bis in 500 Meter Höhe messbar sind. In der sogenannten Stadthindernisschicht, dem untersten Teil der Atmosphäre, in die Wolkenkratzer, Fernsehtürme und Schornsteine ragen, ist die Windgeschwindigkeit gegenüber dem offenen Land um zehn bis zwanzig Prozent reduziert. Wo es am nötigsten wäre, über dem aufgeheizten Pflaster der Fahrbahnen und Gehwege, regt sich kaum ein Lüftchen. Die Stadt bremst die Bewegung der untersten Atmosphärenschicht häufig bis zur völligen Windstille. Bei anderer Gelegenheit, wenn Straßenschluchtengeometrie und Windrichtung zueinander passen und sich die Luftmassen durch enge Durchlässe zwängen müssen, kann sie durch Düseneffekte von heftigen Böen heimgesucht werden.

Die Auswirkungen der Stadt auf die Niederschläge sind verwirrend.[19] Offenbar können die vielfältigen urbanen Faktoren die im Stadtgebiet fallenden Regenmengen beeinflussen. Unter dem Strich resultiert ein leichtes Plus. Erstaunlicherweise ver-

teilen sich die über mehrere Jahre gemittelten Niederschlags-
mengen nicht gleichmäßig auf die Wochentage. Untersuchungen, die in den Sechzigerjahren in Paris durchgeführt wurden,
ergaben während der Woche von Tag zu Tag leicht steigende
Niederschläge mit einem drastischen Abfall am Wochenende
um nahezu fünfzig Prozent. Da Sonntage dem Wetter völlig
gleichgültig sein dürften, ist diese verblüffende Regenvertei-
lung nur mit den Aktivitäten der Stadtbewohner zu erklären,
vor allem mit dem Schadstoffausstoß des Berufs- und Indivi-
dualverkehrs.[20]

Die folgende Zusammenstellung[21] zeigt, dass große Städte
sich heute in vielfältiger Weise ihr eigenes Klima schaffen. Angegeben ist jeweils die Veränderung in der Stadt gegenüber einem unbebauten Umlandstandort.

Es nehmen ab:	einfallende Globalstrahlung	-20 %
	UV-Strahlung Winter	-30 bis -100 %
	UV-Strahlung Sommer	-10 bis -30 %
	Sonnenscheindauer	-5 bis -15 %
	Schneefall	-5 bis -10 %
	Tauabsatz	-65 %
	Verdunstung	-30 bis -60 %
	Rel. Luftfeuchtigkeit	-6 %
	Mittl. Windgeschwindigkeit	-25 %
	Schneedeckendauer	-9 Tage (Berlin)
	Anzahl der Heiztage	-5 bis -25 Tage
	Heiz-Brennstoffverbrauch	-50 % (USA)
Es nehmen zu:	Kondensationskerne	+10 %
	Wolken	+5 bis +15 %
	Niederschlag	+10 %

Gewitter	+10 bis +15 %
Windstille	+13 %
Lufttemperatur (Jahresmittel)	+0,5 bis 3 Grad

Da es innerhalb des Stadtgebietes in der Regel mehrere dicht bebaute Zentren gibt, wird die urbane Wärmeinsel bei genauer Betrachtung zu einem vielgipfeligen Wärmearchipel.[22] Auf Veränderungen reagiert die Stadt träge, sowohl Abkühlung als auch Erwärmung sind gegenüber dem Umland verzögert und zeitlich verschoben. Die Zahl der Frost- und Eistage schrumpft auf die Hälfte, insgesamt verkürzt sich die winterliche Frostperiode um ein Viertel, in Washington D. C. um 35, in München um 65 Tage, in Londons City gar um mehr als zwei Monate. Sogar in Moskau sorgt die städtische Überwärmung dafür, dass der bitterkalte russische Winter um dreißig frostige Tage kürzer ausfällt.[23] Das reduziert die Kosten für Schneeräumung, Straßenwinterdienst und das Heizen der Gebäude, Einsparungen, die in den USA allerdings vom sommerlichen Air-Conditioning mehr als aufgefressen werden.[24]

Inmitten der unbebauten Landschaft schafft das Häusermeer thermische Bedingungen, die natürlicherweise erst viel weiter südlich anzutreffen wären. Für viele Pflanzen und Tiere, zumal für wärmebedürftige Exoten, sind das gute Nachrichten. Die Vegetationsperiode verlängert sich in der Stadt um durchschnittlich acht bis zehn Tage, im Zentrum von London sind es fast drei Wochen.[25] Kein Wunder also, dass man hier auf Pflanzen und Tiere treffen kann, die im Umland schon aus klimatischen Gründen vor sich hin kümmern oder keine Überlebenschance haben. In Berlin-Kreuzberg wachsen Feigenbäume[26], auf einem ehemaligen Bahngelände erfreut sich eine Population von Gottesanbeterinnen bester Gesundheit. In Stuttgart, Köln und Worms und vielen anderen europäischen Großstädten brüten mittlerweile mehrere Papageienarten. Im Zentrum von London gedeihen Korkeichen und Granatäpfel, der Chelsea Physic Garden beherbergt den wohl nördlichsten Ölbaum der Welt. Er ist 150 Jahre alt und trägt Jahr für Jahr mehrere Kilo Oliven.[27]

Sand und Schutt

Um zu wachsen und zu blühen, brauchen Pflanzen nicht nur Sonne und Luft, sondern vor allem Wasser und Nährstoffe. Beides beziehen sie über das Wurzelwerk aus dem Boden, und gerade hier warten Städte mit sehr speziellen Eigenheiten auf. Legen wir das Thermometer zur Seite und greifen zum Spaten.

Natürliche Böden sind keine amorphen Ansammlungen von Ton, Lehm, Sand und Steinen, sondern komplex strukturierte und lebendige Gefüge, die je nach Ausgangsmaterial und herrschenden Bedingungen anders aussehen. An ihrer Entstehung sind nicht nur chemische und physikalische Prozesse wie die Verwitterung von Gestein, das Lösen von Salzen und das Versickern von Wasser beteiligt, sondern vor allem Millionen von Organismen, von Amöben und Bakterien bis zum Regenwurm. Der unermüdlichen Aktivität dieser vielgestaltigen Bodenfauna ist es zu verdanken, wenn aus einem Haufen Sand, Dreck und organischem Material über viele Jahre eine neue Ordnung entsteht. Bodenbildung braucht Zeit und läuft am besten ohne Störung, ohne Verletzung der entstehenden Schichten und Feinstrukturen. Beides, Störungsfreiheit und Zeit, ist in der Stadt Mangelware. Es dauert Jahrhunderte, bis einem von Menschen künstlich aufgeschütteten Boden seine Herkunft nicht mehr anzusehen ist.[1]

Berlin wurde buchstäblich auf Sand gebaut, genauer gesagt auf den Sanden des Berliner Urstromtals und den von feinem Flugsand überdeckten Kuppen dreier Grundmoränen.[2] Sie sind lehmig und enthalten große Mengen verwitterten nordskandinavischen Gesteins, das, was der Berliner »Klamotten« nennt. Die aus diesem Ausgangsmaterial entstandenen Böden, das Ergebnis der Einwirkung von Wetter, Vegetation und Bodenorganismen, lassen sich vereinfachend – die Bodenkundler mögen mir verzeihen – mit drei Adjektiven charakterisieren: sandig, sauer und trocken. In Senken, Mulden und in Flussnähe können sie auch feucht bis nass werden.

Es ist aufschlussreich, sich am Beispiel Berlins kurz den jahrtausendelangen erdgeschichtlichen Vorlauf einer Stadtgründung vor Augen zu führen.[3] Das spätere Stadtgebiet erlebte drei große Vereisungen, Zeiten, in denen das Gestalt annahm, was wir als die heutige Topografie des Berliner Raumes kennen. Nach dem Rückzug der Gletscher herrschten lange Zeit hocharktische Bedingungen. Die Böden waren nackt, ohne jede Vegetation, von metertiefen Frostspalten durchzogen. Als die Temperaturen langsam stiegen, entwickelte sich eine baumlose Tundra. Vor zehntausend Jahren schließlich wanderten Birken, Kiefern und später Eichen ein. Obwohl sich in den folgenden Jahrtausenden ein reges Kommen und Gehen weiterer Gehölze anschloss, sind sie bis heute die typischen Baumarten der Berliner Wälder geblieben.

Die Landschaft, die die ersten hier siedelnden Menschen vorfanden, lässt sich heute recht genau rekonstruieren. In der Nähe der Spree, dort, wo heute Berlins Weltkulturerbe, die Museumsinsel, und das neu errichtete Regierungsviertel stehen, wuchsen zur Zeit von Christi Geburt offene Moore und ein Auenwald mit vielen Erlen. Der Westen des Stadtgebiets wurde von Eichen und Hainbuchen dominiert, auf den lehmigen Platten der Grundmoränen im Süden und Norden wuchs ein Wald aus Kiefern und Eichen.

In den Urwäldern existierte eine reiche Tierwelt. Schon in der letzten Zwischeneiszeit waren hier alle großen Säugetierarten heimisch, die heute noch in den Wäldern Berlins und seiner Umgebung leben. Dazu kamen etliche Arten, die heute verschwunden sind. Berglemming und Rentier wichen vor der heranbrechenden Warmzeit nach Norden aus, andere wie Wisent, Ur, Elch und Wildpferd starben dank tatkräftiger Mithilfe der Menschen im frühen Mittelalter aus.

Die ersten Siedlungsspuren stammen aus der späten Jungstein- und frühen Bronzezeit (vor 3.000 bis 4.000 Jahren). Die Siedlungen befanden sich ausnahmslos im Tal in unmittelbarer Nähe der Gewässer und außerhalb der Wälder. Dort blieben sie auch für die nächsten dreitausend Jahre. Die lehmigen Moränenplatten erhoben sich maximal dreißig Meter über Flüsse und Seen; erst im 13. Jahrhundert ermöglichte eine verbesserte Pflugtechnik deren Urbarmachung und Besiedlung. Kiefern und Eichen fielen, aus Waldboden wurde Ackerland. Dörfer entstanden, die noch heute als bezirkliche Ortskerne im Stadtbild zu erkennen sind.

Mannahatta, 1650

Wie sah eine Gegend aus, bevor dort eine Stadt entstand? Adrian van der Donck, Rechtsanwalt und eine wichtige Persönlichkeit im politischen Leben von New Amsterdam, beschrieb die Landschaft einer großen, von breiten Flüssen umgebenen Insel namens Mannahatta, die sich ihm noch in nahezu ursprünglicher Gestalt präsentierte.

Offenbar konnte er sie nicht betrachten, ohne sich gleichzeitig ihre zukünftige Nutzung vorzustellen: »Entlang der Meeresküste ist das Land generell sandig oder kiesig, nicht sehr, aber doch so fruchtbar, dass es in den meisten Teilen mit schönen Bäumen bedeckt ist. Die Landschaft ist an vielen Orten bewegt, mit einigen hohen Bergen und sehr schönen Ebenen und Mais-Land, zusammen mit großen Wiesen, salzig und süß, alle sehr feines Heuland. Es ist von allen möglichen Bäumen bewachsen, die, wie in anderen Wildnissen auch, ohne Ordnung wachsen, mit Ausnahme des Mais-Landes, Ebenen und Wiesen haben wenige oder gar keine Bäume und mit ein wenig Anstrengung könnte man sie zu gutem Ackerland machen ...« Dass dieses Land von etwa 1.000 Ureinwohnern bewohnt wird, erwähnt van der Donck an dieser Stelle nicht, und aus Mais- und Ackerland ist schon lange etwas ganz anderes geworden. Mannahatta ist heute Manhattan. Der Mann beschreibt New York City – vor 350 Jahren.[4]

Berlins erste urkundliche Erwähnung[5] datiert auf das Jahr 1237, was die Stadt 1987 zum Anlass nahm, ihre 750-Jahr-Feier zu begehen, unter anderem mit zwei Etappen der Tour de France und einem Skiweltcupslalom, ausgetragen auf einem Berg aus Kriegstrümmern.

Die Dörfer wuchsen, bis ins 19. Jahrhundert bot der größte Teil des heutigen Berlins aber ein recht beschauliches Bild ländlicher Idylle. Erst die Industrialisierung ließ die Bevölkerungszahl innerhalb weniger Jahrzehnte explodieren. 1870 wurde die Millionengrenze überschritten, 1910 hatte die Stadt 3.734.000 Einwohner, fast 500.000 mehr als heute. 1920 wurden 7 Städte, 59 Landgemeinden und 27 Gutsbezirke zu Groß-Berlin unter einem Magistrat zusammengefasst. Ausgedehnte Kiefernwälder und Seen lagen nun im Stadtgebiet. Hektar für Hektar verleibte sich die wachsende Metropole die seit Jahrhunderten bewirtschafteten Agrarflächen der Umgebung ein, wurde nach New York und London zur drittgrößten Metropole der Welt und zur größten Industriestadt des Kontinents. Was die Siedlungsstruktur über drei Jahrtausende bestimmt hatte, die landschaftliche Gliederung in das sandige Urstromtal und die lehmigen Grundmoränen, spielte nun keine Rolle mehr. Nur wer um die Geschichte dieser Landschaft wusste, konnte in der riesigen Stadt noch erkennen, dass es ein Urstromtal überhaupt gegeben hatte.

Wie viele andere Städte stehen auch große Teile der deutschen Kapitale auf Weiden, Kartoffeläckern und Getreidefeldern, die ihrerseits auf ehemaligen Wald-, Sumpf- oder Auenböden angelegt wurden. Andere Städte wurden auf Felsen und Gestein errichtet, Küstenstädte wie Boston wuchsen auf Land, das man durch Aufschüttungen dem Meer abtrotzte.[6] In den Niederlanden wurden Städte auf ehemals schlüpfrigem Wattboden errichtet, den man eingedeicht und entwässert hatte.[7] Bei diesen Prozessen wurde die ursprüngliche Bodenstruktur bis zur Unkenntlichkeit zerstört, verändert und überlagert.

Böden, andernorts Grundlage für Vegetation und Tierwelt, dienen in der Stadt, so der Bodenkundler Hans-Peter Blume, »vor allem als Unterlage für Gebäude, Industrie- und Gewerbebetriebe, Straßen- und Bahnkörper; sie sind dann versiegelt, mithin kaum noch belebt.«[8] In Innenstädten und Industriegebieten ist diese Versiegelung nahezu vollständig, sieht man einmal von einzelnen Baumscheiben und schmalen Fugen zwischen den Gehwegplatten ab. Durch Bedeckung mit Tonnen von Asphalt, Beton und Stein gelangen weder Licht noch Luft in den Untergrund, der von Rohren, Kabelschächten und Abwasserkanälen durchzogen wird. Regenwasser verschwindet sofort in der Kanalisation. Um die riesigen Baukörper zu verankern und Fundamente zu legen, wurden das Grundwasser abgesenkt, mit schweren Maschinen große Erdmassen bewegt und tiefe Gruben ausgehoben. Der Boden wurde dabei so stark verfestigt und verdichtet, dass er kaum Wasser aufnehmen kann, selbst wenn man ihn von seiner Versiegelung befreit. Für die wilde Stadtnatur ist hier wenig zu holen.

Als Folge der Verwüstungen des Zweiten Weltkriegs sind in Mitteleuropa ganze Stadtteile auf Trümmerfeldern errichtet worden. Das war in früheren Zeiten nicht anders. Troja und andere alte Städte des Nahen und Mittleren Ostens thronten auf den Ruinen ihrer Vorgänger. Auf selbst geschaffenen Schutthügeln wuchsen sie von Epoche zu Epoche höher über das sie umgebende Land hinaus. Der städtische Untergrund scheint eher ein Fall für Historiker, Archäologen und Toxikologen zu sein als für Bodenkundler und Biologen. Jeder Erdaushub, jeder Spatenstich kann Zeugnisse der Vergangenheit ans Licht bringen – oder hochgiftige Altlasten. Diese Böden erzählen ausschließlich von ihrer Bebauungs- und Kontaminationsgeschichte, nicht von biologischen Prozessen und einer ländlichen Vergangenheit.

Könnte man jedenfalls meinen. Glücklicherweise sieht die Realität anders aus. Für Bodenbildung und die Besiedlung durch Pflanzen und Tiere sind die typischen städtischen Substrate wie Schutt, Schotter, Abraum- und Bergehalden, Asche, Klärschlamm und Müll zwar spezielle, aber keine schlechten Ausgangsmaterialien. Wo viele Menschen nur Dreck, Verfall und Verwahrlosung sehen, bietet sich für anspruchslose Pionierorganismen die Chance für einen Neubeginn. In allen großen Städten der Welt zeigen vergessene Schmuddelecken, Industriebrachen, stillgelegte Gleisanlagen und ehemalige Müllkippen, dass nach wenigen Jahren eine üppig sprießende Spontanvegetation entsteht, nach Jahrzehnten bilden sich sogar artenreiche Wälder, die durch die darin verstreuten Zivilisationsreste einen ganz eigenen Reiz entfalten. Man muss der Entwicklung nur ihren Lauf lassen. Heute vielleicht am wertvollsten sind ausgerechnet die für den Betrachter unattraktivsten, scheinbar vernachlässigten Flächen ohne jede Pflege: Auf kargem Boden sprießt eine spärliche Vegetation, die von pflanzlichen Diätspezialisten gebildet wird. In der überdüngten Agrarlandschaft haben sie keine Chance mehr.

Trümmer- und Bauschutt sind in Städten besonders häufig, zumeist im Gemenge mit natürlichen Bodensubstraten wie Sand oder Lehm. (Man spricht zum Beispiel von lehmarmem Bauschutt-Gemenge = <10 Prozent Lehm Lehm-Bauschutt-Gemenge = 30 bis 70 Prozent Lehm, und bauschuttarmem Lehm-Gemenge = >90 Prozent Lehm. Der resultierende Boden heißt Depo-Pararendzina.[9] Jetzt wissen Sie, warum ich auf die Terminologie der Bodenkundler verzichtet habe.)

Obwohl man etliche Millionen Kubikmeter Kriegsschutt im Berliner Stadtgebiet zu künstlichen Bergen auftürmte – der größte überragt mit 120 Meter über NN die höchste natürliche Erhebung der Stadt um siebzehn Meter –, steht praktisch die gesamte Innenstadt, abgesehen von alten Gärten und Parkanlagen, auf einer einzigen riesigen Trümmerfläche.[10] Durch den hohen Anteil grobkörniger Materialien wird dieser Untergrund bestens durchlüftet, lässt sich auch mit schwerem Gerät kaum verdichten und ist meist trocken, weil das Regenwasser durch die vielen Hohlräume rasch versickert.

Bereits das grobe Ausgangsmaterial enthält organische Substanz, Pappe, Stoffreste und Holz, über die sich diverse Mikroorganismen und Bodentiere hermachen. Der Anfang ist zaghaft, aber bald wachsen die ersten einjährigen Pflanzen und sterben wieder ab, werden zu neuer Nahrung für die Zersetzer im entstehenden Bodengefüge. Immer mehr Tiere finden sich ein, Spinnen huschen als Erste über die noch karge Fläche, dann kommen Käfer, Ameisen, Tausendfüßer, Schnecken und Asseln, die den steinigen Boden mit ihren Kotkrümeln anreichern. Eine dünne Humusschicht entsteht, der Boden kann mehr Wasser halten, aus Mörtel und Ziegelsteinen werden Nährstoffe wie Phosphor, Magnesium und Kalzium gelöst, Klee und andere Leguminosen reichern das Substrat mit Stickstoff an.

Was draußen durch strenge Frostperioden unterbrochen wird, läuft innerhalb der Stadtgrenzen, angeheizt durch die Wärmeglocke, schneller ab. Nach wenigen Jahren findet man die ersten Regenwürmer, deren Zahl rasch zunimmt und die den Boden durch ihre Grabtätigkeit auflockern und durchmischen. Eine Untersuchung in Brüssel ergab, dass Regenwürmer am Ende in Parks, Kleingärten und anderen gedüngten und gewässerten Grünflächen der Stadt die zweithöchste Biomasse stellen, mehr als alle anderen Tiere zusammen, vier Mal so viel wie alle Hunde und Katzen, nur übertroffen vom *Homo sapiens sapiens*.[11] Ihre ökologische Bedeutung kann gar nicht hoch genug eingeschätzt werden, auch und vor allem als Nahrung für andere Tiere. Ohne Regenwürmer keine Amseln.

An der Oberfläche schreitet die Sukzession voran und produziert immer größere Mengen an Biomasse. Mehrjährige Pflanzen siedeln sich an, die ersten von Wind und Vögeln eingebrachten Busch- und Baumsamen keimen, die nun Jahr für Jahr ihr Laub in den ökologischen Kreislauf einspeisen.

Nach gut einem Jahrzehnt ist eine 5 bis 15 Zentimeter starke Oberbodenschicht entstanden, darunter folgen übergangslos

Ziegelsteine, Mörtel, Glassplitter und rostendes Metall, Stoff für die Archäologen der Zukunft. Unter Umständen sind diese Flächen stark mit Schwermetallen belastet, mit Blei, Zink und Cadmium. Zur Nahrungsmittelproduktion sind sie vollkommen ungeeignet. Aufgrund des Ausgangsmaterials liegt ihr pH-Wert weit im alkalischen Bereich, also deutlich über dem der sauren Böden des Umlandes. Mitunter herrscht Stickstoffmangel, die Vegetation bleibt karg, sodass ein wenig Hundeurin Wunder wirkt und grüne Inseln aufsprießen lässt.[12]

Häufiger ist das Gegenteil der Fall. Die Böden sind mit Stickstoff und Nährstoffen überversorgt und werden von Pflanzen bewachsen, denen diese Bedingungen optimale Entfaltungsmöglichkeiten bieten, zum Beispiel von Brennnesseln und Kanadischer Goldrute.

Aus einer fast leblosen Masse Schutt hat sich eine trockene, aber dicht bewachsene und vielfältig belebte Brachfläche entwickelt, wie man sie in verschiedenen Ausprägungen und Entwicklungsstadien in jeder Stadt der Welt finden kann, ein neues Stück Stadtnatur. Derart verwilderte Baulücken waren in kriegszerstörten Städten bis weit in die 1960er-Jahre hinein ein prägender und vertrauter Anblick. Heute sind sie selten geworden. Für spontane Entwicklungen bleibt meist keine Zeit mehr, weil schnell saniert oder abgerissen und neu gebaut wird, eine Erfahrung, die auch den Wissenschaftlern des Instituts für Ökologie der TU Berlin nicht erspart blieb. Herbert Sukopp und seine Mitarbeiter hatten Berlin zu einem internationalen Mekka der Stadtökologie gemacht, wobei eine Brachfläche auf dem Dörnbergdreieck eine wichtige Rolle spielte. Zwölf Jahre intensiver Forschung hatten dieses Areal, so der ehemalige Berliner Umweltsenator Volker Hassemer, »zur floristisch, faunistisch und bodenkundlich bestuntersuchten Brachfläche schlechthin« gemacht. Dass es nicht gelang, sie zu erhalten und den Bau des Grandhotels Esplanade zu verhindern, bezeichnete er als »bittere Niederlage«.[13] Die seit Kriegsende gewachsene Spontanvegetation musste weichen. Bauland ist in teuren Innenstadtlagen Mangelware.

Auch auf anderen Ausgangsmaterialien, auf Müll, Schotter oder Klärschlamm, können sich ähnliche Entwicklungen abspielen, mit jeweils speziellen Eigenschaften und Problemen. Ganze Universitätsinstitute beschäftigen sich mit der Rekultivierung von Bergehalden und Müllkippen, um der Sukzession unter den jeweils herrschenden Bedingungen auf die Sprünge helfen zu können. Oft hat sich allerdings herausgestellt, dass es effektiver, nachhaltiger und vor allem billiger ist, wenn man die Stadtnatur einfach wachsen lässt. In Zeiten des Strukturwandels sind in vielen Ballungsräumen riesige Industrieareale frei geworden, deren Verwendung und Gestaltung Wissenschaft und Behörden vor kaum lösbare Aufgaben stellen. Nicht nur im Ruhrgebiet ist die auf diesen Flächen spontan gewachsene Vegetation nun unter dem Etikett Industriewald zum ökologisch und ökonomisch bedeutsamen Standortfaktor erklärt worden.

Neben diesen typisch urbanen Substraten, die die Fachleute technogen nennen, existieren in der Stadt auch ganz andere Böden, etwa in alten Parks, Friedhöfen und Gärten, die durch jahrelange Bearbeitung und Pflege extrem nährstoffreich sind. Sie wurden durch Sprengung feucht gehalten, Jahr für Jahr mit Kompost gedüngt und mit viel schweißtreibender Handarbeit tiefgründig gelockert. Verschiedenste Bodentypen bilden in der Stadt ein verwirrendes Mosaik, das auf Karten kaum in allen Einzelheiten darstellbar ist. Wenige Schritte, und wir stehen, ohne es zu merken, auf einem völlig anders zusammengesetzten Untergrund, der fast immer den Stempel unserer unermüdlichen Aktivität oder Zerstörungswut trägt. Dies ist *eine* Ursache für die in Städten zu beobachtende Vielfalt auf kleinstem Raum.

Mosaike und Gradienten

In seiner Ausgabe vom 19. März 1955 rief das *Hamburger Abendblatt* seine Leser zur Beteiligung an einem wissenschaftlichen Großversuch auf.[1] Die Idee war von der Agrarmeteorologischen Versuchs- und Beratungsstelle Hamburg ausgegangen, die sich mangels Geld und Personal außerstande sah, den Versuch in Eigenregie durchzuführen, und deshalb die Bevölkerung über eine Tageszeitung um Unterstützung bat. Es entstand ein Projekt, das heute unter der Überschrift *citizen science* laufen würde. Bei dieser »Bürgerwissenschaft« können interessierte Laien, die zum Teil besonders geschult werden, an wissenschaftlichen Forschungsprogrammen teilnehmen. Das Spektrum reicht von Vogelzählungen im eigenen Garten bis hin zur Suche nach interstellarem Staub und der Analyse von komplizierten Proteinfaltungen auf dem heimischen Computer.[2]

Um an dem Hamburger Projekt teilzunehmen, musste man im beginnenden Frühjahr nur mit offenen Augen durch die Gegend gehen und sich nach blühenden Forsythien umsehen. Es sollte der Zeitpunkt ermittelt werden, an dem an möglichst vielen verschiedenen Orten die schon damals beliebten Büsche den Frühling für gekommen sahen und zum ersten Mal zehn ihrer Blüten öffneten.

270 botanisierende Leser verhalfen dem »Unternehmen Forsythienblüte« zum Erfolg. Das Ergebnis war eine detaillierte Karte, die das *Abendblatt* am 7. Mai 1955 veröffentlichte.

Das Frühjahr begann ungewöhnlich kalt, deshalb wurden die ersten blühenden Forsythien erst am 16. April entdeckt. Sie wurzelten im dicht bebauten Zentrum der Hansestadt, in St. Pauli und Eimsbüttel, und an den Südhängen der Elbe. Die Spätzünder, vor allem am nördlichen Stadtrand und in den höher gelegenen Ortsteilen der Harburger Berge, öffneten ihre gelbe Blütenpracht am 1. Mai, ein Unterschied von zwei Wochen, obwohl zwischen diesen beiden Extremen nur wenige Kilometer lagen. Insgesamt ergab sich ein Muster von vier thermisch-klimatischen Zonen, die sich allerdings nicht in idealer Weise als annähernd konzentrische Kreise um das Stadtzentrum gruppierten. Vor allem zwei Einflussfaktoren störten das Muster: das kalte Wasser von Elbe und Alster und die kaum vernarbten Wunden des Krieges in Gestalt großer innerstädtischer Freiflächen. In einem Areal östlich der Außenalster kam beides zum Tragen. Hier hatte der Luftkrieg der Alliierten besonders schwere Verwüstungen angerichtet, und obwohl mitten in der Innenstadt gelegen und von Gebieten mit früh blühenden Forsythien umgeben, sorgten die ehemaligen Trümmerflächen und das kühle Seewasser für andere Temperaturbedingungen und damit einen späten Blühbeginn.

Ähnliche Karten ließen sich auch von anderen Pflanzenarten erstellen. So blühen die Magnolienbäume in der Innenstadt von Washington D. C. drei Wochen früher als ihre Verwandten in den grünen Vorstädten, ein Resultat der Wärmeinsel Großstadt.[3]

Aber das urbane Klima spiegelt sich nicht nur in einem früheren Blühbeginn. Verbreitungskarten mancher wärmeliebender Pflanzenarten, etwa des chinesischen Götterbaumes, zeigen eine eindeutige Präferenz für den Innenstadtbereich, in den kühleren Außenbezirken oder im Umland schlagen sie erst gar keine Wurzeln.[4] Bei anderen Arten ist die Verteilung genau umgekehrt.

Geografen der Berliner Humboldt-Universität haben 2002 an verschiedenen Orten in der Stadt und ihrer Umgebung sensorengespickte Blumentöpfe mit Keimlingen dreier Baumarten platziert und deren Entwicklung verfolgt. Gleich zu Beginn ihrer Untersuchung erwischten sie ein Jahr mit extremen Bedingungen. Der Winter 2002/2003 war für den zarten Baumnachwuchs zu kalt, sodass im Umland kaum ein Keimling das nächste Frühjahr erlebte (1,9 Prozent). Ganz anders in der Stadt: In der industriellen Randzone Berlins überlebten immerhin 14 Prozent der exponierten Pflanzen, im Stadtzentrum sogar ein knappes Drittel. Den Keimlingen des einheimischen Spitzahorns gelang die Überwinterung nur innerhalb der Stadtgrenzen. So wird die urbane Wärmeinsel für manche Tier- und Pflanzenarten zum rettenden Ufer.[5]

Phänomene wie diese machen deutlich, dass es *den* Lebensraum Stadt, *das* Stadtklima und *den* städtischen Boden nicht gibt. So wie sich der Untergrund aus unterschiedlichen Bodentypen zusammensetzt, stellt der Lebensraum Stadt auch überirdisch ein kompliziertes Mosaik aus verschiedenen Lebensräumen dar, die auf engstem Raum miteinander verwoben sind. Ein Vorgarten, eine Straße, verwildertes Bauland, ein begrüntes Dach, ein Platz mit Rasen und Blumenrabatten, ein betonierter Parkplatz, eine mit Wein bewachsene Hausfassade, ein Park mit altem Baumbestand, all das existiert auf engem Raum nebeneinander. Die Grenzen sind künstlich und daher ›unnatürlich‹ scharf. Karten, die die unterschiedliche Nutzung des Stadtgebietes in bunten Farben darstellen, sehen aus wie orientalische Flickenteppiche, aus dem nur Gebiete mit geschlossener Bebauung und große Parks herausfallen.

Diese kleinräumige Gliederung wird allerdings von einem Gradienten überlagert, da der urbane Charakter einer Stadt, je nach Sichtweise, von außen nach innen zu- oder von innen nach außen abnimmt. Seinen Ausdruck findet dieser Gradient etwa im unterschiedlichen Blühzeitpunkt der Forsythien. Je weiter man aus der Innenstadt Richtung Stadtgrenze fährt, desto lockerer wird die Bebauung. Spielplätze, Parks, Friedhöfe, Gärten, Brach- und Gewerbeflächen schieben sich zwischen die Gebäude, weiter draußen sogar Wälder und einzelne Naturschutzgebiete. Der Wärmearchipel der Stadt wird schwächer. Schließlich bestimmen Wiesen, Felder und Forste das Bild – und die Siedlungszentren sind der Speckgürtel, wo bereits der Boden für zukünftige Geländegewinne des gefräßigen Stadtkörpers bereitet wird.

Zum Stadtrand hin wächst nicht nur der Flächenanteil des städtischen Grüns, auch sein Charakter verändert sich. Die Parks und Grünanlagen der Innenstädte werden intensiv gepflegt. Nach allen Regeln der Kunst wird gewässert, gepflanzt, gejätet und gedüngt, ein immenser Aufwand an gärtnerischer Pflege, der aus ökonomischen und personellen Gründen nicht im ganzen Stadtgebiet zu leisten ist und zum Rand hin merklich nachlässt. Immer häufiger und auf immer größeren Flächen kommen auch spontan wachsende Pflanzen zum Zuge, die keine Bewässerung oder Dünger brauchen, angefangen mit kleinen verwilderten Ecken neben Häusern und Mauern über Brachland, Bahndämme, Waldreste bis hin zu Feuchtwiesen und Mooren.

Fährt man diesen Gradienten in umgekehrter Richtung ab, also vom Umland zum Stadtzentrum, und untersucht dabei die Vielfalt von Flora und Fauna, wird man für fast alle Tier- und Pflanzengruppen ähnliche Verläufe finden: Die Zahl der Arten fällt drastisch ab. Natürlich können mitten in der Stadt, etwa im New Yorker Central Park oder im Berliner Tiergarten, Zentren hoher biologischer Vielfalt existieren; sie sind aber isoliert und von riesigen Betonwüsteneien umgeben, in denen wilde Stadtnatur nur in Gestalt der Hausfauna und weniger, besonders anhänglicher Vertreter der urbanen Anthropozönose vertreten ist.

Ein Paradebeispiel für derartige Artenverteilungen stammt aus der polnischen Hauptstadt Warschau. In den 1980er-Jahren veröffentlicht das zoologische Institut der polnischen Akademie der Wissenschaften eine Serie von Aufsätzen, die zusammengenommen eine der umfassendsten zoologischen Bestandsaufnahmen darstellen, die je in den Grünflächen einer Großstadt durchgeführt wurden.[6] Dabei kamen nicht nur Tiergruppen wie Ameisen und Spinnen zu ihrem Recht, sondern auch so unbekannte Lebewesen wie Waffen- und Luchsfliegen, die selbst viele Zoologen nur aus Zeichnungen in Lehrbüchern kennen.

Für fast alle Tiergruppen ergab sich dasselbe Bild: Ob Webspinnen, Zikaden, Ameisen, Fliegen, Käfer oder viele andere, die Artenzahlen in den locker bebauten grünen Vorstädten lagen um ein Vielfaches über denen des Stadtzentrums. Parks nahmen in der Regel eine Mittelstellung ein. Ähnliche Verteilungen wurden in vielen anderen Städten gefunden und auch meine eigene Untersuchung der Straßenränder, die den Hintergrund für die einführenden »Abenteuer eines Großstadtökologen« bildete, kam zu demselben Ergebnis. Innenstädte, das eine Ende des Stadt-Land-Gradienten, mögen kulturelle und ökonomische Zentren sein, Zentren biologischer Vielfalt sind sie mit Sicherheit nicht.

Nun sind Artenzahlen ein recht grobes Raster, wenn es um die Charakterisierung von Lebensräumen geht. Die einzelnen

Arten einer Tiergruppe stellen unterschiedliche Ansprüche, haben unterschiedliche Vorlieben und fressen unterschiedliche Nahrung. Es gibt Standortspezialisten und andere, die nahezu überall zu finden sind; manche Arten sind Pflanzenfresser, andere Räuber, und unter diesen wiederum gibt es Allesfresser und wählerische Feinschmecker, die es auf eine ganz bestimmte Beute abgesehen haben bzw. nur an einer einzigen Pflanzenart fressen. Wenn man nur mit Artensummen operiert, fallen alle diese Informationen unter den Tisch. Durch akribische Untersuchungen ganzer Forschergenerationen ist die Biologie vieler Tier- und Pflanzenarten bekannt. Aus ihrem Vorkommen oder Fehlen in einem Untersuchungsgebiet kann man daher auf dessen Eigenschaften und Qualität schließen, ein in der Ökologie häufig angewendetes Verfahren, das man als Bioindikation bezeichnet.

Greifen wir ein Beispiel im Detail heraus, um zu verstehen, welche Aussagen Wissenschaftler mithilfe von Bioindikatoren gewinnen können. Fliegen sind in diesem Buch bislang eher unangenehm aufgefallen, daher ist ein wenig Wiedergutmachung angebracht. In Städten leben durchaus Fliegenfamilien, die, gäbe es nicht eine generelle Abneigung gegenüber jedwedem Kleingetier, bei den Menschen nur Pluspunkte sammeln müssten. Zum Beispiel die Schwebfliegen, lateinisch *Syrphidae*. Sie sehen hübsch aus, sind grandiose Flieger mit der nahezu einmaligen Fähigkeit, bei rasend schneller Flügelschlagfrequenz bewegungslos in der Luft zu verharren, und einige sind sogar überaus nützlich, weil ihre Larven sich von Blattläusen ernähren. Schwebfliegen sind in den Städten mit hohen Artenzahlen vertreten – eine wichtige Voraussetzung für ihre Verwendung als Bioindikatoren. In einem einzigen Park Amsterdams leben 46, in ganz Warschau 115 verschiedene Arten.[7]

Der im urbanen Gradienten zunehmende städtische Einfluss macht auch den Schwebfliegen zu schaffen. Ihre Artenvielfalt wird Richtung Zentrum immer geringer, innerhalb von Warschau lag ihr Maximum aber nicht in den Vorstädten, sondern in Parks; sogar in zentral gelegenen Grünflächen waren die Tiere noch in ansehnlicher Zahl vertreten. Dieser rein quantitativen Betrachtung folgt eine qualitative. Wie setzen sich diese Artengemeinschaften zusammen? Sind es dieselben Arten, die Innenstadt und Vorstädte bevölkern? Welche Anforderungen stellen diese Tiere an ihre Umwelt und was lässt sich daraus über die städtischen Lebensräume ablesen?

Schwebfliegen sind nicht nur artenreich, sondern zeigen auch sehr unterschiedliche Verbreitungsmuster und Lebensweisen, die vor allem ihre Larven betreffen. Die unterschiedlichen Ansprüche, die diese Tiere an ihre Umwelt stellen, bewirken, dass der zunehmende städtische Charakter sich nicht für alle Arten negativ auswirkt. Obwohl die Artenzahl insgesamt geringer wird, gibt es durchaus Gruppen von Schwebfliegen, die in Richtung Innenstadt zunehmen. Tiere, die nur an ganz bestimmten Standorten leben können, zum Beispiel auf Feuchtwiesen, im Gebirge, in Mooren oder natürlichen Wäldern, dominieren in ländlicher Umgebung, in Richtung Stadtzentrum spielen sie eine immer geringere Rolle. Stattdessen treten anspruchslose Arten in den Vordergrund, die überall auf ihre Kosten kommen. Im Umland sind sie gegenüber den Spezialisten nicht selten im Nachteil, in der Stadt übernehmen sie unangefochten das Kommando.

Regina Bankowska, die in Warschau für die Erforschung der Schwebfliegenfauna verantwortlich war, unterschied zwischen expansiven und rezessiven Arten. Expansiv nannte sie die Schwebfliegen, »die sich nicht aus ihren Lebensräumen zurückziehen, wenn diese von Menschen verändert werden, und die zusätzlich ihr Siedlungsareal vergrößern und an Zahl zunehmen.«[8] Sie sind die Profiteure der Umgestaltung, die Sieger unter ihresgleichen im Wettlauf um einen Platz in der Welt der Menschen. Ihre Anpassungsfähigkeit ist so groß, dass einige sogar auf den typischen einförmigen Plätzen der Innenstädte mit ihren Rasenflächen und Ziersträuchern existieren können. Ganz anders die rezessiven Arten. Auf die Eingriffe des Menschen reagieren diese Tiere mit Rückzug. Ihr Siedlungsgebiet schrumpft, ihre Zahlen gehen zurück, ihre Namen landen auf den Roten Listen gefährdeter Arten. Fast jede zweite Schwebfliegenart des Warschauer Umlandes gehört dazu, in Warschau selbst haben sie keine Chance.

Interessant ist die Einteilung der Arten nach der Art ihrer Nahrung, sie liefert eine Erklärung dafür, warum im Vergleich zu anderen Tiergruppen ungewöhnlich viele Schwebfliegenarten in städtischen Parks vorkommen. Entscheidend ist die Ernährungsweise der Larven, die erwachsenen Fliegen sind fast ohne Ausnahme Blütenbesucher.[9] Für Arten mit vegetarischen Larven gibt es in der Stadt offenbar wenig zu holen. Umso reichhaltiger ist der Tisch für die Räuber gedeckt, als Hauptgang werden massenhaft Blattläuse serviert. Diese Pflanzenparasiten sind in Städten sehr häufig, vielleicht, weil der Saft von Stadtpflanzen einen besonders hohen Stickstoffgehalt aufweist.[10] Viele Sträucher in städtischen Grünanlagen und Parks sind stark von Blattläusen befallen. So ist dort für beide Entwicklungsphasen der Schwebfliegen gesorgt: Die vielen Blumen und Ziersträucher der Parks bieten den blütenbesuchenden Fliegen reichlich Nahrung, und ihre Larven kümmern sich um die explodierenden Blattlauskolonien. Sie tun dies mit erbarmungsloser Gefräßigkeit. Die Larve der Gemeinen Parkschwebfliege, *Episyrphus balteatus*, gibt sich nicht mit einzelnen Blattläusen zufrieden. Sie schleimt die ganze Kolonie ein, fixiert sie so an der Pflanze und spießt dann ein Tier nach dem anderen auf. In einer Nacht kann sie mehr als zweihundert Läuse aussaugen.[11]

New York City, 2010

Großstädtischer geht es kaum. Am Broadway, auf dem West Side Highway und der Park Avenue wird man als staunender Besucher nach allem Möglichen Ausschau halten, aber bestimmt nicht nach Ameisen. Wissenschaftler der Columbia University haben es trotzdem getan und stießen auf den grünen Mittelstreifen dieser berühmten Boulevards auf insgesamt 14 verschiedene Ameisenarten, die meisten davon sind auch in anderen amerikanischen Städten anzutreffen. Sie fingen die Großstadtameisen mit in den Boden gesteckten Becherfallen, ebenso wie ich es auf den Berliner Mittelstreifen tat. Ob sie dabei auch ähnliche Erfahrungen mit Passanten gemacht haben, schreiben sie in ihrer Veröffentlichung nicht. Fast die Hälfte aller gefangenen Tiere entfielen auf die schon im frühen 18. Jahrhundert aus Europa eingeschleppte Gemeine Rasenameise, gefolgt von zwei einheimischen Arten. Eine davon ist in New York besonders häufig auf schmalen Mittelstreifen zu finden, wo nur wenige Bäume stehen. Sie nistet gerne unter Pflastersteinen, was ihr in den USA den Namen »Pavement Ant« eingetragen hat. Auf Störungen reagiert sie sehr aggressiv. Sorgen machen sich die Forscher wegen der zum ersten Mal in der City nachgewiesenen Asiatischen Nadelameisen. Im Südosten der Vereinigten Staaten ist diese eingeschleppte Art schon sehr häufig und wird als Bedrohung für die öffentliche Gesundheit eingestuft. Ihr Stich löst häufig anaphylaktische Schocks aus.[12]

Was wir hier im Detail am Beispiel der Schwebfliegen Warschaus betrachtet haben, lässt sich auf fast alle Tiergruppen der wilden Stadtnatur übertragen: Entlang eines urbanen Gradienten vom Umland zum Stadtzentrum wird zwar häufig in den grünen und locker bebauten Gartenstädten ein Maximum an Arten erreicht, auf dem weiteren Weg in die Innenstädte verarmt die Fauna jedoch zusehends. Die geringsten Artenzahlen werden in den weitgehend versiegelten Innenstädten gefunden. Dieser Verlust an Artenvielfalt geht vor allem auf Kosten der Spezialisten, die in naturnahen ländlichen Räumen die große Masse der Tier- und Pflanzenarten stellen. Übrig bleiben Arten mit weiter Verbreitung und großer ökologischer Amplitude.

Man kann diese Tiere als Allerweltsarten bezeichnen, auch in dem Sinne, dass viele von ihnen mittlerweile weltweit verbreitet sind. Man kann aber auch positiv denken und sich freuen, dass es Pflanzen- und Tierarten gibt, die sich sogar in den Innenstädten behaupten. Wer auf der Suche nach seltenen floristischen oder faunistischen Besonderheiten ist, wird in Innenstädten kaum fündig werden. Anders als unter den Menschen, bei denen die Anonymität der Großstadt auch Exzentrikern jeder Couleur eine Existenznische bietet, ist bei urbanen Pflanzen und Tieren vor allem Anspruchslosigkeit und Anpassung an den Mainstream gefragt.

Wenn Sie während unseres Streifzugs durch die Fauna der Häuser mitunter ungläubig die Stirn gerunzelt haben, weil Sie in Ihrer zweifellos makellos sauberen Wohnung seit Wochen keine Spinne oder Fliege mehr gesehen haben, dann liegt das vermutlich daran, dass Sie in einer dicht bebauten Innenstadt leben. Pauschale Äußerungen über die wilde Stadtnatur sind stets mit Vorsicht zu betrachten. Es handelt sich häufig um Durchschnitts- oder Extremwerte, die für einen konkreten

Standort wenig Aussagekraft haben. Liegt Ihr Wohnhaus in einem Gebiet mit geschlossener Blockbebauung, herrschen dort völlig andere Bedingungen als in direkter Nachbarschaft eines großen Parks, einer Kleingartensiedlung oder gar am Rande eines Stadtwaldes.

Viele euphorische Äußerungen über die biologische Vielfalt der Städte beruhen schlicht auf einem Etikettenschwindel, weil sie Gebiete miteinbeziehen, die zwar innerhalb der politischen Stadtgrenzen liegen, im Grunde aber keinerlei städtischen Charakter besitzen. Darüber, dass moderne versiegelte Innenstädte (abgesehen von großen Parks) äußerst artenarme Lebensräume darstellen, kann nicht der geringste Zweifel bestehen. Wir werden auf dieses Missverständnis noch zurückkommen.

6. Grüne Lungen und Plastik – Die urbane Vegetation

In den 1980er-Jahren kam es während der Jahrestagungen der deutschen wissenschaftlichen Gesellschaft für Ökologie (GfÖ) zu einem merkwürdigen Schauspiel. Nach zoologischen Vorträgen, etwa über das aufregende Leben von Springschwänzen und Hornmilben im Waldboden, erhob sich hin und wieder ein schlanker, weißhaariger älterer Herr, der von vielen Tagungsteilnehmern mit großem Respekt behandelt wurde. Ein Teil des Auditoriums zuckte dennoch zusammen. Er habe wie immer interessiert zugehört, sagte der Mann sinngemäß und konnte dabei eine gewisse Ungeduld nicht verbergen. Ihm sei klar, dass es viel mehr Tier- als Pflanzenarten gebe, doch welche Bedeutung den Tieren in Ökosystemen zukäme, habe er noch immer nicht verstanden. Was machen die Tiere denn nun?

Zoologen, die Derartiges befürchtet hatten, verdrehten die Augen, Nachwuchsforscher, die den alten Herrn noch nicht kannten, glaubten, sich verhört zu haben, einige Botaniker grinsten. Der Mann war Prof. Dr. Heinz Ellenberg, einer der bedeutendsten Vegetationskundler des letzten Jahrhunderts, Autor mehrerer Standardwerke und scheinbar kein großer Freund der Tierwelt. Die Ökologie soll gleichberechtigt alle Organismen eines Lebensraums betrachten. Doch manche sind eben gleicher als andere, zumal in den Augen eines Botanikers. Nur Pflanzen können quasi aus nichts, aus Luft und Wasser, organische Substanz aufbauen.

Stellt sich die Frage nach der ökologischen Rolle der Tiere überhaupt? Viele Menschen, und die Zoologen an erster Stelle, sind froh, dass sie existieren, aber natürlich lösen sie damit das von Ellenberg angesprochene Problem nicht. Auf dem Planeten Erde mischen Tiere überall mit, man kann sich jedoch ohne Weiteres Ökosysteme vorstellen, in denen es keine Tiere gibt, bestehend nur aus Produzenten, den Pflanzen, und Destruenten, namentlich Pilze und Bakterien, die totes organisches Material in pflanzenverwertbare anorganische Nährstoffe verwandeln und damit den Kreislauf wieder schließen. So gesehen wären Tiere verzichtbar. Als Nutznießer und Mit-Esser haben sie sich zwischen Pflanzen und Destruenten geschoben, schöpfen die pflanzliche Überproduktion ab, fressen sich gegenseitig und machen sich im Sinne des Großen und Ganzen bestenfalls dadurch nützlich, dass sie den Destruenten durch Zerkleinerung und Durchmischung ein wenig die Arbeit erleichtern. Ein solches Ökosystem ohne Tiere sähe anders aus als die Systeme, die wir kennen – es gäbe zum Beispiel keine auffälligen Blüten, die ja dazu dienen, tierische Bestäuber anzulocken –, aber es würde wohl funktionieren, und friedlicher ginge es auf der Welt dann auch zu.

Zumal die Menschen ohnehin nicht gut auf sie zu sprechen sind, könnte zweifellos auch die Stadtnatur auf einen Großteil ihrer Tiere verzichten. Hätten wir die Macht dazu, wir würden die Fauna der Häuser ersatzlos streichen und nicht das Geringste vermissen. Versucht haben wir das schon lange, ohne Erfolg. Übrigens verfahren auch viele Bücher über Stadtnatur nach diesem Prinzip. Alles, was nicht gefällt und potenzielle Leser abschrecken könnte, weil es den Menschen zu nahe kommt und mehr als zwei oder vier Beine hat, wird weggelassen. Als sei die Stadt ein einziges Blütenmeer, als bestünde sie nur aus Vögeln, Füchsen und den lästigen, aber irgendwie putzigen Waschbären.

Außerhalb unserer Häuser würde uns die Entscheidung, wer bleiben dürfte und wer nicht, sicherlich schwererfallen. Ohne Tiere wäre es stiller und leerer in unseren Städten. Doch seien wir ehrlich: Würde man über Nacht alle Tiere entfernen, bräche für urbane Vogelfreunde und Käfersammler zwar eine Welt zusammen, die meisten von uns, die wir in unserer täglichen Tretmühle aus Arbeit, Einkauf, Medienkonsum und Familienleben stecken, würden es kaum bemerken.

Eine Stadt ohne Pflanzen ist dagegen undenkbar, nicht nur, weil sie die Grundlage jeder Nahrungskette bilden. Ein öder, kahler Ort wäre das. Schon ein flüchtiger Blick aus dem Fenster würde uns warnen, dass etwas nicht stimmt.

Von ästhetischen und psychosozialen Gesichtspunkten einmal abgesehen, würden wir vor allem ihre wohltätige Wirkung auf das Stadtklima vermissen. Ein Messwagen, der im März 1978 durch den Großen Tiergarten in Berlin fuhr, stellte zwischen dem Parkinneren und den dicht bebauten Zonen der Umgebung Temperaturunterschiede von bis zu sieben Grad fest. Geht dazu noch ein leichter Wind, wird diese frische, mit Parkgerüchen und Feuchtigkeit angereicherte Kaltluft ein bis zwei Kilometer weit über die Wohnblocks der Umgebung geweht, bei kleineren Grünflächen sind es immerhin noch einige Hundert Meter, ein Segen für Tausende von Menschen, die im Umkreis leben, vor allem an heißen und stickigen Sommertagen. Große Parkanlagen, zumal wenn sie in der Innenstadt und damit mitten in der urbanen Hitzeinsel liegen, haben daher »eine nicht zu unterschätzende bioklimatische Bedeutung«. Leider gibt es auch eine Schattenseite. Bei austauscharmen Wetterlagen stabilisiert die Kaltluft die bodennahe Atmosphäre, sodass ausgerechnet das Innere dieser großstädtischen grünen Lungen besonders immissionsgefährdet ist. »Gerade in den Wintermonaten ist bereits in den frühen Nachmittagsstunden durch den dann vorherrschenden Spitzenverkehr mit einer hohen Luftbelastung zu rechnen«, warnen Experten.[1]

Trotzdem, Pflanzen tun der Stadt gut, und ob in Parks, Vorgärten oder an Straßenrändern, jeder einzelne Baum, jeder Strauch spendet Schatten, bindet Staub, verdunstet Wasser und schafft so ein günstigeres Mikroklima. Den Tieren bieten sie Rückzugsmöglichkeiten, Verstecke, Nistplätze und Nahrung.

Berlin, 1982

Botaniker haben in Berlin 47 Prozent aller Farn- und Blütenpflanzen Deutschlands gefunden. Diese Zahl wird von manchen Tiergruppen aber noch deutlich übertroffen. Auf dem Gebiet der Hauptstadt leben 59 Prozent aller deutschen Säugetier-, 57 Prozent aller Vogel-, 63 Prozent aller Amphibien-, 61 Prozent der Springschrecken-, 54 Prozent aller Schmetterlings- und sogar 77 Prozent aller Libellenarten. Am schlechtesten steht Berlin bei Muscheln (12 Prozent) und Schnecken (26 Prozent) da. Die Zahlen stammen zwar schon aus den 1980er-Jahren, an den Größenordnungen dürfte sich aber wenig geändert haben.[2]

Verglichen mit der Situation draußen im weiten Land erreichen gerade die Gehölzpflanzen in europäischen Städten einen außergewöhnlichen Artenreichtum. In einem durchschnittlichen Forst, der vor allem Holz liefern soll, wachsen heute vier oder fünf Baumarten, nicht selten sind es weniger. Ein natürlicher Wald bringt es auf zehn bis zwanzig Arten, etwa die Hälfte des mitteleuropäischen Gesamtbestandes. In Städten kann man ein Vielfaches davon bewundern. Bezieht man Zuchtformen mit ein, dürften in den urbanen Böden Mitteleuropas an die 800 Baumarten gedeihen.[3]

Betrachtet man nicht nur die Gehölze, sondern alle höheren Pflanzen, so sind für Großstädte Zahlen von mehr als 1.000 wild wachsenden Arten keine Seltenheit. In Metropolen wie Beijing oder New York City können es mehr als 2.000 sein.[4] In Berlin wächst fast die Hälfte aller Farn- und Blütenpflanzen Deutschlands, vom kaum fingerlangen Gras bis zum 30 Meter hohen Baumriesen.

Generell steigt die Zahl der Pflanzenarten in Städten mit deren Größe und Einwohnerzahl – zwei Parameter, die natürlich miteinander verknüpft sind. Mehr Fläche, das bedeutet nicht nur mehr Einwohner, sondern auch weitere Steine im bunten Biotopmosaik der Stadt, neue Facetten in ihrem Angebot an Lebensräumen und damit mehr Pflanzenarten. Und mehr Einwohner heißt mehr Menschen, die reisen oder pendeln, mehr Menschen, die Gärten und Balkonkästen bepflanzen, mehr Warentransporte, mehr Straßen, Flüge, Eisenbahnen und Schiffe. Das sind Wege, auf denen neue Pflanzen in die Städte gelangen, aus der Umgebung und weit entfernten Ländern.

Obwohl Pflanzen sich nicht aktiv bewegen, haben Botaniker in Städten weltweit dramatische Veränderungen der Vegetation registriert. Die Artenzahl blieb in den letzten ein- bis zweihundert Jahren zwar in etwa konstant, doch 30 bis 40 Prozent der urbanen Flora Zentraleuropas verschwand und wurde durch neue Arten ersetzt – in New York City sogar 55 Prozent.[5]

Bei uns werden diese neuen Gewächse »Neophyten« genannt – Pflanzen aus der ganzen Welt, die nach der Entdeckung Amerikas durch Kolumbus im Jahr 1492 nach Mitteleuropa gelangten und sich hier über längere Zeiträume vermehrt und etabliert haben. Archäophyten, darunter viele Kulturpflanzen, kamen dagegen schon vor 1492. In anderen Gegenden der Welt gebraucht man andere Begrifflichkeiten. Hier heißen die neuen Pflanzen oft schlicht »alien plants«.

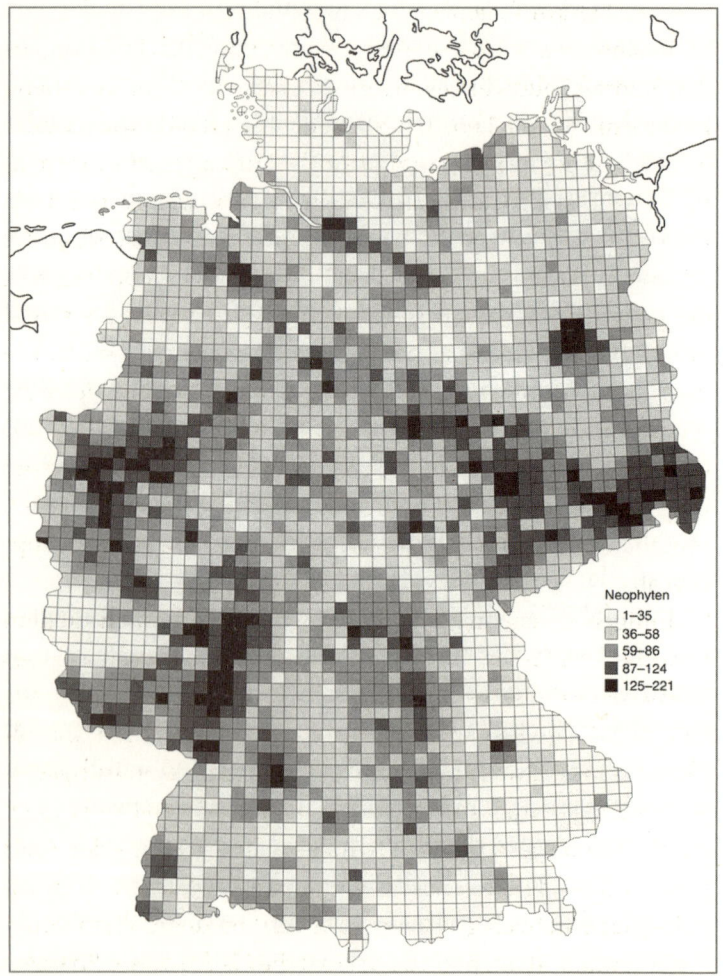

Die Zahl neophytischer Pflanzenarten pro Messtischblatt in Deutschland

Zuerst kamen Pflanzen aus benachbarten Regionen nach Mitteleuropa, dann, im 18. und 19. Jahrhundert, aus Zentralasien und Nordamerika. Schließlich wurde das Artenreservoir Ostasiens entdeckt, das im späten 19. und 20. Jahrhundert alle anderen Herkunftsgebiete weit hinter sich ließ.

Es sind vor allem diese Fernreisenden unter den Pflanzen, die den Städten heute ihr besonderes floristisches Gepräge geben.[6] In keinem anderen Lebensraum ist der Anteil wild wachsender gebietsfremder Pflanzenarten so hoch. Auf Karten, die ihre heutige Verteilung auf die Landesfläche zeigen, verraten dunkle Quadrate gleichzeitig die Positionen der Städte. Dort liegen die Knotenpunkte des weltweiten Waren- und Personenverkehrs, der absichtlich oder unabsichtlich fremde Pflanzenarten ins Land bringt. Aufgrund der besonderen Bedingungen, die in Städten herrschen, können sie dauerhaft Wurzeln schlagen, hier werden sie »invasiv« und beginnen sich auszubreiten, und hier sind bis auf den heutigen Tag viele von ihnen auch geblieben. In der Umgebung, sogar in den naturnah gebliebenen Lebensräumen innerhalb der Städte wie den Wäldern, fällt ihre Zahl sprunghaft ab.

Einigen invasiven Pflanzen gelingt es jedoch, auch auf dem Land Fuß zu fassen, und wieder spielen die Aktivitäten des Menschen dabei eine entscheidende Rolle. Fließgewässer, Kanäle und die in die Landschaft geschnittenen Straßen und Eisenbahntrassen waren und sind bevorzugte Ausbreitungswege. Untersucht man städtische Autotunnel, deren Fahrbahnen durch Wände getrennt sind, finden sich an den aus der Stadt hinausführenden Straßen wesentlich mehr Samen, die auch von einer erheblich größeren Zahl verschiedener Pflanzenarten stammen, als stadteinwärts. Fast die Hälfte dieser Pflanzen ist neophytisch.[7] Beginnen sie, außerhalb der Städte einheimische Lebensgemeinschaften zu verändern, sind sie vielerorts alles andere als gern gesehen.[8]

Die italienische Hauptstadt Rom weist trotz ihrer jahrtausendealten Geschichte mit nur 18 Prozent[9] einen erstaunlich geringen Anteil fremder Pflanzen auf, in den meisten europäischen Städten liegt er wesentlich höher. Der tschechische Botaniker Petr Pysek ermittelte für alle fremden Pflanzen zusammen einen durchschnittlichen Artenanteil von 40 Prozent, in den Innenstädten, wo Neophyten besonders zahlreich vertreten sind, kann dieser Wert 50 Prozent und mehr erreichen.[10] Neozoen, ihre tierischen Pendants, haben bei Weitem nicht diese Bedeutung, die Tendenz zeigt aber auch bei den neuen Tierarten nach oben.

Anteil neophytischer und archäophytischer Pflanzenarten sowie Gesamtartenzahl in Städten:[11]

		Neo- u. Archäo- phyten	Gesamt- arten- zahl
Rom	Italien	18 %	—
Poznan	Polen	22 %	900
Warschau	Polen	31 %	1.109
Frankfurt a. M.	Deutschland	37 %	1.107
Berlin	Deutschland	46 %	2.179
Wien	Österreich	51 %	1.476
Bochum	Deutschland	55 %	461
Brünn	Tschechien	56 %	764
Adelaide	Australien	37 %	1.664
Christchurch	Neuseeland	85 %	317

Viel dramatischer stellt sich die Situation außerhalb Europas dar, wie die Zahlen aus Christchurch, Neuseeland, zeigen. Das australische Adelaide hat seit Beginn des 19. Jahrhunderts etwa 130 einheimische Pflanzenarten verloren – und über 600 fremde hinzugewonnen.[12]

Von den natürlichen Pflanzengesellschaften, die das Gebiet einer Stadt vor deren Gründung besiedelten, ist heute nicht mehr viel übrig geblieben, weder in Adelaide noch anderswo. In Berlin wurden Moore ausgebaggert und in Seen umgewandelt, an den Ufern entstanden Villen. Die flussbegleitenden Auwälder erlebten großflächige Aufschüttungen, etwa im gesamten unteren Berliner Spreetal, und wurden zu Standorten der Großindustrie mit direktem Zugang zum Wasser. Auf den lehmigen Hochebenen des Urstromtals, wo früher die alten Eichen-Hainbuchen-Wälder wuchsen, lagen später viele Dörfer mit ihren Ackerflächen, bis sie während der Expansion der Stadt im 19. und 20. Jahrhundert fast vollständig überbaut wurden. Nur Teile der in sandigen Böden wurzelnden Kiefern-Eichen-Wälder sind erhalten geblieben.[13]

Entsprechend düster sieht die Situation vieler einheimischer Pflanzenarten aus, die noch in den letzten 200 Jahren im Berliner Raum nachgewiesen wurden. Die Hälfte von ihnen ist verschwunden, verschollen oder gefährdet. Obwohl die meisten neophytischen Pflanzen selten sind und nur unbeständig auftreten, geht es ihnen deutlich besser. Nicht einmal jede zehnte Art gilt als bedroht.[14] In jeder größeren Stadt dürfte sich eine ähnliche Entwicklung abgespielt haben.

Dort, wo keine Häuser und Straßen gebaut wurden und der Vegetation Raum und Zeit zur freien Entfaltung blieb, haben sich anstelle der alten neue, zum Teil typisch urbane Pflanzengesellschaften entwickelt. Josef Reichholf spricht von der Stadt als einem »exotischen Garten«, nennt sie »einen ›Mischwald‹, wie es ihn in dieser Mischung und Vielfalt nirgends gibt.«[15]

Da sie in Städten von chemischen Pflanzenschutzmitteln und der großflächigen Überdüngung der Landschaft weitgehend verschont bleiben, haben sich hier Pflanzenarten halten können, die ›draußen‹ kaum noch Chancen haben. Viele sind wärmebedürftig und auf nährstoffarme, trockene Böden angewiesen. Nicht nur die Zahl der Neophyten ist in Städten deutlich höher als im Umland, es gibt hier auch mehr einheimische Pflanzenarten. Beide sind positiv miteinander korreliert, wie die Wissenschaftler sagen. Wo sich für die einen neue Lebensräume auftun, gefällt es auch den anderen. Es verbietet sich daher, pauschal von einem Verdrängungswettbewerb auf breiter Front zu sprechen, der ausschließlich zu Lasten der einheimischen Pflanzen auszugehen droht.[16]

Wie im letzten Kapitel geschildert, entwickelte sich auf innerstädtischen Freiflächen, besonders auf altem Bahngelände, oft über Jahrzehnte ungestört, eine artenreiche Ruderalvegetation mit vielen lokalen Vorkommen seltener Pflanzen. Der lateinische Wortstamm *rudus*, Schutt oder Ruine, weist auf die Beschaffenheit des Untergrundes hin, dem diese wilden urbanen Biotope ihre speziellen Eigenschaften verdanken. Unter den Erstbesiedlern dominieren zwar die Neophyten; lässt man jedoch der Entwicklung, der Sukzession, auf Brachflächen, Müllkippen, Deponien und Halden freien Lauf, werden die fremden Pioniere schon bald von einheimischen Arten abgelöst, ohne jedoch ganz zu verschwinden.[17]

Diese Flächen, auf denen schon nach wenigen Jahren die ersten Büsche und Bäume wachsen, waren nicht nur für Pflanzen und Tiere attraktiv. Den Großstadtkindern der 1950er- und 1960er-Jahre dienten sie als Abenteuerspielplätze, denen auch wegen der vielfach noch vorhandenen Gebäudereste etwas Unheimliches anhaftete. Das waren Erfahrungen, die heutige Kinder, wenn überhaupt, nur in den Ferien und weit außerhalb der Städte machen können. Nie werde ich vergessen, wie ich mit meinen Freunden auf einem großen (und verbotenen, weil nicht ungefährlichen) Gelände am Kaiserdamm zwischen Mauerresten und Gestrüpp auf Zähne und ausgeblichene Schädelknochen irgendeines großen Tieres stieß. Wir ergingen uns in wilden Spekulationen, was sich hier abgespielt haben könnte. Heute werden an dieser Stelle die Radio- und Fernsehsendungen des RBB produziert.

Doch Stadtmenschen brauchen Bauland, benötigen Auslaufgebiete für ihre Hunde und Platz für ihre ausrangierten Autos und schön fanden die Erwachsenen solche ungepflegten Flächen noch nie. So verschwinden diese spezifisch urbanen Standorte mehr und mehr aus dem Stadtbild. Viele der dort wachsenden Pflanzen, auch viele seltene Neophyten, finden sich nun auf den Roten Listen wieder.

Angesichts der Tatsache, dass die urbanen Pflanzenarten aus den verschiedensten Lebensräumen und Gegenden dieser Welt stammen, ist es erstaunlich, dass die Entwicklung nicht in einem wahllos zusammengesetzten Pflanzenchaos endete, sondern je nach Standort zu wiedererkennbaren und regelmäßig wiederkehrenden Gemeinschaften führte. Es gibt die Mäusegersten-Gesellschaft, die Gesellschaft des Niedrigen Vogelknöterichs, unter die sich mitunter das Kleine Liebesgras mischt, den Weidelgras-Breitwegerich-Rasen und viele andere mehr. Trotz ihrer klangvollen Namen sind die drei genannten Pflanzenformationen für einen gewöhnlichen und in Städten sehr häufigen Standort typisch, der den meisten Menschen nicht einmal einen flüchtigen Seitenblick wert ist: die bereits erwähnten Straßenränder. Die Mastkraut-Silbermoos-Gesellschaft wird von unzähligen Großstädtern tagtäglich mit Füßen getreten, aber nie wirklich zur Kenntnis genommen. Ihre überaus genügsamen Vertreter geben sich mit den winzigen Ritzen zwischen den Pflastersteinen der Gehwege zufrieden. Ganz anders sind die Bedingungen in Hinterhöfen. Hier wachsen alte Rosskastanien sowie Spitz- und Berg-Ahorn, seltener Ulmen und Linden mit dem dazugehörigen Unterwuchs. Feucht, schattig, kühl und reichlich mit Nährstoffen versorgt haben diese Standorte innerhalb der Kunstfelsmassive der Stadt den »Charakter eines Schluchtwaldes« angenommen.[18]

Lange wurde die Flora der urbanen Schmuddelecken von den Botanikern links liegen gelassen. Dass man sogar an solchen Standorten bedeutende Entdeckungen machen kann, zeigt jedoch der Fall des Hundszahngrases, *Cynodon dactylon*. In den Südstaaten der USA bildet diese Pflanze die Grundlage der Weidewirtschaft. Die Kreuzung mit einer winterharten Form, die ausgerechnet an Berliner Straßenrändern gefunden wurde, hat zu einer neuen kältetoleranten Hundszahngrassorte geführt, die auch viel weiter nördlich angebaut werden kann.[19] Denken Sie daran, wenn Sie das nächste Mal achtlos auf ein unscheinbares Pflänzchen treten. Vielleicht ist es die Lösung des Welternährungsproblems. Ein wenig mehr Respekt wäre jedenfalls angemessen.

Göttingen, 1998

Fließgewässer sind besonders effektive Ausbreitungswege, weil sie »pflanzliche Verbreitungseinheiten«, zum Beispiel Samen, weit in die Umgebung transportieren können. So wuchsen entlang der Auschnippe, eines Bachs im Landkreis Göttingen, Massenvorkommen der Herkulesstaude, die sich zum Teil über mehrere Hektar erstreckten. Vom Bachlauf drang die Pflanze bis zu 110 Meter weit in Wiesen und Weiden vor. Herkulesstauden, *Heracleum mantegazzianum*, stammen aus dem westlichen Kaukasus und wurden in Mitteleuropa vor allem als ergiebige Bienenweide ausgepflanzt. Bei Sonneneinstrahlung kann ihr Pflanzensaft auf der Haut schwere Verbrennungen verursachen. Eingehende Untersuchungen ergaben, dass die Vorkommen an der Auschnippe wahrscheinlich auf eine einzige Gartenpflanze zurückzuführen sind, die 1982 etwa zwei Kilometer bachaufwärts im Ortszentrum von Dransfeld gepflanzt wurde. Herkulesstauden können bis zu drei Meter hoch werden und mehr als 46.000 Früchte produzieren.[20]

Bei all diesen Betrachtungen haben wir einen entscheidenden Aspekt der urbanen Vegetation außer Acht gelassen. Botaniker kümmern sich nun einmal um wild wachsende Pflanzen und nicht um das Angebot der riesigen Gartencenter und die Vorlieben und das Kaufverhalten von deren Kunden. Alles, was bisher gesagt wurde, bezieht sich daher nur auf wild und spontan wachsende Pflanzen und berücksichtigt nicht, dass in Städten unzählige Gewächse von Menschenhand gepflanzt werden, um sie dann zu hegen und zu pflegen. Gemessen an der Fläche, die sie einnehmen, stellen Einzel- und Reihenhäuser mit den dazugehörigen Ziergärten nach den Wäldern den zweitwichtigsten Biotoptyp Berlins, und weder in der deutschen Kapitale noch in irgendeiner anderen Stadt haben Botaniker je gezählt und erfasst, welche zumeist attraktiv blühenden und häufig wechselnden Pflanzen hier zu finden sind. »Wer interessiert sich schon für all die ›fremden Arten‹ in den Gärten, deren Namen selbst die Besitzer kaum kennen?«, fragt Josef Reichholf. Er schätzt, dass »wahrscheinlich jede Großstadt an Pflanzenarten die gesamte wild wachsende und (weitgehend) einheimische Flora Deutschlands mit ihren rund 3.000 Arten übertrifft.« Allein in Berlin dürften es mindestens doppelt so viele sein.[21]

Eine Untersuchung des Senkenberg Forschungsinstituts in Frankfurt a. M.[22] hat gerade wieder bestätigt, dass genau diese unermüdliche Tätigkeit der urbanen Gärtner die wichtigste Quelle für die nun wild in der Stadt wachsenden Neophyten gewesen ist, denn in der Regel stammen Gartenpflanzen nicht aus dem vergleichsweise kleinen einheimischen Artenangebot. Ein Drittel der grünen Neufrankfurter wurden einst als exotische Zierpflanzen in Beeten herangezogen, 18 Prozent stammen aus Baum- und Strauchpflanzungen, die Straßen, Grünanlagen und Gärten verschönern sollten.

Nun ist es nicht die Aufgabe der Ökologie, exorbitant hohe Artenzahlen zu bejubeln, sondern Zusammenhänge zu betrachten. Angesicht der immensen Verbreitung von fremden Pflanzen gerade in Städten muss sie fragen, welche Folgen das hat. Für andere urbane Lebewesen haben Pflanzen weit existenziellere Bedeutung als für uns, die wir damit nur unsere Gärten verschönern und das Stadtklima verbessern. Sorry, lieber Professor Ellenberg, aber aus Sicht großer Teile der Tierwelt sind Pflanzen vor allem Nahrung, und gerade diese zum Teil hoch spezialisierten Pflanzenfresser könnten den »exotischen Garten« Stadt, so bunt und üppig er sein mag, als karges Ödland erleben.

Dass die städtische Fauna im Gegensatz zu den Wissenschaftlern durchaus von den neuen Gartenpflanzen Notiz nimmt, zeigen die vielen Bienen, Schwebfliegen und Schmetterlinge, die ihre Blüten besuchen. Als Ergänzung zur lokalen Kost wissen sie das üppige exotische Nektarangebot zu schätzen, so wie die Menschen sich heute Mangos, Papayas und Ananas schmecken lassen, ohne den guten alten Apfel, übrigens ein Archäophyt, zu vergessen.

Was den Nektarfressern schmeckt, kann für andere Tierarten jedoch zum Problem werden. Durch britische Untersuchungen[23] weiß die Wissenschaft schon seit den 1980er-Jahren, dass die Zahl der Insektenarten, die an fremden Baumarten leben, erheblich geringer ist als die an einheimischen. Da Insekten wiederum die Nahrungsgrundlage vieler Vogelarten sind, könnten die vielen fremdländischen Pflanzen zu einem kaskadenartigen Effekt durch die Nahrungsketten führen, mit katastrophalen Folgen.

Neue Untersuchungen einer US-amerikanischen Forschergruppe um Douglas Tallamy von der University of Delaware scheinen diese Befürchtungen in dramatischer Weise zu bestätigen.[24] Tallamy und seine Kollegen interessierten sich für das Fressverhalten von vier Schmetterlingsarten aus vier verschiedenen Familien. Diese Falter sind nicht als mäkelige Esser bekannt, im Gegenteil. Ausgewählt wurden Generalisten, die ein ausgesprochen breites Nahrungsspektrum haben und sich an Dutzenden von nordamerikanischen Pflanzenarten entwickeln können. Aber schmeckt ihnen auch das fremde Grün? Die Forscher boten den Raupen diverse einheimische und fremde Pflanzen zum Fraß an, die alle im Verbreitungsgebiet der Falter vorkommen. Erreichte die erste Raupe das fünfte Larvenstadium, wurde der Versuch abgebrochen und alle überlebenden Tiere wurden gewogen.

Das Ergebnis war niederschmetternd und ließ an Deutlichkeit nichts zu wünschen übrig: Alle Raupen der ersten Schmetterlingsart starben an 10 von 20 fremden Pflanzen, die zweite Art starb an 13 von 16, die dritte an 13 von 15 getesteten Pflanzenarten. Auch wer trotz ungewohnter Kost überlebte, zählte nicht gerade zu den Prachtexemplaren. Die Raupen der vierten Schmetterlingsart konnten zwar an 18 von 20 fremden Pflanzenarten überleben, futterten sich mit dieser Nahrung aber nicht einmal die Hälfte der Biomasse an, die sie mithilfe einer heimischen Wirtspflanze erreicht hätten. Die größte Larve, die an einer fremden Pflanzenart herangezogen wurde, hatte nur 83 Prozent der Masse, die von der kleinsten, mit einer einheimischen Wirtspflanze aufgezogenen Larve auf die Waage gebracht wurde. Entsprechend pessimistisch fiel das Fazit der Forscher aus: »Es ist unwahrscheinlich, dass fremde Pflanzenarten so viel Biomasse unspezialisierter Insekten hervorbringen wie die einheimischen Pflanzen, die sie ersetzen.« Dies stütze die Hypothese, »dass fremde invasive Pflanzen die terrestrischen Nahrungsnetze ernsthaft stören, indem sie die Insektenbiomasse, die von Insektenfressern höherer trophischer Ebenen benötigt wird, reduzieren.«[25]

Auch wenn einheimische Insekten sich mit den Jahrzehnten an exotische Pflanzennahrung zu gewöhnen scheinen – an fremdländischen Gehölzen ist ihre Artenzahl umso höher, je häufiger und je länger diese im Land sind[26] –, hätten Doug Tallamy und seine Kollegen recht, wäre das für alle Tiere, die in Städten (und außerhalb) auf Insektennahrung angewiesen sind, keine gute Nachricht. In den Gärten ist es überall schön bunt und grün, aber, so Tallamy gegenüber der *New York Times*, »für einheimische Insekten und Vögel ist es eine Ödnis. […] Es ist, als ob (diese Pflanzen) aus Plastik wären. Sie tun niemandem weh, aber sie nehmen den Raum anderen weg, die produktiv sein könnten.«[27] Warum brechen die Nahrungsnetze nicht zusammen? Sind die zu befürchtenden Effekte nur deshalb noch nicht zu sehen, weil viele Neophyten erst seit relativ kurzer Zeit so verbreitet sind? Oder sehen wir die Auswirkungen schon (siehe Kapitel 7), bringen sie aber mit den falschen Ursachen in Verbindung?

Glücklicherweise – warum sollte es die Natur den Forschern leicht machen? – gibt es auch Hinweise, die in eine andere Richtung deuten. Doug Tallamys Ergebnisse, vor allem sein Buch *Bringing Nature Home* und sein eindringlicher Appell, einheimische Gartenpflanzen zu verwenden, haben in den USA rege Diskussionen ausgelöst. Sie bestätigen die häufig geäußerte Vermutung, dass Insekten nur die Arten verwerten können, mit denen sie eine lange evolutionäre Geschichte verbindet. Pflanzen nehmen den Substanzverlust durch Insektenfraß ja nicht einfach hin. Sie wehren sich. Die Evolution wappnet sie zum Beispiel mit einer dicken Cuticula, damit Insekten sich an ihnen die Zähne ausbeißen, und sie stattet sie vor allem mit einem Cocktail unbekömmlicher und widerlich schmeckender Inhaltsstoffe aus, die den Krabbeltieren auf den Magen schlagen sollen. Diese wiederum müssen lernen, die Abwehr zu umgehen.

Fremde Pflanzenarten und die jeweils einheimischen Insekten verbindet keine solche Koevolution. Die Pflanzen hatten bisher keinen Anlass, sich gegen Insekten zur Wehr zu setzen, mit denen sie noch nie konfrontiert wurden, und die Insekten keine Gelegenheit, das Abwehrbollwerk dieser neuen Pflanzen zu knacken. Manchmal fällt ihnen das leicht, denn die Verteidigungsmaßnahmen der Pflanzen richten sich ja gegen ganz andere Angreifer und bleiben bei ihnen zufällig wirkungslos. Dass dieser Fall sehr häufig eintritt, hat eine Analyse von über 60 Freilandstudien mit mehr als 100 exotischen Pflanzenarten erbracht, die von Wissenschaftlern der Cornell University und des Georgia Institute of Technology durchgeführt wurde.[28] Danach nahmen sich einheimische Insektenarten in vielen Fällen durchaus erfolgreich der fremden Pflanzen an. Sie fraßen nach Herzenslust, hielten die Pflanzen wirksam in Schach und standen damit selbst in großer Zahl als Nahrung für Insektenfresser zur Verfügung.

Manche verschmähen also die neuen Pflanzen, andere nicht. Man kann nur hoffen, dass letztere sich als zahlreicher und effektiver erweisen werden, damit der von Douglas Tallamy befürchtete Kollaps der Nahrungsnetze sich in Grenzen hält oder nie eintritt. In jedem Fall ist davon auszugehen, dass das großflächige, von Menschen verursachte und geförderte Pflanzendurcheinander in den Städten nicht ohne Folgen für Zusammensetzung und Biomasse der einheimischen Fauna bleiben kann, ob in Nordamerika oder in Europa. Auf die Forscher wartet noch viel Arbeit.

7. Sänger, Piepmätze und Luftratten – Die Vögel

Vor achtundvierzig Stunden war es noch klirrend kalt, heute liegt endlich eine Ahnung des kommenden Frühlings in der Luft. Ein trüber, milder Tag Anfang Februar. Ich öffne das Fenster zum Hinterhof: Kirchenglockengeläut, ferner Straßenlärm, hin und wieder piepst eine Kohlmeise, dann Kräh-Rufe und plötzlich das laute Stakkato einer Elster. Krähen und Elstern sind nahe Verwandte, aber vielmehr als die Stammesgeschichte scheint sie eine herzliche gegenseitige Abneigung zu verbinden, wobei die Elstern bei direkter Konkurrenz meist den Kürzeren ziehen. Spatzen scheint es im Hinterhof keine zu geben, oder sie halten den Schnabel, was unter den herrschenden Bedingungen allerdings unwahrscheinlich ist. Die warme Luft hat sie in Hochzeitsstimmung versetzt. Auf den Straßen ringsum ist ihr Tschilpen so allgegenwärtig, dass man es kaum noch wahrnimmt. Gestern habe ich im Gebüsch eines nahe gelegenen Platzes beobachtet, wie ein Weibchen gleich von drei heftig werbenden Männchen bedrängt wurde. Es jagte alle drei davon.

Zwei Elstern treffen ein. Da haben wir die Verursacher des Gezeters, Pardon, des Gesangs – zoologisch gesehen sind Elstern ja Singvögel. Sie haben offenbar eine kleine Auseinandersetzung hinter sich, hüpfen in der winterlich kahlen Berliner Hinterhofkastanie aufgeregt von Ast zu Ast und zucken mit ihren langen Schwänzen. Während ein Vogel scheinbar gespannt zusieht, gleitet der andere schnell hinüber auf den Giebel des Seitenflügels und hält Ausschau im Nachbarhof. Sucht er nach den Krähen, diesen Rabauken? Vermutlich ist es ein Paar, aber ich kann die Geschlechter nicht auseinanderhalten. Es könnten auch umherstreifende ein- oder zweijährige Jungtiere sein, Singles also, die in der Stadt – wie mittlerweile auch bei den Menschen – bis zu 50 Prozent aller Individuen stellen. Vielleicht sind es die Nachkommen des Paares vom letzten Jahr. Bei britischen Elstern fand man zwischen Geburtsnest und ihrem Aufenthaltsort während des ersten Winters eine mittlere Distanz von 323 Metern. Das erste eigene Nest war nur etwas weiter, nämlich 425 Meter entfernt.[1] So unternehmungslustig und neugierig Elstern auch wirken, wenn es um die Ortswahl für die wichtigsten Verrichtungen ihres Lebens geht, scheint ihnen Experimentierfreude eher abzugehen.

Jetzt sitzen sie wieder nebeneinander. Elstern leben wie die Aaskrähen meist in Dauerehe, was viele Menschen bei Tieren eigentlich besonders anrührend finden, vielleicht, weil sie etwas vorleben, was ihnen selbst immer seltener gelingt. Das Image der Rabenvögel konnte davon allerdings nicht profitieren. Bei Elstern ist bis zu achtjähriger Zusammenhalt nachgewiesen, nur verwitwete Vögel sehen sich noch einmal nach neuen Partnern um. Die Menschen mögen sie trotzdem nicht. Sie bezeichnen sie – Treue hin, Treue her – als diebisch und beschuldigen sie wie ihre Krähenverwandtschaft eines schwerwiegenden Delikts: des Singvogelmords. Zu Unrecht, wie wir heute wissen. Elstern ernähren sich zur Brutzeit fast ausschließlich von Gliederfüßern und Regenwürmern, Vögel und Vogeleier machen nur einen kleinen Teil ihrer Nahrung aus. Trotzdem waren Krähen und Elstern lange Zeit ›vogelfrei‹ und durften von jedermann getötet werden; noch heute können sie fast überall in Deutschland unter bestimmten Voraussetzungen bejagt werden. In der Stadt sind sie vor derlei Nachstellungen sicher, hier sterben die Tiere, wenn sie Glück haben, an Altersschwäche, wie jüngst in Ulm ein achtjähriges Weibchen. Oder sie verhungern.

Das alte Nest ist gut zu erkennen. Es liegt in etwa acht Metern Höhe, dort, wo die Kastanie sich in vier fast gleich starke Stämme aufspaltet. Der Eingang liegt seitlich, das eigentliche Nest wird durch eine Haube aus Ästen geschützt. Elstern haben keine besonderen Vorlieben, was die Art ihres Nistbaumes angeht. Sie nehmen, was im Angebot ist, ausnahmsweise sogar TV-Antennen und Stahlgittermasten.

Ob sie nun aus dem Nest in dieser Kastanie oder aus einem anderen stammen, von einer jahrelangen harmonischen und kükenreichen Partnerschaft können die meisten jungen Elstern nur träumen, deshalb glaube ich, dass es die Altvögel vom letzten Jahr sind. In der Regel gelingt es nur wenigen erfahrenen Brutpaaren, erfolgreich Junge aufzuziehen. In Ulm starben zwei von drei Nestlingen vor dem Verlassen des Nestes, nur etwa jede zehnte Elster hat das Glück, eine eigene Brut zu erleben.[2] Schuld sind häufig die Aaskrähen, die die Gelege ihrer kleineren Verwandtschaft ausplündern. Kein Wunder, dass sie von den Elstern wütend beschimpft werden, wann immer sie sich blicken lassen. Aber auch Steinmarder, Mäusebussard, ja, sogar Eichhörnchen kommen als Nesträuber infrage.

Die Elstern fliegen über das Dach des Nachbarhauses davon. Vielleicht nisten sie dieses Jahr in einem anderen Hof. Ihre Reviere umfassen 10 Hektar, da gibt es sicher mehrere Optionen. Doch sie sollten sich bald entscheiden. Kürzlich habe ich neben dem Nest ein sehr vorsichtig agierendes, aber eindeutig interessiertes Ringeltaubenpaar gesehen. Wenn die Elstern nicht aufpassen, zieht dieses Jahr jemand anders ein. Verwaiste Rabenvögelnester stehen bei vielen Vogelarten hoch im Kurs.

Über wenige Tiergruppen sind wir so gut informiert wie über die Vögel. Das gilt nicht nur, aber vor allem für Städte und ihre Umgebung. Kaum eine größere Stadt kommt heute ohne eine präsentabel gedruckte Darstellung ihrer Vogelwelt aus, die je nach Bearbeitungsintensität, Größe und Artenreichtum als bunt bebilderte Broschüre oder dickes Buch voller Tabellen, Zahlen und Diagramme erhältlich ist.

Meist steht der Reichtum der lokalen Vogelfauna für eine gesunde, vielfältige Natur, sie wird als Symbol, als Indikator für den Zustand der Welt gesehen, also auch der Städte, bei denen man den Eindruck hat, dass sie sich mit der Zahl der in ihnen lebenden Vogelarten gegenseitig zu übertrumpfen versuchen. Spätestens seit 1963, als Rachel Carsons berühmtes Buch erschien, stellen wir uns die ökologische Katastrophe, das Sterben der Natur und ihrer Arten als »Silent Spring«, als stummen Frühling vor. Durch ihre akustische und optische Präsenz sind die Vögel, neben der Vegetation, der wichtigste, weil am leichtesten erfahrbare Teil der wilden Stadtnatur. Mitunter kann man den Eindruck gewinnen, dass Singvögel im Grunde die einzigen Tiere sind, die wir in der Stadt nicht nur dulden, sondern willkommen heißen (solange sie nicht die Autos verdrecken) und sogar anlocken. Wenn das Vogelkonzert zu wünschen übrig lässt, wird nachgebessert, mit Fütterungen, Nistkästen und anderen Infrastrukturmaßnahmen. Nur zu Eichhörnchen haben Städter eine ähnlich positive Beziehung. Es ist kein Zufall, dass das erste deutsche Gesetz zum Naturschutz (1908) ein Vogelschutzgesetz war.[3]

Niemand weiß, wie viele Füchse, Ratten, Pfauenaugen oder Nacktschnecken in deutschen Städten leben. Bei unseren gefiederten Freunden ist das anders. Einer Publikation über die Brutvögel Berlins kann ich entnehmen, dass das Elsternpaar in meinem Hinterhof eines von 3.900 bis 4.700 Brutpaaren der Stadt ist. Ich erfahre auch, dass die Elster auf der Liste der Berliner Brutvögel auf Platz 16 steht, knapp hinter Rotkehlchen, Buchfink und Nebelkrähe, aber weit vor so bekannten Vögeln wie Zaunkönig oder Kuckuck. Der Berliner Bestand ist seit 1975 um mehr als 50 Prozent gewachsen, vor allem in dicht bebauten Stadtbezirken, in Kreuzberg oder Prenzlauer Berg, wo sich die Zahl der Brutpaare seit 1969 auf 15,3 pro Quadratkilometer verzwanzigfachte.[4]

Da die Vogelfreunde in anderen Metropolen genauso auf Draht sind wie ihre Berliner Kollegen, wissen wir, dass es Krähen und Elstern vielerorts in die Ballungsräume zieht, sogar im fernen Japan.[5] In der polnischen Hauptstadt leben etwas weniger Tiere als in Berlin, bezogen auf die Fläche hat Warschau heute aber die höhere Elsterndichte, obwohl die Vögel erst seit den Fünfzigerjahren in der Innenstadt brüten.[6] Das ist jedoch nichts gegen Sofia. In der Hauptstadt Bulgariens wurde mit fast 57 Paaren pro Quadratkilometer die bislang höchste bekannte Brutdichte der Elster gefunden.[7]

Die Daten der Vogelkundler haben zwar noch nicht die Qualität eines deutschen Einwohnermeldeamtes, für neue oder seltene Vogelarten dürfte es aber schwer sein, sich längere Zeit im Stadtgebiet aufzuhalten, ohne erkannt zu werden und in der Fachliteratur Spuren zu hinterlassen. Als im Herbst 2001 eine arktische Schwalbenmöwe auf ihrem weiten Weg ins Winterquartier nach Südafrika durch Winde an die Uferpromenade des Tegeler Sees gepustet wurde, müssen kurz darauf die Telefondrähte geglüht haben. Es dauerte nicht lange, bis jede Regung dieses erstmals in Berlin zu bewundernden Irrgastes von einer kleinen Gruppe begeisterter, mit Ferngläsern und Fotoapparaten ausgerüsteter Vogelfreunde verfolgt wurde.[8]

Die erstaunliche Menge und Qualität ornithologischer Informationen ist in hohem Maße dem Einsatz und Enthusiasmus von Laien zu verdanken. So betreuen ehrenamtliche Vogelkundler seit Jahren den Horst eines Wanderfalkenpaares, das sich im Turm des Roten Rathauses in Berlin-Mitte niedergelassen hat. Während der Brutzeit wird der Horst zweimal täglich nach Federn und Kadaverresten durchsucht, um sie wenn möglich bestimmten Beutetieren zuzuordnen. Da es in der Umgebung des Nistplatzes durch die vielen Leuchtreklamen nie dunkel wird, jagen die Falken zu jeder Tages- und Nachtzeit und fischen auch typische Nachtflieger vom Himmel, die den Argusaugen der Ornithologen leicht entgehen. Auf diese Weise konnte die Liste der Berlin passierenden Zugvogelarten um etliche Einträge verlängert werden. Im Horst der stadtbekannten Rathausfalken stieß man auch auf die Überreste von Rosellas, Halsbandsittichen und eines australischen Gelbhaubenkakadus, Papageienarten, die man bis dahin gar nicht in Berlin vermutet hatte.[9]

Vögel muss man nicht unbedingt sehen, um zu wissen, dass sie da sind. Ihr unermüdliches Geträller war und ist der Schlüssel zu den Herzen der Menschen. Keine andere Tiergruppe hat es geschafft, sich eine derart große und fanatische Fangemeinde – man könnte auch sagen: Lobby – unter den Menschen zu verschaffen. Diese Freunde der Vögel sind immer im Dienst und bereit, ihre gesamte Freizeit der Ermittlung von Brutvogeldichten, Gitternetzkartierungen und Bestandsveränderungen zu widmen, und das nicht nur einmal, sondern über Jahre und Jahrzehnte, als generationsübergreifendes, nie endendes Dauerprojekt. In jeder Stadt gibt es avifaunistische Arbeitskreise und Fachgruppen der unterschiedlichen Umweltverbände, die seit Langem *citizen science* praktizieren – eine kleine, aber verschworene Gemeinde, die mittlerweile allerdings über Nachwuchssorgen klagt. An den fünfjährigen Kartierungsarbeiten zum Brutvogelatlas von Ost-Berlin nahmen Anfang der 1980er-Jahre 52 Personen teil, fast ausschließlich Männer. »Das entsprach ungefähr dem damaligen Potenzial der Amateurornithologie im Ostteil der Stadt«[10], einer Metropole mit weit über einer Million Einwohnern. Bei den Ornithophilen handelt es sich also um eine winzige Minderheit, die aber über erstaunliche Energie und Durchhaltevermögen verfügt und einen beträchtlichen Output an Publikationen hervorbringt. Darüber hinaus gibt es natürlich auch eine professionell betriebene Vogelkunde. Profis und Laien haben gemeinsam mit den Jahren ein immenses Wissen über die Vogelwelt zusammengetragen. Biologen, die sich mit anderen Tiergruppen beschäftigen, können darauf nur neidvolle Blicke werfen.

Vögel sind (nicht nur) in Städten allgegenwärtig. Aber wie viele Vögel leben eigentlich in der Stadt? Richard A. Fuller, Jamie Tratalos und Kevin J. Gaston von University of Sheffield wollten es genau wissen.[11] Sie unterteilten das Gebiet der ehemaligen Stahlmetropole in 640 Quadrate von 500 Metern Kantenlänge, besuchten jedes dieser Untersuchungsgebiete zweimal, einmal im Sommer, einmal im Winter, und versuchten mit zwei verschiedenen Methoden die Zahl der dort lebenden Vögel zu erfassen. Das Ergebnis: Im mittelenglischen Sheffield, einer Stadt mit gut 500.000 Einwohnern, die aufgrund ihrer vielen Grünanlagen und Wälder als grünste Stadt Englands gilt, leben 602.995 Vögel[12] – das sind 1,18 pro Einwohner. Erstaunlicherweise war die Zahl im Winter mit 1,13 nicht viel kleiner. Der Verlust durch Vögel, die die Stadt gen Süden verlassen, wurde durch eine fast gleich große Zahl an Wintergästen kompensiert. Vielleicht ist auch das ein Grund, warum wir sie so mögen. Wenn es in den Städten kalt, trist und dunkel wird, die Bäume kahl und die Straßen glatt, leisten Vögel uns weiter zahlreich Gesellschaft. Der winterlichen Schwermut der Menschen setzen sie ihre muntere Betriebsamkeit entgegen.

Darüber hinaus kommen sie in Städten auch in außergewöhnlicher Vielfalt vor. Zweifellos sind die hohen Zahlen an Brut- oder Reviervogelarten, die in den letzten Jahren aus vielen Großstädten gemeldet wurden, ein Grund zur Freude, scheinen sie der Lebensqualität dieser Städte doch ein gutes Zeugnis auszustellen. Das ist vermutlich auch der Grund, warum diese Zahlen immer wieder in den bunt bebilderten Broschüren auftauchen, mit denen Städte für sich werben. Wo es so viele Vogelarten hinzieht, um ihren Nachwuchs aufzuziehen, kann es dem Homo sapiens nicht schlecht gehen. In unserer Stadt, das ist die Botschaft, wird Mensch und Tier ein optimales Wohnumfeld geboten, von den großartigen Kulturangeboten und Arbeitsmöglichkeiten ganz zu schweigen. Die Vögel stehen dabei für viele Tierarten, die früher ein Leben fern der Städte führten. Sie sind gewissermaßen die Krönung der urbanen Tierwelt und doch nur die – sicht- und hörbare – Spitze des Eisbergs.

Folgende Tabelle[13] zeigt an einigen ausgewählten Beispielen, was die Vogelkundler über die Vielfalt der Stadtvögel herausgefunden haben.

	Einwohner	Fläche (km^2)	Artenzahl
Berlin	3.400.000	900	130
Hamburg	1.700.000	747	158
Bonn	300.000	141	152
Deutschland insg.			260

	Einwohner	Fläche (km²)	Artenzahl
Bratislava	450.000	376	126
Brüssel	1.000.000	162	106
Florenz	400.000	102	82
Lissabon	500.000	84	28
Lublin	460.000	148	101
Moskau	8.800.000	1.000	128
Prag	1.200.000	496	127
Rom	2.600.000	360	80
Sheffield	513.000	160	84
Sofia	1.300.000	230	113
St. Petersburg	5.000.000	610	137
Turin	906.000	130	90
Valencia	800.000	135	69
Warschau	1.720.000	494	146
Washington D.C.	600.000	177	91
Wien	1.600.000	415	138

In einer Stadt wie Hamburg leben also 158 der 260 in Deutschland nachgewiesenen Brutvogelarten – 61 Prozent, eine erstaunlich hohe Zahl. Selbst das deutlich kleinere Bonn liegt mit knapp 47 Prozent noch gut im Rennen. Doch was sagen diese Zahlen über die Städte aus? Mit der Beantwortung dieser Frage kommen wir einem scheinbaren Widerspruch auf die Spur, der Sie vielleicht auf den vorangehenden Seiten verwirrt hat. Einerseits hieß es, Städte beherbergten eine außerordentlich große Artenvielfalt, andererseits soll die Artenzahl von Pflanzen und Tieren drastisch abnehmen, je urbaner die Umgebung wird. Was stimmt denn nun?

Es stimmt beides. Gehen wir dem Problem auf den Grund. Wie die Schwebfliegen Warschaus verteilen sich auch die Vögel nicht gleichmäßig auf das Stadtgebiet. Wird in den Artenlisten der Stadtornithologen etwa stolz das Vorkommen von Rohrdommeln vermeldet, heißt das nicht, dass man diesen seltenen Reihervogel auf dem Marienplatz in München, dem Kurfürstendamm in Berlin oder in der neuen Speicherstadt Hamburgs zu Gesicht bekommt. Es heißt nur, dass sich innerhalb der Grenzen der betreffenden Stadt irgendwo ein – vermutlich streng geschütztes, womöglich sogar eingezäuntes oder für den Menschen nur eingeschränkt zugängliches – Biotop befindet, in dem diese seltene Vogelart ihrem Brutgeschäft nachgehen kann. Im Falle der Rohrdommel sind das ausgedehnte Röhrichtflächen, die in Städten äußerst selten zu finden sind. Sie dürften sich jedenfalls weit draußen am Stadtrand befinden und der Eintrag in der Liste wird nur auf wenige Brutpaare zurückgehen.

Im Falle Berlins erweisen sich diese Vermutungen in allen Punkten als zutreffend. Die Rohrdommel hat ihren Eintrag auf der Berliner Liste einem einzelnen »rufenden, wohl unverpaarten Männchen« zu verdanken, das in den Jahren 1993 bis 1995 an den Karower Teichen im äußersten Südosten der Stadt gehört wurde. Dort gibt es ausgedehnte Wälder und Seen, alles in allem ein Gebiet, das keinerlei urbanen Charakter mehr besitzt und seine Zugehörigkeit zur Großstadt ausschließlich politisch-historischen Entwicklungen und Entscheidungen verdankt, die nicht das Geringste mit Ökologie oder Ornithologie zu tun haben. Trotzdem wird die Rohrdommel zu den 151 Vogelarten gezählt, die zwischen 1989 und 2000 im Stadtgebiet als Reviervogel aufgetreten sind.[14] Und die Rohrdommel ist bei Weitem kein Einzelfall.

Damit an dieser Stelle kein Missverständnis entsteht: Es geht nicht darum, die veröffentlichten Brutvogellisten schlechtzureden oder gar an der Arbeit der Ornithologen herumzumäkeln, die ja über jedes Detail haarklein und bereitwillig Auskunft geben. Nach den der Liste zugrunde liegenden Kriterien hat der Eintrag der Rohrdommel durchaus seine Berechtigung. In einem Buch über Stadtökologie muss aber die Frage erlaubt sein, welche Aussagekraft die häufig zu lesenden hohen Artenzahlen haben und wie sie zustande kommen, zumal davon auszugehen ist, dass die vielen Seiten Text, die zu den Listen gehören, nur von den wenigsten gelesen werden.

Sehen wir uns die aus dem Jahr 2002 stammende Liste der Berliner Vogelarten einmal genauer an, stellvertretend für viele andere. Sie umfasst mit 178 Einträgen alle Vogelarten, die seit 1850 im Stadtgebiet als Brutvögel aufgetreten sind. Betrachtet man nur den Zeitraum von 1989 bis 2000, müssen etliche der historisch dokumentierten Vorkommen heute als erloschen gelten und die Zahl reduziert sich auf die oft zitierten 151 Arten. Zieht man noch die Vogelarten ab, die, wie die Rohrdommel, nur gelegentlich registriert wurden und nicht als sichere Brutvögel gelten können, bleiben 130 Arten mit regelmäßigem Vorkommen übrig. Das ist immer noch eine stattliche Zahl. Die Hälfte der Brutvogelarten Deutschlands ist auf einem Bruchteil der Landesfläche zu finden, noch dazu in einer riesigen Großstadt.

Aber wo leben diese Vögel und in welchen Zahlen treten sie auf? Über dreißig Arten sind nur mit wenigen, maximal zehn Brutpaaren vertreten. Eisvogel, Wiesenpieper, Bekassine, Gimpel, Grauammer und viele andere wurden wie das einsame Rohrdommelmännchen nur am äußersten Rand des Stadtgebiets gesehen oder gehört. Auch sehr viel häufigere Vögel wie Neuntöter, Grauschnäpper, Pirol oder diverse Meisenarten verirren sich nie nach Berlin-Mitte, man wird sie sogar in großen Parks und grünen Villenvierteln vergeblich suchen.

Über die Schafstelze zum Beispiel, eine nahe Verwandte der Bachstelze, die in Berlin mit 100 bis 140 Brutpaaren vertreten, jedoch nie in den Bezirken der Innenstadt zu sehen ist, heißt es: »Auf zumeist landwirtschaftlich genutzten offenen Flächen im Stadtgebiet ist die Art ein regelmäßiger Brutvogel.«[15] Moment ... landwirtschaftlich genutzte Flächen in der Stadt?[16]

Mir klingen die Worte eines Stadtökologen noch in den Ohren, der vor Jahren auf einer Fachtagung laut lachend bemerkte: »Ja, ja, die Berliner« – gemeint waren die West-Berliner, vor 1989 konnten Kollegen aus dem Ostteil der Stadt nie an solchen Treffen teilnehmen – »sie sind die Einzigen, die wissen, wo die Stadt aufhört.« Die Bemerkung ließ mich, damals noch Student, ziemlich verunsichert zurück. Klar, für uns endete die Stadt dort, wo man auf eine Mauer stieß, auf *die* Mauer.

Glücklicherweise ist dieses scheußliche Bauwerk heute verschwunden, die Grenze zwischen Berlin und dem die Stadt einschließenden Brandenburg aber hat auch ohne Mauer noch immer exakt den gleichen Verlauf und das Problem, das damals angesprochen wurde, ist geblieben und auch für Berliner ungelöst: Wo beginnen Städte oder wo enden sie?

Für Tiere und Pflanzen sind politische Grenzen völlig irrelevant und es kümmert sie nicht, ob die Menschen sie dem Arteninventar der Stadt oder des umgebenden Landes zurechnen. Stadtökologen sollte das nicht egal sein. Würde die Grenze in bestimmten Abschnitten nur um einige Hundert Meter nach außen oder innen verlegt, hätte das für die Artenzahlen der Stadt erhebliche Konsequenzen. Die Karower Teiche, für den Vogelkundler Klaus Witt »ein Juwel in der Krone der Stadt«, wären dann, samt der einsamen Rohrdommel und anderer seltener Vögel, ein Teil Brandenburgs. Biologisch gesehen macht eine solche Betrachtungsweise keinen Sinn.

Die eigentliche Stadt, sprich: ihre Siedlungs- und Verkehrsfläche (inklusive Betriebs- und Erholungsflächen und Friedhöfe), beansprucht ziemlich genau zwei Drittel der Fläche Berlins. Dazu kommen aber 17,8 Prozent Wald-, 6,6 Prozent Wasser- und 5,3 Prozent Landwirtschaftsfläche. Politisch mag man Berlin als Stadtstaat von den Flächenstaaten unterscheiden, aus ökologischer Sicht ist Berlin jedoch als ein Land wie jedes andere zu betrachten. Es besteht zwar zum größten Teil aus Siedlungsflächen, besitzt gleichzeitig aber auch relativ viel Wald, mehr als das Flächenland Schleswig-Holstein. Die Autoren der Berliner Vogelstudie kommen am Ende zu dem Schluss: »151 Arten belegen [...] einen hohen Artenreichtum der Stadt, der« – und das ist die entscheidende Aussage – »wesentlich bestimmt wird durch großflächige Waldungen und Gewässer sowie einige weitere Feuchtgebiete«[17], sprich: durch nicht-urbane Lebensräume am äußeren Rand des Stadtgebiets.

Hohe summative Artenzahlen sind also keineswegs ein ökologisches Charakteristikum oder Qualitätsmerkmal einer Stadt. Sie sind in hohem Maße abhängig davon, wie die Stadtgrenzen definiert werden. Mit nur 28 Brutvogelarten scheint Lissabon verglichen mit anderen Städten eine ornithologische Wüste zu sein. Hätte man jedoch das im 20. Jahrhundert um die portugiesische Hauptstadt entstandene Groß-Lissabon betrachtet, ein Ballungsraum mit über zwei Millionen Menschen, der fünf Mal so groß ist und aus Satellitenstädten, Dörfern und Resten der alten Kulturlandschaft besteht, wäre das Ergebnis sicher anders ausgefallen. Artenzahlen verschiedener Städte, und das gilt nicht nur für Vögel, sind nicht direkt miteinander vergleichbar.

Zwar gibt es in Städten in der Regel deutlich mehr Vogelarten als in gleichgroßen ländlichen Gebieten der Umgebung, aber, so John Kelcey und Goetz Rheinwald, die dabei auf eine Untersuchung von 16 europäischen Großstädten in 11 Ländern Bezug nehmen, »der Grund für diese hohe Artenvielfalt liegt in der großen Zahl an unterschiedlichen Lebensräumen, die man in Städten findet.« Städte sind Lebensraummosaike, bunte Flickenteppiche von Flächen unterschiedlichster Nutzung, in denen sich die Bedingungen für Lebewesen jeder Art innerhalb weniger Meter radikal verändern können. Die hohen Artenzahlen kommen nur zustande, wenn man den ganzen Teppich betrachtet. Sieht man sich die einzelnen Flicken an, erhält man ein anderes Ergebnis. Die eher traurige Wahrheit ist nämlich, dass »die Bewertung sich komplett verändert, wenn man die Vielfalt der einzelnen Lebensräume auswertet«, resümieren Kelcey und Rheinwald. Alle Untersuchungen aus europäischen Großstädten zeigen, »dass die Artenvielfalt in jedem einzelnen dieser Lebensräume kleiner oder viel kleiner ist als in vergleichbaren Habitaten im ländlichen Raum.«[18]

Solche oft isolierten Vorkommen weniger Tiere sind zudem äußerst verwundbar. Als in Berlin für die Bundesgartenschau 1985 in einem landwirtschaftlich genutzten Gebiet umgeben von Kleingärten, einem Friedhof und Wohnvierteln, eine Parkanlage mit einem zentralen großen See geschaffen wurde, konnte Klaus Witt, ein ausgewiesener Kenner der hauptstädtischen Vogelwelt, verfolgen, wie die dort lebenden Kiebitze, Flussregenpfeifer, Schafstelzen und Feldlerchen rasch verschwanden. Stattdessen siedelten sich Schwäne, Reiherenten, Haubentaucher, Teichhühner und Teichrohrsänger an, die man an jedem größeren Gewässer der Stadt finden kann. »Das Ergebnis war«, so Klaus Witt, »dass die Vogelfauna gemessen an der Artenzahl reicher wurde, aber die verlorenen Arten waren viel gefährdeter.«[19]

Von der Regel, dass städtische Lebensräume gegenüber ihren ländlichen Pendants an Vogelarten verarmt sind, gibt es nur wenige Ausnahmen. Sie betreffen zum einen die immer seltener werdenden ungenutzten Brachflächen, zum anderen die fast völlig versteinerten Zentren, für die es außerhalb der Städte keine Entsprechung gibt. Ausgerechnet hier leben zahlenmäßig die meisten Vögel. Zusammen erreichen sie eine Biomasse, die alle anderen Stadtbiotope weit übertrifft.[20]

Berlin, 2012

Der neue Berliner Großflughafen macht bisher vor allem mit Skandalen und Problemen von sich reden. Hier ist ein ornithologisches: Die riesigen Glasfassaden des Terminalgebäudes entpuppen sich als Todesfalle für Vögel. Es passiert vor allem morgens zwischen vier und fünf, »dann knallen sie im vollen Flug dagegen«, sagt Anja Sorges, Chefin des von einem Flughafenmitarbeiter alarmierten Naturschutzbundes NABU. Singdrosseln, Rotkehlchen, Blau- und Kohlmeisen. Ein Experte zählte zweihundertfünfzig tote Vögel. Man hofft, dass sich das Problem mit der Inbetriebnahme des Flughafens von selbst lösen wird, weil der dann einsetzende Trubel selbst eingefleischten Großstadtvögeln zu viel werden dürfte. Einstweilen werden die Vögel mit Habicht-Geräuschen aus der Retorte abgeschreckt. UV-Folien an den Fenstern sollen die Spiegelungen verhindern. Man nehme das Problem ernst, versicherte der Flughafensprecher, es beträfe aber nicht nur den Flughafen. »Es tritt an allen großen Gebäuden mit Glasfassade auf, vor allem, wenn sie an exponierter Stelle stehen.«[21]

Doch je näher man der City kommt und je dichter die Bebauung, desto eintöniger wird das Vogelkonzert. Im von urbanem Leben und Verkehr umtosten Stadtzentrum ist schließlich nur noch das Tschilpen, Fiepen, Gurren und Krächzen sehr weniger Vogelarten zu hören, die in hoher Individuenzahl vorkommen. Hier können vor allem die existieren, die an Gebäuden nisten: Haussperling, Mauersegler und Stadttaube. Im spanischen Valencia stellen diese drei 83 Prozent aller Innenstadtvögel, im Zentrum von Florenz sind zwei von drei Vögeln Stadttauben, im polnischen Lublin ist jeder zweite ein Spatz. Hier und da, etwa in Wien, Hamburg oder St. Petersburg, mischen sich Mehl- und Rauchschwalben darunter, und in vielen Städten gibt es ein paar Turm- und Wanderfalken, die in luftiger Höhe ihre Nester gebaut haben. Nicht nur in Berlin werden sie wie eine kostbare Reliquie von einer Schar enthusiastischer Vogelfreunde bewacht, denen keine Feder, kein Knöchelchen und nichts im Privatleben ihrer Schützlinge entgeht. In Warschau und Hamburg ›genießen‹ Stadttauben die Gesellschaft zahlreicher Ringeltauben, mitunter gesellen sich Krähen, Dohlen und Stare dazu und in Meeresnähe auch einige Möwen. Doch an die Präsenz von Spatzen und Stadttauben, der einzigen Vogelart, die nahezu ausschließlich in Städten lebt und fast allein für die hohe Biomasse der Zentren verantwortlich ist, reicht keine dieser Arten heran. Weit über ihnen in der Luft leben die Mauersegler in ihrer eigenen Welt.

Das ist nicht nur in Europa so. Auch in Jerusalem dominieren Haussperlinge und Stadttauben, ebenso in der City von Washington. Der häufigste Vogel der US-amerikanischen Hauptstadt ist der Europäische Star.[22] Nicht anders sieht es in den Städten Ohios, Kaliforniens oder des kanadischen Quebecs aus.[23] Statt der Mauersegler sausen in Washington ihre nordamerikanischen Verwandten, die Schornsteinsegler, durch die Luft, und die Gruppe der Rabenvögel wird durch die Amerikanische Krähe vertreten. Kein Laie könnte sie von den schwarzen europäischen Arten unterscheiden.

Die in indischen Städten sehr häufige Glanzkrähe ist mit ihrem grauen Rumpf und dem kräftigen Schnabel schon deutlicher gekennzeichnet. Hirtenmainas ersetzen hier unseren Europäischen Star. Für Farbe sorgen die grünen Halsbandsittiche. Doch auch in Indien gehören Haussperlinge und Stadttauben zu den häufigsten Stadtvögeln.[24]

Sogar am anderen Ende der Welt, im Zentrum der neuseeländischen Stadt Dunedin, beherrschen sie die Szene.[25] In den grüneren Bezirken trifft man auf weitere bekannte Vogelarten: Amsel, Buch- und Grünfink, Heckenbraunelle, Singdrossel und Goldammer, gefiederte Mitbringsel sentimentaler europäischer Siedler, die sich trotz oder gerade wegen des eindrucksvollen Vogelkonzerts in diesem fernen Land nach vertrauten Stimmen aus der Heimat sehnten.[26] Hier wie dort bekommen sie im Einerlei der Häuser erst dann eine Chance, wenn die Bebauung durch Sträucher, Bäume und Rasenflächen aufgelockert wird.

Da dicht bebaute Städte überall in der Welt ähnliche Bedingungen bieten und die Europäer es nicht lassen konnten, ihre Vögel in den letzten zweihundert Jahren über die ganze Welt zu verteilen, werden die Vogelfaunen – wie die Vegetation – der Städte immer ähnlicher. Führende Experten sehen in der ungebremst fortschreitenden Urbanisierung einen der Hauptgründe für die weltweit zu beobachtende Homogenisierung von Flora und Fauna.[27]

Lässt sich diese Vereinheitlichung der Stadtfaunen, unabhängig von der geografischen Lage der Städte, tatsächlich nachweisen oder wird hier (wieder einmal) ein Schreckensgemälde an die Wand gemalt, das einer näheren Überprüfung nicht standhält und der Wahrnehmung vieler Vogelfreunde in den Städten widerspricht?

Zusammen mit Kollegen aus Italien und Finnland hat Philippe Clergeau vom Institut National de la Recherche Agronomique in Rennes eine Vergleichsuntersuchung über 19 Großstädte der drei Länder vorgelegt. Das Spektrum reichte also vom mediterranen über das gemäßigte bis zum sogenannten borealen Klima Nordeuropas. Bei jeder der untersuchten Städte unterschieden die Forscher drei Zonen: das Stadtzentrum, das in diesem Fall auch die an die City grenzenden Wohnbezirke mit 20- bis 40-prozentiger Vegetationsbedeckung mit einbezog, die suburbane Zone mit Einfamilienhäusern, großen Apartmenthauskomplexen, Friedhöfen, Parks und einer Vegetationsbedeckung von bis zu 70 Prozent sowie die periurbane Zone, die erst 10 bis 20 Kilometer außerhalb der eigentlichen Stadtgrenzen endet. Sie sollten jeweils den regional vorhandenen Artenpool repräsentieren.

Es ist bezeichnend, dass diese Dreiteilung sich als zu grob erwies. Dem verwirrenden Biotopmosaik Stadt, zumal bei riesigen Metropolen wie Paris, Rom oder Neapel, wird man damit nicht gerecht. Für viele Fragestellungen ist es nötig, die Lebensräume, die verglichen werden sollen, genauer einzugrenzen. Doch eine Tendenz konnten Clergeau und seine Mitarbeiter schon herausarbeiten.

Wie nicht anders zu erwarten, nahm die Zahl der Vogelarten von außen nach innen stark ab. Lebten in der ländlichen Umgebung durchschnittlich 90 Vogelarten, waren es in den Stadtzentren nur 25. Interessanterweise gab es keine statistische Korrelation zwischen diesen beiden Zahlen, das heißt, ein Mehr an Vogelarten in der Umgebung bedeutete keineswegs, dass auch im Stadtzentrum höhere Artenzahlen erreicht wurden. Für die suburbane Zone existierte dieser Zusammenhang durchaus. Sie profitierte vom Artenreichtum der Umgebung.

Das wichtigste Ergebnis aber betraf den Einfluss der geografischen Lage. Zwischen der nördlichsten und der südlichsten Stadt lagen immerhin 3.000 Kilometer und 27 Breitengrade, das sollte sich in der Artenzusammensetzung der Vogelfauna widerspiegeln. Wenn die Stadtfauna zumindest in Europa tatsächlich immer gleichförmiger wird, müsste der Einfluss der Lage in den Zentren am geringsten sein und zum Stadtrand hin zunehmen, und genau dieses Muster fanden die Forscher. Im natürlichen Artenbestand der jeweiligen Region, der in der Umgebung der Städte ermittelt wurde, wirkten sich mehr oder weniger ungestört die unterschiedlichen Verbreitungsmuster der Vogelarten aus. Manche haben ihren Schwerpunkt in Nord-, andere in Süd- oder Mitteleuropa. In den Stadtzentren spielte das eine wesentlich geringere Rolle. Haussperlinge, Stadttauben und einige andere Arten sind eben omnipräsent. In den meisten Innenstädten herrscht bereits ornithologische Monotonie, von Einsprengseln der lokalen Fauna einmal abgesehen. Die dreißig häufigsten Brutvogelarten Berlins wird man in ähnlicher Zusammensetzung in jeder Großstadt nördlich der Alpen wiederfinden, von Wien bis St. Petersburg, nur in mediterranen Städten kann man auch ganz anderen Spezies begegnen.[28]

All das heißt nicht, dass die Vogelwelt einzelner Städte nicht auch mit Besonderheiten aufwarten könnte. Zum Teil sind sie, wie eben geschildert, auf die geografische Lage der Städte zurückzuführen, mitunter aber kaum zu erklären und vermutlich nicht selten schlicht eine Folge des Zufalls. Warum leben in Hamburg, verteilt über den gesamten bebauten Bereich, mehr als viertausend Brutpaare des Gimpels, während dieser hübsche Vogel in Berlin mit nur vier bis zehn Brutpaaren eine absolute Seltenheit ist? Ähnlich extrem sind die Unterschiede bei der unscheinbaren Heckenbraunelle, der vielleicht das kontinental gefärbte Klima der Hauptstadt nicht behagt.

Einem spektakulären Sänger unter den Stadtvögeln scheint es in Berlin ausnehmend gut zu gefallen, während er in der Hansestadt viel seltener zu hören ist. Im Frühjahr, wenn das Blut der etwa 1.500 männlichen Nachtigallen für Wochen in Wallung gerät, gibt es sicher nicht wenige Hauptstädter, die wegen der nächtlichen Gesangsexzesse nur bei geschlossenem Fenster schlafen können. In Berlin leben schließlich mehr Nachtigallen als in ganz Bayern.[29] »Zuweilen stimmen bis zu 14 Nachtigallenhähne in ein geradezu rauschhaft gesteigertes Konzert ein«, berichtet Cord Riechelmann.[30] Doch irgendwann werden die Nächte wieder stiller. Da weiß man, dass sich die Paare gefunden haben. Wird das Werben des Hahns endlich erhört, schmettert er seine Lieder nur noch tagsüber.

Sofia überrascht mit einem flächendeckenden Vorkommen des Steinkauzes. In Deutschland gilt die kleine Eule als stark gefährdet. Brüssel staunt über die wachsende Zahl von Papageienarten, von denen einige auch brüten. Lublin punktet mit der höchsten Ringeltaubendichte Europas und begrüßt verwundert einen Zuwanderer, der noch nie in den umgebenden Wäldern gesehen wurde, in der Stadt aber mittlerweile weit verbreitet ist: den Syrischen Specht. Man kann diesen Vogel, der unserem Buntspecht zum Verwechseln ähnlich sieht, auch in Prag entdecken, eine Stadt, die sich aber vor allem durch exorbitant hohe Zahlen an Sperbern auszeichnet. Seitdem Greifvögel nicht mehr bejagt werden dürfen, ist die Zahl der Sperber etwa in München[31] schlagartig auf 30 bis 50 Brutpaare angestiegen, aber nirgendwo sonst ist dieser kleine Greifvogel so zahlreich und tief in eine Stadt eingedrungen wie in der tschechischen Metropole. Allein am zentralen Veitsdom auf der Prager Burg nisten zehn Sperberpaare. Ihre Ernährung haben sie dem Angebot angepasst. Zu mehreren attackieren sie nun brütende Tauben, um an deren Nestlinge zu kommen, jagen Spatzen und Amseln. Andere haben sich auf exotische Käfigvögel spezialisiert, die sie sich von Balkons holen.[32]

Es stimmt, Städte beherbergen eine große und vielfältige Vogelschar. Vor allem in grünen Stadtbezirken sorgen ein reichliches Nahrungsangebot, mildes Klima, strukturreiche Vegetation, neue Nistmöglichkeiten und eine geringere Bejagung durch Mensch und Raubtiere dafür, dass viele bekannte Vogelarten dort in einer Zahl und Dichte vorkommen, die weit über denen ›natürlicher‹ Lebensräume liegt. In Köln wurden Siedlungsdichten ermittelt, wie sie etwa »in sehr vogelreichen Auwäldern an der Donau« erreicht werden. Die Artenzahl lag sogar noch höher. Für manche Vogelarten ist der Tisch derart reich gedeckt, dass sie innerhalb eines Jahres nicht nur eine Brut, sondern bis zu vier aufziehen können. Die Amseldichte in Friedhöfen und Gartenstädten kann um das Zehnfache über der in Wäldern liegen.[33]

Städte sind aber sicher nicht der geeignete Ort, um überregional gefährdete Arten zu retten. Anspruchsvolle Lebensraumspezialisten wie die Rohrdommel, die in Deutschland vom Aussterben bedroht ist, fehlen in Städten oder sind sehr selten. Das ist auch im englischen Sheffield so. »Der überwiegende Teil der städtischen Vogelfauna besteht aus landesweit häufigen Arten«, schreiben Richard A. Fuller und seine Kollegen. Trotzdem kommen sie bei der Auswertung ihrer Stadtvogelzählung am Ende zu einem erstaunlichen Ergebnis: »In Sheffield treten national bedrohte Arten in signifikant größerer Häufigkeit auf als im ganzen Land.« Sie leiten daraus die Forderung ab, dass man viel mehr für den Schutz und die Erforschung der Großstadtvögel tun müsse.[34]

Wie ist dieser Widerspruch zu erklären? Die überraschende Aussage der englischen Forscher bezieht sich nicht auf ornithologische Raritäten, sondern auf Arten, die nicht nur in Sheffield zu den häufigsten der Stadt gehören, auf Haussperling, Star und Singdrossel, bei denen in den letzten Jahren Populationsrückgänge zu beklagen waren, die nur noch als katastrophal zu bezeichnen sind.

Seit Mitte der 1960er-Jahre ist die Zahl der brütenden Stare in britischen Wäldern um 92 Prozent zurückgegangen, in landwirtschaftlich geprägten Gebieten um 66 Prozent, in den Städten fiel der Einbruch nicht ganz so dramatisch aus. Im gleichen Zeitraum sind auch die Bestände an Haussperlingen eingebrochen. Auch wenn sie sich in ländlichen Gebieten auf niedrigem Niveau zu stabilisieren scheinen, in den Städten geht ihr Niedergang unvermindert weiter, und das nicht nur in England, sondern in ganz Westeuropa. Obwohl Städte in Großbritannien nur 7 Prozent der Landesfläche einnehmen, leben dort 40 Prozent aller britischen Stare und 49 Prozent der Haussperlinge.[35] Kaum zu glauben, aber wahr: Ausgerechnet Spatz und Star sind zu gefährdeten Arten geworden und die Städte zu ihrem Refugium.

»Angesichts der Dominanz des Menschen auf dem Globus und der zunehmenden Menge an bebautem Land, dem bevorzugten Habitat des Vogels«, prophezeite der international bekannte britische Experte J. Denis Summers-Smith dem Haussperling 1963 eine rosige Zukunft. Es gab damals niemanden, der ihm widersprochen hätte. Jahrzehnte später sei er jedoch der Erste, so Summers-Smith, der zugebe, wie falsch er gelegen habe.[36] Aus den Zentren von London, Glasgow, Edinburgh, Dublin, Rotterdam, Antwerpen und Brüssel sind Spatzen fast verschwunden. Im ansonsten vogelreichen St. James's Park in London wurde 1998 das letzte Brutpaar registriert.[37] In manchen Bezirken Hamburgs ist die Populationszahl der Haussperlinge um 80 Prozent eingebrochen, die Art ist von Platz eins auf Platz 4 der häufigsten Vögel zurückgefallen.[38] Wie konnte das geschehen?

Während der Rückgang der Spatzen auf dem Land mit der immer intensiveren Landwirtschaft und dem Verschwinden der Pferde in Verbindung gebracht wird, deren Hinterlassenschaften den Vögeln reichlich Nahrung boten, stellt sich die Situation in den Städten verwirrend und undurchsichtig dar. Pferde gibt es hier schon lange nicht mehr, aber nicht wenige Städte, wie Manchester, Paris oder Berlin, melden stabile Spatzenbestände. Vermutlich hat der Spatzenschwund in Stadt und Land verschiedene Ursachen. Die kleinen Vögel sind extrem standorttreu und ihr Aktionsradius ist selten größer als ein bis zwei Kilometer, deshalb gibt es zwischen Land- und Stadtspatzen kaum Austausch. Nicht einmal in ein und derselben Stadt, zum Beispiel in London oder Hamburg, ist die Situation einheitlich.

In England, traditionell ein Land der Vogelfreunde, löste das Verschwinden der Haussperlinge große Betroffenheit aus. Sind Spatzen die Grubenvögel der Moderne, fragten sich manche. Zeigt ihr Verschwinden vielleicht irgendeine verhängnisvolle Entwicklung in den Städten an, mit anderen Worten, sterben, wenn alles so weitergeht, nach den Spatzen irgendwann auch die Menschen aus?

Eine Hypothese geht von einem Mangel an Nistpätzen aus, der durch die Sanierung von Altbauten entstanden sei. Doch ein Vergleich der Bestandsentwicklungen in Ost- und Westdeutschland kann dies nicht belegen. Seit 1989 sind in Ostdeutschland großflächig ganze Städte saniert worden, was im Vergleich zum Westen zu stark rückläufigen Beständen an Mauerseglern führte. Die Haussperlinge zeigten sich davon weitgehend unbeeindruckt.[39]

England, 2000

Am 16. Mai 2000 startete die Tageszeitung *The Independent* eine Kampagne mit dem Titel »Save The Sparrow« und lobte einen mit 5.000 Pfund dotierten Preis für die Wissenschaftler aus, die das Verschwinden der Haussperlinge erklären könnten. Über die Vergabe entschieden unter anderem die Royal Society for the Protection of Birds und Denis Summers-Smith. Sie mussten bis zum Jahr 2008 warten, bis es ernsthafte Bewerber gab. Eine Doktorandin der De Montfort University in Leicester hatte herausgefunden, dass viele Spatzennestlinge aus Mangel an geeigneter Insektennahrung verhungerten. Eine andere Studie führte den Spatzenrückgang auf zunehmende Bejagung durch Sperber zurück, englisch »Sparrowhawk«. Die Jury zeigte sich von keiner der beiden Untersuchungen überzeugt, obwohl Mangel an Insekten als eine Ursache des Desasters durchaus in Erwägung gezogen wurde. Der Preis des *Independent* ist bis heute nicht vergeben worden.[40]

Merkwürdigerweise wird in diesem Zusammenhang kaum auf die in Städten so häufigen Neophyten hingewiesen, die einwandernden fremden Pflanzen, die vielen einheimischen Insektenarten erst nach langer Gewöhnung oder gar nicht schmecken (siehe Kapitel 6). Für die Aufzucht der Jungen sind fast alle Vögel auf Insekten angewiesen, auch wenn sie, wie die Spatzen, selbst andere Nahrung zu sich nehmen. In Nordamerika gilt das für 96 Prozent aller Vogelarten. Könnte es sein, dass es den Altvögeln in den Städten gut geht, nicht zuletzt weil sie von vielen Menschen gefüttert werden, die Nestlinge aber darben müssen? Einer umfangreichen Analyse von Forschern aus Sheffield und des British Trust for Ornithology zufolge ist dieser Verdacht gar nicht so weit hergeholt.[41] Zwar gibt es keine verlässlichen Informationen darüber, ob das Nahrungsangebot in Städten wegen der enormen Präsenz von Neophyten oder aus anderen Gründen tatsächlich zurückgegangen ist, doch viele Studien haben übereinstimmend ergeben, dass Stadtvögel, auch Arten, denen es scheinbar an nichts fehlt, pro Gelege weniger Eier legen und weniger Nestlinge aufziehen als ihre ländlichen Artgenossen. Ihre Jungen haben ein niedrigeres Gewicht und müssen häufiger hungern. Das spricht nicht gerade für eine optimale Versorgung. Zweifellos sehen sich die Wissenschaftler hier mit äußerst komplexen Zusammenhängen konfrontiert, die dringend der Aufklärung bedürfen.

Was immer der Grund für den Rückgang eines der verbreitetsten und häufigsten Stadtvögel sein mag – Summers-Smith selbst bietet mehrere Erklärungen an, unter anderem auch die intensive Bejagung durch immer mehr streunende Katzen –, er erinnert uns nachdrücklich daran, dass die Tierwelt nichts Statisches ist, schon gar nicht in Städten, die, anders als Wälder, Gebirge, Seen oder Meere, sich selbst in rasendem Tempo verändern. Die Haussperlinge sind nur eine von vielen Arten, bei denen sich (nicht nur) in Städten dramatische Veränderungen zeigen – die einen kommen, die anderen gehen. Werden wir Zeuge einer großen Veränderung der urbanen Fauna und Flora? Es wäre nicht die erste. Und es wird nicht die letzte sein.

8. Kommen und Gehen

Inseln im Häusermeer

Fast ein halbes Jahrhundert umspannt eine Studie über die Vögel des zehn Hektar großen Dortmunder Westparks, einem ehemaligen Friedhof mit alten, zum Teil hundertjährigen Bäumen.[1] Nur solche Langzeituntersuchungen können Aufschluss über die Dynamik von städtischen Tier- und Pflanzengemeinschaften geben, doch einer umfangreichen Literaturrecherche des Deutschen Bundesamtes für Naturschutz zufolge ist der Forschungsatem selten so lang. Untersuchungen, die mehrere Jahre bis Jahrzehnte umfassen, sind leider Mangelware und werden doch dringend benötigt.[2]

Der Westpark liegt nur 1,4 Kilometer vom Stadtzentrum Dortmunds entfernt und bildet die mehr oder weniger idyllische Umgebung für das, was ein typischer Großstadtpark heute auszuhalten hat: laute Konzerte, ein viertägiges Westparkfest mit 15.000 Besuchern, Public Viewing bei Fußballgroßereignissen, eine Boccia-Bahn, Cafés, die für das leibliche Wohl sorgen, exzessives Grillen, natürlich fehlt es auch an Spielplätzen für die Kinder nicht. Und – man ist versucht zu sagen: trotzdem – gibt es, wie in allen größeren Parks, jede Menge Vögel. Mitte der 1990er-Jahre wurden 23 verschiedene Arten gezählt, die 180 Territorien besetzten. Neun Jahre nach Kriegsende waren es nur 18 Arten mit 100 Territorien, doch die Zunahme datiert schon aus den 1960er-Jahren. Seitdem hielt sich der Bestand bis zum Ende des Jahrtausends auf etwa gleichbleibendem Niveau.

Unter dieser scheinbar ruhigen Oberfläche hat sich im West-park jedoch vieles verändert. Dominierten in den Fünfzigerjah-ren Haussperling und Amsel, gefolgt von Buchfink, Ringel-taube und Star, gab es Ende des 20. Jahrhunderts kein einziges Spatzenpaar mehr, auch der Feldsperling, ein naher Verwand-ter, verschwand, desgleichen Gelbspötter, Girlitz und Garten-rotschwanz. Dafür waren etliche Arten neu im Park, darunter Zaunkönig, Mönchsgrasmücke und Elster. Jeder dritte Vogel war jetzt eine Amsel, darüber hinaus erreichten nur Ringeltau-ben, Blau- und Kohlmeisen und Buchfinken nennenswerte Zahlen. Einige Arten tauchten auf, blieben für einige Jahre und verschwanden dann wieder. Der Artenturnover, eine Zahl, die dieses Kommen und Gehen zusammenfasst, lag bei 42,1 Pro-zent – innerhalb von 43 Jahren war nahezu jede zweite Vogel-art verschwunden und durch eine andere ersetzt worden, und betroffen waren davon keineswegs nur die seltenen. In natür-lichen Waldökosystemen ist der Artenaustausch nur etwa halb so groß. Obwohl die Zahl und Vielfalt der Vögel im Dortmun-der Westpark über viele Jahre nahezu konstant blieb, konnte von Kontinuität keine Rede sein.

Die zunehmende Fragmentierung der Landschaft ist eine der wichtigsten Ursachen für den Rückgang zahlreicher Pflanzen-und Tierarten. In Städten und ihrer Umgebung wurde sie ins Extrem getrieben. Grünflächen wie der Westpark sind Inseln im Häusermeer und ein solches Inseldasein, ob im Ozean oder in der Großstadt, birgt Risiken, die schon vielen Arten zum Ver-hängnis geworden sind.

Wie groß ist die Insel? Wie weit sind vergleichbare Gebiete entfernt, die nächsten Parks oder Friedhöfe, der nächste Wald? Gibt es grüne Korridore, die diese Inseln miteinander verbinden und gleichzeitig Nahrung und Unterschlupf bieten? Wie ist das Ausmaß der Störung durch Menschen, Hunde und Katzen oder Maschinen? Für die Tiere und Pflanzen einer großstädtischen Lebensraumoase sind das Schicksalsfragen.

Statt von Kommen und Gehen der Arten sprechen die Biologen lieber von lokalem Aussterben und Kolonisierung.[3] Von diesen beiden Prozessen hängt ab, wie sich die Lebensgemeinschaft einer Habitatinsel entwickelt. Im Idealfall halten sie sich die Waage, sodass ein dynamisches Gleichgewicht mit Schwankungen in beide Richtungen entsteht. Wie labil ein solches System auf Störungen reagiert, hängt in hohem Maße von seiner Fläche ab.

In einer der berühmt-berüchtigten »hoch urbanisierten« Vorstädte von Paris haben Französische Wissenschaftler des Centre National de la Recherche Scientifique 67 solcher Habitatinseln untersucht, deren Größe von 0,4 bis 450 Hektar reichte.[4] Wie zu erwarten war, lebten in großen Fragmenten deutlich mehr Vogelarten als in kleinen, doch die Flächengröße wirkte sich auch auf den Artenaustausch aus: Je kleiner die Fläche, desto größer die lokale Aussterberate und desto größer der Turnover. Unterm Strich blieb die Zahl der Arten etwa konstant.

Die Forscher interessierten sich vor allem für den Unterschied zwischen Stand- und Zugvögeln. Einige der häufigsten Stadtvögel, darunter Haussperling, Amsel, Kohlmeise, Blaumeise, Elster und Stadttaube, bleiben im Winter in der Stadt, andere, wie Hausrotschwanz, Mauersegler, Mehlschwalbe oder Nachtigall, treten Jahr für Jahr eine mehr oder weniger weite und gefahrvolle Reise gen Süden an, um dann im Frühjahr wieder in ihre Brutgebiete zurückzukehren. Für ein Leben in der Stadt sind das sehr unterschiedliche Voraussetzungen. Vögel, die das ganze Jahr über mit den Aktivitäten der Menschen konfrontiert sind, haben möglicherweise größere Chancen, sich daran zu gewöhnen. Und sie sind in jedem Fall die Ersten, wenn es im Frühjahr darum geht, einen Nistplatz zu finden. Die Heimkehrer kolonisieren Städte in jedem Jahr neu.

Tatsächlich zeigten sich zwischen diesen beiden Gruppen deutliche Unterschiede. Lokale Aussterberate und Fluktuation waren bei den Zugvögeln höher, vor allem in kleinen Habitatinseln. Sie zeigten aber keinen Zusammenhang mit der Nähe zum Pariser Zentrum, anders als bei den Standvogelarten, deren Artenturnover Richtung City immer geringer wurde. Da ihre Zahl in den drei Untersuchungsjahren erheblich zunahm, zeigte sich für die Forscher darin »ein Trend, die am stärksten urbanisierten Inseln zu besiedeln.« Amsel, Blaumeise, Stadttaube & Co., die auch den Winter in der Stadt verbringen, haben hier die Nase vorn und an der Seine geht es sogar den andernorts kränkelnden Spatzen gut.

Um den meisten Stadtvogelarten in Parks einen Lebensraum zu bieten, ist eine minimale Größe von 10 bis 35 Hektar erforderlich, das haben vergleichende Untersuchungen in ganz Europa ergeben.[5] Nur in Parks dieser Größe besteht eine hohe Wahrscheinlichkeit, dass die Tiere sich über längere Zeit halten können. Dabei unterscheiden sich die Ansprüche der einzelnen Arten stark. Während Amseln sich schon mit zwei bis drei Hektar zufriedengeben, brauchen Ringeltauben, Grünfinken und Blaumeisen ein Vielfaches davon.

Der Westpark in Dortmund bietet mit seinen zehn Hektar gerade das Minimum dessen, was stabile Vogelgemeinschaften bräuchten – ein Grund für die dort ermittelte hohe Fluktuation. Da man Stadtparks leider nicht beliebig vergrößern kann, bleiben nur zwei Möglichkeiten, um die Verhältnisse zu verbessern: Man muss für eine größere Strukturvielfalt auf der vorhandenen

Fläche sorgen und die über das Stadtgebiet verstreuten urbanen Parkinseln mithilfe großzügig begrünter Straßenmittelstreifen oder baumbestandener Alleen vernetzen. Wunder sind davon nicht zu erwarten und in vielen Städten dürften selbst diese Maßnahmen undurchführbar sein. Ein vielfältiges innerstädtisches Vogelleben ist jedoch nicht zum Nulltarif zu haben.

Glücklich preisen können sich jene Städte, in denen große zentrale Parks geplant, angelegt und gegen alle Bebauungspläne verteidigt wurden, bevor das Meer der Häuser über die Flächen hinwegschwappte und sie nie wieder freigab. In der grünen Lunge Berlins, dem Großen Tiergarten, brüten auf 210 Hektar 44 Vogelarten, im fast doppelt so großen Englischen Garten in München sind es über 50. Der New Yorker Central Park mit 341 Hektar und nur 28 Brutvogelarten schneidet eher schlecht ab. Trotzdem gilt er, laut der Audubon Society, »als einer der besten Birding-Spots der Vereinigten Staaten, der Vogelfreunde aus der ganzen Welt anzieht.« Seit seinem Bau vor etwa 150 Jahren sind dort mehr als 280 Vogelarten beobachtet worden.

Historische Stadtfauna

> *Die Avenue de Saint Cloud ist bedeckt*
> *mit moderndem Schlamm und toten Katzen.*
>
> La Morandière, 1764[1]

Schon bei einem Zeithorizont von wenigen Jahren oder Jahrzehnten herrscht in Städten also ein reges Kommen und Gehen, zumal bei so mobilen Geschöpfen wie den Vögeln. Dass sich auch die Flora der Städte dramatisch verändert hat, haben wir schon erfahren. Vor allem durch das massive Vordringen der floralen Einwanderer, der Neophyten, hat die urbane Vegetation heute eine andere Zusammensetzung als noch vor fünfzig oder hundert Jahren. Doch wie hat sich die Fauna der Städte in historischen Zeiträumen verändert? Wie sah sie vor zweihundert oder gar fünfhundert Jahren aus?

Heute wünschten sich viele Forscher, ihre Vorgänger hätten etwas genauer hingeschaut. Stadtökologie und Stadtbiologie sind aber sehr junge Wissenschaften, eine historische Stadtbiologie existiert bestenfalls in Ansätzen und hat mit großen Schwierigkeiten zu kämpfen. Was aus früheren Zeiten zu diesem Thema überliefert wurde, ist meist nur anekdotischer Natur und mit modernen wissenschaftlichen Studien nicht zu vergleichen. Zudem sorgen ungewohnte Pflanzen- und Tiernamen für Verwirrung. Die Tiere der Städte wurden lange vor allem als lästig und schädlich wahrgenommen und dafür gab es, wie wir gesehen haben, gute Gründe. Sie systematisch zu erforschen, kam kaum jemandem in den Sinn, es sei denn, um sie zu bekämpfen.

Vogelfreunde gab es jedoch zu allen Zeiten, deshalb kommen wir auch weiterhin an den Vögeln nicht vorbei. Früher hatte diese Zuneigung allerdings vor allem kulinarische Gründe. Nicht nur das Geflügel, das domestizierte Federvieh der Menschen, auch Wildvögel und ihre Eier, von der Amsel bis zum Zeisig, landeten im Kochtopf.

»Sie speisten Kranich« überschrieben die an den Universitäten in Durham und Birmingham arbeitenden Archäologen Umberto Albarella und Richard Thomas ihre Übersicht über die Bedeutung der Wildvögel in der mittelalterlichen englischen Küche. Gemessen an der Zahl gefundener Knochenreste kann sie nicht sehr groß gewesen sein – ordinäre Hühner- und Gänseknochen dominieren an fast allen Fundstellen. Interessant ist jedoch, wo die Forscher auf Reste von Wildvögeln gestoßen sind: nicht in urbanen und ländlichen Siedlungsresten, sondern fast ausschließlich in englischen Burgen und Schlössern. Wildvögel zu verspeisen war offenbar ein Privileg der High Society. »Einige der Vögel, die gegessen wurden, waren wahrscheinlich nicht besonders schmackhaft«, stellen Albarella und Thomas fest. »Da sie aber teuer und schwer zu bekommen waren, spielten sie eine wichtige Rolle als Symbole für Status und Wohlstand.« Das Fleisch ausgewachsener Tiere ist zäh und sehnig und seine Zubereitung erfordert »ein hohes Maß an Aufmerksamkeit«, doch der effektvoll drapierte Braten eines großen und seltenen Wildvogels machte auf den Tafeln der Aristokratie etwas her und genau deshalb wurde er serviert. Sollte sich das einfache Volk doch mit Getreide vollstopfen. Wer etwas auf sich hielt und es sich leisten konnte, aß Fleisch und speiste Schwan, Storch, Reiher, Fasan oder eben Kranich.[2]

Ausgerechnet dem Bau einer unterirdischen Parkgarage war es zu verdanken, dass Wissenschaftler im südportugiesischen Beja faszinierende Erkenntnisse über die Bedeutung der Vögel in einer spätmittelalterlichen Stadt gewinnen konnten. Die im Vorfeld der Baumaßnahmen eingeleiteten archäologischen Untersuchungen führten knapp außerhalb der alten Stadtmauern zur spektakulären Entdeckung von 137 bis zu fünf Meter tief in den Boden gegrabenen Silos. Die Öffnungen der kolbenförmigen Hohlräume waren ringsum mit Steinen verstärkt und zum Teil mit großen Steinplatten verschlossen worden. Ein zentrales Loch sorgte für ausreichende Belüftung.

Zunächst wurden diese Silos tatsächlich als Lager für verschiedene Lebensmittel benutzt, vor allem für Getreide. Doch im 15. und 16. Jahrhundert begannen die Einwohner von Beja, ihren Abfall vor die Tore der Stadt zu kippen und damit die großen Löcher zu füllen, die ihre Vorfahren gegraben hatten. Es entstand eine mittelalterliche Mülldeponie, die sich ein halbes Jahrtausend später für die spanische Zooarchäologin Marta Moreno-García als wahre Fundgrube entpuppte. Ihr portugiesischer Kollege Carlos Pimenta und die Vergleichssammlung des Laboratório de Arqueozoologia in Lissabon halfen bei der Bestimmung der vielen in diesen Silos außerordentlich gut erhaltenen Knochen und Knochenbruchstücke. Vögel, das wurde nach der Bergung des umfangreichen Materials rasch deutlich, hatten im Leben der Einwohner von Beja eine wichtige Rolle gespielt, nicht nur als Nahrung.[3]

Beja, das heute etwa 25.000 Einwohner hat, lag damals an der Kreuzung zweier wichtiger Handelsrouten und war im späten Mittelalter »eine der wichtigsten und wohlhabendsten Städte südlich des Tejo«. Offenbar wusste man dort eine kräftige Brühe oder ein knuspriges Brathähnchen zu schätzen. Hühner kamen nicht nur in besseren Kreisen auf den Tisch. Auch das Rothuhn, das in der Gegend um Beja sehr häufig war, wurde gern gegessen. Von diesen beiden Vogelarten stammten die meisten der in den Silos gefundenen Knochen. Doch was Beja aus vergleichbaren Untersuchungen in Europa heraushebt, ist die Vielzahl der dort nachgewiesenen Vogelarten. Neben Haus- und Rothuhn wurden die Überreste von 27 weiteren Spezies identifiziert. Wie in England galten viele davon »als Luxusnahrung, die sich nur Personen von hohem Rang leisten konnten«, darunter verschiedene Gänse und Enten sowie Kranich und Goldregenpfeifer. Letztere treten auf der Iberischen Halbinsel nur als Wintergäste auf, waren also nur saisonal verfügbar und galten deshalb möglicherweise als besondere Delikatesse. Aus schriftlichen Quellen ist allerdings überliefert, dass die Jagd auf Vögel in allen Bevölkerungsschichten verbreitet war, sodass auch gewöhnliche Menschen gelegentlich in den Genuss eines außergewöhnlichen Bratens kamen. Die zahlreichen Knochen von Raubvögeln deuten zudem darauf hin, dass die Falknerei weit verbreitet war.[4]

Während der arabischen Herrschaft im frühen Mittelalter wurden Tauben gezüchtet, für Botendienste eingesetzt und auch verzehrt. Offenbar haben die Portugiesen von den Besatzern gelernt und übernahmen die Taubenzucht, wobei sicher, wie überall, immer wieder Vögel entkamen und verwilderten. Fels- und Ringeltauben könnten also in der Stadt gelebt haben. Ob das auch für die Elstern, Raben und Krähen galt, die man in den Gruben fand, ist jedoch zu bezweifeln. Es gibt keinerlei Hinweis darauf, dass sie gegessen wurden. Wahrscheinlich sind sie nur zufällig in die Silos gelangt, während sie sich vor den Toren der Stadt am Müll gütlich taten.

Drei Funde aus Beja sind besonders bemerkenswert, denn sie zeigen, dass Vögel auch anderen Zwecken als dem Verzehr dienten. Der Beinknochen einer Dohle wies Verfärbungen und Deformationen auf. Trug sie einen Ring mit einer Kette? Wurde sie, vielleicht wegen der vielfältigen Laute, die Dohlen erzeugen können, in Gefangenschaft gehalten? In der Gegend um Beja ist das heute noch verbreitet. Vieles spricht zudem dafür, dass die Bevölkerung sich, wie übrigens auch im mittelalterlichen Brüssel, mit Hahnenkämpfen amüsierte. Warum sonst hätte man die Knochensporne an den Beinen einiger Hühner oder Hähne entfernen sollen?

Ein weiteres Rätsel geben die Nachweise von Gänse- und Mönchsgeier auf. Einige ihrer Knochen wiesen deutliche Bearbeitungsspuren auf. Wurden die Aasfresser absichtlich getötet, damit städtische Handwerker aus den langen hohlen Ellenknochen Musikinstrumente herstellen konnten, oder waren sie wie die Krähen bei dem Versuch zu Tode gekommen, in den tiefen Gruben an Abfall zu gelangen?

Belgien/Niederlande, 1. bis 3. Jahrhundert n. Chr.

Riesige Geier, die sich über die Abfälle vor den Toren mitteleuropäischer Städte hermachen, das ist eine Vorstellung, an die man sich erst gewöhnen muss. Nachdem schon in den 1980er-Jahren ein Fragment aufgetaucht war, wurden kürzlich in der Nähe von römischen Siedlungsresten weitere Knochen von Mönchsgeiern gefunden, darunter in einer ehemaligen Müllgrube ein fast vollständiges Skelett. Mönchsgeier sind heute extrem seltene Gäste im nordwestlichen Mitteleuropa und Belege für eine Präsenz der Tiere im Mittelalter fehlen. In den letzten 200 Jahren wurden in den Niederlanden nur drei Sichtungen gemeldet, in Belgien keine. Was hatte dieser größte Vogel der Alten Welt also in den Low Countries zu suchen, dem historischen Land um die Mündungen von Rhein, Schelde und Maas? Wahrscheinlich lockte das relativ warme Klima in römischer Zeit die Tiere, die in ihren mediterranen Brutgebieten damals viel häufiger waren als heute, nach Norden. Auch in Deutschland, der Schweiz und Frankreich gibt es Knochenfunde aus dieser Zeit. Da in römischen Siedlungen typischerweise viel Fleisch verarbeitet wurde und die Schlachtabfälle außerhalb der Städte deponiert wurden, fanden die Aasfresser eine verlockende Nahrungsquelle vor. Wie lange die Mönchsgeier im nördlichen Mitteleuropa anzutreffen waren, bleibt vorerst ungeklärt.[5]

Dohlen als Haustiere, Hahnenkämpfe als Volksbelustigung, Taubenzucht, Falknerei, die Jagd auf Vögel, Handwerker, die Knochen und Federn verarbeiteten, und eine Küche, in der fast alles verwertet wurde, was Federn hatte – Vögel waren für die Bewohner von Beja in den unterschiedlichsten Zusammenhängen von Bedeutung. Draußen, in den Müllgruben vor den Toren der Stadt, trieben sich Rabenvögel und möglicherweise sogar Geier herum.

So beispiellos bunt und lebendig dieses Bild von Menschen und Vögeln im mittelalterlichen Beja auch ist, die meisten, wenn nicht alle nachgewiesenen Vogelarten stammten sicher nicht aus der Stadt selbst, sondern aus der näheren und weiteren Umgebung. Das Gleiche gilt für die Tiere, die man in England, Polen, Belgien und Norddeutschland in Siedlungsresten aus dieser Zeit gefunden hat.[6] Es ist sehr unwahrscheinlich, dass so große Vögel wie Enten, Gänse, aber auch Graureiher und Kraniche damals wild in Städten lebten.

Doch was ist mit den kleineren Singvögeln, die uns heute so viel Freude bereiten? Sie gehörten vermutlich »zu den am meisten konsumierten wild lebenden Vögeln«, betonen englische und portugiesische Experten unisono, in archäologischen Funden seien sie aber generell unterrepräsentiert. Ihre winzigen Knochen sind nur zu finden, wenn das Substrat sorgfältig gesiebt wird – eine aufwendige Prozedur, die meistens aus Zeit- und Geldmangel unterbleibt. Ein paar Knöchelchen in den Silos von Beja belegen zwar die Präsenz von Drosseln und Staren, die Frage, ob diese Vögel auch innerhalb der Stadtmauern zu hören waren, können sie nicht beantworten.

Eins ist klar: Für alle Tiere, die damals von Menschen gegessen wurden, waren Städte ein lebensgefährliches Terrain, und wer, ob groß oder klein, lässt sich schon freiwillig mitten in der Höhle des Löwen nieder? »Die Begüterten in der Stadt kennen Vögel als teure Leckerbissen«, schrieb der Göttinger Mittelalterexperte Ernst Schubert. Gebratene Täubchen waren so beliebt, dass die Stadt Frankfurt eine »eigene Ratskommission, die der ›Taubenherren‹«, einrichtete, um zu verhindern, dass sich die Bürger gegenseitig ihre Tauben wegfingen und darüber in Streit gerieten. Der Vogelhändler hieß Däubler oder Täubner, bei ihm konnte man aber mehr als nur Tauben kaufen. »Nicht nur gemästete Fettammern, sondern auch Lerchen, Stieglitze und Finken werden gefangen, gebraten, mit süßer Brühe übergossen, auf langen Stäben aufgespießt und als ›Spießvögel‹ auf den Märkten verkauft. [...] Die Küche des Grafen von Stolberg zu Wernigerode verbrauchte 1.525 122 Hühner, 3.024 ›Großvögel‹, 8.010 ›Kleinvögel‹. Und 1.546 werden bei einer Fürstenhochzeit in (Hann.) Münden 4.740 Vögel verzehrt.«[7]

Das klingt nicht so, als hätten Stadttauben und ihre ganze singende Verwandtschaft ein geruhsames urbanes Leben führen können. Fast 5.000 Vögel bei einer einzigen Hochzeit – unsere gefiederten Freunde taten damals gut daran, sich vom Menschen fernzuhalten.

»Noch um 1200 war die urbane Siedlung eine Sammlung von isoliert stehenden Gehöften«, beschrieb Ernst Schubert die Verhältnisse in Mitteleuropa. »Erst mit der im 13. Jahrhundert einsetzenden geschlossenen, zumeist giebelständigen Bebauung, mit der Bildung von Straßen- und Gassenzügen grenzte sich das Stadtbild von der ländlichen Siedlung ab.«[8] Damit begannen die Probleme, mit denen sich zweihundert Jahre später auch die Bewohner von Beja herumgeschlagen haben dürften. Denn die vielen Nahrungsmittel, die in die Stadt transportiert und dort verzehrt werden, verwandeln sich auf ihrer Passage durch das Gedärm der Bewohner damals wie heute in stinkende Ausscheidungen, die noch dazu ein erhebliches Gesundheitsrisiko darstellen. »In ganz Europa war der Dreck auf den Straßen eine

Alltagsrealität.[…] Etwas Verzweifeltes haftet allen Maßnahmen zur urbanen Sauberkeit an. Der Dreck bleibt ein Dauerproblem der spätmittelalterlichen und noch der frühneuzeitlichen Stadt.«[9]

Dreck – damit sind vor allem Kot, Urin und organische Abfälle aller Art gemeint. Es herrschten unvorstellbare Zustände, vor allem in den Wohnvierteln, wo die Menschen auf engstem Raum zusammenlebten. »Dreck ist auch Folgeerscheinung der Armut. Die Innenstädte sind sauberer als die Randgebiete.«[10]

Der Inhalt der »Nachtgeschirre« wurde auf die ungepflasterten Straßen geschüttet, die dadurch »von einer stinkenden Schlammschicht überzogen« und nur »durch Brettersteige oder im Abstand einer Schrittlänge aufgestellte breite Steine begehbar« waren. Trotzdem mussten noch »Holztreter«, sogenannte Trippen, »unter die modischen Schuhe geschnallt werden, um das teure Leder nicht dem ätzenden Dreck der Straße auszusetzen.«[11] Das änderte sich erst im Spätmittelalter, als man dazu überging, Straßen und Plätze von gut bezahlten Spezialisten, den »Wegemachern«, pflastern zu lassen. Sauber wurde es dadurch noch lange nicht. »In Braunschweig wurden die Steinwege vor den Märkten, den öffentlichen Gebäuden und den Brücken nur zwei- oder dreimal im Jahr durch den Stadtknecht gefegt.«[12]

Nicht nur Fäkalien landeten auf den Straßen, auch Abfälle aller Art und tote Tiere. Ein einzelner Knecht war im Nürnberg des Jahres 1490 dafür zuständig, mit einem Kübel durch die Gassen zu gehen, »um verendete Tiere, von den Säuen bis zu den Katzen, die einfach weggeworfen wurden, einzusammeln.« Vor den Häusern lagen Misthaufen und stanken vor sich hin, denn »die spätmittelalterliche Urbanität«, so Ernst Schubert, »war immer noch agrarisch grundiert.« Je nach Größe des Haushalts war den Bürgern gestattet, eine bestimmte Anzahl an Kühen und Schafen zu halten.[13]

Das wichtigste »Wirtschaftshaustier« war aber das Schwein, das damals einem Wildschwein noch sehr ähnlich sah. Nachts blieben die Tiere zwar im Stall, doch tagsüber liefen sie frei in der Stadt herum und waren vor allen anderen für die Verschmutzung der Straßen verantwortlich. In Goslar durften die Schweineställe wegen des Gestanks »nicht vor den Häusern an den Straßen, sondern nur im Hinterhof errichtet werden«. Die Bürger entsorgten ihren Mist, wo immer sie Platz fanden, sogar auf Friedhöfen und dem Burghof in Braunschweig. »Wilde Deponien gehörten zum Alltag vieler Städte. [...] Die Einrichtung von öffentlichen Müllplätzen in den einzelnen Stadtvierteln ließ selbst in einer Stadt wie Zürich bis in das 16. Jahrhundert auf sich warten.« Frankfurt verfügte 1411, dass der Unrat im Sommer spätestens nach einer Woche, im Winter nach vierzehn Tagen fortgeschafft werden müsse. Schon ein Jahr später wurde die Frist auf die in anderen Städten bereits üblichen drei Tage verkürzt, zur sofortigen Abfuhr wurden die Bürger erst ein halbes Jahrhundert später verpflichtet. Weil man das Problem nicht in den Griff bekam, musste die Schweinehaltung schließlich in vielen Städten verboten werden.[14] Berlin verbannte das Borstenvieh erst 1860 aus seinen Stadtmauern.[15]

Menschliche Ausscheidungen galten allerdings als das beste Düngemittel überhaupt. Die Bauern vor den Toren der Stadt konnten darauf kaum verzichten. »Jedes Kilogramm ist so viel wert wie ein Kilogramm Weizen«, schrieb ein gewisser H. Sponi noch Mitte des 19. Jahrhunderts.[16] Er stellte Berechnungen an, nach denen den Engländern durch die Einführung von Wasserspülung und Schwemmkanalisation 250.000 Francs im Jahr verloren gingen. In Zürich hatte man schon im 12. Jahrhundert damit begonnen, hinter den Häusern Abwasser- und Jauchegräben auszuheben, die mit Stroh ausgelegt wurden, damit die wertvolle Fracht nicht einfach in die Limmat floss. Immer wieder führte diese Praxis zu Verstopfungen und Überschwemmungen, deren Auswirkungen man sich lieber nicht auszumalen versucht. Wenn alles funktionierte, sickerten die flüssigen Bestandteile über eine Rinne in Fluss und See, das Stroh mit dem festen Rest aber wurde regelmäßig wieder herausgeholt, am Straßenrand getrocknet und schließlich zum Düngen in die Gärten und auf die Felder und Weinberge vor der Stadt gebracht, ein nahezu geschlossener ökologischer Kreislauf.[17]

Neben Nutztieren wurden auch Hunde und Katzen gehalten, letztere vor allem wegen der vielen Ratten und Mäuse. Um die kümmerten sich auch die Stein- oder Hausmarder, wie sie in Zürich genannt wurden. Autokabel, deren Ummantelungen sie hätten anknabbern können, gab es ja damals noch nicht, also blieben sie meist in den Dachstühlen, die auch der Vorratshaltung dienten und dadurch zum Ratteneldorado wurden, und lieferten sich mit ihrer Beute nachts laute Verfolgungsjagden. Es handelte sich zunächst nur um Hausratten, *Rattus rattus*, die das nördliche Europa im frühen Mittelalter besiedelten und dort als Wirt pestübertragender Flöhe Schicksal spielten. Zu diesem Zeitpunkt hatten sie allerdings schon eine halbe Weltreise hinter sich, denn aus dem südlichen Indien kommend, waren sie über Persien ins östliche Mittelmeergebiet gelangt und hatten im Schlepptau der Römer die Alpen überquert. In Pompeji fand man unter meterdicker Vulkanasche ihre Skelette, ein Beweis, dass sie schon in der Antike mit Menschen unter einem Dach lebten. Ab dem späten 18. Jahrhundert wurden sie von den größeren, ebenfalls aus Asien stammenden Wanderratten, *Rattus norvegicus*, verdrängt.[18] Heute ist die Hausratte sehr selten geworden, ein weiterer Eintrag in der Liste ehemaliger Stadtbewohner. Sie wird sogar in der Roten Liste als gefährdete Tierart geführt.

Hunderassen gab es noch nicht, doch relativ schmächtige Kläffer, mit 24 bis 55 Zentimetern kleiner als ihre Verwandten auf dem Land, waren schon »Begleiter des Menschen im Alltagsleben der Stadt«. Wenn sie zu Herumtreibern wurden, kannte man keine Gnade. Ein Gehilfe des Henkers, der Wasenmeister, Schinder oder Hundeschläger, nahm sich ihrer an und kassierte »dafür vom Rat eine im Stücklohn gestaffelte Prämie«. Nürnberg verfügte im Jahr 1430, dass alle Hunde des Nachts im Haus einzusperren seien. Ihr Gebell wurde von den Ratsherren zum Sicherheitsrisiko erklärt, was erahnen lässt, wie zahlreich sie waren. Die Verantwortlichen hatten Angst, dass die »Wächter auf Türmen und Stadtmauern« wegen des Gekläffs »verdächtige Geräusche überhören« könnten. Man lebte schließlich in unsicheren Zeiten.[19]

In einem solchen Stadtbiotop feierten Mäuse, Ratten und diverses mehr oder weniger unerfreuliches Kleingetier zweifellos fröhliche Urstände. Sicher gab es auch eine rege Körper- und Indoor-Fauna, die allerdings noch nicht ihre heute bekannte Vielfalt erreicht hatte. Die meist wärmeliebenden Arten gelangten ja mit dem weltweiten Handelsverkehr nach Mitteleuropa und dauerhaft überleben konnten sie erst, als die Menschen Mittel und Wege gefunden hatten, ihre Häuser und Wohnungen rund um die Uhr zu heizen. Im Mittelalter gab es nur einen warmen Ort im Haus: den Herd.

Eine Tierwelt, deren Lebensraum heute glücklicherweise aus den Städten reicher Länder verschwunden ist, erlebte inner- und außerhalb mittelalterlicher Stadtmauern ihre Blütezeit: die

Koprophagen, die Liebhaber von Kot und Mist, die Tierwelt der Jauchegruben und Latrinen. Niemand wird ihnen eine Träne nachweinen. Doch unser Thema ist das Kommen und Gehen der Arten in der Stadt, und hier ist eine ganze Lebensgemeinschaft verschwunden, die über Hunderte von Jahren zum festen Bestandteil jeder Stadtnatur gehört haben dürfte.

Johann Caspar Füssli, Bruder des bekannten Malers Johann Heinrich Füssli, veröffentlichte 1775 eine Abhandlung über die Insekten der Schweiz, in der er drei Käfer- und acht Fliegenarten aufführte, die es sich damals in menschlichem Kot gut gehen ließen. Dazu kam die Abortfliege, *Psychoda phalaenoides*, ein winziges Insekt aus der Familie der Schmetterlingsmücken, die »damals in den Abtritten der Häuser sehr gemein« war. Mistbienen, *Eristalis tenax*, traten »in unzähliger Menge«[20] auf. In Wirklichkeit handelt es sich nicht um eine Biene, sondern um eine etwas aus der Art geschlagene große Schwebfliege, die Bienen ähnlich sieht und im Erwachsenenalter eine harmlose Blütenbesucherin ist. Noch heute zieht es sie bis weit in die Innenstädte. Ihre wegen eines langen Fortsatzes Rattenschwanzlarven genannten Jugendstadien leben häufig in Jauchepfützen. Und da wir schon bei den Fliegen sind, auch Fleisch- und Schmeißfliegen waren »überall sehr gemein«, von der Stubenfliege gar nicht zu reden. Die Fliegenplage muss in diesen Zeiten außerordentlich gewesen sein.

Wo es ein reichhaltiges Insektenleben gibt, da finden sich schnell interessierte Abnehmer. Wiedehopfe besuchten die Orte, um die Menschen, wenn möglich, einen großen Bogen machen, ein lebhaft gemusterter Vogel mit einer auffälligen Federkrone, die ihn größer erscheinen lässt, als er ist. Auch er ist natürlich ein Feinschmecker, der auf der Suche nach Insekten mit seinem gebogenen Schnabel in Kot und Mist herumstochert. In nordafrikanischen Städten kann man ihn noch heute dabei beobachten. Der Gestank der Wiedehopfnester wurde lange auf seine unappetitlichen Ernährungsgewohnheiten zurückgeführt. In Wirklichkeit entsteht er durch ein stinkendes Sekret der Bürzeldrüse, das die Jungen bei Gefahr absondern, ähnlich wie die nordamerikanischen Stinktiere.

London, 1858, »The Great Stink«

Ein besonders trauriges Kapitel im Katalog stadtökologischer Sünden waren die Bäche und Flüsse, eigentlich die Lebensadern mittelalterlicher Städte, denen man aber bedenkenlos alles aufbürdete, was die Städter loswerden wollten, nicht nur Exkremente, sondern auch die Abfälle vieler Betriebe. Ob in Paris, London oder Amsterdam, über Hunderte von Jahren war der bestialische Gestank, der von den Kanälen, Flüssen und deren Ufern ausging, ein offenbar nicht zu lösendes Problem. Noch Mitte des 19. Jahrhunderts musste das englische Parlament geschlossen werden, weil die von der Themse aufsteigenden Gerüche schier unerträglich waren, ein Ereignis, das als »The Great Stink« in die Geschichte einging. In ihrem gleichnamigen Roman (Dt.: *Der Vermesser*) beschreibt Clare Clark, was die Londoner zu ertragen und zu verantworten hatten: »Der Fluss kannte weder Scham noch Anstand. Er versteckte seinen Unrat nicht in engen Gassen und Elendsquartieren der niedriger gelegenen Stadtteile, wie es die Vertreter der Obrigkeit vielleicht gern gehabt hätten. Vielmehr [...] floss er, ohne sich im Mindesten zu genieren, als großer offener Strom aus Scheiße mitten durch die Hauptstadt, wobei sich die Klümpchen und Klößchen von Arm und Reich unterschiedslos in seinen Fluten gegenseitig anrempelten und aneinander rieben. [...] Zu gewissen Zeiten, vor allem morgens und abends, wenn zwanzig

Dampfer oder mehr mit ihren großen Schaufelrädern unter der London Bridge hindurchpflügten, war das Wasser so dick und braun, dass man glauben mochte, es würde ohne Weiteres das Gewicht eines Menschen tragen und man könnte trockenen Fußes ans andere Ufer gelangen. An heißen Tagen haute einen der Gestank schier um.«[21]

Für Nachtigall, Amsel und Co., für fast alle, die wir heute als willkommenen Teil unserer urbanen Natur schätzen, war die Stadt des Mittelalters kein lebenswerter Ort. Sie bot in der Regel weder Nahrung noch Nistplätze. Wie es unter diesen Umständen möglich war, dass der Frühhumanist Aeneas Sylvius Piccolomini, der spätere Papst Pius II., von »einer Art immerwährendem Frühling« sprechen konnte, als er die Eindrücke eines Baselbesuchs beschrieb, erscheint zunächst rätselhaft. Den Gesang der Vögel kann er nicht gemeint haben, oder etwa doch?[22]

Tatsächlich gab es viele Singvögel in Basel. Sie sangen jedoch nicht draußen, sondern drinnen, hinter den Mauern und Fenstern der Bürgerhäuser, und genau darauf bezog sich Aeneas Sylvius. Stare, Meisen, Elstern und andere Vögel wurden dort in so großer Zahl gehalten, dass ein Besucher »durch einen klingenden lieblichen Wald zu schreiten« meinte.[23]

Was sich nicht freiwillig einfand, fing man sich draußen vor den Toren der Stadt. Vielleicht sollte der aus den Vogelkäfigen schallende Gesang dem allgegenwärtigen Dreck und Gestank wenigstens in den eigenen vier Wänden etwas entgegensetzen.

Ein ganz anderes, durchaus idyllisches Bild mittelalterlicher Stadtnatur zeichnet der Schweizer Biologe und Schriftsteller Stefan Ineichen. Sein Buch über die Naturgeschichte von Zürich ist eine wahre Fundgrube für historisch interessierte Stadtbiologen, das Ergebnis einer einmaligen und faszinierenden Spurensuche, die nur möglich war, weil interessierte und gebildete Bürger die Natur ihrer Stadt zu verschiedenen Zeiten mit offenen Augen beobachtet haben und ihre Eindrücke in Wort und Bild zu Papier brachten. Zu nennen wären Heinrich Rudolf Schinz, ein Zoologe, der seit 1833 einen Lehrstuhl für Naturgeschichte an der Universität Zürich innehatte, und vor allem Konrad Gessner[24], Altphilologe, Stadtarzt von Zürich und Naturforscher, einer der berühmtesten Gelehrten seines Landes. In sein 1557 erschienenes »Vogelbuch«, aber auch in andere zoologische Schriften flossen Beobachtungen ein, die er in und um Zürich gemacht hatte.

Da man sowohl die um 1150 begonnenen Stadtmauern als auch die Schanzanlagen 500 Jahre später sehr großzügig um die Stadt gezogen hatte, muss das alte Zürich[25] eine vergleichsweise ›grüne‹ Stadt gewesen sein, in der Platz für Nutzgärten und später auch für einige barocke Ziergärten war, die in ihrer strengen Geometrie aussahen, als seien sie nicht gepflanzt, sondern »gedrechselt und gezirkelt« worden.[26] Hier muss es auch Singvögel gegeben haben, denn die Stadt erließ schon im 16. Jahrhundert Bestimmungen zu ihrem Schutz, weil Vögel »die wahren Reiniger der Bäume« seien und »mit ihrem lieblichen Gesang die Herzen der Menschen erfreuen«.[27] Auf einigen Hausdächern nisteten Störche, wenn auch nicht so viele wie in Luzern, wo der dort amtierende Stadtschreiber 35 Horste zählte und einmal, im Jahr 1609, sogar Geschütze abgefeuert wurden, um Raben von den Storchennestern zu vertreiben. Konrad Gessner berichtet, dass auch Krähen auf den Dächern nisteten, sie waren aber extrem unbeliebt und wurden vertrieben und verfolgt. Der Vorsteher des Bauamtes zahlte Kopfprämien für jeden erlegten Vogel.

Der Waldrapp aus Konrad Gessners »Vogelbuch«

Die Schädlingskontrolle in den städtischen Gärten wurde von den seltsamen Waldrappen übernommen, einer schwarzen Ibisart mit rotem Schnabel und im Alter kahlem Kopf. Gessner sezierte einen toten Vogel und fand in dessen Magen Maulwurfsgrillen und Engerlinge. Der Waldrapp nistet in kleinen Kolonien an steilen Felshängen und Ruinen. Damals gab es auch am Mönchsberg in Salzburg eine solche Kolonie, die von übermütigen Bürgern gelegentlich von den umliegenden Gassen aus beschossen wurde. Junge Waldrappe galten in besseren Kreisen als Delikatesse. Vogeljäger seilten sich deshalb zu ihren Nestern ab, um die Jungvögel aus den Nestern zu stehlen. Da man ihre Dienste als Schädlingsvertilger schätzte, stellten Salzburg und andere Städte die Tiere unter Schutz. Genützt hat es dem

Waldrapp nichts. Er ist heute nahezu ausgestorben. Da sich die Vögel in Zoos gut vermehren, laufen derzeit in mehreren Ländern Auswilderungsprogramme, die sich aber wegen des Zugverhaltens der Vögel schwierig gestalten.

Ineichens Augenmerk richtet sich zunächst weniger auf die Stadt selbst als auf die sie umgebenden Wassergräben und Mauern, zwischen denen ausgesetzte Hirsche grasten, später auch Hasen, Rehe und Gemsen. Ab und an wurden die Tiere erschossen und verzehrt. Danach musste der »Hirschengraben« wieder neu bevölkert werden.

Entlang der Befestigungsanlagen führte ein Spazierweg, auf der einen Seite das bäuerlich geprägte Umland, auf der anderen die steil aufragende Mauer mit den Wehrtürmen, in denen Fledermäuse, Marder und Steinkäuze wohnten. Natursteinmauern sind ein spezieller Lebensraum, der je nach Exposition und Beschaffenheit eine ganz eigene Tier- und Pflanzenwelt beherbergt, und so konnte Gessner an den Steinen häufig einen hübschen kleinen Vogel herumklettern und in den Fugen stochern sehen, den er »Murspecht« oder »Kletterspecht« taufte.

Auch der Zoologe Heinrich Rudolf Schinz entdeckte den heute »Mauerläufer« genannten Vogel gelegentlich noch im Zürich des 19. Jahrhunderts. Heute ist er, wie Wiedehopf und Waldrapp – alle drei echte Charakterköpfe der Vogelwelt – aus der Stadt verschwunden. Er lebt wieder an den steilen Felswänden der Alpen, dort, wo er vermutlich herkam. Als hätten ihn die Menschen nachhaltig vergrault, hat sich der Mauerläufer an steile alpine Felswände und damit in einen derart unzugänglichen Lebensraum zurückgezogen, dass er zu den wenigen Vogelarten Mitteleuropas gehört, von denen kaum zuverlässige Bestandszahlen bekannt sind. Er scheint jedoch recht häufig zu sein. Nur von den heutigen Städten will er nichts mehr wissen.

Vor der Hauskatze übernahmen zwei andere Tierarten die Mäusebekämpfung in den Häusern, die, halb gehegt, halb geduldet, mit den Menschen unter einem Dach lebten: Mauswiesel und Ringelnatter. Im Zürich Konrad Gessners waren sie noch präsent – das Mauswiesel nannte er »Hauss- oder einheimisches Wieselein«. Die Tiere lebten in Scheunen und Ställen und unterm warmen Herd. Da man die kleinen Hauswiesel, *Mustela nivalis*, als Bundesgenossen willkommen hieß, konnten sie sehr zutraulich werden. »Frauen nahmen es auf den Schoß und streichelten das Pelztier. Es verbreitete Heiterkeit im Haus. Mustela« – so die lateinische Bezeichnung der Gattung – »kam als Mädchenname vor.«[29] Der Spaß hörte auf, wenn die possierlichen Tierchen sich an Lebensmitteln und Geflügel der Gastgeber vergriffen. Vielleicht weil dies nicht gerade selten vorkam, wurde die Stelle des häuslichen Kammerjägers später lieber an die von den Römern nach Mitteleuropa gebrachten Hauskatzen vergeben. Dennoch: Wer ihm die lästigen Nager vom Hals schaffte, war des Menschen Freund, sogar wenn er statt eines weichen Fells nur kalte, harte Schuppen trug.

Wie positiv Schlangen über lange Zeit gesehen wurden, ist aus heutiger Sicht erstaunlich. »In deutschen Volkserzählungen tritt die Schlange als guter Hausgeist auf, der mit Milch und Honig gefüttert wird«, berichtet Stefan Ineichen. »Wird die Schlange getötet oder vertrieben, verschwindet auch das Glück des Hauses.« Noch im 19. Jahrhundert schreibt der Zoologe Heinrich Rudolf Schinz über die Ringelnatter: »In der Nähe der Häuser, in Scheunen oder Ställen sind sie sehr nützliche Tiere und fressen viele Mäuse weg; man tut daher wohl sie zu schonen und nicht zu vertilgen. An einigen Orten hält man es für ein Glück, wenn diese Schlangen sich den Häusern nähern, und die Kinder spielen mit ihnen. [...] Man darf sie auch ohne Gefahr anrühren. [...] Sie legen Eier, welche ganz häutig sind. [...] Diese Eier werden am öfteren in Mist oder auch in die Sägespäne der Sägemühlen gelegt.« Mitunter nahm die Schlangenbrut allerdings überhand wie im Schulhaus Stallikon, wo sie trotz halbherziger Bekämpfungsmaßnahmen über mindestens 250 Jahre Unterschlupf fanden, bis das Haus 1906 »wegen der Natternplage« abgerissen wurde.[30]

Ihre beste Zeit hatten diese sehr unterschiedlichen Mäusefänger aber im Mittelalter bereits hinter sich. Stefan Ineichen weist darauf hin, wie häufig Wiesel in antiken Fabeln auftreten. Sie müssen den Menschen sehr vertraut gewesen sein. Auf griechischen Vasen und in etruskischen Grüften finden wir Darstellungen von Wieseln, die »Lampenständer hochklettern, während Festessen unter Sofas schleichen und unter Stühlen hocken.«[31]

Lucius Annaeus Seneca, der im spanischen Cordoba geborene römische Schriftsteller und Senator, hielt in seinem Haus Schlangen, die »während dem Essen auf dem Boden herumschlichen, am Sofa hochglitten und den Gästen über den Schoß schlichen.«[32]

Lassen wir Altertum und Mittelalter hinter uns und reisen in eine zivilisierte europäische Großstadt des späten 18., frühen 19. Jahrhunderts, am besten frühmorgens und im zeitigen Frühjahr, wenn der Gesang der Vögel am lautesten und leidenschaftlichsten ist. Lassen Sie einfach alles stehen und liegen, wir sind gleich wieder zurück. Allerdings ... vielleicht sollten Sie sich noch etwas zurechtmachen. Wir fahren nämlich nicht in irgendeine Stadt, sondern nach Paris, dem Zentrum der Haute Couture. Machen Sie sich keine Sorgen, besondere Vorkehrungen sind, denke ich, nicht zu treffen. Seit dem Mittelalter sind mehr als dreihundert Jahre vergangen. Schlangen und Wiesel werden uns in dieser Zeit nicht mehr zu nahe kommen und ihre Abfall- und Hygieneprobleme haben die Stadtbewohner sicher in den Griff bekommen.

Doch weit gefehlt: Wir landen in einer engen, dunklen Straße, und vor jeder anderen Sinneswahrnehmung verschlägt uns ein nie gekannter, ekelhafter Gestank den Atem. Mit »Pesthauch und Blütenduft«, Alain Corbins berühmter »Geschichte des Geruchs«, hätten wir uns auf das vorbereiten können, was uns erwartet: »Macht nur heute den Versuch, Paris auf einem beliebigen Wege zu verlassen«, zitiert Corbin den Berichterstatter des Gesundheitsrats aus dem Jahre 1827, »und Ihr werdet nicht fehlen, zahlreichen Karren mit Straßenkot zu begegnen, Euch jeden Augenblick im Dunstkreis eines Schindangers zu wähnen.« Schindanger sind öffentliche Plätze, auf denen tote Tiere gehäutet und die Kadaver vergraben oder den Aasfressern überlassen werden. In Montfaucon vor Paris befanden sich nicht nur die wichtigsten Galgen der französischen Könige, sondern auch die Abdeckereien und Gipsöfen, die Werkstätten der Darmsaitenmacher und große Sammelgruben, ein apokalyptischer Ort, obwohl Montmartre in Sichtweite lag. In

Deutschland wurden Schindanger Ende des 19. Jahrhunderts verboten. In anderen Teilen der Welt, sogar in Südeuropa, gibt es sie noch heute. »Um zu wissen, dass man sich der ersten Stadt der Welt nähert«, fährt der Berichterstatter fort, »wird man bald nicht mehr warten müssen, bis man die Spitzen und Türme ihrer Bauwerke erblickt: die Nase wird einen schon vorher warnen.«[33]

Unsere Nase warnt nicht, sie schlägt Alarm. Uns schwinden die Sinne. Alain Corbin weist darauf hin, dass der Gestank gegenüber früheren Epochen nicht schlimmer geworden ist, doch »etwa ab Mitte des 18. Jahrhunderts wächst die Empfindlichkeit gegenüber Gerüchen«. Die Bürger beginnen, sich heftig zu beklagen. »Die neue Mode, zu Fuß zu gehen, gibt der Entrüstung weiteren Auftrieb.« Den Rat des berühmten Arztes Théodore Tronchin befolgend, »verzichten sogar die Damen der Aristokratie auf die Benutzung der von körperlichen Ausdünstungen verseuchten Karossen, um in vollen Zügen eine Luft zu atmen, die selbstverständlich rein sein muss.«[34] Um wie viel mehr gilt das für Menschen des 21. Jahrhunderts. Wir kennen nur desodorierte öffentliche Räume, von den Toiletten bei Großveranstaltungen einmal abgesehen.

Auf das, was uns hier erwartet, sind wir jedenfalls nicht vorbereitet. Schweine rennen in diesen Zeiten zwar keine mehr herum, im engen Straßengewirr der Innenstadt sind aber schon zahlreiche Fußgänger und Fuhrwerke unterwegs und Dreck ist noch immer allgegenwärtig. »Der Schlamm von Paris ist ein komplexes Gemisch aus allerhand Sand, der sich zwischen die Pflastersteine setzt, stinkenden Abfällen, moderndem Wasser und Pferdemist«, schreibt Corbin. »Die Räder der durchfahrenden Karossen sorgen für die rechte Mischung und gute Verteilung: Sie lassen den ekligen Dreck auf die Sockel der Mauern und die Passanten spritzen. [...] Die Kloakenentleerer verpesten die Straßen; um sich den Weg zum Schindanger zu sparen, kippen sie die Tonnen einfach in den Rinnstein. Die zahlreichen Polizeivorschriften, die dieser Plage ein Ende setzen sollten, finden keine Beachtung. Auch die Walkmühlen und Weißgerbereien tragen ihren Teil dazu bei, den Harngestank zu mehren. Die Fassaden der Pariser Häuser sind vom Urin zersetzt [...].«[35]

Genug! Aufhören! Hat sich denn nichts verbessert? Kein Wunder, dass noch in Artenlisten aus dem 19. Jahrhundert Käfer aufgeführt wurden, deren Larven in und von menschlichem Kot leben.[36]

Was haben die Stadtmenschen in den vergangenen Jahrhunderten nur getrieben? Es tut mir leid, aber konnte man damit rechnen, dass sich ausgerechnet Paris, das »Zentrum der Wissenschaften, der Künste, der Mode und des guten Geschmacks« auch als »Zentrum des Gestanks« entpuppt?[37] Passen Sie bitte auf, wohin Sie treten, und fassen Sie am besten nichts an. Mein Gott, und ich habe Sie sogar noch aufgefordert, sich umzuziehen. Vorsicht, da kommt schon wieder eine Pferdekutsche angedonnert. Was für ein Albtraum! Man wagt kaum, Luft zu holen. Bloß weg hier.

Kein Baum in den Straßen, nicht mal ein grünes Hälmchen zwischen den Pflastersteinen. Und von einem Vogelkonzert kann keine Rede sein. Ein parfümiertes Taschentuch vor Mund und Nase gepresst, kämpfen wir uns durch das Gedränge. Elende, in Lumpen gekleidete Gestalten schleppen sich an uns vorbei. Mitunter ist das Pflaster glatt wie Schmierseife und wir versuchen, nicht daran zu denken, was dafür verantwortlich sein könnte. Es dauert eine gefühlte Ewigkeit, bis wir plötzlich vertraute Stimmen zu hören meinen. Getschilpe. Tatsächlich, es wird heller, sogar die Luft scheint besser zu werden.

Direkt vor uns befindet sich ein Halteplatz für Pferdedroschken. Die Kutscher hängen den Kleppern Säcke um den Hals, aus denen sie fressen können. Pferdeäpfel und Futterreste bedecken das Pflaster und dazwischen wuseln sie herum: Scharen von Haussperlingen, viele Tauben, sogar einige Goldammern und Haubenlerchen.[38] Wir starren sie lächelnd an und holen erleichtert Luft. Seltsam, fast scheint es so, als seien uns die Vögel vertrauter als die Menschen mit ihrer merkwürdigen Kleidung, den verrückten Bärten und Frisuren. Dank der Tiere fühlen wir uns in dieser fremden, stinkenden Stadt endlich ein wenig heimisch.

Doch dann entdecken wir den großen Vogel und mit den Heimatgefühlen ist es vorbei. Ein Roter Milan. Die Menschen machen zwar einen Bogen um das Tier, würdigen es aber kaum eines Blickes, dabei hockt hier mitten in der Stadt ein großer Greifvogel auf dem Pflaster, im Zentrum eines belebten Platzes. Er hebt den Kopf, um sich mit stechenden Augen umzuschauen, dann widmet er sich wieder dem Ding, das er in seinen Klauen hält. Was tut er da? Er hat etwas im Schnabel, weidet irgendetwas aus. Einen Katzenkadaver. Widerlich.

Die europäische Stadt, vor 1900

Früher waren Raben und Greifvögel in europäischen Städten viel häufiger als heute. In mittel- oder südamerikanischen Städten sind sie auch im 21. Jahrhundert noch ein alltäglicher Anblick. Wenn sie etwas Verwertbares finden, treten Truthahn- und Rabengeier meist in Trupps auf. Die großen schwarzen Vögel profitieren von der zunehmenden Entwaldung, von Viehzucht, Schlachthöfen und wachsenden Müllbergen. Mit ihren nackten roten bzw. schwarzen Köpfen sind sie nicht gerade Kandidaten für einen Schönheitspreis, die Menschen wissen aber um ihre wichtige Funktion und tolerieren die Vögel. In Indien übernehmen Schwarze Milane, wegen ihrer Vorliebe für Abfälle »Pariah Kites« genannt, die Aas- und Abfallentsorgung. Für diesen höchst ehrenwerten ökologischen Beruf gibt es dort offenbar noch Bedarf, bei uns in Europa ist er nahezu ausgestorben, wie der der Hufschmiede und Kutschenbauer. In modernen Städten gibt es einfach nicht mehr genug Aas. Früher war das anders. Rote Milane kümmerten sich um die Kadaver und genossen deshalb vielerorts gesetzlichen Schutz. Im mittelalterlichen London waren sie sehr häufig und zeigten wenig Scheu. Rotmilane seien »gmein in Engelland«, berichtet Konrad Gessner. »Das nimpt den Kinden in den stetten die speyss auss den henden.«[39]

Haussperlinge folgen den Menschen schon seit Jahrtausenden, lange bevor es Städte gab. Doch als es ihre Ernährer mehr und mehr in die entstehenden urbanen Zentren zog, zogen sie mit. Sicher gab es sie auch im mittelalterlichen Beja. Seitdem der Homo sapiens sesshaft ist, Getreide anbaut und überall Samenkörner herumliegen lässt, sind Mensch und Spatz schier unzertrennlich, deshalb erscheint der zum Teil drastische Rückgang der Haussperlinge in den Städten des 20. und 21. Jahrhunderts als umso tieferer Einschnitt. Noch muss man sich um sie wohl keine Sorgen machen, noch sind sie sehr häufig. Wenn die Haussperlinge auf der Strecke blieben, hieße das, einen unserer ältesten und treuesten Begleiter zu verlieren. Um uns würde es erheblich einsamer werden.

Umstritten ist, ob der Haussperling als biologische Art erst nach seinem Anschluss an den Menschen entstand oder, so eine Theorie von Denis Summers-Smith, schon im Pleistozän, also etliche Hunderttausend Jahre früher. Die wenigen Fossilfunde, die die Wissenschaft kennt, stützen eher die zweite Hypothese. Die Haussperlinge stammen mit Sicherheit aus dem Mittleren Osten, doch ihre große Wanderung im Schlepptau des Menschen zu rekonstruieren, ist nicht leicht, denn die kleinen Vögel haben auf ihrem Weg kaum Spuren hinterlassen.[40] Offenbar folgten sie den Menschengruppen, die Ackerbau betrieben, nach Nordosten, nach Europa, besiedelten die Inseln im Mittelmeer erst, als auch dort Menschen lebten, und schwärmten schließlich Jahrhunderte später mit den Europäern in die ganze Welt aus. 1852 wurden sie in New York freigesetzt, 1860 in Australien, 1872 war Argentinien dran und 1903 begann ihr Siegeszug in Brasilien.[41]

In Ablagerungen der israelischen Hayonim-Höhle ist der Übergang vom frei lebenden Wildvogel zum Kommensalen, zum Mit-Esser des Homo sapiens zu verfolgen. Die Vogelknochen, die man – neben vielem anderen – in der Höhle fand, entstammen den Hinterlassenschaften von Eulen und ihre Zahl kann als ein gutes Maß für die Häufigkeit der Beutetiere in der Umgebung der Höhle verwendet werden. In den älteren Ablagerungsschichten, die zehntausend Jahre und älter sind, tauchen Sperlingsknochen nur sporadisch auf, im sogenannten Natufien jedoch, der Zeit vor etwa 9.000 bis 10.000 Jahren, machen ihre Überreste plötzlich ein Viertel aller Vogelknochenfunde aus. Dies war genau die Zeit, in der die Menschen sesshaft wurden und begannen, Wildgräser anzubauen.

Überall dort, wo Getreide geerntet, gelagert, transportiert oder umgeladen wurde, waren Haussperlinge nicht weit. Später, in den Städten, profitierten die längst urban gewordenen Spatzen von den vielen Pferden, die ihre Ausscheidungen mit einer Fülle von unverdauten Samen über das stetig wachsende Wege- und Straßennetz verteilten und die Vögel auf diese Weise an immer neue Orte lockten. In Paris kam man auf die Idee, Zebras als Entlastung für die geschundenen Droschkenpferde einzuführen.[42]

Aus heutiger Sicht erscheint es fast unglaublich, dass Pferdekot eine derart wichtige Nahrungsquelle nicht nur für Spatzen gewesen sein soll. Doch man muss sich die Größenordnungen klarmachen. In einer Studie[43] der US-amerikanischen Historiker Clay McShane und Joel A. Tarr heißt es: »Historiker beschreiben das 19. Jahrhundert gewöhnlich als Zeitalter der Dampflokomotive. Aber die riesigen Städte, die durch die neuen Eisenbahnnetze entstanden, hätten – so paradox das klingt – nicht ohne die Arbeit von Pferden wachsen können. Pferde schleppten die Materialien, die für das Wachstum dieser Städte unabdingbar waren, und sie transportierten unzählige Güter von Lagern zu Arbeitsstellen und Verbrauchern. Nicht zuletzt waren Pferde die Hauptantriebskräfte des urbanen Massenverkehrs, der u. a. auch die Grundlage für die spätere Suburbanisierung amerikanischer Städte legte.«[44]

Im Jahr 1796 gab es in Boston etwa 20 Kutschen und 80 Karren. Doch der Verkehr explodierte. Verdienten sich 1840 nur 370 Bostoner ihren Lebensunterhalt mit dem Fahren von Pferdefuhrwerken, waren es zwanzig Jahre später schon 4.500 und im Jahr 1900 über 11.300. Der Höhepunkt wurde mit etwa 15.000 Fuhrleuten, den sogenannten »Teamstern«, 1910 erreicht. Studebaker, der führende amerikanische Wagenhersteller, hatte 1874 nicht weniger als 54 verschiedene Wagentypen im Programm, von dem bei Blumenhändlern beliebten Lieferwagen mit gläsernen Seiten für die Präsentation der Waren, über Sprengwagen, Straßenkehrer bis hin zum Kipper. Der Fran-

zose Paul-Henry Guillot entwickelte ein schweres metallge-
panzertes Gefährt zum Transport von Gefangenen.

Der Broadway in New York City im Jahr 1883

Kein Fuhrwerk ohne Pferde: Im Jahr 1900 schufteten allein in Chicago 74.000 Gäule, in Manhattan waren es sogar 130.000. Nicht nur die Zahl der Zugpferde war dramatisch gewachsen, auch ihr Gewicht hatte um 50 Prozent zugenommen. Um die wachsende Nachfrage nach kräftigen und robusten Zugtieren zu befriedigen, hatte man aus Frankreich große Percheron-Pferde eingeführt, die im weiten Grasland des Mittleren Westens gezüchtet wurden. »Fast alle städtischen Pferde waren Wallache«, berichten McShane und Tarr, »Stuten arbeiteten kaum in Großstädten; sie wurden bei der Reproduktion gebraucht.«[45]

Da ein Pferd innerhalb von 24 Stunden je nach gefressener Nahrung bis zu 50 Kilogramm Kot produziert, füllten sich Manhattans Straßen Tag für Tag mit maximal 6.500 Tonnen Pferdeäpfeln, genug Nahrung für unzählige Sperlinge und andere Pferdekotinteressenten.

Mit dem Siegeszug des Automobils und dem Verschwinden der Pferde bekamen die Körnerfresser unter den Vögeln ein Problem. Haussperlinge kamen damit noch vergleichsweise gut zurecht. Sie waren flexibel genug, um in andere urbane Lebensräume auszuweichen, in die entstehenden Gartenstädte und Parks, doch auch für sie ist das Überleben seitdem nicht leichter geworden. Andere, wie die Haubenlerchen, sind heute aus den Innenstädten weitgehend verschwunden. Beide Arten ernähren sich vorwiegend von verschiedenen Pflanzensamen, die Nestlinge jedoch benötigen frische Insektenbeute.

Für europäische Haubenlerchen scheint das Kommen und Gehen allerdings Normalität zu sein. Nachdem sie vor der Eiszeit schon einmal im nördlichen Mitteleuropa heimisch waren, von der Kälte aber vertrieben wurden, kehrten sie danach vom Balkan kommend wieder zurück, nachdem die Menschen viel Wald gerodet und dadurch Freiflächen geschaffen hatten.

1550 tauchten sie am Oberrhein auf, doch erst im 18. Jahrhundert wieder im nördlichen Mitteleuropa. Bis sie sich auch in die Städte wagten, vergingen weitere Jahrzehnte.[46]

Den (nur vorübergehenden) Durchbruch der Haubenlerche brachten die entstehenden großen Verkehrsnetze, der Bau von Straßen mit einer Decke aus gewalztem Kies und von Bahngleisen mit ihrem Bett aus Schotter. Ein völlig neuer Lebensraum entstand und verband immer mehr Städte miteinander. Vorher gab es nur »gewordene Wege, Erd- und Karrwege ohne befestigten Untergrund, gestaltet vielmehr durch die Nutzung als für die Nutzung.« Schwer beladene Wagen benötigten auf diesen »Straßen« unter Umständen weit mehr Zeit, um einen Hügel zu erklimmen, als Fußgänger. Und die Haubenlerche, ursprünglich in der afrikanischen Sahelzone zu Hause, ein Vogel der Steppen und Halbwüsten und auf karge, spärlich bewachsene Flächen angewiesen, ließ sich nicht lange bitten. »Wenn es erlaubt ist, von Landstraßenfauna zu reden, dann gebührt der Haubenlerche der erste Platz«, schreibt Heinrich Frieling 1942, Verfasser eines der ersten Bücher über die Tiere der Städte. Die Haubenlerche nahm die Einladung an und »begann nun überall diesen künstlichen Wüstenstreifen zu folgen.«[47] Bis in die Städte.

Über die neue Bremer Chaussée erreicht sie 1824 Oldenburg, Hamburg erst Ende des 19. Jahrhunderts. Weiter südlich, in Linz, war die Haubenlerche um diese Zeit schon »ein so selbstverständlicher Bestandteil der Avifauna der Stadt und ihrer Umgebung, dass sie nicht besonders interessierte.« In Zürich nisteten sie um 1900 auf verschiedenen Bahngeländen und dem weiten, zunächst ungepflegten Vorplatz des großen neuen Bahnhofs, auf dem heutigen Botanikern ob der Pflanzenvielfalt die Augen übergegangen wären. 1905 bestimmten zwei Botaniker nicht weniger als 700 verschiedene Pflanzenarten.

Bei den Eisenbahnern ist die Haubenlerche beliebt. »Das Tierchen erfreut sich des Schutzes und Verständnisses des Personals«, stellt der Verwalter des Güterbahnhofs im Jahr 1928 fest. »Es weicht auch dem Menschen nicht aus, sofern er in einer Eisenbahneruniform steckt! Das Vögelchen scheint sich auf dem Gebiet recht wohl zu fühlen, denn von überall her jubelt es seinen munteren Gesang.« Das schöne Leben auf Zürichs Bahngelände hat allerdings einen Preis: »In der Zeit der Dampflokomotiven sind die Bahnhofslerchen wie die Bahnhofsspatzen russig schwarz.«[48]

Eine Haubenlerche vor dem Güterbahnhof in Zürich

Doch dann wird der Bahnhofsvorplatz gepflastert und entwickelt sich mit den Jahren zu einem Verkehrsknoten, die Bebauung wird immer dichter.

Brachflächen mit karger spontan wachsender Vegetation verschwinden zunehmend aus dem Stadtbild. Entweder werden sie bebaut oder bepflanzt und intensiv gedüngt und gewässert, weil die Bürger auf gepflegte Grünflächen Wert legen. Zwischen und neben den Gleisen wird nicht mehr gemäht, sondern gespritzt. Herbizide kommen zum Einsatz. Überall, nicht nur in der Schweiz, schwindet der aus aller Herren Länder gespeiste Pflanzenreichtum auf den Bahngeländen dahin. Der Anblick eines Zugpferdes erlangt in Städten Seltenheitswert. Die Zeit der Zürcher Haubenlerchen neigt sich unaufhaltsam ihrem Ende zu. 1948 ist Schluss.

Seit 1976, als in Basel das letzte Brutpaar beobachtet wurde, gibt es in der Schweiz keine Haubenlerchen mehr – eine Stippvisite, die nur ein paar Jahrzehnte dauerte. »Der Boden der Schweiz ist ein zu hartes Pflaster für die Haubenlerche«, schreibt Stefan Ineichen. »Nirgends scheint die Verdichtung der Nutzung und die Intensivierung der Pflege auf Flächen ohne handfeste Nutzung so radikal betrieben worden zu sein wie in der Schweiz. Die Schweiz ist weit und breit das einzige Land, in dem keine Haubenlerchen mehr leben.«[49]

Hier geht Ineichen mit seinem Land zu hart ins Gericht. Gut geht es den Vögeln nirgendwo in Europa. Auf städtischen Baustellen finden sie sich noch zu kurzen Gastspielen ein, nur solange genug offene Flächen vorhanden sind. In Linz folgen sie »den Baustellen der sich nach Süden und Westen erweiternden Stadt«, bevor ihr Vorkommen auch hier mit einer letzten Brut im Jahre 1990 erlischt. Seit 1980 ging die Zahl europäischer Haubenlerchen um 98% zurück.[50]

Außer den Spatzen gab es noch eine zweite Tierart, die mit der Sesshaftwerdung des Menschen zu seinem Begleiter wurde, nicht draußen, sondern in den Häusern, und auch sie wurde zur Beute der Hayonim-Eulen. Ihre Knochen finden sich neben denen der Sperlinge in der israelischen Höhle. Die Hausmaus, *Mus domesticus*, ist eigentlich ein Sozialparasit – nur weil der Schaden, den sie anrichtet, für ihren Wirt im Allgemeinen gerade noch tolerierbar war und ist, wird sie nicht so genannt. (Im Grunde gilt das natürlich auch für die Haussperlinge. Bei den Bauern galten sie lange als Schädlinge, die erbittert verfolgt wurden.) Sie schmarotzt an unserer Nahrung und nicht selten dürfte das auch katastrophale Ausmaße angenommen haben; warum sonst hätten die Menschen mit Wieseln, Nattern und später Katzen sich gleich drei Mäusejäger ins Haus holen und ein ganzes Arsenal an Fallen konstruieren sollen? Außerhalb der Häuser, auf innerstädtischen Brachflächen, leben heute noch mindestens vier weitere Mausarten: Waldmaus, Brandmaus, Gelbhalsmaus und Feldmaus.[51]

Wäre unsere Aufmerksamkeit in Paris nicht so auf das Geschehen am Boden konzentriert gewesen, hätten wir sie vielleicht bemerkt. Und sicher gab es sie auch in Beja, auch wenn sie dort keine Spuren hinterlassen haben: Schwalben und Mauersegler, ehemalige Felsenbewohner, denen es relativ leichtfiel, ihre Nester statt an Fels- nun an Häuserwänden, unter Dachüberständen und Balkons oder sogar in den Häusern zu bauen. Da menschliche Siedlungen massenhaft Ungeziefer ausbrüteten und anzogen, waren die alten Städte ein attraktives Jagdrevier, und noch heute gehören diese kleinen rasanten Insektenfresser vielerorts zu den häufigsten Stadtvögeln. Die genaue Zusammensetzung ihrer Nahrung richtet sich nach dem Angebot, in verschiedenen Studien an Mehlschwalben wurde aber stets ein hoher Anteil an Fliegen und Mücken[52] gefunden, genau jener Quälgeister also, die den Stadtbewohnern das Leben schwer machten. Im Gegensatz zu den Körnerfressern, die mit den Menschen um die Nahrung konkurrierten, waren sie deshalb gern gesehene Mitbewohner. Schon im 16. Jahrhundert lockte man sie mit speziellen Nisthilfen, die an die Hauswände gehängt wurden. Auf Gemälden alter holländischer Meister sind sie abgebildet. Die frühesten derartigen Vogeltöpfe, die man in London gefunden hat, wurden noch aus den Low Countries importiert, dem Mündungsgebiet von Rhein, Maas und Schelde. Offenbar war die Nachfrage in England aber so groß, dass man später dazu überging, sie selbst herzustellen.[53]

Mauersegler zogen vermutlich erst im Mittelalter in die Städte, dagegen liegt der erste Kontakt von Menschen und Schwalben viele Tausend Jahre zurück. Lange vor der Sesshaftwerdung des Homo sapiens, trafen beide schon in Höhlen aufeinander. Heute lassen Rauch- und Mehlschwalbe ihre ursprünglichen Felsenhabitate links liegen und leben fast ausschließlich synanthrop, wobei die Rauchschwalbe eher den ländlichen Raum und die Stadtperipherie besiedelt. Der Name Rauchschwalbe weist nicht auf die im Vergleich zur Mehlschwalbe dunklere Färbung hin, sondern auf ihre Vorliebe, Nester »im vom Herdfeuer verrauchten Raum, später beim Rauchfang in der Küche« zu bauen.[54] Schon in der Antike war sie als Hausbewohner weit verbreitet. Da sie grundsätzlich im Inneren von Gebäuden brütet, hat man sie mit der im Spätmittelalter beginnenden Verglasung der vorher offenen Fenster aus den städtischen Häusern und Wohnungen praktisch ausgesperrt. Nur in Nebengebäuden, wie

Schuppen, Ställe oder Scheunen, findet sie auch heute noch Zugang.

Ihre Verwandte, die Mehlschwalbe, klebt ihre Nester an die Außenwände der Häuser und ist besonders häufig in Neubausiedlungen anzutreffen. Baumaßnahmen und frisch angelegte Grünflächen garantieren dort genügend und leicht zugänglichen Schlamm für ihre gemörtelten Nester. Wenn die Pflanzen mit den Jahren dichter werden und die Bäume höher wachsen, geht die Zahl der Mehlschwalben wieder zurück, weil es für die Vögel zunehmend schwieriger wird, ausreichend Nistmaterial zu finden, und die hohe Vegetation An- und Abflug behindert.

Das alte Zürich muss ein Schwalbenparadies gewesen sein, doch Walter Knopfli, ein weiterer eifriger Beobachter der Zürcher Vogelwelt, stellte in Zeiten urbaner Expansion fest: »Die in zentrifugaler Richtung stattfindende Überbauung schiebt gewissermaßen die Rauchschwalbenkolonien in derselben Richtung vor sich her.« Aus einem häufigen Stadtvogel wurde mit den Jahren eine Stadtrandart und das »alte kleine Zürich«, ursprünglich eine Schwalbenortschaft, mutierte zur »Seglerstadt«. Denn in dem Maße, in dem die Schwalben verdrängt wurden, errangen Alpen- und Mauersegler die Lufthoheit. Anfang des 19. Jahrhunderts traten sie noch alle gemeinsam auf, doch schon 1910 waren Rauch- und Mehlschwalben aus dem eigentlichen Stadtgebiet verschwunden.[55] Trotz ihrer bekannten Flugkünste haben Schwalben einen relativ kleinen Aktionsradius und sind darauf angewiesen, Nistmaterial und Nahrung in der näheren Umgebung ihrer Nester zu finden. Die Segler sind viel mobiler, pflegen rege Kontakte zu Kolonien in anderen Städten, sogar über Ländergrenzen hinweg. Sie sind, so Stefan Ineichen, »großstädtischer, moderner als Schwalben«. Ob dazu auch eine gewisse Ellenbogenmentalität gehört? Konrad Gessner beschreibt in seinem »Vogelbuch«, was er im 16. Jahrhundert »offt zu Cöln wargenommen«: Mauersegler versuchten Haussperlinge aus ihren Nestern zu vertreiben, um diese anschließend selbst zu übernehmen. Als ihnen das nicht gelang, griffen sie zu rabiateren Maßnahmen, mauerten kurzerhand die Nesteingänge zu und verurteilten den Spatzennachwuchs damit zum sicheren Tode.[56]

Die Pferdestadt, 19. Jahrhundert

Für welche Art von Fahrzeugen oder Fortbewegungsmitteln wurden Städte eigentlich geplant? Natürlich fällt einem zuerst das Automobil ein. Aber kann das sein? Autos fuhren erst Anfang des 20. Jahrhunderts in nennenswerter Zahl, die Expansion der Städte erfolgte aber wesentlich früher. Tiere waren die »Vorhut der Technik«, stellte der Historiker Edward Russel fest. Seine Kollegen Clay McShane und Joel Tarr werden konkreter: »Alles, was Pferde durch Großstädte zogen oder hievten, hätte schon 1855 auch von Dampfmaschinen geleistet werden können, aber zu höheren Kosten. Der Kostenrechnung wegen triumphierte Belebtes über Unbelebtes.« James Watt entwickelte 1775 die Maßeinheit »Pferdestärke«, weil seine »Maschinen in der Industrie oft Pferde ersetzten und die Kunden ein Maß für die Vergleichbarkeit von Pferde- und Dampfkraft wünschten«. Das Pferd als Maß aller maschinellen Dinge. »Im Rückblick ist klar, dass Stadtverwaltungen ihr Straßensystem um die Pferde herum bauten. Die Bedürfnisse des Pferdeverkehrs bestimmten die Straßenplanung zu einem großen Teil. Da Wagen nur schwer um Kurven von weniger als 90 Grad fahren konnten, bauten die Städte im Pferdezeitalter nicht nur breitere Straßen, sondern auch, wo immer es möglich war, rechte Winkel. Die vielleicht imposantesten und bleibendsten städtischen

Arbeiten waren die breiten Prachtstraßen, Promenaden und Alleen, die gebaut wurden, um es der städtischen Bourgeoisie zu ermöglichen, ihre edlen Pferde und feinen Kutschen zur Schau zu stellen.«[57] Von wegen autogerechte Stadt...

Ein letztes Beispiel aus Zürich zeigt, dass selbst kleinere bauliche Veränderungen große Folgen für das Kommen und Gehen von städtischen Tierarten haben können. Ähnliche Dramen, mit anderen Protagonisten, dürften sich in nahezu jeder Stadt abgespielt haben, doch wurden sie selten dokumentiert und vor dem Vergessen bewahrt.

Mitte des 19. Jahrhunderts waren von der ursprünglichen Zürcher Stadtbefestigung nur noch zwei fast vierzig Meter hohe Türme übrig geblieben, der Ketzer- oder Hexenturm auf der rechten und der Kratzturm auf der linken Seite der Limmat. Als weitgehend funktionslose Überbleibsel einer längst vergangenen Zeit standen beide vor allem im Weg, der Kratzturm etwa dem Ausbau der Bahnhofstraße, Zürichs exklusiver Einkaufsmeile. Sie wurden daher in den 1870er-Jahren abgerissen und Fledermäuse, Hausratten, Marder und Iltisse, Schleiereulen, Turmfalken und andere Vögel, die über Jahrhunderte mehr oder weniger ungestört in den Türmen gelebt hatten, mussten sich nach anderen Unterschlüpfen umsehen.

Bald wurden neue Gebäude mit neuen Türmen errichtet, besiedelt wurden sie aber nicht von bekannten Arten der alten Fauna, sondern von Alpenseglern und Dohlen, zwei Vogelarten, die im alten Zürich gar nicht vorgekommen waren. Besonders die Dohlen wurden über die Jahre zu einer derart vertrauten und charakteristischen Erscheinung, dass selbst Fachleute wie Walter Knöpfli glaubten, die kleinen Rabenvögel genössen schon lange »Bürgerrecht in unserer Stadt«. Nach dem ersten Weltkrieg gab es in Zürich über 200 Dohlenpaare, die an Kirchtürmen und Brücken nisteten. Bei Instandsetzungsarbeiten eines Turmes richtete man spezielle Nischen für sie ein, die »von außen zugänglich und von der Innenseite durch kleine Holztürchen abgeschlossen« waren.

Doch die Stadt wuchs weiter. Felder und Wiesen, die noch in Reichweite gelegen hatten, wurden bebaut und die Wege zu den Nahrungsquellen der Vögel immer länger, bis die urbanen Kolonien, ob groß oder klein, zusammenbrachen. Heute steht die Dohle auf der Schweizer Roten Liste der bedrohten Tierarten; 1993 und 1997 gelang es nur noch einem Paar, in der Stadt Junge aufzuziehen. Das urbane Gastspiel der Dohle hatte nach 130 Jahren sein Ende gefunden. Wie die Haubenlerche und etliche andere Tierarten ist sie eine Lebensabschnittsgefährtin einer bestimmten Entwicklungsphase Zürichs gewesen, in der Ansprüche und Anpassungsfähigkeit der Vögel mit Größe und Beschaffenheit der Stadt zusammengepasst hatten. Ineichen nennt die Dohle ein »Leitfossil der Vergroßstädterung Zürichs zwischen Gründerzeit und dem Zweiten Weltkrieg«.[58]

Niemand, das ist wohl eine der Lehren aus diesen Geschichten, sollte sich seiner urbanen Existenz zu sicher sein. Man weiß nie, ob man auch in der Stadt von morgen noch zurechtkommen wird.

Eigentlich wollten wir längst wieder zu Hause sein. Stattdessen irrt unsere kleine Zeitreisegruppe auf der Suche nach weiteren Vögeln durch das Paris vor zweihundert Jahren. Wir sind müde und frustriert. Spatzen gibt es wie Sand am Meer, aber wo verstecken sich all die anderen Singvögel? Wo sind Amsel,

Drossel, Fink und Star? Haben wir sie übersehen wie die Schwalben und Mauersegler? Die Pariser, die wir fragen, halten uns für Irre, wenden sich ab oder zucken die Achseln. Vögel? Hier? So kurz nach den blutigen Revolutionswirren haben die Menschen wirklich andere Sorgen. Napoleon ist in den Palais du Louvre eingezogen.

Als jemand aus unserer Reisegruppe den Vorschlag macht, in Parks und Friedhöfen nach Vögeln zu suchen, hat unser Marsch zwar ein neues Ziel, aber noch immer keinen Erfolg, bis uns am Ufer der stinkenden Seine unter den ersten Bäumen, die wir sehen, endlich ein Licht aufgeht. Hinter Mauern und Zäunen haben wir hin und wieder kleine Gärten entdeckt, nirgendwo sind wir aber auf etwas gestoßen, das man im Entferntesten als öffentlichen Stadtpark bezeichnen könnte. Der Jardin des Tuileries ist verwüstet und war wohl auch vorher in seiner streng geometrischen Anlage alles andere als ein Vogelparadies. Was der Münchener Kunsthistoriker Michael Brix über Versailles schrieb, galt wohl auch hier. Man erlebe das Paradox, »dass die kalten Materialien der Skulpturen, Marmor und Bronze, weicher und lebendiger wirken als die Naturelemente in ihrer strengen Interpretation.«[59] Es gibt keine Parks, in den engen Straßen der Stadt ist kein Platz dafür und ohne Parks, ohne Rasen, Gebüsch und Bäume keine Vögel. Vielleicht leben hier in diesem vor Dreck starrenden urbanen Albtraum tatsächlich irgendwo ein paar unserer gefiederten Freunde; Teil einer prosperierenden Stadtnatur, wie wir sie kennen, sind sie mit Sicherheit nicht.

Erschöpft beschließen wir, die Vogelsuche abzubrechen und nach Hause zurückzukehren. Unsere mit Schlamm bespritzten Hosen und Schuhe kann man wohl nur noch in den Müll werfen. Wir sind – historisch gesehen – um etliche Jahrzehnte zu früh gekommen.

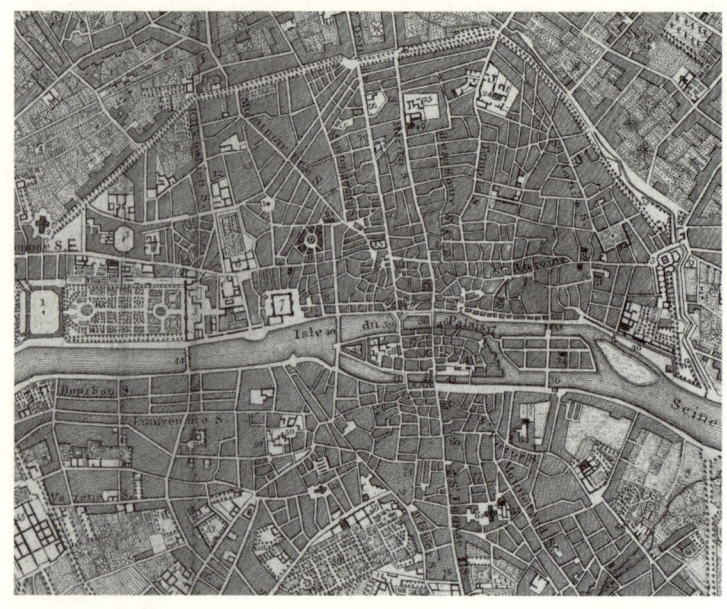

Paris um 1800

Denn, ob in Paris oder anderswo, Parks und Grünanlagen, sogar großzügige, nach englischem Vorbild gestaltete Landschaftsgärten gibt es durchaus, in der Regel befinden sie sich jedoch wie die Friedhöfe außerhalb der Stadt. So liegen der Englische Garten und der Schlosspark Nymphenburg noch um 1850 außerhalb des bebauten Münchener Stadtgebiets, der Große Tiergarten beginnt erst vor den Toren Berlins.

Immerhin hat uns dieser enttäuschend verlaufene Besuch zu einer neuen Sicht auf die Städte der Moderne verholfen. Mit vielen Singvögeln, deren Vorfahren jetzt noch in Wäldern, Gebirgen oder am Mittelmeer wohnen und gar nicht daran denken, Städte zu besiedeln, wissen wir uns nun in einem einig: Verglichen mit dem, was wir hier im postrevolutionären Paris erfahren mussten, sind unsere modernen Städte trotz Verkehr, Lärm und hektischen Menschenmassen ein Paradies auf Erden, für Menschen und für Tiere. Und wir begreifen noch mehr: Obwohl ihre Wurzeln weit zurück bis in vorgeschichtliche Zeit reichen, ist die Stadtnatur, die wir im 21. Jahrhundert erleben dürfen, noch jung.

Es klingt paradox: In gewisser Weise ist die Existenz dieser Stadtnatur einem Prozess zu verdanken, der zunächst in eine völlig falsche Richtung zu führen scheint. Er hat in England schon in der zweiten Hälfte des 18. Jahrhunderts begonnen und wird dieses Paris und jede andere größere Stadt der westlichen Welt bald in radikaler Weise verändern. Überall werden Fabrikanlagen aus dem Boden wachsen und neuartige Maschinen zum Einsatz kommen, und Menschen werden in nie gekannter Zahl in die urbanen Zentren ziehen, um dort zu arbeiten und dem Elend des Landlebens zu entfliehen. Für die Stadtbewohner werden dann vorübergehend noch dunklere Zeiten anbrechen. Statt des Latrinengestanks werden sich Rauchschwaden aus Industrieschloten, Kohleöfen und Auspuffrohren über die in Mietskasernen zusammengepferchten Menschenmassen legen und ihnen die Luft zum Atmen nehmen.

Es wird gebaut wie nie zuvor. 1809, also etwa zu der Zeit, da wir auf Vogelsuche durch Paris laufen, wird dort ein Mann namens Georges-Eugène Haussmann geboren, der fünfzig Jahre später im Auftrag Napoleons II. als Präfekt des Département de la Seine ein neues Paris bauen wird. Große Teile des engen Gassenlabyrinths der alten Stadt werden großzügigen Boulevards und Avenuen weichen, die » für Licht, Luft und verwegene Perspektiven sorgen. Was uns altmodisch-vertraut vorkommt, muss den Menschen damals so futuristisch erschienen sein wie uns heute die kühnsten Architekturentwürfe für Abu Dhabi.«[60]

Die seinerzeit durchaus umstrittene »Haussmannisierung« wird Paris 150 Kilometer neue repräsentative Straßen, Bahnhöfe, Theater und eine neue Kanalisation bringen.

Berlin wird sich zur größten Mietskasernenstadt der Welt entwickeln. Hinterhof wird sich an Hinterhof reihen, einer kahler und trostloser als der andere. »Man kann mit einer Wohnung einen Menschen genauso töten wie mit einer Axt«, wird Heinrich Zille schimpfen, der berühmte Zeichner dieses Berliner »Milljöhs«. Zuerst werden die Höfe bessere Schächte sein, nur gut fünf mal fünf Meter groß, damit die Feuerwehrspritzen gerade noch wenden können, dann mindestens 60 Quadratmeter, aber ob Mensch und Stadtnatur Luft, Licht und Sonne erhalten, wird bei Bau und Planung noch für viele Jahre keine Rolle spielen. In diesen Höfen, auf Pflaster oder Beton, werden die Kinder spielen und stinkende Mülltonnen stehen und niemand wird sich vorstellen können, dass gut hundert Jahre später auf der gleichen Fläche üppige Gärten sprießen werden, die die Luft verbessern, in denen Singvögel nisten und die Hausbewohner sich zu fröhlichen Grillpartys zusammenfinden.[61] Es wird Jahrzehnte dauern, bis die Menschen ihre Liebe zum städtischen Grün entdecken und auch im unmittelbaren Lebensumfeld Möglichkeiten für die Entfaltung einer Stadtnatur der Höfe und Vorgärten schaffen.

Trotzdem wird man auf der Suche nach einer Bank im Grünen nicht mehr vergeblich durch die Straßenschluchten irren müssen wie wir in Paris. Schon bald wird es viel mehr Natur in den Städten geben.

Natürlich sind urbane Zentren auch vor der Industrialisierung schon gewachsen, aber vergleichsweise langsam und stetig. Sie wirkten immer schon wie Kristallisationspunkte. Doch das 19. Jahrhundert führt zu einer nie gekannten Beschleunigung. Es lässt die Städte innerhalb weniger Jahre aus allen Nähten platzen, und als die Möglichkeiten weiterer baulicher Verdichtung erschöpft sind, beginnen die Menschen sich in einem mehr oder weniger gut geplanten und gelenkten Prozess in die sie umgebenden ländlichen Räume auszubreiten. Die alten Befestigungsanlagen verlieren endgültig ihre Funktion, stehen als nutzlose Fremdkörper in der veränderten Stadtlandschaft herum und werden zu Monumenten überwundener Zeiten, zu steinernen Fesseln, von denen sich die Städte befreien müssen, um ungehindert wachsen zu können. Die Entwicklung rollt über sie hinweg und nicht selten werden sie eingerissen und dem Erdboden gleichgemacht wie 1840 in Paris. Auch in Zürich fallen die letzten Türme. In denen, die neu errichtet werden, beginnt das Intermezzo der Stadtdohlen.

Ganze Dörfer mitsamt ihrer Gärten und Äcker werden verschluckt.[62] Grenzen werden neu gezogen. Eingemeindung folgt auf Eingemeindung. Wälder, Seen, Moore und Wiesen gelangen in das Stadtgebiet – Lebensräume – und mit ihnen eine Vielzahl neuer Pflanzen und Tierarten. Vieles davon wird dringend als Bauland gebraucht, versteinert zu neuen, noch größeren Kunstfelsmassiven, wird zu Verkehrs- und Industriefläche. Viel bleibt aber auch erhalten und genießt nicht selten in der Obhut der Stadtverwaltungen besseren Schutz als zuvor. Stadt, Wald und Feldflur kommen sich näher. Sie durchdringen und verzahnen sich, ein Prozess, der für die Ausbildung einer artenreichen Stadtnatur von entscheidender Bedeutung sein wird.

Langsam setzt sich die Erkenntnis durch, dass hart arbeitende Menschen und ihre Kinder Naherholungsgebiete brauchen, um sich zu regenerieren und den Kontakt zur Natur und ihrer wohltätigen Wirkung nicht ganz zu verlieren. Haussmann lässt in Paris nicht nur Straßen und Häuser bauen, sondern schafft durch Neu- und Umgestaltung weitläufige Grünanlagen wie den Jardin du Luxembourg. Kleingärten, Parks und Friedhöfe werden angelegt, für die immer größere Zahl an Menschen, die es sich leisten können, entstehen Waldsiedlungen und grüne Gartenstädte. Auch die vor den Toren der alten Städte angelegten großen Parkanlagen, in denen sich die jeweiligen Potentaten verlustierten und auf die Pirsch gingen, werden von den wuchernden Städten samt ihrer Schlösser eingeschlossen und für die Bevölkerung geöffnet. Heute liegt nicht nur der Große Tiergarten im Herzen Berlins, sondern auch der einst kilometerweit von der Stadt entfernte Park des Charlottenburger Schlosses.

Nicht nur in den Städten, auch außerhalb, in Wald und Flur, ändert sich viel. Aus Wald wird Forst, und aus der eher kleinteiligen extensiven bäuerlichen Landwirtschaft wird eine Agrarindustrie zur massenhaften Produktion von Lebensmitteln auf immer größeren Feldern mit immer größeren und schwereren Maschinen, immer weniger arbeitenden Menschen und immer höheren Erträgen, die vor allem zwei Entdeckungen zu verdanken sind: dem Anfang des 20. Jahrhunderts entwickelten Haber-Bosch-Verfahren, das die industrielle Produktion von synthetischem (»Kunst«-)Dünger ermöglichte, und einem immer leistungsfähigeren chemischen Pflanzenschutz.

Und während sich all dies in einem jahrzehntelangen sich beschleunigenden Prozess vollzieht, wachen irgendwann auch einige Vogelarten auf und machen sich zögernd auf den Weg, die neu entstehenden und Landschaft fressenden Riesenstädte für sich zu entdecken. Nicht alle wohlgemerkt – wie wir gesehen haben, sind einige Waldvogelarten bis heute Waldvögel geblieben. Liegen die Wälder innerhalb der Stadtgrenzen, werden die Tiere zum Artenbestand der Stadt gerechnet, im Grunde meiden sie urbane Strukturen aber bis heute (man weiß in Städten allerdings nie, wie lange das so bleibt). Was hat einige Vögel bewegt und befähigt, sich anders zu verhalten? Was fand die Waldamsel in den Städten, was andere nicht fanden?

Die einfache Antwort lautet: Neben Nistplätzen vor allem Nahrung. Regenwürmer, sehr viele Regenwürmer – außer dem Homo sapiens erreicht kein anderes Tier in der Stadt eine solche Biomasse. Um an diese Leckerbissen zu gelangen, braucht die Amsel freien Zugang zum Boden, eine Bedingung, die außerhalb von Städten höchstens noch in Auwäldern gegeben ist. Dort lebt sie auch in ähnlicher Dichte. Wenn sie dem Boden nahe genug ist, hört die Amsel, wo Regenwurmborsten an den Wänden der Erdgänge schaben, und sie hört die Fraßgeräusche einiger fetter Schnakenlarven. Deshalb liebt sie kurz geschorenen Rasen. Ihr Stochern hat Methode. Sie weiß, wo sie suchen muss. In grünen Bezirken mit lockerer Bebauung reichen der Amsel heute Reviere von 100 bis 200 Quadratmetern, um erfolgreich zu brüten. In den meisten Wäldern leben dagegen nur ein bis zwei Amselpaare pro Quadratkilometer.[63]

Wann und wo Amseln begannen, in die Städte einzudringen, ist nicht ganz klar. Um 1900 lebte die Mehrzahl offenbar noch zurückgezogen in größeren Wäldern, beginnend in Südwestdeutschland wurde sie aber schon während des 19. Jahrhunderts immer häufiger beim Brutgeschäft in Städten beobachtet: 1830 in Augsburg, 1850 in Stuttgart und Frankfurt a. M., 1880 in Göttingen. Anfang des 20. Jahrhunderts hatte sie dänische Städte sowie Danzig und das westliche Polen erreicht, einige Jahrzehnte später die Linie Kaliningrad-Warschau-Brünn-Sofia, um 1930 London. Amseln brüten mittlerweile auch in Oslo, Helsinki, St. Petersburg und Kiew – alles in allem eine der spektakulärsten zoogeografischen Ausbreitungsgeschichten, die man in geschichtlicher Zeit von Wirbeltieren kennt. Die Moskauer müssen allerdings (noch?) auf ihren Gesang verzichten, in großen Teilen Russlands ist die Amsel ein scheuer Waldvogel geblieben. Auch im südlichen Europa, wo Singvögel bis heute gefangen werden, ist sie in Städten eher selten.[64]

Überall, wo es Amseln in urbane Lebensräume zog, lief die Besiedlung nach einem ähnlichen Schema ab. Schon 1890 wurde ihr Vorkommen im Schlosspark Nymphenburg beschrieben, der auch zu dieser Zeit noch außerhalb der Stadt lag: »Merkwürdig ist das Verhalten der Amsel. Während im Sommer wohl mehr als 30 Paare im Parke nisten, ist im strengen Winter kaum eine zu sehen. Sie gehen nach München, wo sie von zahlreichen Thierfreunden reichlich gefüttert werden. Sobald der Boden aufgethaut ist, sind sie wieder im Parke.«[65]

Aus benachbarten Wäldern kommend besiedeln die Vögel zuerst Gärten und Parks am Stadtrand, dann folgt die Überwinterung in der nahen Stadt, schließlich werden dort auch erste Brutversuche unternommen. Sind sie erfolgreich, wird die urbane Population im Laufe der Zeit immer größer.

Betrachtet man das geschilderte Muster der Stadtbesiedlungen, scheint sich dieses neue Verhalten der Amseln von Süddeutschland nach Norden, Westen und Osten ausgebreitet zu haben, wie konzentrische Kreise, die von einem ins Wasser geworfenen Stein ausgelöst werden. Die Annahme liegt nahe, dass erfolgreich an Städte und die dort herrschenden Bedingungen gewöhnte Tiere in alle Richtungen ausschwärmen, um weitere Städte zu besiedeln. Die Forscher sprechen vom Leapfrog (Laubfrosch)-Modell, nach einem beliebten Kinderspiel (bei uns als Bockspringen bekannt), bei dem ein Kind über den gebeugten Rücken eines anderen springt, um dann selbst übersprungen zu werden. Urbanisierte Amseln zeigen verschiedene

Anpassungen ans Stadtleben, die zum Teil eine genetische Basis haben – wir werden noch darauf zurückkommen –, und derart präparierten Tieren sollte es natürlich leichter fallen, neue Städte zu besiedeln, als Artgenossen, die vollkommen unvorbereitet ins Großstadtleben einsteigen. Tatsächlich zeigten Versuche, bei denen Wald- und Stadtamseln in bis dahin amselfreien Städten ausgesetzt wurden, dass sich nur urbane Vögel erfolgreich ansiedeln konnten – ein aus heutiger Sicht befremdliches Experiment.[66]

Überraschenderweise legen neue genetische Daten jedoch einen ganz anderen Ausbreitungsmodus nahe.[67] In einer groß angelegten Studie hat ein elfköpfiges Wissenschaftlerteam aus Sheffield, Krakau und vom deutschen Max-Planck-Institut für Ornithologie jeweils etwa 30 Amseln aus 12 Städten untersucht, von Tunis bis Tallinn und Riga, und mit gleichgroßen Stichproben verglichen, die jeweils einige Kilometer außerhalb der Städte gefangen wurden.

Aus dem Laubfrosch-Modell lassen sich einige Voraussagen ableiten, die durch eingehende genetische Untersuchungen überprüft werden sollten. Da bei einer Besiedlung nie alle Tiere eines Gebietes geschlossen in die Stadt umziehen, sondern immer nur wenige, ist der Genpool der urbanen Tiere im Vergleich zur Ausgangspopulation mehr oder weniger stark verarmt, wobei es weitgehend vom Zufall abhängt, welche Genvarianten es in den neuen Lebensraum schaffen und welche nicht. Man spricht von einem Gründereffekt. Diese genetische Verarmung sollte weiter zunehmen, wenn mehrere solcher Besiedlungsprozesse aufeinanderfolgen; wieder ist es ja nur ein kleiner Teil der Stadtpopulation, der zu neuen Ufern aufbricht. Daher müsste der Verlust an genetischer Vielfalt mit steigendem Abstand vom Ort des ersten Stadtkontakts immer größer werden. Und da nach diesem Modell neue stets aus alten Stadtpopulationen hervorgehen, sollten sich alle Stadtvögel untereinander ähnlicher sein als Stadt- und Waldamseln eines Gebietes.

Nichts davon fanden die Forscher. Vieles spricht im Gegenteil dafür, dass die Besiedlung aller untersuchten Städte jeweils unabhängig voneinander durch die Vogelpopulation vor Ort erfolgt sein muss.[68] Nicht die Stadtamseln selbst sind also gewandert, nur ihr Verhalten, ihr wachsendes Interesse an urbanen Lebensräumen hat sich wie ein Virus in nahezu ganz Europa ausgebreitet – ein erstaunlicher Befund, der ein Verständnis dieser Verstädterungsprozesse nicht gerade erleichtert. Die Neugierde auf die in Städten entstehenden Lebensräume ist überall unabhängig erwacht, allerdings in einer zeitlich und räumlich strukturierten Abfolge, die den Eindruck erweckt, als sei eine Besiedlungswelle über Europa hinweggezogen. Warum süddeutsche Amseln so viel schneller schalteten als andere, bleibt vorerst ein Rätsel.

Noch ist nicht klar, ob diese Ergebnisse sich auch auf die anderen Tierarten übertragen lassen, die aus Wald und Flur in die Städte gezogen sind (siehe Kapitel 9). Für einen ehemals unauffälligen Waldvogel bot das Neue, das mit den Städten des 19. Jahrhunderts in die Welt kam, jedenfalls ungeahnte Möglichkeiten und die Amsel erwies sich auch als flexibel genug, um dieses Angebot zu nutzen, ihr europaweiter Erfolg beweist es. Er zeigt, wie wichtig es für Tierarten ist, unermüdlich nach neuen Ufern, nach neuen Chancen zu suchen, ob es uns nun gefällt oder nicht. Haus- und Wanderratten, wahre Meister im Entdecken neuer Möglichkeiten, wünschen wir zum Teufel. Im Fall der Amsel haben Stadtmenschen sicher keinen Grund zur Klage.

Dachröteli und Kaminfegerle wird der kleine Geselle genannt, Rotstörzli, Brandreiterl, Dachgatzer und Schwappelarsch. Die Menschen mögen den Hausrotschwanz, oder vielleicht sollte man besser sagen, sie mochten ihn. Denn das Kaminfegerle, über viele Jahrzehnte einer der häufigsten Stadtvögel, gehört unter den heutigen Bedingungen nicht unbedingt zu den Gewinnern. Im Gegensatz zur Amsel, die mit der Eroberung der Städte ›nur‹ Lücken in ihrem natürlichen Verbreitungsgebiet schloss, hat der Hausrotschwanz, vermutlich ausgelöst durch einen »klimatischen Impuls«, das von ihm besiedelte Areal tatsächlich weit nach Norden ausgeweitet; die Ebenen besiedelte er etwa zur selben Zeit, als es die Amsel verstärkt in die Städte zog. Sein einziges größeres Vorkommen in Mitteleuropa außerhalb von menschlichen Siedlungsstrukturen zeigt, was er gern hat: »kahle, felsige Hochmatten und Blockfluren [...] in den schneereichen Hochgebirgen.« Er schätzt »den offenen, weitgehend übersichtlichen Charakter, mit zumindest einzelnen Felsen oder größeren Blöcken, die als Brutplätze und Warten wichtig sind. [...] Die Vegetationsdecke ist in den Fortpflanzungshabitaten fast nie geschlossen.« Damit wird auch verständlich, warum ihm die heutigen Städte nicht mehr so recht zusagen dürften. Sie sind ihm zu voll und zu dicht bewachsen, aber noch findet sich immer ein Plätzchen. Insgesamt sind die Bestände stabil.[69]

Kehren wir zum Schluss noch einmal kurz zum Kommen und Gehen der Haubenlerchen zurück. Denn bevor ihre Population in Europa auf die heute vorhandenen traurigen Reste zusammenschrumpfte, erlebte dieser kleine Vogel in den Städten noch eine zweite Blütezeit. In der Welt der Menschen ging es plötzlich drunter und drüber und dann waren sie wieder da, weite, spärlich bewachsene Flächen, die die Haubenlerche so liebt, von Steinen übersät. In den Trümmerlandschaften der in Schutt und Asche gelegten europäischen Städte ging es den Haubenlerchen so gut wie selten zuvor. Aber die Freude währte nicht lange, wir wissen ja, wie die Geschichte ausgegangen ist. Von den Trümmern ist bald nicht mehr viel übrig geblieben. Die Menschen haben alles neu gebaut, noch größer und schöner. Fast 70 Jahre Frieden schlossen sich an und haben auch der europäischen Stadtnatur richtig gutgetan. Sie ist heute so üppig und reichhaltig wie nie zuvor. Für die Haubenlerche war das keine gute Entwicklung. Sie führt nur noch eine Randexistenz.

Krieg

Wir sind zur Zeit auf dem Rückmarsch in vergangene Jahrhunderte. Höhlenbewohner.

Anonyma[1]

Abgesehen von großen Naturkatastrophen gibt es kein Ereignis, das Städte so radikal verändert wie ein Krieg. Früher wurden sie von siegreichen Heeren niedergebrannt und dem Erdboden gleichgemacht. Manche Städte versanken im Wüstensand oder wurden vom Dschungel überwuchert, andere auf den Überresten ihrer Vorgänger neu errichtet, größer und prachtvoller als zuvor. Rom soll zwölf Mal zerstört worden sein. Und doch hatte die Ewige Stadt Glück. Nach ersten Bombardierungen durch die Alliierten wurde sie im Juni 1944 von Generalfeldmarschall Albert Kesselring zur »offenen Stadt« erklärt, die nicht verteidigt wird und daher auch nicht angegriffen werden darf. Kesselring kam damit einer Forderung von Papst Pius XII. nach, der sich geweigert hatte, die Stadt zu verlassen. Die Alliierten verzichteten auf weitere Luftschläge und ließen kurz darauf ihre Truppen einmarschieren. Rom erlebte daher keinen lang andauernden Bombenhagel.

Kriege, die aus der Luft geführt werden, richten verheerende Verwüstungen an. Die gesamte Altstadt Rotterdams brannte 1940 infolge eines Luftangriffs ab, die Angriffe der deutschen Luftwaffe auf Großbritannien, insbesondere auf London, beschädigten über eine Million Häuser und kosteten über 40.000 Menschen das Leben. Innerhalb nur weniger Julitage des Jahres 1943 wurde fast die Hälfte der knapp 564.000 Wohnungen Hamburgs[2] zerstört und in rund 40 Millionen Kubikmeter Trümmerschutt verwandelt, Zehntausende Menschen starben. Der Zweite Weltkrieg brachte Zerstörungen unvorstellbaren Ausmaßes und sinnloses massenhaftes Morden, eine Katastrophe ohne Beispiel.

Auch für die Pflanzen und Tiere der bombardierten Städte markierte der Krieg einen tiefen Einschnitt, doch Lebensräume, die auf Dauer hundertprozentige Sicherheit bieten, gibt es nirgendwo. Auch die Natur kennt Katastrophen. Ein Erdrutsch, ein Felssturz, eine riesige Welle, ein Vulkanausbruch oder ein umstürzender Baumriese, der eine Schneise in das geschlossene Blätterdach des Dschungels reißt – Ereignisse wie diese zerstören großflächig oder lokal gewachsene Lebensgemeinschaften. Sie schaffen aber zugleich Platz für neue und sind eine nicht zu unterschätzende Quelle der Vielfalt. Die Karten werden neu gemischt. Nach der Verwüstung schlägt die Stunde der Pioniere, der Spezialisten für Neubesiedlungen von nacktem Boden und Fels. Irgendwo in der Umgebung haben sie unauffällig ihr Dasein gefristet und auf einen Moment wie diesen gewartet.

Die Sukzession beginnt von vorn. Über Jahre, Jahrzehnte oder gar Jahrhunderte werden nun ganz unterschiedliche Zönosen nebeneinander existieren, wo vorher nur Platz für eine oder wenige war. Bis die Wunden verheilen und das Blätterdach sich wieder schließt.

Die Katastrophe, die Mitte des 20. Jahrhunderts über viele Städte hereinbrach, kam nicht als unvorhersehbarer Schicksalsschlag wie der Ausbruch des Vesuvs für Pompeji und Herculaneum. Sie war quasi haus-, oder besser: menschengemacht. Veränderung gehört zwar zur urbanen Normalität, doch die Zerstörungen des Zweiten Weltkriegs erreichten ein Ausmaß, das weit über alles bisher Mögliche und Vorstellbare hinausging.

Zu Kriegsbeginn konnte Ruth Andreas-Friedrich, Journalistin und Mitbegründerin der Widerstandsgruppe »Onkel Emil«, noch mit einem Freund durch das verdunkelte Berlin laufen und sich am ungewohnt prächtigen Nachthimmel erfreuen: »Auf dem Heimweg sehen wir die Sterne über Berlin, klar und ungewöhnlich hell. Der Mond wirft einen milchigen Schein über die flachen und spitzen Dächer. Kein künstlicher Lichtschein dringt auf die Straßen. ›Die Großstadt kehrt zur Natur zurück‹, lächelt Andrik. ›Fast könnte man zum Romantiker werden.‹«[3]

Nur wenige Jahre später war den Bewohnern der zerbombten Städte jeder Sinn für Romantik vergangen. Von ehemals prachtvollen Boulevards »waren nur noch schmale, die größeren Trümmerstücke umkurvende Trampelpfade übrig geblieben.«[4] Am 12. Mai 1945 schrieb Ruth Andreas-Friedrich in ihr Tagebuch: »Die letzten sechs Kampftage haben Berlin schlimmer zugerichtet als zehn schwere Bombenangriffe. Nur vereinzelt trifft man auf ein heiles Haus. [...] Mit müden Gesichtern stochern die Menschen zwischen den Trümmern, zerren hier eine zerbeulte Trophäe ans Licht, dort einen verkohlten Balken [...]. Zwischen Schutt und Asche liegt ein toter Schimmel. Aufgedunsen der Leib, mit schwarzen versteinerten Augen [...] und seine steifen Beine starren anklagend in die Luft.«[5]

David Clay Large, ein amerikanischer Historiker und ausgewiesener Kenner der deutschen Kultur- und Politikgeschichte, beschreibt in seiner großen Berlin-Biografie, was (nicht nur) aus der alten Reichshauptstadt geworden war: »Der jahrelange Bombenkrieg und die brutale Schlussoffensive der Sowjets hatten von der Stadt nicht viel mehr übrig gelassen als verkohlte, stinkende Ruinen. [...] Als der Krieg zu Ende war, waren rund 40 Prozent der Bausubstanz der deutschen Hauptstadt völlig zerstört, und ihre Bevölkerungszahl hatte sich nahezu halbiert. Alle größeren Brücken waren gesprengt, die Kanäle mit Wrackteilen und Leichen verstopft, die U-Bahnschächte überflutet, das Trinkwasser verunreinigt. Auf den Straßen wimmelte es von Ratten, die sich von verwesenden Menschen- und Tierkadavern ernährten. Selbst im berühmten Berliner Zoo boten sich Anblicke blutiger Zerfleischung: Ein Flusspferd namens Rosa trieb tot in seinem Becken, aus einer in seinen Leib gerissenen Öffnung ragte ein Granatenflügel. Im Affenhaus lag ein toter Gorilla mit Stichwunden in der Brust.«[6]

Bilder des Grauens. Innerhalb weniger Monate hatten die Bomben vor allem in den Zentren der betroffenen Städte völlig neue Bedingungen geschaffen – eine Stunde Null nicht nur für die Menschen, die das Glück hatten, das Inferno zu überleben.

Nicht nur so manche Altstadt, auch viel von dem, was im Zuge der industriellen Revolution erst wenige Jahrzehnte zuvor entstanden war, türmte sich nun zu gigantischen Schuttbergen.

Als der Staub sich gesetzt hatte und die Feuer gelöscht waren, wurden Fliegen zur Plage. »Muss das ein Leben für die Biester sein!«, schrieb eine anonyme Zeitzeugin. »Jeder Kotkrümel ist eine summende, schwarzwimmelnde Kugel [...] Nie hab ich in Berlin solche Fliegenmassen gesehen und gehört. Hab gar nicht geahnt, dass die solchen Lärm machen können.«[7]

Genf, 563 n. Chr.

Tsunamis in der Schweiz? Das klingt wie Felsstürze auf den Malediven. Doch weit gefehlt: Genf, heute die zweitgrößte Stadt der Schweiz und nach Zürich und Tokio die drittteuerste der Welt, wurde im 6. nachchristlichen Jahrhundert nach neuesten Erkenntnissen Schweizer Forscher tatsächlich von einer verheerenden Riesenwelle des nach ihr benannten Sees getroffen. Ausgelöst wurde die Welle offenbar durch einen Steinschlag kurz vor der Mündung der Rhone. Das Flussdelta kollabierte daraufhin und ein riesiger Schlammstrom ergoss sich in den See. An seinem anderen Ende erreichte der dadurch ausgelöste Tsunami siebzig Minuten später acht Meter Höhe und schwappte über die Stadtmauern von Genf. Historische Quellen berichten von schweren Zerstörungen. Genf war damals Bischofssitz und vorübergehend auch Sitz der fränkischen Könige von Burgund. Katrina Kremer und ihre Kollegen Guy Simpson und Stéphanie Girardclos von der Universität Genf, die die Entstehung des Tsunamis nun rekonstruieren konnten, warnen, dass sich eine solche Katastrophe auch in heutiger Zeit wiederholen könnte.[8]

Für manche Vögel brachen in der Ruinenlandschaft rosige Zeiten an. Es dauerte nicht lange, da »sang im zertrümmerten München von 1945 bis 1948 fast von jeder dritten Hausruine der

Hausrotschwanz, so zahlreich wie nie zuvor«.[9] Steinschmätzer, heute in Deutschland vom Aussterben bedroht, eroberten das zerbombte Zentrum Berlins, so wie ein halbes Jahrhundert später die riesige Baustelle am Potsdamer Platz.[10] Als der Kriegsschutt abtransportiert und zu Trümmerbergen aufgeschüttet wurde, die sich ihrerseits zu neuen Lebensräumen und beliebten Naherholungsgebieten entwickelten, entstanden mehr und mehr planierte und gähnend leere Flächen, auf denen Haubenlerchen herumflitzten. Das »tote Auge« Berlins, ein riesiges, etwa 40 Quadratkilometer umfassendes Gebiet, in dem mehr als 50 Prozent aller Häuser zerstört waren, wurde zum Eldorado ruderaler Lebensgemeinschaften, die über Jahrzehnte, zum Teil sogar bis heute Bestand haben. Aus einem seit Kriegsende brachliegenden Bahngelände machte die Stadt kürzlich einen zentral gelegenen Park, der Teile dieser Ruderalflächen miteinbezieht und dessen Planer und Landschaftsarchitekten 2011 den 2. Preis des Urban Quality Awards für beispielhafte Projekte zukunftsfähiger Stadtentwicklung erhielten.[11]

So wie im revolutionären Paris die Kämpfe vor dem heute verschwundenen Palais des Tuileries den barocken Tuileriengarten zerstörten, verwüstete die Schlacht um das Berliner Regierungsviertel den Großen Tiergarten. Was davon übrig blieb, fiel anschließend der frierenden und hungernden Bevölkerung zum Opfer. Nur 700 der ehemals 200.000 Parkbäume blieben stehen und bald ließ die Zeit buchstäblich Gras über die traurigen Reste wachsen. Ein botanisch bewanderter Zeitzeuge beschrieb den Lennéschen Landschaftspark des Jahres 1946 als steppenähnliche Landschaft mit Gräsern, Beifuß, Nachtkerzen, Berufskraut und Weidenröschen.[12] Große Teile wurden in Gemüse- und Kartoffelacker umgewandelt. Schon während der Kriegsjahre hatten die Menschen zwischen den Ruinen Nahrungsmittel angebaut und sogar Getreidefelder angelegt, ein aus bitterer Not geborenes »Urban Gardening«. »Auf dem zerbombten Gendarmenmarkt, zwischen Bruchstücken zerborstener Schinkel-Meisterwerke, wuchsen Mais und Kartoffeln«, berichtet David Clay Large.[13]

Der Große Tiergarten in Berlin im Juli 1946, ein Kartoffelacker

In Kriegszeiten war die Not überall in Europa groß. Auch im kaum zerstörten Zürich wurden viele Freiflächen zum Gemüseanbau genutzt. Die Ackerfläche in der Stadt verdoppelte sich, sogar das seit Langem verbannte Borstenvieh kehrte wieder zurück. »1942 gab es dreitausend Schweine in der Stadt«, erzählt Stefan Ineichen, »und fast keine Autos auf den Straßen.«[14] Auch die hatten sich verändert. Wenn Häuser brennen, geht auch die Vegetation der Umgebung in Flammen auf. Fast zwei Drittel der ehemals über 400.000 Straßenbäume Berlins hatten den Krieg nicht überstanden. Zwar begann man schnell mit Neupflanzungen, es dauerte aber fast ein halbes Jahrhundert, bis im Jahr 2000 der Vorkriegsbestand erreicht wurde. Heute gibt es 28.000 Straßenbäume mehr als vor dem Krieg.[15]

1949 wurde auch mit der Wiederaufforstung des Großen Tiergartens begonnen, zunächst mit schnell wachsenden Hybrid-Pappeln.[16] Was sich heute in so üppigem Grün präsentiert, als habe es schon immer existiert, ist also eine nahezu komplette Neuschöpfung der Nachkriegszeit. In Berlin und in vielen anderen kriegszerstörten Städten sind große Teile der städtischen Pflanzungen, die grüne Basis der heutigen Stadtnatur, seien es Parks, Gärten oder Straßenbäume, nicht älter als höchstens 50 bis 60 Jahre.

Berlin, 12.5.1945

Tagebucheintrag von Ruth Andreas-Friedrich:»Auf Umwegen kommen wir zum Tiergarten. Oder zu dem, was von ihm übrig blieb. Bestürzt blicke ich auf die zerfetzten Bäume. Geknickt, zerborsten, bis zur Unkenntlichkeit verstümmelt. [...] Auf der Charlottenburger Chaussee (der heutigen Straße des 17. Juni) stinkt es nach Kadavern. Doch als wir näher kommen, sind es nur Pferdegerippe. Fleischfetzen um Fleischfetzen schnitten die Umwohner den toten Tieren von den Knochen, steckten sie in die Kochtöpfe und verschlangen sie gierig. Nur die Gedärme hängen noch faulend zwischen nackten Rippen.«[17]

Dass sich auf den Schuttflächen Interessantes tat, war bald nach Kriegsende einigen Botanikern aufgefallen, die in den 1950er-Jahren diverse Abhandlungen darüber veröffentlichten. Mitunter meint man zwischen den Zeilen ihr Bedauern darüber herauszuhören, nicht von Anfang an genauer hingeschaut zu haben. Denn die Entwicklung verlief schnell. Was in einem Jahr blühte, konnte im nächsten schon wieder verschwunden sein. Doch auch Botaniker hatten in den Nachkriegsjahren eben andere Probleme.

Eine Arbeit von H. Pfeiffer über die Vegetationsentwicklung in Bremen begann mit folgenden Worten: »Die Wiederbesiedlung des durch die Bombertätigkeit im letzten Kriege an vielen Städten angerichteten Trümmerschutts ist ungewollt zu einem *gewaltigen Naturexperiment* geworden, das in seiner Größenordnung noch am ehesten mit der Besiedlung des durch vulkanische Ausbrüche geschaffenen neuen Lebensraumes verglichen werden kann.«[18] Normalerweise werden Biologen eher mit der Zerstörung von Lebensräumen konfrontiert, hier aber war mitten in den Städten auf großer Fläche das Gegenteil geschehen.

Diesem »gewaltigen Naturexperiment« verdanken nicht wenige Pflanzenarten ihre heutige unübersehbare Präsenz in unseren Städten. Sie waren rechtzeitig an Ort und Stelle und wussten das riesige Freiflächenangebot zu nutzen, das der Krieg und die anschließende Enttrümmerung hinterlassen hatten. Am Anfang regierte der Zufall, zunächst keimte, was als Samen noch im Boden steckte oder vom Wind herbeigeweht wurde. Wer zuerst Wurzeln schlug und zur Blüte kam, verschaffte sich einen kurzfristigen Vorteil, die Sukzession schritt jedoch unaufhaltsam voran. Pfeiffer stellte staunend fest, dass sich schon wenige Jahre nach Kriegsende aus dem Durcheinander der Anfangszeit je nach Standortbedingungen unterscheidbare Pflanzengesellschaften herauszubilden begannen.

Unter den besonders erfolgreichen Pionieren waren auch viele Neophyten, etwa die nordamerikanische Robinie, heute der häufigste nicht-einheimische Stadtbaum, und der aus China und Nordvietnam stammende Götterbaum, *Ailanthus altis-*

sima, der vor dem Krieg nur als Ziergehölz bekannt war. Achten Sie darauf, wenn Sie das nächste Mal in einen größeren Bahnhof einfahren. Es bestehen gute Chancen, überall entlang der Gleise und Mauern seinen Jungwuchs mit den weit ausladenden Fiederblättern sprießen zu sehen.

Obwohl der Götterbaum heute weit verbreitet ist und in manchen Bezirken das Stadtbild prägt, erkennen ihn die Menschen nicht. »Was machen Sie denn da?« Diese Frage, die mir bekannt vorkam, stellte eine ältere Frau (nein, nicht die mit dem Hündchen), die mich dabei beobachtet hatte, wie ich junge Götterbäume fotografierte. Zwei Tage war ich durch die Stadt gefahren, um derartige Spontanvorkommen zu dokumentieren. Junge *Ailanthus* zwängen sich gern direkt zwischen Hauswand und Gehsteig aus den Pflasterritzen, ein thermisch begünstigter Standort mit guter Wasserversorgung, sie spießen aber auch aus Grünanlagen, Vorgärten und Straßenmittelstreifen.

Ich erklärte der Frau, was ich tat, und fragte, ob sie wisse, was das für eine Pflanze sei, erntete aber nur verständnisloses Kopfschütteln. »Keine Ahnung. Ich weiß nur, dass das Zeug wuchert und stinkt.«

Der unangenehme Geruch vor allem der männlichen Blüten war einer der (wahrscheinlich vorgeschobenen) Gründe, warum der Götterbaum in den USA nach anfänglicher Euphorie in Ungnade fiel. Andrew Jackson Downing, ein bekannter Gartenexperte, hatte Anfang des 19. Jahrhunderts noch in höchsten Tönen geschwärmt, der »Tree of Heaven« könne einem abends Geschichten aus dem »Blütenland« (*Flowery Country*) zuflüstern, von dem man ihn sich ausgeborgt habe. Er empfahl ihn nachdrücklich als »pittoresken« Stadt- und Straßenbaum, nicht zuletzt weil einheimische Insekten heute wie damals einen großen Bogen um ihn machen. Um 1850 wurde der Götterbaum sehr häufig gepflanzt und war in vielen Straßen New Yorks weit und breit die einzige Baumart. Kurze Zeit später kippte die Stimmung. China und die USA waren nach dem Ende des ersten Opium-Krieges zu Kontrahenten geworden und plötzlich wetterte Downing, der Götterbaum sei ein »Usurpator«, der mit seinem Gestank die Luft verpeste und mit seinem Wurzelwirrwarr den Boden verschlinge, »ein Tartar, bei dem es mehr als eine chinesische Mauer bräuchte, um ihn in seine Schranken zu weisen.«[19]

Dass der Götterbaum[20] sich seit Jahren stark ausbreitet, ist eine Tatsache, doch anders als in Nordamerika oder im Mittelmeergebiet kann er nördlich der Alpen, am kühlen Nordrand seines mittlerweile weltumspannenden Verbreitungsgebiets, nahezu ausschließlich in Städten überleben, ein urbanes Gewächs par excellence, das die warme City den Stadtrandgebieten vorzieht. Auch wenn der Baum andernorts ins weite Land vordringt, in Städten sieht man ihn stets am häufigsten. In Rom ist er flächendeckend vertreten, im griechischen Thessaloniki ist er die häufigste nicht einheimische Baumart. Bis 1980 gab es noch einige *Ailanthus*-freie weiße Flecken, er fehlte zum Beispiel in Städten mit ozeanischem Klima, mittlerweile besiedelt er jedoch auch Küstenstädte und einige Jahre mit mildem Klima haben ihm gereicht, auch in kältere polnische Metropolen und nach Zürich vorzudringen.

In Mitteleuropa begann der urbane Siegeszug des Götterbaumes in den Wüsteneien der zerbombten Städte, die ihm genau die Standortbedingungen lieferten, die seine Samen zur Keimung brauchen: offene, helle Flächen ohne größere Konkurrenz durch andere Pflanzen. Seine Ankunft in Europa liegt allerdings viel länger zurück. Der Berliner Botaniker Ingo Kowarik, der sich seit vielen Jahren mit der Biologie des Götterbaumes beschäftigt, datiert seine Europapremiere auf das Jahr 1740, als der Missionar Pierre d'Incarville *Ailanthus*-Samen aus China nach Paris schickte. Von dort gelangte er 1751 nach London und ins übrige Europa und wurde in den expandierenden Städten überall zu einem beliebten Straßen- und Parkbaum. In Italien und Frankreich nutzte man ihn auch wie in China zur Aufzucht von Seidenraupen. Die Samen, die 1784 über den Atlantik nach Philadelphia transportiert wurden, stammten schon aus europäischer Produktion.

Weit über hundert Jahre wuchsen mitteleuropäische Götterbäume allerdings nur dort, wo sie von Menschenhand gepflanzt wurden. Sie blühten zwar und produzierten Samen, aber ihre Samen keimten nicht, ein Verhalten, das viele neophytische Pflanzen zeigen. Das änderte sich erst mit Beginn des 20. Jahrhunderts, als in Mannheim und Freiburg die ersten spontanen Vorkommen des Götterbaums entdeckt wurden.[21] In Berlin hatte er seit seiner Ankunft im Jahr 1780 keinerlei Ausbreitungstendenzen erkennen lassen.

Doch dann war es, als hätte das Kriegsgetöse ihn aus einem 170 Jahre währenden Dornröschenschlaf geweckt. Schon 1956 berichtet ein Botaniker von »Götterbaumhainen auf deutschem Boden«. Heute gehört er »zu den häufigsten nicht einheimischen Gehölzarten auf innerstädtischen Brachflächen, in Grünanlagen, an Verkehrswegen, Mauern und Gebäuden.«[22] Ihm kommt zugute, dass er auf nahezu jedem Boden wachsen kann und schon im ersten Jahr ein enormes Wachstumstempo vorlegt. Sowohl in Nordamerika als auch in Europa zeigt er das stärkste Höhenwachstum aller Baumarten. Wird es ihm zu trocken, investiert er auf der Suche nach Wasser vor allem in sein ausgedehntes Wurzelsystem, sodass er flexibel auf die jeweils herrschenden Bedingungen reagieren kann. Neuerdings beginnt er sogar, sich auch bei uns zaghaft entlang der Straßen aus den Städten herauszutasten, vielleicht eine Folge der Klimaerwärmung.[23] Der »Tree of Heaven« wird auch in Zukunft für Überraschungen gut sein.

London, 1666

Das Feuer begann in einer königlichen Bäckerei in der Pudding Lane, ganz in der Nähe der stinkenden Themse, und wuchs sich zu einem tagelang währenden Inferno aus, das einen Großteil des alten Londons zerstörte: *The Great Fire of London*. Bei den damals üblichen Holzfachwerkhäusern ragten die oberen Stockwerke über die unteren hinaus, sodass die Bauten in den engen Gassen oben fast aneinanderstießen und das Feuer leicht überspringen konnte. Es brannte vom 2. bis zum 5. September. Am Ende waren vier Fünftel der mittelalterlichen City of London zerstört und 100.000 Menschen obdachlos. Was danach geschah, muss den Menschen wie ein unfassbares Wunder vorgekommen sein. Denn wie Phönix aus der Asche erhob sich eine Pflanze aus den verkohlten Überresten, die kaum ein Londoner zuvor gesehen hatte. Weil sie sich explosionsartig ausbreitete und die zerstörte Stadt in ein gelbes Blütenmeer verwandelte, wurde sie »London Rocket« genannt. Es handelte sich um den Kreuzblütler *Sisymbrium irio*, die Glanz-Rauke, ein aus dem Mittelmeerraum stammender Neophyt. Aus dem plötzlichen Erscheinen der Pflanze folgerte Robert Morrison, ein zeitgenössischer Botaniker: »Diese scharfe, bittere Pflanze mit vier Blütenblättern wurde spontan ohne Samen durch die mit Salz und Kalk vermischte Asche produziert.« In England hatte sie bis dahin ein nahezu unbeachtetes Schattendasein geführt, im Boden aber offenbar viele Samen hinterlassen.[24]

Bei meiner *Ailanthus*-Tour fielen mir immer wieder junge Bäume auf, die scheinbar völlig isoliert in der Straßenlandschaft wuchsen. Weit und breit war kein Mutterbaum zu sehen. Götterbäume können sich wie Robinien sehr effektiv über Wurzelausläufer ausbreiten. Sie haben damit etwas erreicht, von dem Menschen seit Jahrtausenden träumen: potenzielle Unsterblichkeit. Schon zwei Jahre alte Exemplare, die man in New York City untersucht hat, besaßen zwei Meter lange Seitenwurzeln. Im Umkreis von bis zu 27 Metern eines Baumes können aus solchen Ausläufern weitere Stämme aufwachsen, neue Manifestationen des gleichen genetischen Selbst, die ihrerseits wieder Ausläufer hervorbringen. So tastet sich der Götterbaum in extremem Zeitlupentempo an Straßen und Eisenbahnlinien entlang und treibt hin und wieder einen neuen Stamm in die Höhe, um das unterirdisch wuchernde Riesengewächs mit photosynthetisch aktivem Gewebe, den Blättern, auszustatten. Ansammlungen von Robinien und Götterbäumen sehen aus wie normale Wäldchen, die aus einzelnen Bäumen zu bestehen scheinen, in Wirklichkeit könnten sie, wie die vielköpfigen Monster der Sagenwelt, verbundene Klone eines einzigen Individuums sein. Noch heute existieren Abkömmlinge der ersten in den USA aufgewachsenen Götterbäume – die Pflanzen, von deren Wurzeln sie einst abstammten, sind längst verschwunden.

Doch diese einsamen jungen Bäume, die an Hauswänden und in Grünflächen aus dem Boden sprießen, können nicht aus Wurzelausläufern entstanden sein, es sei denn, man hätte ihre Erzeuger gefällt. Wahrscheinlich sind sie aus Samen hervorgegangen, die aussehen wie kleine Propellerflügel. Der Wind bläst sie von den Bäumen und erzeugt so einen »Samenschatten« von bis zu 450 Metern Länge, das ergaben Untersuchungen von Ingo Kowarik und seinem Kollegen Moritz von der Lippe.[25] Kein

Wunder, dass ich die Mutterbäume nicht gefunden habe. Samen, die von den Forschern markiert und dem Wind und den vorbeirasenden Autos überlassen wurden, landeten auf dem Mittelstreifen und überquerten vier Spuren einer viel befahrenen Straße. Fallen sie ins Wasser, bleiben die Samen keimfähig und können noch weit größere Strecken zurücklegen. Auf diese Weise kann der Götterbaum auch isolierte Stadtbiotope besiedeln, je ungepflegter, desto besser. Seine Vorliebe für die städtischen Schmuddelecken trug ihm in den USA den Namen »Ghetto palm« ein.

Ist er unerwünscht, zum Beispiel auf antiken Ruinenfeldern, wo seine Wurzeln das uralte Mauerwerk sprengen, hat man ein Problem. Denn so leicht, wie der Götterbaum neue Standorte erobert, so schwer ist es, ihn wieder loszuwerden oder auch nur zurückzudrängen. Kappt man seine zahlreich austreibenden Wurzelausläufer, reagiert er mit einer Gegenoffensive, die sich gewaschen hat. Auf einem Bahngelände der österreichischen Hauptstadt Wien drohten Götterbäume mit einer Dichte von 5.902 Stämmen pro Hektar überhandzunehmen. Nach dem Rückschnitt dauerte es nur vier Monate, bis sich die Zahl junger Stämme auf 128.650 pro Hektar erhöht hatte.[26] Man kann ihm also kaum einen größeren Gefallen tun, als sich seinem Ausbreitungsdrang mit Sägen und Heckenscheren in den Weg zu stellen. Erfolg verspricht nur ein kombinierter Einsatz von mechanischer und chemischer Bekämpfung. Trotzdem muss über Jahre nachgebessert werden.

9. Das süße Stadtleben

Raubtiere

> *»Ja, der Fuchs. Ich entdecke bei mir*
> *selber diese Ambivalenz. Eines Teils findet*
> *man es toll. Und andererseits merkt man,*
> *dass das irgendetwas ist, was nicht stimmt.«*

Frau K., 63, Berlin[1]

Kommen wir endlich zum Fuchs. Sie haben sicher schon darauf gewartet. Erst neulich, als ich spätabends mit dem Fahrrad nach Hause fuhr, habe ich wieder einen gesehen. Mit geradezu provozierender Selbstverständlichkeit trottete er auf der Fahrbahn die Straße entlang.

Ich fahre auf die Brücke zu, die weit ausladenden Äste der Trauerweide, auf denen der Graureiher gern sein Gefieder putzt, ragen zweihundert Meter vor mir aus dem Park. Aus irgendeinem Grund drehe ich mich um, sehe dicht hinter mir ein Tier, das mir zu folgen scheint, und bin sofort alarmiert. Für einen kurzen Moment ist es nur ein namenloses Phantom: Hund, sagt mein Gehirn und meldet gleichzeitig Zweifel an. Gestalt und Verhalten passen nicht zusammen. Hunde tun so etwas nicht, nicht in deutschen Großstädten. Wenn ein Hund dieser Größe spätabends ohne menschliche Begleitung auf einsamer Straße hinter einem Fahrradfahrer herliefe, wäre das ein Grund zur Beunruhigung. Dann der Moment der Erkenntnis. Donnerwetter – ich schreibe gerade ein Buch über Tiere wie ihn und da ist er. Als ob er sich in Erinnerung rufen wollte. Ein Prachtexemplar, vollkommen entspannt, er hatte mich ja die ganze Zeit im Blick, und auch als wir uns ansehen, zeigt er keine Reaktion, zögert keine Sekunde, setzt seinen Weg wachsam, aber gelassen fort. »Was glotzt du so?«, scheint sein Blick zu sagen. »Ich lebe auch hier. Noch nie einen Fuchs gesehen?« Dann verschwindet er zwischen parkenden Autos.

Hatten Sie auch schon eine solche Begegnung? Es ist noch immer etwas Besonderes, nicht wahr? Füchse leben mitten unter uns Großstädtern, sind längst selbst zu Großstädtern geworden, mehr noch: zu einer Art Symbol für die Einwanderung wilder Tiere in die Stadt. Das zu wissen, ist das eine, ihm nachts auf einsamer Straße aus wenigen Metern Entfernung in die Augen zu sehen, etwas ganz anderes.

Zweifellos erleben wir eine ganze Welle von Einwanderungen, seit Jahren schon und nicht nur in Europa. Auch in Nordamerika registriert man eine »unglaubliche Rückkehr der Wildtiere«.[2] Die ländlichen Räume haben unter der Ägide der auf höchste Erträge getrimmten Landwirtschaft an Attraktivität eingebüßt, sind leer geräumt und monoton, überdüngt und mit Agrochemikalien belastet. Die Lebensräume mitteleuropäischer Städte dagegen haben sich von ihren Kriegsschäden erholt, sind gereift, üppig, außerordentlich vielfältig und, da es so gut wie keine Jagd gibt, vergleichsweise sicher. Bei Bevölkerung und Behörden genießen sie einen Stellenwert wie nie zuvor. Das ist die Situation. Und das Resultat? Zwischen 1975 und 1990 erlebte Berlin den stärksten Zuwachs an Brutvogelarten seit 1850.[3] Polnische Forscher registrierten in der Hauptstadt Warschau mindestens 12 neue Vogel- und zwei Säugetierarten.[4]

Um es in Kindersprache zu sagen: Das Land ist immer böser und die Stadt immer netter zu den Tieren, also kommen sie zu uns. Wir werden gleich sehen, dass diese Erklärung, so häufig sie zu hören ist und so einleuchtend sie klingt, keineswegs für alle neu zuwandernden Tierarten gilt, für Fuchs und Wildschwein, die in diesem Zusammenhang am häufigsten erwähnt werden, schon gar nicht. Sie ist nur ein Versuch, Gründe für ein Phänomen zu finden, das alle, selbst die Fachwelt, ein wenig ratlos macht und bei den Menschen sehr unterschiedliche Reaktionen hervorruft. Es verblüfft und schmeichelt uns genauso, wie es uns erschreckt. Es nervt die einen und begeistert die anderen. Harte wissenschaftliche Fakten, die diese Entwicklung erklären könnten, gibt es nicht. Was es gibt, sind Plausibilisierungen und vermutete Zusammenhänge. Die Suche nach der einen Erklärung, die für alle Tierarten gilt, ist wahrscheinlich der falsche Ansatz. Es geht um die nie endenden Prozesse der Anpassung und Evolution, die in Städten durch uns und vor unseren Augen geschieht. Auch Josef Reichholf kommt, nachdem er den Nahrungs- und Strukturreichtum sowie die relative Sicherheit der Städte als Hauptfaktoren ihrer Attraktivität für Tiere identifiziert hat, zu einem ernüchternden Ergebnis: »Dennoch bleiben diese Entwicklungen nur Beiwerk für die Erklärung des Phänomens der Verstädterung.«[5]

Unser Blick in die Geschichte der Stadtnatur hat zudem gezeigt, dass ein reges Kommen und Gehen neuer Tier- und Pflanzenarten schon immer eines ihrer wichtigsten Charakteristika war. Die Frage ist nicht, ob Tiere in Städte hineingelangen, sondern wie lange sie bleiben, wie lange Entwicklung und Zustand der Städte es zulassen, dass sie bleiben. Solange wie Schwalben und Spatzen, die von Anbeginn mit dabei sind, oder nur so kurz wie die Haubenlerchen nach dem 2. Weltkrieg?

Für die meisten Tierarten dieser Welt sind Städte sicher kein geeigneter Lebensraum, weil ihre ökologischen Ansprüche und das urbane Angebot nicht zusammenpassen und auch nie zusammenpassen werden. Wer versucht, dort Fuß zu fassen, muss bestimmte Voraussetzungen mitbringen, muss sich anpassen, so wie in jedem anderen Lebensraum auch, muss flexibel sein und sich verändern. Rotfüchse, *Vulpes vulpes*, bieten dafür ein gutes Beispiel. Dass sie extrem anpassungsfähig sind, zeigt schon ihr Erfolg im weit entfernten Australien mit seinen völlig anders gearteten Lebensgemeinschaften. Siedler führten sie ein, in der Hoffnung, sie würden endlich die durch eigene Nachlässigkeit verursachte Kaninchenplage beenden.

Rotfüchse stellen ihre Anpassungsfähigkeit auch zu Hause unter Beweis. Sie besiedeln praktisch die gesamte Nordhalbkugel, leben in den unterschiedlichsten Lebensräumen, von Wüsten bis zur arktischen Tundra. Sie sind das am weitesten verbreitete fleischfressende Säugetier der Welt.[6] Zoologisch betrachtet sind sie zwar Karnivoren – man muss sich nur ihre Zähne ansehen –, doch sie sind weder spezialisiert noch wählerisch und halten sich auch mit Beeren und Regenwürmern über Wasser, wenn es nottut. Beste Voraussetzungen also, um auch in Städten erfolgreich zu sein. Sie mussten ›nur‹ ihre Angst vor dem Homo sapiens besiegen.

Die Stadtmenschen haben es ihnen leicht gemacht. Sie töten heute keine Füchse mehr[7], ja sie scheinen sie sogar zu mögen, was durchaus erstaunlich ist, denn das Mensch-Fuchs-Verhältnis war nicht immer so ungetrübt. Füchse galten als schlau, verschlagen, heuchlerisch und boshaft, als zwielichtige Burschen, bei denen man besser immer auf der Hut ist. Ihre Attacken auf das Geflügel der Menschen sind Thema unzähliger Geschichten. Goethes »Reineke Fuchs«, seine Versfassung eines alten Epos, dessen Wurzeln weit ins Mittelalter zurückreichen, hat sicher viel zu dieser Wahrnehmung beigetragen.

Fuchs, du hast die Gans gestohlen ... Jeder kennt das Lied. Schon am Ende der ersten Strophe wird das Füchslein durch das Gewehr des Jägers mit dem Tode bedroht. Und dann wird es richtig blutrünstig, sodass nicht wenige Eltern die zweite Strophe lieber unterschlagen:

Seine große, lange Flinte
schießt auf dich den Schrot,
dass dich färbt die rote Tinte, und dann bist du tot.

Menschen jagen Füchse, so geht das seit Jahrhunderten. In der Jagdsaison 2010/11 wurden allein in Deutschland fast 520.000 Füchse erlegt. In den Vorjahren lag die sogenannte Jagdstrecke meist noch deutlich höher.[8]

Dazu kam noch die Angst vor der Tollwut. Die letzte große Epidemie in Europa liegt erst wenige Jahrzehnte zurück, und da Füchse die wichtigsten Überträger der tödlichen Viruserkrankung sind, mussten sie teuer dafür bezahlen. Nicht nur, dass 90 bis 95 Prozent der infizierten Tiere selbst an der Seuche, die alle Säugetiere befallen kann, starben, sie wurden auch massiv bejagt und mit Fallen gefangen. Man schoss sie vor ihren Bauten ab und vergaste deren Inneres. Doch all das Töten konnte die Tollwut nicht aufhalten. Erst eine aufwendige Immunisierungskampagne mit flächendeckend ausgelegten Ködern, die einen in der Schweiz entwickelten und erprobten Lebendimpfstoff enthielten und den Füchsen eine Art Schluckimpfung verpassten, drängte die Epidemie schließlich zurück.

Heute erfreut sich ein großes Kinopublikum an »Der Fuchs und das Mädchen« von Oscarpreisträger Luc Jacquet, in dem die *Süddeutsche Zeitung* ein »märchenhaftes, packend erzähltes Naturabenteuer um die [...] anrührende Freundschaft zwischen Mensch und Tier« gesehen hatte. Heute häufen sich im Frühjahr bei den zuständigen Behörden in Zürich die Anrufe besorgter Bürger, die abgemagerte und ausgezehrt wirkende Füchse gesehen haben und sich erkundigen, ob man die armen Tiere nicht füttern müsse. Wahrscheinlich handelte es sich um Fähen, weibliche Tiere also, die entsprechend der Jahreszeit ihren dicken Winterpelz verloren und zu Hause, in ihrem Bau, sieben oder acht Jungfüchse zu säugen hatten, was selbst an wohlgenährten Stadtfüchsinnen nicht spurlos vorübergeht.[9] Sogar in Großbritannien, wo die seit 2005 verbotene Fuchsjagd eine Institution war und wo man die Tiere nach Auffassung des britischen Fuchsexperten Stephen Harris »für jedes landwirtschaftliche und ökologische Problem verantwortlich machte«, hat sich die öffentliche Meinung radikal gewandelt. In einer Umfrage der Mammal Society bekam der Fuchs fast doppelt so viele Stimmen wie der Dachs und wurde zum beliebtesten Raubtier des Landes gewählt.[10] Sicher hat diese veränderte Haltung damit zu tun, dass die Städter ihre Füchse über viele Jahre näher und besser kennengelernt haben.

Seitdem es keine Stadtmauern mehr gibt, die vierfüßige Tiere aussperren, haben Europas einzige Wildhunde[11] Städten sicher schon häufiger einen Besuch abgestattet. Dass sie sich dort ansiedeln und bis in die Innenstädte vordringen, ist jedoch eine Erscheinung des 20. Jahrhunderts. Für Schweizer Fuchsexperten steht fest: »Stadtfüchse werden in Zukunft so selbstverständlich zur Fauna des Siedlungsraums gehören wie Spatzen, Amseln und Marder.«[12]

Bestandszahlen von Wildtieren lassen sich nur indirekt ermitteln, etwa durch Abschusszahlen. Zusätzlich wird das sogenannte Fallwild erfasst, tot aufgefundene Tiere, die meist von Autos angefahren wurden. Für Füchse zeigen die so ermittelten

Kurven den deutlichen Rückgang, der während der 1960er- und 1970er-Jahre durch die Tollwut und die intensive Verfolgung durch den Menschen verursacht wurde. In der Schweiz[13] kam der Abwärtstrend mit Beginn der Impfkampagnen im Jahr 1978 zum Stillstand. Seit 1984 erholten sich die Bestände und bald hatten sie wieder das Niveau von vor dem Ausbruch der Seuche erreicht. Doch sie stiegen weiter, auf nie gekannte Höhen.

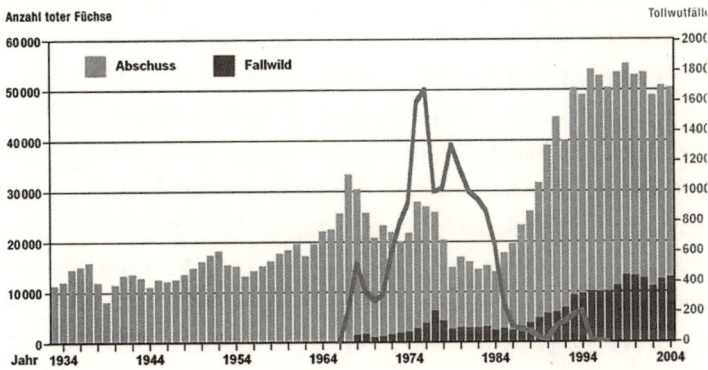

Fuchsbestand in der Schweiz. Die Kurve zeigt den Verlauf der Tollwut-Epidemie

Betrachtet man nur die Zahlen für die Gemeinde Zürich, die etwa zur Hälfte aus Siedlungsflächen besteht, ergibt sich ein sehr aufschlussreiches Bild. Genau zu der Zeit, als Füchse landesweit außergewöhnlich hohe Bestandszahlen erreichten, tauchten die ersten Tiere im Stadtgebiet auf und von Jahr zu Jahr wurden es mehr.

Füchse, das ist die eindeutige Schlussfolgerung, kamen nicht deshalb in die Städte, weil sie durch Verschlechterung ihrer Lebensbedingungen vom Land vertrieben wurden, sondern weil sie dort eine beispiellos hohe Dichte erreicht hatten. In der

Schweiz liegt sie inzwischen zwei- bis fünfmal so hoch wie vor Ausbruch der Tollwut.[14] Wie den Wildschweinen, die neuerdings ebenfalls verstärkt in Städten auftauchen, ging es den Füchsen auf dem Land keineswegs schlecht. Wenn sie sich dort mit einem Problem herumschlagen mussten, dann mit dem der Überbevölkerung. Sie ›flohen‹ nicht in die Städte, sie wichen dorthin aus, weil die Konkurrenz auf dem Lande groß war. Die Mär vom bösen, immer lebensfeindlicher werdenden Land auf der einen und den guten Städten auf der anderen Seite ist für Füchse und Wildschweine schlicht unzutreffend.

Nicht nur in der Schweiz zeigten sich die Füchse plötzlich in Städten. Auch aus Paris, Brüssel, Berlin und Oslo, sogar aus Japan, Australien und Nordamerika wurden Stadtfüchse gemeldet. Die Fachwelt zeigte sich verblüfft und auch ein wenig beunruhigt, schließlich war die gerade erst überstandene Tollwutepidemie noch in lebhafter Erinnerung. Alle blickten nun mit größtem Interesse nach Großbritannien. Denn aus irgendeinem Grund hatte das, was in vielen europäischen Städten geschah, in England bereits Jahrzehnte früher stattgefunden.

Erste Berichte über britische Stadtfüchse stammen schon aus den 1930er-Jahren, und da sich andernorts lange Zeit nichts dergleichen abspielte, hatte man es für ein rein britisches Phänomen gehalten. Manche bringen das Vordringen der Füchse mit der regen Bautätigkeit dieser Zeit in Verbindung. Wegen niedriger Bodenpreise waren große, vorher ländlich geprägte Gebiete an den Stadträndern in ruhige Reihenhaussiedlungen verwandelt worden. Die typisch englische Eigenheimidylle entstand, mit einem Gärtchen vor und einem hinter dem Haus. Offenbar hatte man damit ungewollt genau die Strukturen geschaffen, die mutige Fuchspioniere brauchten, um sich an das Stadtleben zu gewöhnen. In den 1970er-Jahren gab es sie schon in allen größeren Städten mit Schwerpunkt im Südosten des Landes, also auch in London.

Die Fuchspopulation der südenglischen 400.000-Einwohner-Stadt Bristol gilt heute dank Stephen Harris und seiner Mitarbeiter als die am besten untersuchte der Welt.[15] Zu einer Zeit, als sich einige Artgenossen erstmals auch auf dem europäischen Festland in die Städte wagten, lebten in Bristol schon bis zu 37 Füchse pro Quadratkilometer, eine Dichte, die noch nie zuvor beobachtet wurde und von der auch das heutige Bristol nach einer verheerenden Staupe-Epidemie, die die Population innerhalb von nur zwei Jahren um mehr als 95 Prozent dezimierte, weit entfernt ist.[16] In der deutschen Hauptstadt sind es auf gleicher Fläche heute nur durchschnittlich 2,75 Tiere, in den Außenbezirken etwas mehr, in der Innenstadt weniger, immerhin fast doppelt so viele wie im ländlichen Mitteleuropa, wo in der Regel auf einem Quadratkilometer nur ein bis zwei Tiere anzutreffen sind. (Hochgerechnet auf die Gesamtfläche Berlins wären das etwa 2.500 Füchse.) Damit bewegt sich Berlin etwa auf dem gleichen Niveau wie das kanadische Toronto oder das schottische Edinburgh. In Melbourne und Zürich leben deutlich mehr Füchse.[17] »Auf einem Spaziergang nach Mitternacht durch die Straßen Südost-Londons begegnet man innerhalb von zwei bis drei Stunden tatsächlich mehr Füchsen als auf den Spaziergängen auf dem Land während eines ganzen Jahres«, schrieb Stephen Harris[18] 1986 in seinem Buch über die Stadtfüchse. England zeigte, wohin die Reise auch in den Städten des europäischen Festlands gehen könnte.

Es war klar, dass man die weitere Entwicklung im Auge behalten musste. Wie sollte man mit diesen neuen Stadtbewohnern umgehen? In der Schweiz gründete man deshalb ein »Integriertes Fuchsprojekt«, an dem verschiedene Institutionen und Forschungsrichtungen beteiligt waren. Dabei ging es nicht nur um Biologie und Verhalten der Füchse, sondern auch um die Menschen, die mit diesem neuen, wegen seiner Parasiten und Krankheiten nicht ganz unproblematischen Stadttier auskommen mussten. Wie reagierten sie auf die Tiere und wie konnte man sie am besten informieren? Das Projekt nahm 1995 seine Arbeit auf und bald stellten die Forscher fest, dass Füchse innerhalb von nur 15 Jahren nicht nur in Zürich und Genf Fuß gefasst hatten, sondern bereits in den dreißig größten Städten des Landes präsent waren.

Kleiner Wurm – große Gefahr?

Füchse sind nicht nur Überträger der Tollwut. Aus Sicht des Menschen ist vor allem der Kleine Fuchsbandwurm, *Echinokokkus multilocularis*, von Bedeutung. Unter Bandwürmern stellt sich der Laie vielleicht meterlange dünne weißliche Fäden vor, und viele Bandwürmer sind ja auch wenig mehr als Hautschläuche, die ein Hakenkranz an einem kaum als Kopf zu bezeichnenden Gebilde im Darmgewebe ihres Wirts verankert und mit Unmengen von Eiern gefüllt sind. Aber der Hunde- und der nahe verwandte Fuchsbandwurm sind anders. Sie messen nur wenige Millimeter. Für den Menschen wird es gefährlich, wenn er Eier des Wurmes aufnimmt, die über Darm und Blutgefäße in die Leber gelangen und dort zu kugeligen Gebilden heranwachsen können, die neue Bandwurmköpfe enthalten. Eigentlich sollte dies nur in Mäusen geschehen, die dann von Füchsen, dem namengebenden Endwirt, gefressen und verdaut werden und dabei im Fuchsdarm die Bandwurmlarven freisetzen. Doch manchmal gelangen Eier in den falschen Zwischenwirt. Der Bandwurm ist dann in einer Sackgasse gelandet, doch bei betroffenen

Menschen kann der Befall in seltenen Fällen nach Jahren zu einer lebensbedrohlichen, heute allerdings behandelbaren Krankheit führen, der Alveolären Echinokokkose. Berliner Füchse sind nahezu frei von *Echinokokkus*, in Genf und Zürich sind jedoch 40 Prozent aller Tiere befallen. In Richtung Innenstadt nimmt der Befall stark ab, weil die Füchse dort kaum noch Mäuse fressen, mit denen sie sich infizieren könnten. Gegenwärtig wird geprüft, ob man Stadtfüchse mithilfe bestimmter Köder entwurmen sollte. Solange das nicht geschieht, sollten Menschen sich nach einem Kontakt mit Hunden die Hände waschen, da an deren Fell Wurmeier haften können. Gartengemüse und Früchte müssen immer gründlich gewaschen werden.[19]

Die urbane Ausbreitungsgeschichte der Füchse erinnert an die Stadtkarriere der Amsel hundert Jahre zuvor. Wieder kam ein Prozess in Gang, der sich innerhalb weniger Jahre scheinbar unabhängig voneinander in ganz unterschiedlichen Regionen Europas vollzog. Denn es waren ja nicht die an das urbane Leben gewöhnten Füchse selbst, die ausschwärmten, um eine Stadt nach der anderen zu erobern, es war gewissermaßen die Idee des Stadtlebens, die unter den Landfüchsen um sich griff. Über die Ursachen kann man nur spekulieren.[20] Grüne Vorstädte gab es mittlerweile in fast allen urbanen Zentren. Hatten Stadtentwicklung und Fuchsbestände überall ein ähnliches Stadium erreicht, sodass die Entwicklung unausweichlich war?

Während sich der Siegeszug der Amsel abspielte, als an molekulare Genetik noch nicht einmal zu denken war, verfügt die Wissenschaft heute über ein ausgefeiltes Methodeninventar, um Fragen nach der Herkunft der Stadttiere genau zu untersuchen. Im Rahmen des Schweizer Fuchsprojektes wurden von

128 Füchsen Haar- und Gewebeproben genommen, von Tieren, die aus den beiden, durch den Fluss Limmat und den Zürichsee getrennten Teilen der Stadt und aus drei ländlichen Vergleichsgebieten in der näheren Umgebung stammten. Anschließend wurden im Labor ausgewählte kurze Abschnitte ihrer DNA analysiert und verglichen. Die Ergebnisse waren erstaunlich[21] : Obwohl viele Kilometer voneinander entfernt, waren die Füchse aus den drei ländlichen Gebieten näher miteinander verwandt als die Stadtfüchse mit den jeweils benachbarten Landfüchsen. Die geringsten Gemeinsamkeiten gab es zwischen den Tieren der beiden durch See und Fluss getrennten Stadtteile.

Offenbar kommt es zwischen den Landfüchsen trotz der wesentlich größeren Entfernungen zu mehr Kontakten als zwischen Stadt- und Landfüchsen, sodass sich ihre Genpools intensiver mischen. Die meisten in der Stadt lebenden Füchse verlassen das Siedlungsgebiet nie. »Junge Landfüchse bleiben eher in ländlichen Gebieten und junge Stadtfüchse in der Stadt«, schreiben die Forscher. »Durch Tradition wird also eine Siedlungsraumgrenze zu einer ›kulturellen‹ Grenze.«[22] Der typische Stadtfuchs ist in der Stadt geboren und aufgewachsen und hat noch nie einen Wald oder ein Getreidefeld gesehen. Trotzdem kommt es zu einem Austausch, wobei es mehr zumeist junge männliche Tiere aus der Stadt auf das Land zieht als umgekehrt. Diese Migration ist groß genug, um die genetischen Unterschiede der beiden Gruppen auf lange Sicht zu verwischen.

Die beiden Zürcher Stadtpopulationen sind nahezu vollständig voneinander isoliert und gehen auf unabhängige Besiedlungsereignisse zurück. Aus ihrer genetischen Verarmung können die Forscher schließen, dass es keine stetige Zuwanderung von Landfüchsen gab, sondern beide Stadtteile von nur wenigen »Gründertieren« besiedelt wurden – ein Prozess, der sich möglicherweise so oder so ähnlich auch in anderen von Füchsen besiedelten Städten abgespielt hat. Gäbe es eine Geschichtsschreibung der Füchse, handelte sie wahrscheinlich wie die der Menschen von einzelnen herausragenden Persönlichkeiten, von Gründervätern und -müttern, deren Mut und Durchhaltevermögen einst Großes bewirkten, indem sie ihre Völker zu neuen ergiebigen Ufern führten.

Das passt zu dem in der Biologie in den letzten Jahren erwachten Interesse an der Persönlichkeit von Tieren.[23] Ihre Verstädterung zeigt beispielhaft, dass nicht allein von Art zu Art große Unterschiede in der Fähigkeit bestehen, urbane Lebensräume zu besiedeln, sondern auch innerhalb einer Art, ob bei der Amsel oder dem Fuchs. Dass es Tierpersönlichkeiten gibt, in denen sich bestimmte Eigenschaften in einer Weise vereinen, die ihnen den einen entscheidenden Schritt ermöglicht, den andere nie oder erst viel später gewagt hätten. Dabei sind verschiedene Persönlichkeitsmerkmale oft miteinander korreliert – die Wissenschaftler sprechen von »Verhaltenssyndromen«. Besonders neugierige Kohlmeisen, das haben Studien in den Niederlanden gezeigt, sind auch aggressiver als ihre Artgenossen und eher bereit Risiken einzugehen. Neugier, Aggressivität und Risikobereitschaft – das ist genau der Stoff, aus dem urbane Gründertiere gemacht sein müssten. Da diese Eigenschaften in hohem Maße genetisch bedingt sind und Gründertiere ihre, und nur ihre, Gene an die Nachkommen weitergeben, drücken sie zukünftigen Stadttiergenerationen damit ihren genetischen Stempel auf. Der schon erwähnte Gründereffekt, der dadurch entsteht, dass nur ein kleiner Teil des gesamten Genpools einer Art in eine neu gegründete Population gelangt, wäre in diesem Fall kein reines Zufallsprodukt. Wir werden darauf noch zurückkommen.

Wie Amseln erreichen auch Füchse in Städten wesentlich höhere Dichten als in ländlichen Lebensräumen. In Bristol konnten vor der Staupe-Epidemie nur deshalb so viele Füchse leben, weil die Ressourcen der Stadt es ihnen ermöglichten, mit viel kleineren Revieren auszukommen. Kanadische Landfüchse benötigen bis zu 2.000 Hektar, um auf ihre Kosten zu kommen, im Schweizer Jura sind die Streifgebiete mit 116 bis 353 Hektar deutlich kleiner. In Zürich liegt die durchschnittliche Reviergröße jedoch bei nur 30 Hektar, in Melbourne und Toronto wenig darüber, wobei das besonders intensiv genutzte Gebiet noch deutlich kleiner ist. Zir, eine vierjährige Zürcher Fähe, schoss dabei den Vogel ab, denn sie war mit nur acht Hektar zufrieden.[24] In diesem für Landfüchse unvorstellbar kleinen Gebiet fand sie alles, was sie brauchte: Nahrung, Schlafplätze und einen sicheren, geschützten Ort für die Aufzucht ihrer Jungen.

Ermittelt wurden die Angaben mithilfe der Radiotelemetrie. Die Empfangsantenne stets in der Hand waren die Forscher ihren mit Halsbandsendern ausgestatteten Füchsen nächtelang durch Straßen und Gärten gefolgt, um deren Aktionsradius auszuspionieren. Ein ums andere Mal mussten sie sich dabei Kommentare irritierter Bürger anhören, ein offenbar unvermeidbarer Nebeneffekt stadtbiologischer Freilandforschung. Ob sie Windmessungen durchführten oder gar »Leute aufspürten, die fernsehen, ohne Gebühren zu zahlen«, wurden sie gefragt.[25]

Nein, die Menschen mit der Antenne versuchten nur, Füchsen auf der Spur zu bleiben, die, da sie sich um Deckung bemühten, selten zu sehen waren. Am Tage, wenn die Tiere zumeist ruhen, gilt das umso mehr. Die Verstecke, die sie aussuchen, können in unmittelbarer Nähe belebter Orte liegen, solange die Füchse dort ungestört bleiben. So zogen sie sich regelmäßig in einen dichten Gebüschstreifen mitten in einem Freibad zurück, das nachts verlassen, tagsüber aber mit Hunderten ahnungsloser Badegäste gefüllt war. Während die Füchse ihr Nickerchen hielten, tobte nur wenige Meter entfernt das Stadtleben.

Bei den nächtlichen Streifzügen der Füchse kommt es immer wieder zu Begegnungen mit Artgenossen, die mit Ausnahme der Paarungszeit meist ohne größere Auseinandersetzungen und nicht selten sogar ausgesprochen freundlich ablaufen. Das Sozialleben der Stadtfüchse barg ohnehin eine sensationelle Überraschung. Man hielt die Tiere bis in die 1970er-Jahre für Einzelgänger. Fähe und Rüde treffen nur zur Paarung zusammen und trennen sich dann wieder, das war lange und unbestritten der Stand der Dinge. Bis David Macdonald, heute Professor für Wildlife Conservation an der Oxford University, Ende der 1970er-Jahre das Gegenteil bewies.

Macdonald war einer der Ersten, der mithilfe der Radiotelemetrie den nächtlichen Aktivitäten einzelner Füchse nachspürte. Sein Untersuchungsgebiet waren die grünen Vorstädte Oxfords und der *New York Times*[26] erschien die meist einsame Arbeit des damals noch jungen Zoologen als »eine seltsame, einzelgängerische Art von Wissenschaft, dieses Herumsitzen auf einer Wiese, während man einem Piepen zuhört, das Füchse repräsentiert, die man nicht sehen kann.« Über Wochen musste David Macdonald sich den Gepflogenheiten seiner Studienobjekte anpassen und die Nacht zum Tage machen. Aber dieses Herumsitzen hat sich gelohnt. Heute ist Macdonald ein prominenter und ungemein produktiver Wissenschaftler, der mit vielen Preisen geehrt wurde. Sein 1979 in der Zeitschrift *Nature* erschienener Aufsatz stellte alles auf den Kopf, was man bis dahin über das Miteinander der Füchse zu wissen glaubte.[27]

Stadtfüchse, das bestätigten später weitere Untersuchungen, leben nicht allein, sondern in Familienverbänden, die aus einer

Fähe, einem Rüden, deren Jungtieren und weiteren erwachsenen Füchsen bestehen, zumeist Schwestern oder ältere Töchter der Eltern. In Zürich hielten sich in dem Revier einer solchen Familiengruppe meist noch weitere Männchen auf. Alle diese nahen Verwandten der Elterntiere haben keinen eigenen Nachwuchs, sie beteiligen sich aber an der Jungenaufzucht und fungieren als eine Art ›Babysitter‹. Fällt die Fähe aus irgendeinem Grund aus, kann ein anderes weibliches Tier in die Bresche springen und ihrerseits Junge zur Welt bringen.

Hatte das Stadtleben den Füchsen etwa eine völlig neue Sozialstruktur aufgezwungen? Heute weiß man, dass die Tiere sehr flexibel auf die in ihrem Lebensraum herrschenden Bedingungen reagieren.[28] Den Fuchs als Einzelgänger gibt es durchaus – wenn die Bedingungen und die Ernährungslage schlecht sind. Gibt es Nahrung im Überfluss, was in besonderem Maße in Städten, aber auch in einigen ländlichen Gebieten der Fall ist, schließen sich die Tiere zu Familienverbänden zusammen. Studien, die an einer Inselpopulation durchgeführt wurden, zeigen, dass sich die Überlebenschancen der kleinen Füchse deutlich erhöhen, wenn mindestens ein weiteres erwachsenes Tier Nahrung herbeischafft und die Jungen gegen fremde Füchse verteidigt. Im Gegensatz zu manchen Behauptungen der Sensationspresse sind Stadtfüchse also normale Füchse und werden es vermutlich auch bleiben. In Städten können sie aber eine Seite ihres Verhaltensrepertoires ausleben, für die in ländlichen Gebieten meist die Voraussetzungen fehlen.

Der größte Unterschied zwischen Stadtfüchsen und ihren weiterhin auf dem Land verwurzelten Artgenossen betrifft die Ernährung. Gänse stiehlt der Fuchs in der Stadt sicher nur in den seltensten Fällen, aber was frisst er dann? Das berühmte Kinderlied gibt Auskunft:

Liebes Füchslein, lass dir raten,
sei doch nur kein Dieb:
nimm, du brauchst nicht Gänsebraten, mit der Maus vorlieb.

Der typische Mäusesprung des Rotfuchses

Genau das tun Füchse normalerweise. Sie jagen Mäuse und andere Kleintiere. Als anspruchslose Opportunisten fressen sie das, was sie finden können. In Städten sind das vor allem die Abfälle der Menschen. Ihre Anspruchslosigkeit, oder besser: ihre Fähigkeit, mit unterschiedlichster Nahrung auszukommen, war sicherlich der Schlüssel, der ihnen die Türen zu so vielen verschiedenen Lebensräumen geöffnet hat. Mittlerweile hat man in mehreren Städten Untersuchungen ihres Nahrungsspektrums durchgeführt, entweder anhand ihres Kots oder, bei toten Tieren, durch genaue Analysen des Mageninhalts. Daher weiß man, dass Stadtfüchse bis zu 60 Prozent ihrer Nahrung direkt oder indirekt aus Menschenhand beziehen.

Zwar kommt auch der typische Mäusesprung, mit dem sie sich ähnlich wie Katzen von oben auf ihre arglose Beute stürzen, in Städten zum Einsatz; viel wichtiger aber sind Fleischreste aus den Küchen der Menschen sowie Obst und Beeren, die sie im Abfall, auf Komposthaufen oder in den Gärten finden. Die Unterschiede zwischen den einzelnen Stadtpopulationen sind beträchtlich. In Brüssel machen Kleinsäuger/Vögel, Fleischreste und Obst/Gemüse jeweils ein Drittel der Nahrung aus, in Zürich und Bristol werden darüber hinaus auch Brot, Insekten und Vogelfutter gefressen. David Macdonalds Füchse in der alten Universitätsstadt Oxford hingegen decken 27 Prozent ihres Nahrungsbedarfs mit den in Städten so zahlreichen Regenwürmern.

In Bristol haben immerhin zehn Prozent der Hausbesitzer die Füchse gefüttert. Wissenschaftler raten dringend davon ab, da manche Tiere sehr zahm werden und Nahrung direkt aus der Hand von Menschen akzeptieren. Was dem einen Spaß macht, kann anderen missfallen, die sich die Tiere lieber vom Leib halten wollen. Auf diese Weise wurden schon schwere Nachbarschaftskonflikte heraufbeschworen, von gesundheitlichen Risiken einmal ganz abgesehen. Stadtfüchse sind Wildtiere und sollten es auch bleiben.

Zum Schluss, nachdem die Beziehung zwischen Stadtbewohnern und Füchsen sich bisher so überaus harmonisch gestaltet hat, noch ein wenig Stoff zum Gruseln: Auch Aas wird angenommen. Meist sind es Tiere, die von Autos überfahren wurden. Aus Australien kommen aber Berichte, nach denen Füchse sich im Outback auch über die Leichen Verstorbener hermachen. Nun gut, denken Sie vielleicht, in dieser Einöde gibt es nicht viel zu fressen, die Tiere können sich nicht leisten, wählerisch zu sein. Ähnliches spielt sich aber auch direkt vor unserer Haustür ab. In England zeigen Mordopfer, die eine Zeit lang unentdeckt im Freien gelegen haben, häufig Fraßspuren des Rotfuchses.[29]

Sumbawanga, Tansania, April 2006

Nachdem der bekannte französische Schriftsteller Jean Rolin in Turkmenistan nur knapp dem Angriff eines großen verwilderten Hundes entging, begann er sich für diese Tiere zu interessieren und sammelte auf seinen zahlreichen Reisen Eindrücke und Fakten. Unter anderem schrieb er einen Brief an seinen Bekannten John Kiyaya, der in der 100.000-Einwohner-Stadt Sumbawanga in Tansania ein Fotogeschäft besitzt, und fragte ihn, ob es dort verwilderte Hunde gäbe. Dieser antwortete, oh ja, die gäbe es. »Diese Hunde gehören niemandem mehr. Sie leben für sich. In den Städten gibt es viele, den größten Teil des Tages verbringen sie im Busch. Nach acht Uhr abends kommen sie auf die Straßen, um etwas zu fressen zu suchen. Man sieht sie einzeln oder in Rudeln von drei bis zu einem Dutzend. Am häufigsten begegnest du ihnen an Müllkippen, um Hotels oder Märkte. Diese Hunde sind eine Plage für die Bevölkerung, sie sind nutzlos und gefährlich. Sie können die Menschen beißen, denn die mögen sie nicht. Sie können die Tollwut übertragen. Größtenteils sind sie kräftig und furchterregend, ihre Zahl steigt beständig, da sie im Busch leben, unterliegt ihre Vermehrung keiner Kontrolle.«[30]

Vor einigen Jahren versetzte zwar ein vor laufenden Fernsehkameras durch die Straßen von Zürich spazierender Luchs, auf dessen Speisekarte sie immerhin Platz drei einnehmen, die eidgenössischen Stadtfüchse vorübergehend in Unruhe.[31] Ansonsten könnten europäische Stadtfüchse höchstens mit Katzen und den wenigen frei laufenden Hunden in Konflikt geraten. Sicher streiten sie sich hin und wieder mit einem Waschbären oder knurren einen Marderhund an. Man hat Füchse und Hauskatzen aber auch schon friedlich nebeneinander fressen und miteinander spielen sehen. In Fuchskot fanden sich zwar auch Katzenüberreste, man kann Fell- und Knochenstücken aber nicht ansehen, ob sie von selbst getöteten Zimmertigern stammen oder, was wahrscheinlicher ist, von überfahrenen Katzenkadavern. Meistens gehen Füchse und ihre potenziellen Konkurrenten sich aus dem Weg und lassen sich in Ruhe.

Größere Hunde können Füchsen durchaus gefährlich werden, deshalb scheinen Stadtfüchse die Bezirke, in denen es viele frei laufende Hunde gibt, zu meiden. In Mitteleuropa sind streunende Hunde eher eine seltene Erscheinung, aber im südlichen Europa und in Nordamerika ist das anders, wie ich aus eigener und durchaus leidvoller Erfahrung bestätigen kann, von Afrika und Asien gar nicht zu reden. Es gibt allerdings Tierärzte, die prophezeien, dass Streuner auch bei uns zunehmen werden, weil immer mehr Menschen das Futter für ihre Hunde nicht mehr bezahlen können und die Tiere einfach sich selbst überlassen.

Global betrachtet sind Hunde und Katzen die mit Abstand am weitesten verbreiteten und häufigsten karnivoren Säugetierarten der Städte. Etwa 600 Millionen Katzen und 400 Millionen Hunde soll es auf der Welt geben und ein nicht geringer Teil davon läuft frei herum. Die Verhältnisse in Nordamerika machen die Proportionen deutlich: Etwa 60 bis 90 Millionen Zimmertigern stehen 10 bis 50 Millionen herumstromernde Katzen gegenüber, in Großbritannien sind es 8 bis 9 Millionen echte Hauskatzen, wobei sich ihre Zahl seit den 1970er-Jahren mehr als verdoppelt hat; ›nur‹ 0,8 Millionen haben kein festes Zuhause. In Australien und in vielen armen Ländern sind die Verhältnisse aber genau umgekehrt. Dort übertrifft die Zahl der Herumtreiber die der Haustiere um ein Vielfaches.[32]

Über die Zahl frei laufender Hunde gibt es keine entsprechenden Schätzungen. Alan Beck, ein Experte für das Mensch-Tier-Verhältnis von der Purdue University, legte 2002[33] allerdings Zahlen für Baltimore vor, nach denen in der Stadt 43.000 Hunde streunen, mindestens genauso viele lebten in geordneten Verhältnissen bei Herrchen oder Frauchen. Die Übergänge sind fließend: Auf der einen Seite die echten Haushunde, die nur zum Gassigehen an die frische Luft kommen, auf der anderen halb verwilderte Tiere, die frei herumlaufen, von Menschen aber geduldet, gefüttert oder in Einzelfällen gar adoptiert werden. Dazwischen gibt es viele Hunde, die zwar ein Zuhause besitzen, aber jederzeit aus- und eingehen können. Vollständig verwilderte Tiere gibt es in Städten nicht.[34] Eine gewisse Nähe zum Menschen bleibt immer erhalten.

In Russland leben Streuner, solange die Menschen denken können, in Städten und Dörfern und beide Spezies scheinen gut miteinander auszukommen. Moskaus 35.000 Streuner, von denen einige seit den 1980er-Jahren die Metrostationen bevölkern und sogar mit der U-Bahn fahren, genießen eine gewisse Wertschätzung in der Bevölkerung, was besonders deutlich wurde, als es an einem Winterabend vor einigen Jahren zu folgendem Zwischenfall kam, der in der russischen Hauptstadt für viel Aufregung sorgte.

Julia Romanova, ein 22-jähriges Fotomodel, hatte ihren geliebten Staffordshire-Terrier in einen gerade erst erstandenen Designerdress gekleidet und wartete mit ihm auf den Zug, als plötzlich Malchik auf der Bildfläche erschien, ein schwarzer Streuner, der sich als Herr der überaus belebten Mendeleyevskaja-Station aufspielte und die beiden laut anbellte. Zum Entsetzen der Menschen, die unfreiwillig Zeugen der Szene wurden, griff die junge Frau in ihren pinkfarbenen Rucksack, holte ein Küchenmesser heraus und erstach den Hund. Julia Romanova wurde festgenommen und musste sich anschließend ein Jahr lang einer psychiatrischen Behandlung unterziehen. Viele Moskauer zeigten sich empört über das Verhalten der jungen Frau und spendeten Geld für ein bronzenes Hundestandbild, das heute am Eingang der U-Bahnstation an den Vorfall erinnert. Malchik ist vermutlich der einzige Streuner, dem je eine solche Ehre zuteilwurde.

Immer wieder wird die Forderung laut, die Streunerpopulation etwa durch Sterilisierungen zu reduzieren, aber Andrei Poyarkov vom Severtsov Institute of Ecology and Evolution, der diese Hunde seit Jahren untersucht, sieht keinen Bedarf für Regulierungsprogramme und weiß sich darin mit vielen Moskauern einig. »Ich bin überhaupt nicht davon überzeugt, dass

Moskau hundefrei gehalten werden sollte. Wenn man von einer korrekten Beziehung zu Hunden ausgeht, dann säubern sie definitiv die Stadt. Sie halten die Rattenpopulationen klein. Warum muss die Stadt eine Betonwüste sein? Warum sollten wir die Hunde beseitigen, die doch schon immer in unserer Nähe gelebt haben?«[35]

Der bekannte französische Schriftsteller Jean Rolin hat andere Erfahrungen mit Streunern gemacht – und nicht nur er. Ein Hundeangriff in Turkmenistan war für ihn ein traumatisches Erlebnis und er schrieb daraufhin ein ganzes Buch über diese halb verwilderten Kreaturen, denen er überall auf der Welt begegnete und die in vielen Fällen dort leben,»wo die Waffen sprechen, wo Hunger und Elend herrschen«, in Elendsvierteln, auf Müllkippen und Schlachtfeldern. Es waren frei laufende Hunde, die während des blutigen Bürgerkrieges in Ruanda von den Kämpfern der Ruandischen Patriotischen Front erschossen wurden, weil sie die zahllosen Toten fraßen, »hingekauert in den unverwechselbaren roten Staub des Landes«, schreibt Jean Rolin, »über den unübersehbaren Leichenhaufen jener Zeit, in der unverkennbaren arttypischen Fresshaltung.«[36]

Dass gesunde Füchse Menschen angreifen, kommt so gut wie nie vor, bei Hunden geschieht das sehr wohl. Die Behörden von Baltimore registrierten in den 1960er- und 1970er-Jahren eine stark ansteigende Zahl von Hundebissen, die schließlich wie in Teilen von New York City jährlich bei weit über 700 Bissverletzungen pro 100.000 Einwohnern lag. In der Mehrzahl dieser Fälle hatten Streuner zugeschnappt, meistens in Arme oder Beine, und nicht selten mussten die Wunden genäht werden. Betroffen waren besonders Kinder unter fünfzehn Jahren. Sogar Todesfälle und Schwerverletzte waren als Folge von Hundeangriffen zu beklagen.[37] Darüber, was sich in ärmeren Ländern abspielt, in denen viel mehr halb verwilderte Hunde leben als in den USA, weiß die Wissenschaft so gut wie nichts. Es entbehrt nicht einer gewissen Ironie, dass ausgerechnet von einem den Menschen sehr nahestehenden Tier in seiner verwilderten Form eine solche Gefahr ausgeht. (Auch Fuchsbisse häufen sich, wenn die Tiere zu ›zahm‹ werden.) Grund zur Panik besteht natürlich nicht, aber es ist schon auffallend, dass für Hunde besondere Gesetze zu gelten scheinen. Kein einziges Wildtier hat in Städten auch nur annähernd eine solche Bilanz vorzuweisen. Gäbe es eins, die Menschen hätten es vermutlich mit allen ihnen zur Verfügung stehenden Mitteln bekämpft.

Streunende Hunde schließen sich ebenso schnell zu Gruppen zusammen wie Katzen. Oft halten sie sich in der Nähe ergiebiger Nahrungsquellen wie Müllkippen auf. Anders als die Familienverbände der Füchse besitzen diese Gruppen keine feste Hierarchie und beanspruchen keine festen Territorien, obwohl aggressive Auseinandersetzungen zwischen verschiedenen Gruppen an der Tagesordnung sind. Ihr Zusammenhalt ist locker, die Fluktuation erheblich. In der Summe können diese urbanen Katzen- und Hundetrupps Größen erreichen, die mit den Werten von Wildtieren vergleichbar sind. In England, Australien, Frankreich, Italien, Japan und den Vereinigten Staaten wurden Populationen verwilderter Hauskatzen von mehr als 300 Tieren pro Quadratkilometer beschrieben. Auf einem italienischen Marktplatz mit angrenzendem Stadtpark waren es auf gleicher Fläche mehr als 1.000, auf einem Müllplatz in Israel sogar über 2.300 Katzen.

Urbane Hundepopulationen können ähnliche Größenordnungen erreichen, Spitzenwerte von mehr als 500 Tieren pro Quadratkilometer werden aber nicht wie bei Katzen in hoch entwickelten Industriestaaten, sondern in Mexiko, Indien und einigen afrikanischen Ländern erreicht. Die höchste Hundedichte mit mehr als 2.900 Tieren wurde in einer Stadt in Nepal ermittelt. Auch einige spanische Städte fallen durch enorm viele frei laufende Hunde auf.[38] Das Leben dieser urbanen Streuner ist zumeist kurz. Die hohe Mortalität besonders junger Katzen und Hunde hat zur Folge, dass die Zahl junger Tiere in Stadtpopulationen meist gering bleibt. Kaum ein von Moskaus frei laufenden Hündinnen geborenes Tier erreicht das Erwachsenenalter. Viele sterben im großstädtischen Verkehr. In den USA gilt die Euthanasie in sogenannten »animal shelters« als die mit Abstand wichtigste Todesursache halb verwilderter Katzen und Hunde.[39] Man fängt herrenlose Tiere oder nimmt sie bei sich auf, füttert sie eine Weile durch und muss sie dann töten, um Platz für neue zu schaffen.

Natürlich stellt sich die Frage, was diese vielen frei laufenden Raubtiere im Ökosystem Stadt bewirken. Halb verwilderte Hunde richten trotz ihrer großen Zahl vermutlich wenig Schaden an, da sie sich vor allem von menschlichen Abfällen ernähren oder gefüttert werden. Katzen gehen aber selbst dann auf die Jagd, wenn sie ausreichend Futter bekommen. »Es ist klar, dass urbane Katzen eine große Zahl an Beutetieren töten«, schreibt ein Team von Fachleuten um Stephen Harris und den britischen Wirbeltierexperten Philip Baker.[40] Darüber, welche Konsequenzen das besonders für Vögel hat, ist seit Jahren eine heftige Debatte entbrannt. Schöpfen frei laufende Katzen in Stadt und Land nur den Überschuss ab, töten sie nur Tiere, die ohnehin bald gestorben wären, oder muss der steigende Jagddruck, der von ihnen ausgeübt wird, zu den anderen Todesursachen von Vögeln noch hinzuaddiert werden?[41]

Wie schwer diese Frage zu beantworten ist, zeigen folgende Überlegungen[42]: Mehrere Studien haben ergeben, dass von Katzen erbeutete Vögel einen geringeren Fettgehalt aufweisen als Tiere, die etwa durch Kollisionen mit Fensterscheiben gestorben sind. Körperfett ist eine wichtige Energiequelle, sodass man aus diesen Ergebnissen schließen könnte, dass den Katzen vor allem geschwächte Tiere zum Opfer gefallen sind. Andererseits hat ein hoher Fettgehalt für die Vögel den Nachteil, dass sich dadurch ihr Gewicht erhöht und sie langsamer und weniger wendig werden. Das wiederum könnte heißen, dass gerade besonders fitte Tiere ihre Fettreserven auf einem niedrigen Niveau halten, um ihre Fähigkeit zur raschen Flucht zu optimieren. Es steht ihnen ja in der Stadt genug Nahrung zur Verfügung, um ihren Akku jederzeit wieder aufzuladen. Den Katzen wären dann gerade besonders kräftige und gesunde Vögel zum Opfer gefallen.

Wahrheitsfindung ist in der Wissenschaft leider nur allzu oft ein mühsames Geschäft. Bisher zeigen mehrjährige britische Untersuchungen der Vogelbestände nicht die negativen Trends, die bei der stark steigenden Zahl von Katzen eigentlich zu erwarten wären. Außerdem geht in Städten eine hohe Katzendichte keineswegs mit weniger Vögeln einher.[43] Trotzdem werden zurückgehende Bestände, etwa im Falle der Spatzen, immer wieder mit der Jagdleidenschaft von Katzen in Verbindung gebracht.

Rotfüchse, Steinmarder, Waschbären, Marderhunde, Dachse, Kojoten, Stinktiere, Luchse, Pumas, Bären und zwei, drei kleinere Fuchsverwandte – die Raubtierarten, die in nordamerikanischen und europäischen Städten oder in deren Randgebieten leben, lassen sich fast an beiden Händen abzählen. Viel größer wird ihre Zahl jedoch, wenn man auch den Rest der Welt, insbesondere afrikanische und asiatische Städte betrachtet. Da aus diesen Weltregionen jedoch so gut wie keine stadtökologischen Untersuchungen vorliegen, die etwa mit dem Stand der urbanen Fuchsforschung vergleichbar wären, ist völlig unklar, welche Arten der folgenden unvollständigen Liste als echte Stadtbewohner zu bezeichnen sind oder sich auf dem Weg befinden, solche zu werden. Sie alle wurden jedenfalls schon in Städten gesehen: Asiatischer Schwarzbär, Wolf, Leopard, Eisbär, Mink, Schabrackenhyäne, Tüpfelhyäne, Streifenhyäne, Goldschakal, Streifenschakal, Zibetkatze, Ginsterkatze, Nasenbär, Katzenfrett, Kurzschwanzmanguste, Rotmanguste u.a.m.[44]

Wissenschaftler aus Sheffield haben in diesem Zusammenhang darauf hingewiesen, dass Katzen nicht unbedingt töten müssen, um signifikante Effekte zu erzielen.[45] Es reicht, dass von ihnen eine permanente Bedrohung und Beunruhigung der Vogelwelt ausgeht. Modellrechnungen haben ergeben, dass das permanent hohe Stressniveau, dem die Vögel durch die Präsenz der vielen Jäger ausgesetzt sind, völlig ausreicht, um ihren Bruterfolg und damit ihre Häufigkeit erheblich zu verringern. »Sublethale Effekte könnten Vogelpopulationen bereits in einem derartigen Ausmaß reduzieren, dass eine geringe Bejagung durch Raubtiere einfach nur geringe Beutezahlen widerspiegeln würde.«[46]

Auch wenn das Ausmaß der Bedrohung, die von Hunden und Katzen auf andere Stadttiere ausgeht, im Unklaren bleibt, beide sind potenzielle Jäger. In Nordamerika (und vielleicht auch in anderen Gegenden der Welt, über die man so gut wie nichts weiß) können sie auch zu Gejagten werden. Denn hier dringt in den letzten Jahren ein größeres und stärkeres Raubtier in die Städte ein, für das sie selbst eine potenzielle, wenn auch sicher nicht die bevorzugte Beute darstellen. In Chicago wurden in den Jahren 1990 bis 2007 sechzig Angriffe auf Hunde bekannt, in Tucson, Arizona, gab es mindestens 36 Attacken auf Katzen.[47] Wo Kojoten auf der Bildfläche erscheinen, räumen auch die Rotfüchse das Feld.

Ehemals nur in den weiten Prärien im Zentrum des nordamerikanischen Subkontinents beheimatet, haben Kojoten, Canis latrans, in den letzten 150 Jahren ihr Verbreitungsgebiet mehr als verdoppelt, und dies trotz intensiver Bejagung, die schon mit den nach Westen ziehenden Siedlern begann und größere Raubtiere wie die Wölfe an den Rand der Ausrottung brachte.[48] Die Erfolgsgeschichte dieser Hundeverwandten ist eine Erinnerung daran, dass dynamische Veränderungen nicht nur in der Stadtnatur ablaufen. Doch mittlerweile sind Kojoten auch dort angekommen und ihre zunehmende Präsenz in amerikanischen und kanadischen Metropolen hat dort zu heftigen Kontroversen geführt, obwohl die Tiere, von gelegentlichen Angriffen auf Haustiere abgesehen, bisher wenig Anlass zur Besorgnis geliefert haben.

Wie die Rotfüchse erwiesen sich auch Kojoten als sehr anpassungsfähig, denn sie profitierten von der massiven Umgestaltung Nordamerikas, die der Mensch in Angriff nahm. Sie nutzten ihre Chance und füllten die Lücke, die von den weit nach Norden verdrängten Wölfen hinterlassen wurde. Schritt für Schritt übernahmen sie deren Territorium, dehnten ihr Verbreitungsgebiet weit in alle Himmelsrichtungen aus und besiedelten bis auf den Norden Alaskas und Kanadas den gesamten nordamerikanischen Kontinent einschließlich großer Teile Mexikos und Mittelamerikas.[49]

Auf diesem weiten Weg veränderten sie sich. Die Kojoten, die die ersten Siedler zu Gesicht bekamen, waren mit zehn bis zwölf Kilogramm Körpergewicht noch relativ schmächtige Tiere gewesen, mit einem Speiseplan, der abwechslungsreicher war als der ihrer großen Wolfsverwandten, deren Platz sie heute einnehmen. Sie ernährten sich von Kleinsäugern und Insekten und verschmähten wohl auch die eine oder andere pflanzliche Kost nicht.

Doch die Tiere, die in den 1950er-Jahren Kanada und den Nordosten der Vereinigten Staaten erreichten, waren mit teilweise über 16 Kilogramm Körpergewicht, stärker ausgeprägten Unterschieden zwischen den Geschlechtern und ihren massigen Schädeln kaum wiederzuerkennen. Diese Kojoten hatten keine Schwierigkeiten, ausgewachsene Weißwedelhirsche zu überwältigen, und, anders als ihre Vorfahren, keine Scheu, auch in Waldgebiete einzudringen. Was war mit den Tieren geschehen?

Als Roland Kays[50] vom New York State Museum in Albany und seine Kollegen Abigail Curtis und Jeremy Kirchman DNA-Proben[51] von über 120 Tieren untersuchten, stießen sie auf einige Sequenzen, die unzweifelhaft von einer anderen Tierart stammten, von Wölfen, die im Gebiet der Großen Seen leben, einem Gebiet, das die Kojoten auf ihrer weiten Wanderung durchquert hatten. Diese Wölfe standen nach Jahren heftigster Verfolgung durch den Menschen quasi mit dem Rücken zur Wand und hatten wahrscheinlich große Schwierigkeiten, Geschlechtspartner zu finden. Also kam es irgendwann im späten 19. Jahrhundert zur Paarung von Wölfen mit, so legen es die genetischen Daten nahe, einigen wenigen Kojoten. Die resultierenden, mit kräftiger Kiefermuskulatur ausgestatteten Wolf-Kojote-Hybriden konnten größere Beutetiere erlegen und kamen wesentlich schneller voran als ihre nach wie vor reinrassigen Artgenossen, die sich von Südwesten näherten.

Entlang der Ostküste trafen beide Varianten zusammen und begannen sich zu vermischen, seit 2004 auch in Washington D.C., wo Kojoten mittlerweile nur ein paar Meilen vom Weißen Haus entfernt durch den Rock Creek Park trotten. Christine Bozarth, eine Genetikerin von der Smithsonian Institution, die dies herausfand, glaubt, dass die Kojoten bleiben werden: »Sie können sich an jede urbane Landschaft anpassen«, versichert sie. »Sie werden ihre Jungen in Entwässerungsgräben und alten Rohren aufziehen.«[52]

Neue genetische Untersuchungen[53] eines europäisch-amerikanischen Forscherteams bestätigen die wölfische Abstammung der kräftigen nordöstlichen Kojoten und gehen noch weit darüber hinaus. Denn es zeigt sich, dass ein bisschen Wolf in nahezu jedem Kojoten steckt und ein wenig Kojote in jedem Wolf und dass viele dieser Hybriden, deren Genmaterial durch zahllose Rückkreuzungen mit ihren Stammvätern und -müttern immer neu durchmischt wurde, offenbar aus der Zeit von vor 200 bis 300 Jahren stammen, als es den Wölfen durch Menschen, die über Waffen mit großer Reichweite verfügten, an den Kragen zu gehen drohte. Dieser Vernichtungskrieg des Menschen gegen den Wolf hat einen jahrzehntelangen Prozess in Gang gebracht, dessen Ende noch gar nicht abzusehen ist und der sich nun in Gestalt der Kojoten bis hinein in die Städte der Moderne auswirkt. Vor allem in den letzten Jahrzehnten hat sogar noch eine dritte Tierart deutliche Spuren im Genom der Kojoten hinterlassen: der Hund.

Stadtkojoten gehen Menschen meist aus dem Weg, indem sie Wohngegenden meiden und ihre Hauptaktivitätszeit in die

Nachtstunden verlagern. Ihre Zahl bewegt sich mit maximal drei Tieren pro urbanen Quadratkilometer bereits in der gleichen Größenordnung wie die der Rotfüchse, noch sind sie in Städten aber nicht häufiger als in ländlichen Gebieten.

Bislang zeigen sie wenig Interesse an den Aktivitäten des Menschen, betonen Experten, »aber das könnte sich mit zunehmender Gewöhnung ändern.« Von 260 Tieren, deren Aktivitäten in Los Angeles und Chicago mittels Telemetrie verfolgt wurden, zeigte kein einziges gegenüber Menschen aggressives Verhalten. Nur in Chicago wurden fünf Tiere zu Problemfällen, weil sie sich für Nahrung zu interessieren begannen, die im Zusammenhang mit Menschen stand. Einer wurde von Vogelfreunden angelockt, die Futter verstreuten. Man darf ihnen nicht das Feld überlassen, um zunehmende Aggressivität nicht positiv zu verstärken. »Wenn Kojoten sich einem Gebiet nähern, wo Menschen irgendeiner Aktivität nachgehen, weichen diese oft zurück und räumen das Feld und verleihen den Kojoten damit eine dominante Position« – eine Rolle, an die sich die Tiere in städtischer Umgebung besser nicht gewöhnen sollten. Ihre Angst vor dem Menschen muss erhalten bleiben. Kommt es wegen zu großer Gewöhnung zu Problemen, müssen die Tiere entfernt, sprich: getötet werden, »bevor Menschen, besonders Kinder, verletzt werden«. Wichtig ist also eine umfassende Aufklärung, wie sich die Menschen den Tieren gegenüber verhalten sollten – zweifellos keine leichte Aufgabe angesichts einer Bevölkerung, die Kojoten häufig mit Hunden verwechselt. In Vancouver werden solche Aufklärungsprogramme bereits erfolgreich praktiziert.[54]

Anders als bei Füchsen hängt die Ernährung der Kojoten bisher nicht von menschlichen Nahrungsmitteln ab, und im Interesse eines möglichst konfliktfreien Zusammenlebens ist es wichtig, dass das auch so bleibt. Mehrere Untersuchungen zeigen, dass sie in Städten vor allem Nagetiere, Hasenverwandte sowie Rehe und Hirsche jagen, doch die Nutzung anthropogener Nahrungsquellen nimmt in städtischen Gebieten zu, und vor allem in San Diego und Los Angeles stillen sie ihren Appetit wie die Füchse auch mit unsachgemäß gelagerten Abfällen und Gartenfrüchten.[55]

Kojoten gehören zu den am besten untersuchten Hundeverwandten Nordamerikas, versichern die Fachleute und beklagen gleichzeitig, gerade über das Leben der Stadtkojoten noch viel zu wenig zu wissen. Dies sei vor allem eine Folge »der unglaublichen Schwierigkeiten, mit denen sich Forscher konfrontiert sehen, wenn sie die Tiere im öffentlichen Raum fangen und verfolgen wollen.

Leider hat die limitierte Forschung zu einem Mangel an Informationen geführt, den populäre Medien und professionelle Veröffentlichungen füllen, die ausschließlich auf die Konflikte und Bedrohungen fokussiert sind, die von Kojoten auf Menschen und Haustiere ausgehen.«[56]

Mit den Kojoten wird eine Raubtierart zum Stadtbewohner, die potenziell weitaus gefährlicher ist als die vergleichsweise niedlichen Füchse und Waschbären, das wissen alle, die sich mit diesen Wildhunden befassen. Noch sind sie relativ neu in den Städten. Wie werden sie sich verhalten, wenn sie dort über mehrere Generationen gelebt haben und der sich andeutende Gewöhnungsprozess an den Menschen und die von ihm gestaltete Stadtlandschaft weitergeht? Werden die Konflikte zunehmen? Wissenschaftler und Behörden müssen die Herausforderung annehmen und die weitere Entwicklung aufmerksam im Auge behalten.

Das Geschrei der Vögel

Man sollte nie ohne Schnörkel reden und
keinesfalls, wie einem der Schnabel gewachsen ist.
Er ist gewöhnlich nicht gut gewachsen.

Curt Goetz

Synanthropie, die Assoziation von Pflanzen- und Tierarten mit dem Menschen und einer von ihm geprägten Umwelt, ist ein zentraler Begriff für die Stadtnatur. Viele gelehrte Abhandlungen diskutieren ihre Erscheinungsformen und versuchen den unterschiedlichen Grad dieser Bindung an den Menschen in ein Begriffssystem oder sogar mathematisch zu fassen. Das Spektrum reicht von Tieren wie der Kopflaus, die ohne den Menschen nicht existieren können, bis hin zu Möwen und Krähen, die als Opportunisten gerne den Weg des geringsten Widerstandes gehen und auf das Nahrungsangebot unserer Müllkippen zurückgreifen, ohne (bislang) davon abhängig zu sein. In diese Kategorie haben sich nun auch Tiere wie Fuchs und Graureiher eingeordnet, Waschbären gehören in Nordamerika schon lange dazu und seit einigen Jahren, als Neozoon, auch in Europa. Kojoten und Marderhunde sind auf dem besten Wege, ihnen zu folgen. Die Anthropobiozönose, der Sammelplatz synanthroper Tierarten, wächst.

Einige dieser Tiere fressen auch unsere Abfälle. Für solche Phänomene wurde das Wort »Wohlstandsverwahrlosung« erfunden. Ursprünglich vom österreichischen Verhaltensforscher Otto König für Vögel geprägt, die sich um nichts mehr kümmern mussten und in der Folge unnormales Verhalten zeigten (siehe Kapitel 1), wurde es später auch auf viele Verhaltensweisen angewendet, die bei Stadttieren zu beobachten sind. Der vor einigen Jahren verstorbene Braunschweiger Zoologe Otto von Frisch, Sohn des berühmten Bienenforschers Carl von Frisch, gibt einige Beispiele aus der Welt der Vögel: verringerte Fluchtdistanz, Verzicht darauf, im Herbst fortzuziehen, Wahl von Todesfallen als Nistplätze, zum Beispiel »Eisen- oder Stahlrohre mit glatten Innenwänden, die von Altvögeln flatter-kletternd bezwungen werden können, nicht aber von den unbeholfenen Jungen. Oder Briefkästen, in denen Eier oder Junge von herabfallender Post erdrückt werden. Oder Röhren der unterschiedlichsten Art, in die es hineinregnet, sodass der Nachwuchs verklammt und ertrinkt.« Buntspechte, die zur Revieranzeige und zum Anlocken von Weibchen normalerweise auf hohle Äste trommeln, nutzen in Städten andere Resonanzböden: »Sie hämmern auf Flutlichtlampen, Abdeckungen von Alarmsirenen, auf Dachrinnen und die Gehäuse von Straßenlampen ein.«[1]

Menschen, sprich: moderne Perkussionisten wie etwa die Gruppe Stomp, machen das auch. Ihre Beweggründe sind andere, die pure Lust an Krach, Klang und Rhythmus. Mit Begeisterung trommeln sie auf Blechplatten, Kochtöpfe, Bratpfannen, Wannen und andere Alltagsgegenstände. Doch bei ihnen beklatscht man es als witzige kreative Idee – Tieren, die gefälligst ›natürlich‹ zu sein haben, wird es als Wohlstandsverwahrlosung ausgelegt.

Mir scheint dieser Begriff völlig ungeeignet, um das zu beschreiben, was uns in den vielfältigen Erscheinungsformen heutiger Stadtnatur entgegentritt, zumal, wenn er so wahllos auf die unterschiedlichsten Verhaltensveränderungen angewendet wird. Er stammt aus einer Zeit, als es noch keine biologische Stadtforschung gab. Wenn Spechte auf Aluverkleidungen trommeln, Füchse im Abfall wühlen oder Tauben ihre Nester aus Plastiktütenschnipseln bauen, dann hat das nichts mit Verwahr-

losung zu tun. Es ist, im Gegenteil, ein Beweis der Anpassungsfähigkeit dieser Tierarten, eine Reaktion auf die Beschaffenheit
und die Möglichkeiten der urbanen Umgebung, in der sie leben.
Einen Begriff, der sich auf eine Erscheinung der Menschenwelt
bezieht und schon da sehr fragwürdig ist, weil er die Frage nach
dem Warum außer Acht lässt, auf Tiere zu übertragen, ist un-
zulässig. Völlig inakzeptabel wird seine Verwendung, wenn er
wie in diesem Fall mit einer Wertung verbunden ist. Für das,
was Otto König seinerzeit mit seinen Kuhreihern erlebte, mag
das Wort einigermaßen zutreffend gewesen sein; jetzt, da wir
mehr und mehr beginnen, die wertvollen und faszinierenden
Aspekte der Stadtnatur zu entdecken, sollte es dahin verschwinden, wo es hingehört: in die Mottenkiste der Wissenschaft, zusammen mit Begriffen wie Junk-DNA, Rassenlehre, Phrenologie[2] und vielen anderen.

Anpassung ist eine Folge der natürlichen Selektion, eines elementaren Evolutionsprozesses, der in jedem Lebensraum ab-
läuft, in den dynamischen Städten vielleicht besonders schnell,
in jedem Fall aber direkt vor unseren Augen, sodass er sogar
von naturfernen Großstädtern nicht zu übersehen ist.

Fast alle Tierarten müssen sich anpassen und verändern, um
sich in Städten zu behaupten, gegenüber dem Menschen und
den Bedingungen des Häusermeers, aber auch gegenüber Fressfeinden und Konkurrenten. Diese Herausforderung stellt sich
für jede Art in anderer Weise. Was spielt sich dabei in den einwandernden Tieren ab? Wie verändern sie sich oder wie müssen sie sich verändern? Was heißt Synanthropie und Verstädterung eigentlich konkret? Sind diese Veränderungen genetischer
Natur?

Städte wirken wie Filter, die bestimmte Arten hineinlassen,
anderen aber den Zutritt verwehren oder erschweren.[3] Am ein-

fachsten ist der Übergang für die zu bewältigen, deren Eigenschaften und Merkmale von vornherein zu den in Städten herrschenden Bedingungen passen. Von zentraler Bedeutung ist natürlich die Nahrung. Rotfüchse oder Waschbären akzeptierten schon auf dem Land unterschiedlichste Nahrungsquellen. Sie hatten daher auch keine Probleme, sich auf das urbane Angebot einzustellen.

Mexico City, 2013

In der Hauptstadt Mexikos haben Wissenschaftler in den Nestern von Haussperlingen und Hausfinken eine Entdeckung gemacht, bei der es schwerfällt, nicht die Nase zu rümpfen. Die beiden kleinen Vogelarten sammeln dort etwas ein, was in ihren Nestern wirklich nichts verloren hat: abgebrannte Zigarettenkippen. Was soll das? Werden jetzt sogar die Vögel großstadtneurotisch oder süchtig nach Nikotin? Mexikanische Forscher haben Hinweise dafür gefunden, dass die abgebrannten Kippen mit ihrem Cocktail an Giftstoffen im Nest, wie die grünen Blätter mancher Pflanzenarten, antiparasitäre Wirkung entfalten. Was auf den ersten Blick als prototypische Wohlstandsverwahrlosung daherkommt, entpuppt sich bei näherer Betrachtung als pfiffige Entdeckung urbaner Vögel, denen menschliche Empfindungen wie Ekel völlig fremd sind. Wann die Piepmätze auf den Nikotingeschmack gekommen sind, weiß man nicht. Allerdings … ob sie ihren Nestlingen mit der gut gemeinten Initiative nicht letztlich doch eher einen Bärendienst erweisen, bleibt abzuwarten.[4]

Kanadische und amerikanische Wissenschaftler[5] haben die natürlichen Verbreitungsgebiete von 217 Vogelarten unter die Lupe genommen, die zu den häufigsten in 73 der größten Städte der Welt gehören, von Algier bis Recife, von Buenos Aires bis Shanghai. Dann verglichen sie diese Daten mit denen nah verwandter Landbewohner, die in der Umgebung dieser Metropolen vorkommen, bis heute aber nicht in die Städte eingedrungen sind. Ausgangspunkt der Forscher waren Untersuchungen an so unterschiedlichen Tiergruppen wie Schmetterlingen, Käfern, Schwebfliegen, Säugetieren und Amphibien, die übereinstimmend zu dem Ergebnis kamen, dass Generalisten mit weiter geografischer Verbreitung in vom Menschen umgestalteten Lebensräumen erfolgreicher sind als spezialisierte Arten. Sie sollten daher auch besser für das Stadtleben gerüstet sein. Und tatsächlich, die Ergebnisse entsprachen genau der Vorhersage. Stadtvögel besiedeln natürlicherweise deutlich größere Gebiete als nah verwandte Arten, die den Städten fernbleiben. Sie waren also bereits vor ihrem Stadtgang toleranter gegenüber unterschiedlichen Umweltbedingungen – zweifellos eine wichtige Voraussetzung, um auch in Städten erfolgreich zu sein.

Welche Eigenschaften Tierarten für eine erfolgreiche Besiedlung urbaner Landschaften prädestinieren, ist Gegenstand vieler Studien gewesen. »Was macht einen Stadtvogel aus?«, lautet die Frage[6], die in ähnlicher Weise auch von Invasionsbiologen gestellt wird, die herauszufinden versuchen, warum manche in fremde Länder verschleppte Arten dort zu Invasoren werden und andere nicht: Was macht eine invasive Art aus? Beide Probleme haben vieles gemeinsam.[7] Biologen sprechen in diesem Zusammenhang von Voranpassungen. Sie entfalten erst dann ihre volle Wirkung, wenn die Tiere mit Veränderungen ihrer Umwelt konfrontiert werden oder, meist unter tätiger Mithilfe des Menschen, in neue Lebensräume gelangen.

Herausgekommen ist eine ganze Liste von Merkmalen, von denen viele unstrittig, andere aber noch Gegenstand von Debatten sind.[8] Für Stadtvögel liest sich diese Liste wie folgt: Sie sind typischerweise weit verbreitete Wald- oder Felsenbewohner mit relativ großer Flügelspannweite, die gesellig und omnivor sind, also viele unterschiedliche Nahrungsquellen nutzen, und nicht in weit entfernte Winterquartiere ziehen. Ihre meist geschlossenen Nester bauen sie hoch an Gebäuden oder in Baumkronen, sie kümmern sich intensiv um ihren Nachwuchs und legen ihr erstes Gelege bereits im April. Sie haben eine hohe Lebenserwartung, erneuern ihr Federkleid nur einmal im Jahr und die Farbunterschiede zwischen den Geschlechtern sind wenig ausgeprägt.

Die sogenannten Stadtvermeider leben dagegen in offenen Landschaften, in Buschland oder an Gewässern. Es sind Zugvögel mit kürzeren Flügeln, die ihre offenen Nester auf dem Boden oder in niedriger Vegetation bauen. Die ersten Eier werden erst im Mai gelegt und meistens kümmert sich nur das Weibchen um die Aufzucht der Jungvögel. Sie haben eine mittlere Lebenserwartung, mausern zweimal im Jahr und zeigen oft ausgeprägte Farbunterschiede zwischen Männchen und Weibchen.

Während bei einigen dieser Eigenschaften der Vorteil in urbanen Landschaften unmittelbar einleuchtet, sind andere Unterschiede auf den ersten Blick erstaunlich. Warum sollte es in Städten günstig sein, wenn die Farbgebung der Geschlechter sich kaum unterscheidet? Die Wissenschaftler argumentieren, dass ein ausgeprägter Sexualdimorphismus oft damit verbunden ist, dass die hübschen Männchen, die mit ihrer Auffälligkeit um die Gunst der Weibchen buhlen, sich kaum an der Brutpflege beteiligen, was wiederum die Körpergröße und die Zahl der Eier pro Gelege limitiert und allgemein geringere Durchsetzungskraft mit sich bringt. Diese Vögel leisten sich eine sexuelle Selektion, die viel Energie kostet und nur auf Kosten anderer

Anpassungen zu haben ist. Erfolgreiche Stadtarten verzichten auf teure Haute Couture und investieren dagegen so viel wie möglich in ihre Fortpflanzung.

Diese Analyse[9] wurde mithilfe von Daten aus elf französischen und Schweizer Städten durchgeführt, in anderen Gebieten mit anders zusammengesetzten Vogelfaunen könnten auch die Unterschiede zwischen Stadt- und Landvögeln etwas anders gelagert sein. So ergab eine Studie in der gleichen Region, dass Städte bevorzugt von Vogelarten mit relativ großen Gehirnen bewohnt werden. Dazu gehören vor allem die Rabenvögel mit Krähen, Elstern und Hähern, aber auch Meisen, Finken, Zaunkönige und Kleiber. Ein im Verhältnis zur Körpergröße großes Gehirn wird mit der Fähigkeit in Verbindung gebracht, neue Verhaltensweisen anzunehmen und plastischer auf Veränderungen der Umwelt zu reagieren. Doch gestützt auf einen der besten verfügbaren Datensätze über Stadtvögel vermochten Experten in Sheffield keinen solchen Trend erkennen. Sie konnten auch nicht bestätigen, dass insektenfressende Arten und Zugvögel in ihrem mittelenglischen urbanen Umfeld generell benachteiligt sind.[10] Sollten englische Stadtvögel etwa dümmer und unflexibler sein als ihre Artgenossen vom Festland? Wie so oft in der Wissenschaft wird sich die Streitfrage erst durch weitere Untersuchungen klären lassen.

Der bekannte, in Frankreich arbeitende dänische Biologe Anders Pape Møller[11] hat die Liste stadtkompatibler Merkmale noch um einige wichtige Einträge ergänzt. Dazu gehört vor allem eine besonders leistungsfähige Immunabwehr, die ihnen hilft, besser mit Parasiten und Krankheitserregern fertig zu werden. Bei der hohen Populationsdichte mancher Stadtvogelarten ist die Qualität ihrer Immunabwehr sicher von Bedeutung. Gerade bei den besonders gefährdeten Jungvögeln ist dafür ein

Organ entscheidend, das nach Girolamo Fabrizio, einem italienischen Anatom, *Bursa Fabricii* benannt wurde. Hier werden bestimmte Immunzellen produziert, die B-Lymphozyten. Bei Vogelarten, die auch in Städten erfolgreich sind, ist diese Bursa stärker entwickelt.

Wohlgemerkt: All diese Merkmale waren bei erfolgreichen Stadtarten schon ausgeprägt, bevor sie die Städte besiedelten. Vielleicht haben sie sich nach der Besiedlung verstärkt – wenn es sich um vorteilhafte Eigenschaften handelt, ist dies sogar anzunehmen –, zunächst waren es aber nur Prädispositionen, die den Übergang erleichterten und den Tieren dann im urbanen Umfeld einen Vorsprung verschafften. Auf dem Land leben Stadtarten und Stadtvermeider im gleichen Gebiet, ohne dass die einen über die anderen triumphieren würden. Erst beim Übergang in urbane Lebensräume entscheidet sich, wen der Filter durchlässt und wen nicht. Aus Voranpassungen, die auf dem Land nicht von entscheidender Bedeutung sind, wird in Städten ein Selektionsvorteil.

Doch die Zahl der Tierarten ist Legion und über die meisten weiß man so wenig, dass oft nicht klar ist, wann bestimmte Eigenschaften erworben wurden. Welche Eigenschaften von Wildtieren für eine Stadtbesiedlung von Vorteil sind, ist sicher eine spannende Frage, genauso spannend wäre es allerdings, wenn sich herausstellte, dass eine spektakuläre in Städten zu beobachtende Verhaltensweise erst nach der Besiedlung aufgetreten ist. Damit verbinden sich grundlegende Fragen der Biologie. Ist das Verhalten von Tierarten so plastisch, dass sie sich unter neuen Bedingungen anders verhalten können, als man das von ihnen kennt? Oder sind hier schon genetische Veränderungen und Differenzierungen im Spiel, die im Extremfall sogar zur Bildung neuer, eben urbaner Arten führen könnten?

Tapinoma sessile ist seit mehr als hundert Jahren eine der häufigsten Hausameisen Nordamerikas und als solche nicht gerade gern gesehen, zumal wenn sie in Massen auftritt. In Städten neigt sie zur Bildung riesiger Kolonien mit Millionen von Arbeitern und Tausenden von Königinnen. Diese gründen fortwährend neue Subkolonien, mit denen sie vernetzt bleiben, wobei die maximal drei Millimeter kleinen Ameisen untereinander keine Aggression zeigen.[12] Man kennt derartige Superkolonien auch von invasiven Ameisenarten, die vom Menschen auf andere Kontinente verschleppt wurden, etwa bei der in den USA gefürchteten Roten Feuerameise, *Solenopsis invicta*.[13] *Tapinoma* ist aber eine einheimische Art und Wissenschaftler, die die Tiere in ihren ländlichen Lebensräumen untersuchten, fanden dort viel kleinere Völker mit nur einer Königin und ein paar Hundert Tieren, die in einzelnen Nestern lebten und im Vergleich zu anderen Ameisenarten eher eine untergeordnete Rolle spielten. Im Häusermeer trumpfen sie plötzlich als alles dominierende Machos auf. Ist die Bildung solcher Riesenkolonien tatsächlich eine Erscheinung, die nur in Städten auftritt, wie einige Studien es nahelegen?

Forscher aus North Carolina[14] diagnostizierten zunächst einen äußerst unbefriedigenden Wissensstand, was die Biologie dieses lästigen Winzlings anging, und starteten dann eine wissenschaftliche Großoffensive, um wenigstens einige der offenen Fragen zu beantworten. Will man einen Schädling effektiv bekämpfen, muss man zunächst einmal wissen, mit wem man es zu tun hat.

In puncto Verbreitung entspricht *Tapinoma*, die »Odorous House Ant«, genau dem Bild, das wir schon von erfolgreichen Stadtvögeln kennen. Sie ist von der Ostküste bis zur Westküste, von Nordmexiko bis Südkanada überall zu finden und fühlt sich an Meeresstränden genauso wohl wie im Hochgebirge. Also sammelten die Forscher Tiere aus dem gesamten Verbreitungsgebiet und unterzogen sie einer genetischen Analyse. Diese lieferten das gleiche Ergebnis, das auch die Untersuchungen von Amseln und Füchsen erbrachten, denn alle Stadtpopulationen stammten von den Artgenossen ab, die das umliegende Land bevölkern. Gerade bei so kleinen Tieren wie Ameisen wäre es durchaus möglich gewesen, dass sie nur an einem Ort zu Stadtbewohnern wurden, um dann von den Menschen ins ganze Land verschleppt zu werden. In Wirklichkeit scheint es sich gar nicht um eine, sondern um mehrere bisher nicht erkannte kryptische Arten zu handeln, die überall unabhängig voneinander in die Städte zogen. Dort haben sie sich so prächtig entwickelt, dass sie sogar ausgesprochen aggressive Konkurrenten wie die Roten Feuerameisen dominieren können.

Ihre urbanen Völker erreichen zwar Dimensionen, die nirgendwo sonst beobachtet wurden, die Fähigkeit zur Bildung großer Kolonien mit vielen Königinnen besaß *Tapinoma* aber schon vorher. Die Forscher entdeckten sie in allen Lebensräumen, die von dieser kleinen Ameise bewohnt werden. Noch ist aber nicht bekannt, welche Bedeutung diesem Verhalten zukommt, welche Faktoren es begünstigen oder zur Ausprägung bringen. Klar ist jetzt jedoch, dass diese Form der Koloniebildung, ähnlich wie das soziale Familienleben der Rotfüchse, nicht die Folge eines evolutionären Geistesblitzes gewesen ist, der erst im neuen Lebensraum Stadt einschlug. Sie war schon vorher eine von mehreren Verhaltensoptionen der Ameisen, und sowohl in Städten als auch bei der Eroberung neuer Länder und Kontinente erweist sie sich nun als äußerst vorteilhaft.

Interessanterweise ist das bei den aus Südamerika eingeschleppten Roten Feuerameisen anders. Bei ihnen entscheiden die Beschaffenheit eines einzigen Gens und die Zahl der davon im Genom vorhandenen Kopien über die Struktur ihrer Kolonien. Feuerameisen sind aber glücklicherweise keine Stadtinsekten – noch nicht.

Madrid, 2001

Fast alle Vögel meiden die von Auto- und Fußgängerverkehr gestörten Randzonen großer Parkanlagen. Untersuchungen in Spaniens Hauptstadt Madrid ergaben, dass sich auch häufige Stadtvögel wie Amseln, Elstern, Stare, Ringeltauben und Girlitze zu Nahrungssuche und Nestbau ins Parkinnere zurückziehen. Von dieser Regel gibt es nur zwei Ausnahmen: Haussperlinge und Stadttauben. Sie ziehen die Randzonen eindeutig vor. Ihre Brutdichte liegt dort um ein Mehrfaches über der in entlegeneren Parkzonen. Als Mit-Esser des Menschen und Bewohner der Stadtzentren tolerieren sie weit mehr Unruhe als andere Vogelarten und suchen auf den Bürgersteigen der benachbarten Straßen ihre Nahrung. Studien in den Niederlanden legen die Vermutung nahe, dass es vor allem der Lärm ist, der die Vögel fernhält. Ihre Zahl ist in der Nähe von Straßen geringer, auch wenn sie die Autos nicht sehen können.[15]

Auf alles, was Tiere in der Stadt erwartet, können sie nicht vorbereitet sein, sollte man meinen. Auf den Lärm zum Beispiel. Zwar ist auch das weite Land nicht immer nur still – es gibt Wasserfälle, Stromschnellen, Wind, Wellenschlag, auch biotische Geräuschquellen wie Vögel oder Frösche –, der allgegenwärtige Krach der Städte aber ist in der Natur ohne Parallele.

Nicht nur für Menschen bedeutet Lärm Stress. Kohlmeisen, *Parus major*, bei uns eine der häufigsten Stadtvogelarten, haben in besonders von Verkehrslärm betroffenen Stadtbezirken kleinere Gelege und ziehen, unabhängig von der Zahl der gelegten Eier, weniger Nestlinge auf, wenn sie dem Lärm im April während der Aufzucht der Jungvögel ausgesetzt sind. Für diesen Effekt ist vor allem der Frequenzanteil des Verkehrslärms entscheidend, der mit den Frequenzen des Kohlmeisengesangs überlappt.[16]

Auch kanadische Wissenschaftler, die Populationen von Pieperwaldsängern verglichen, fanden Beeinträchtigungen durch chronischen Lärm.[17] In ruhigen Kontrollflächen gelang es fast allen Vögeln einen Partner zu finden, in der Nähe von Industrieanlagen, die mit bis zu 105 Dezibel den Lärmpegel eines Drucklufthammers erzeugten, waren es nur drei von vier. Als die Forscher diese Tiere genauer unter die Lupe nahmen, stellte sich heraus, dass in den lärmreichen Gebieten vor allem junge, unerfahrene Vögel zu brüten versuchten. Ältere Waldsänger scheinen sich aus verlärmten Gebieten zurückzuziehen.

Der Krach der Menschen hat aber noch viel weiter reichende Konsequenzen, er kann sogar die Ökosystemdienste der betroffenen Tierwelt verändern. Im US-amerikanischen Bundesstaat New Mexico entdeckten amerikanische Wissenschaftler, dass Kolibris in der Nähe lauter Kompressoren seltsamerweise viel häufiger dazu neigen, bestimmte Blüten aufzusuchen und zu bestäuben. Gleichzeitig verzehren Mäuse mehr Samen des Staatsbaumes von New Mexico, der Pinyon-Kiefer *Pinus edulis*, während Buschhäher, die wichtig für die Verbreitung der essbaren Kiefernsamen sind, die geräuschvolle Nähe der Kompressoren meiden.[18]

Zusammen führen diese Lärmeffekte zu einem veränderten Ökosystem. Allein der gesteigerte Appetit der Mäuse und das Fortbleiben der Häher bewirken, dass in der Umgebung der

Geräuschquelle deutlich weniger Kiefernsamen keimen. In ruhigen Gebieten fanden die Forscher vier Mal so viele.

Sage also niemand, den Tieren und speziell den Vögeln mache der Lärm der Menschen nichts aus und habe keine Wirkung. Trotzdem scheinen sie sich damit arrangieren zu können, ihre urbane Präsenz ist Beweis genug. Vögel sind allerdings darauf angewiesen, dass ihre Signale, die der Partnerfindung und Reviersicherung dienen, über größere Distanzen hör- und erkennbar sind. Der Lärm der Städte stellt die Sänger daher vor spezifische Probleme.[19] Nicht nur, dass sich Schallwellen in einer Landschaft voller senkrechter Mauern, Glas, Natursteinfassaden und Asphalt anders verhalten als im Wald oder in offener Landschaft und ihr Gesang durch vielfältige Echos und Reflexionen verfremdet wird; vor der permanenten Geräuschkulisse der Städte ist es für viele Vögel nicht leicht, sich überhaupt Gehör zu verschaffen, ein Problem, das vor allem die singenden Männchen betrifft.[20]

Wenn Menschen sich in lauter Umgebung unterhalten wollen, müssen sie schreien. Genau das tun auch Nachtigallen. Herausgefunden wurde das von Henrik Brumm, der Anfang des neuen Jahrtausends im Verhaltensbiologischen Institut der Freien Universität Berlin an seiner Promotion über die großstädtische Sängerkönigin arbeitete. Brumm musste lange sehr früh aufstehen, um in der Stadt seine Messungen durchzuführen; das Ergebnis dürfte ihn aber für den Mangel an Schlaf und abendlichen Vergnügungen entschädigt haben. Heute leitet er eine eigene Arbeitsgruppe am Max-Planck-Institut für Ornithologie in Seewiesen, damals gelang ihm mit seiner 2004 veröffentlichten Arbeit der erste Nachweis, dass Vögel ihre vokalen Darbietungen nicht nur unter künstlichen Laborbedingungen, sondern auch im Freiland dem anthropogenen

Geräuschpegel anpassen: Je lauter die Stadt, desto lauter trällert die Nachtigall.[21]

Sechs Tage nach den Messungen fing Henrik Brumm einige Vögel mit Netzen und maß deren Gewicht und Flügellänge. Er musste sichergehen, dass es sich bei den Tieren, die ihre Lieder mit ungeheurer Verve in den frühen Berliner Morgen schmetterten, nicht um besonders große oder schwere Prachtexemplare handelte. Nein, es waren ganz normale Vögel und sie sangen mit enormer Lautstärke. Brumms Rekordhalter, der sich den lautesten Platz ausgesucht hatte, erreichte in einer Entfernung von einem Meter unglaubliche 91 Dezibel, ein Wert, der rechnerisch ermittelt wurde, da singende Nachtigallen selbst den vorsichtigsten Forscher nicht so nah an sich herankommen lassen. 91 Dezibel, das entspricht in etwa dem Schalldruck, den eine Messung in zehn Meter Abstand von einer Hauptverkehrsstraße ergeben würde. Die Großstadtnachtigall, die gegen den geringsten Lärm ansingen musste, trällerte immerhin noch mit 77 Dezibel. Da Schalldruck-Werte in einer logarithmischen Skala ausgedrückt werden, bedeuten die 14 Dezibel Unterschied, dass der Rekordhalter fünf Mal so laut war wie der leiseste. Das geht an die Substanz. Lauterer Gesang führt zu einem erheblich höheren Sauerstoffverbrauch.

»Männchen, die Territorien mit hoher Lärmbelastung halten, sind im Nachteil, weil sie die höheren Kosten des lauten Gesangs zu tragen haben«, stellt Henrik Brumm fest.[22] Ein gewisses Risiko ist auch damit verbunden, denn möglicherweise werden mehr Raubtiere auf sie aufmerksam. Doch wenn sie sich fortpflanzen und ihren Revieranspruch deutlich machen wollen, bleibt ihnen keine Wahl. Sie müssen Risiko und energetische Kosten auf sich nehmen, damit ihr Gesang möglichst genauso weit trägt wie ohne die Störgeräusche der Stadt.

Bliebe noch die Frage, ob der mehr oder weniger große Lärm der urbanen Umgebung wirklich der Grund für die Stimmgewalt der Nachtigallenhähne ist. Vielleicht handelte es sich ja um Schreihälse, die gar nicht anders konnten. Man kennt ja solche Menschen. Da es sich um territoriale Tiere handelt, konnte Henrik Brumm seine Nachtigallen mehrfach besuchen und die Lautstärke individueller Tiere an Wochentagen mit der an Samstag und Sonntag vergleichen, die eine deutlich geringere Lärmbelastung mit sich bringen. Tatsächlich reduzierten die Vögel ihre Lautstärke an den Wochenenden, um ab Montag mit dem einsetzenden Berufsverkehr wieder in voller Lautstärke loszulegen. Sie mussten schreien, weil die Stadt an Werktagen so laut ist.

England, 2009

Wenn die winzige Fruchtfliege *Drosophila montana* ihren Paarungsgesang anstimmt, erhebt sich nur ein zartes Stimmchen, doch ihre Weibchen zeigen sich davon genauso hingerissen wie die Hennen der versiertesten Singvögel. In Wirklichkeit handelt es sich natürlich nicht um Gesang im eigentlichen Sinne, sondern um charakteristische Vibrationsmuster der Flügel. Wenn diese Laute vor einem akustischen Lärmhintergund gleicher Frequenz dargeboten werden, verlieren sie ihre Wirksamkeit. Bei dieser Fruchtfliege (und anderen Tieren, die ähnlich kommunizieren) beeinflusst Lärm also die Partnerwahl und dürfte somit auch Folgen für die Evolution des bei der Partnerfindung wichtigen Signalsystems haben.[23]

Den Schallpegel zu erhöhen, ist aber nur ein Weg, den Vögel beschreiten, um sich im Getöse der Städte Gehör zu verschaffen. Ein anderer besteht darin, dem Lärm auszuweichen und zu einer Zeit zu singen, in der die Menschen und damit die Stadt zur Ruhe kommen. Wenn normalerweise am Tage singende Vögel gelegentlich zu nachtschlafender Zeit die Stimme erheben, erklärte man sich das früher mit der Lichtverschmutzung, die in Städten die biologischen Rhythmen durcheinanderbringt. Doch Untersuchungen von Richard Fuller[24] und seinen Kollegen von der University of Sheffield zeigen, dass die Wirkung des künstlichen Lichts zumindest in diesem Fall überschätzt wurde. Rotkehlchen, die auch nachts sangen, gab es dort, wo es tagsüber besonders laut war. Zwar waren diese Orte in der Regel auch hell erleuchtet, es gab aber auch viele hell erleuchtete Rotkehlchenreviere, die tagsüber relativ ruhig waren und in denen die Vögel nie nachts die Stimme erhoben. An anderen Orten war es nachts stockfinster, trotzdem sang ein Rotkehlchen, »um sich«, so die Interpretation der Forscher, »die temporalen Fluktuationen des anthropogenen Lärms zunutze zu machen.«[25]

Die akustische Konkurrenz der Stadt muss groß sein, wenn es zu solchen dramatischen Verschiebungen der täglichen Aktivitätsmuster kommt. Mehrere Studien deuten darauf hin, dass sie etliche Vogelarten sogar gänzlich aus den verlärmten Gebieten der Stadt ausschließt. Der urbane Lärm maskiert vor allem die tiefen Frequenzen des Vogelgesangs. Daher entstehen für die Tiere umso gravierendere Probleme, je größer dieser Überlappungsbereich ist.

Von der Filterwirkung der Stadt war schon die Rede. Die urbane Bioakustik hat gezeigt, dass gerade die dort zu meisternden akustischen Herausforderungen für viele Vögel eine ernst zu nehmende Hürde sein könnten. Australische und amerikanische Forscher[26] untersuchten die Gesangscharakteristika von über 500 Vogelarten und verglichen wieder Stadtarten mit nah verwandten Stadtvermeidern. Tatsächlich zeigte sich, dass die

Arten, denen die Besiedlung der Städte geglückt war, in höheren Frequenzlagen sangen als ihre Verwandten, die den Städten fernblieben. Das betraf sowohl die tiefsten als auch die lautesten Frequenzen ihres Gesangs (Minimale und Dominante Frequenz). Da sich vor allem größere Vogelarten in tieferen Lagen äußern, droht ihr Gesang im urbanen Lärm unterzugehen. Im Extremfall kann dies bedeuten, dass eine Besiedlung von Städten für sie unmöglich ist, da die Partner nicht oder nur unter Schwierigkeiten zueinanderfinden.

Aber auch die Vögel, die sich in Städten behaupten können, müssen Partnerfindung und Reviermarkierung unter erschwerten akustischen Bedingungen bewerkstelligen. Für viele urbane Vogelarten ist mittlerweile belegt, dass sie zu diesem Zweck, neben nächtlichem Gesang und der Anhebung ihrer Lautstärke, einen dritten Weg einschlagen: Sie verschieben das Frequenzspektrum ihres Gesangs nach oben, um die Konkurrenz zum Industrie- und Verkehrslärm zu minimieren. (Interessanterweise sprechen auch Menschen, wenn sie die Stimme erheben, in höherer Frequenzlage.)

Am besten wird diese Frequenzverschiebung durch Studien illustriert, die in den Niederlanden von Hans Slabbekoorn und seinen Kollegen von der Universität Leiden an Kohlmeisen durchgeführt wurden.[27]

Was für Leiden gilt, muss allerdings nicht notwendigerweise auch in anderen Städten gelten. Hans Slabbekoorn und Ardie den Boer-Visser verließen ihre Heimatstadt und begaben sich auf Europareise, um ihre Messungen in zehn europäischen Metropolen und an Kontrollstandorten in Wäldern der jeweiligen Umgebung zu wiederholen.[28] Unter anderem statteten sie den Kohlmeisen von Brüssel, Berlin und Prag einen Besuch ab, sie machten am Buckingham Palace in London und am Eiffelturm in Paris Station. Und überall ergab sich das gleiche Bild. Die Stadtkohlmeisen sangen nicht nur höher als ihre Artgenossen in den Wäldern der Umgebung, sie zwitscherten auch kürzere Strophen und machten kürzere Pausen. Überall tost der Verkehr und überall reagieren die Vögel darauf in der gleichen Weise. Der spezifische Klang der Städte, er dringt auch aus den kleinen Kehlen der Kohlmeisen.

Die Fähigkeit zu diesen Anpassungen an die Geräusche ihres Lebensraums haben die Vögel schon in die Städte mitgebracht. Damit schließt sich der Kreis zu den anderen typischen Eigenschaften großstädtischer Tiere, die wir betrachtet haben.

Australien, 2009

Was den Vögeln recht ist, könnte anderen Tieren, die akustisch kommunizieren, billig sein. Fröschen zum Beispiel. Auch sie quaken, um Partnerinnen anzulocken und ihr Revier zu markieren, und auch ihre Rufe drohen im anthropogenen Lärm unterzugehen. Wie die meisten Vögel meiden sie die Nähe von Straßen. Neue Untersuchungen zeigen, dass einige Arten wie die Südlichen Braunen Baumfrösche Australiens auch in ähnlicher Weise auf den Geräuschpegel reagieren: Um sich vom Hintergrundlärm akustisch abzusetzen, erhöhen sie die dominanten Frequenzen ihrer Rufe. Die Frequenzverschiebung fällt nicht so dramatisch wie bei Vögeln aus, mathematische Modelle ergeben aber, dass sie damit unter Lärmbedingungen ihre Reichweite erheblich steigern. Da die Froschrufe angeboren sind und nicht erlernt werden, sind die Forscher damit offenbar auf eine evolutionäre Anpassung an geräuschvolle Umgebungen gestoßen. Damit solche Veränderungen genetisch manifest werden, sind viele Generationen nötig. Im Fall der Australischen Baumfrösche dauerte es zwanzig Jahre.[29]

Konfrontiert man einen Zilpzalp, der an einem ruhigen und beschaulichen Flussufer sein monotones *zilp-zalp-zalp-zilp-zilp-zalp-zilp*-Liedchen trällert, mit lauten Autobahngeräuschen vom Band, reagiert er sofort.[30] Innerhalb von nur zehn Strophen verschiebt er seine tiefsten Frequenzen in die Höhe, um die ungewohnte akustische Störung auszugleichen. Wacht er am nächsten Morgen wieder in vertraut ruhiger Umgebung auf, zwitschert er seine Strophen im altbewährten Stil weiter, als wäre nichts geschehen. »Es ist sehr wahrscheinlich«, betont Henrik Brumm in seiner Würdigung der niederländischen Untersuchungen, »dass die Tiere, die ihre Vokalisationen dem urbanen Lärm anpassen können, dies mithilfe von Mechanismen tun, die entstanden sind, um mit natürlichen Geräuschüberlagerungen umzugehen.«[31]

Ob alle Vogelarten zu derart flexiblen Gesangsleistungen in der Lage sind, wissen wir nicht, aber an immer mehr Vogelarten werden diese Fähigkeiten entdeckt und die, die es können, haben es in Städten zweifellos leichter. Die möglichen Konsequenzen dieser Prozesse sind noch gar nicht abzusehen, haben aber schon einige Wissenschaftler zu faszinierenden Gedankenspielen veranlasst. Ist der urbane Phänotyp, also die Gesamtheit aller Eigenschaften und Merkmale urbaner Tierarten, zu dem im Falle der Vögel auch der Gesang gehört, nur einer von mehreren Phänotypen, den Tierarten ausprägen können? Die Wissenschaftler sprechen in einem solchen Fall von phänotypischer Plastizität.[32] Die Tiere könnten dann die in Städten notwendigen Anpassungen leisten, ohne sich genetisch verändern zu müssen. Die Wahrscheinlichkeit, dass sich aus diesem urbanen Phänotyp irgendwann einmal echte urbane Arten entwickeln, die von ihren auf dem Land lebenden Vorfahren getrennt und zu unterscheiden sind, würde sich damit verringern.

Andererseits, was bedeuten Anhebungen der Lautstärke, Veränderungen der täglichen Aktivitätsmuster und Frequenzkunststücke? Diese veränderten Laute müssen erzeugt und von Artgenossen in all ihren Feinheiten wahrgenommen werden, was Veränderungen und Anpassungen voraussetzt, die, betont Hans Slabbekoorn, »sowohl morphologische als auch physiologische und neurologische Aspekte« betreffen.[33] Mit anderen Worten: Diese Mikroevolution hätte das Potenzial, das ganze Tier zu verändern. »Auf diesem Wege könnte diese phänotypische Plastizität zu einer Beschleunigung von genetischen Divergenzen führen und den evolutionären Weg zu einer urbanen Artbildung eröffnen.« Slabbekoorn und andere halten es nicht für ausgeschlossen, dass wir oder unsere Nachfahren die Entstehung urbaner Arten erleben werden, und das, obwohl Städte inselartig isoliert im Land verteilt liegen und immer ein gewisser genetischer Austausch mit Landpopulationen bestehen bleibt.[34]

Seewiesen und Leiden, 2012

Vor Jahren publizierten sie noch gemeinsam. Jetzt liefern sich Hans Slabbekoorn und Henrik Brumm in der Zeitschrift *The American Naturalist* eine öffentliche Auseinandersetzung über Sinn und Bedeutung der beobachteten Frequenzverschiebungen. Dabei fallen auch Bemerkungen, die der jeweils anderen Arbeitsgruppe nicht gefallen dürften. Brumm und Kollegen bezweifeln nämlich aufgrund von Modellberechnungen, dass dieses Phänomen eine Anpassung an den Großstadtlärm darstellt. Im Vergleich zu einer Anhebung der Lautstärke habe die Frequenzkorrektur nur einen äußerst geringen Effekt auf die Reichweite der Vogelgesänge, sagen sie. Sie könnte einfach nur ein Nebeneffekt der Verstädterung oder einer Lautstärkeanhebung sein. Entsprechende Messungen wurden an Kohlmeisen aber bislang nicht durchgeführt. Wenn die Frequenzverschiebung keinen Anpassungswert hätte, würden sich auch die weitreichenden Spekulationen erübrigen, die die Holländer daran knüpfen. Ist die Reichweite das entscheidende Kriterium? Hans Slabbekoorn und seine Kollegen sind nicht ›amused‹ und weisen die Kritik ihrer deutschen Kollegen zurück. Der Austausch der Argumente geht weiter.[35]

Dass die evolutionäre Entwicklung einiger urbaner Vogelarten in Bewegung geraten könnte, hat noch einen anderen Grund. Für uns Menschen ist der Gesang der Vögel, ob laut oder leise, hoch oder tief, nur ein angenehmes Hintergrundgeräusch. Was Artgenossen und besonders die Vogelweibchen darin hören, welche Informationen sie daraus beziehen, können Menschen bestenfalls erahnen. Sicher ist jedoch, dass es für sie weit mehr als nur ein ästhetisches Vergnügen ist, ihren potenziellen Partnern und Rivalen zu lauschen. Rivalen wollen wissen, ob sie es bei einem reviermarkierenden Männchen – bildlich gesprochen – mit einem Karate-Weltmeister oder einem Durchschnittstypen zu tun haben. Und die Weibchen müssen auf der Basis der männlichen Gesangsperformance die wahrscheinlich wichtigste Entscheidung ihres Vogellebens treffen. Sie wählen aus, mit wem sie Eier legen wollen, und diese sexuelle Selektion macht nur Sinn, wenn sie den Gesangsanstrengungen der Männchen Informationen über deren genetische Qualitäten und körperliche Verfassung entnehmen können.

Ein Team um Wouter Halfwerk[36] und Hans Slabbekoorn hat kürzlich herausgefunden, dass dafür gerade die tiefen Tonlagen des Kohlmeisengesangs von Bedeutung sind, dummerweise also genau die Frequenzen, die im städtischen Lärm unterzugehen drohen und deshalb nach oben korrigiert werden. Die Männchen singen ihre tiefsten Liedvarianten genau dann, wenn es darauf ankommt und die Weibchen am fruchtbarsten sind. Auch die Antwortrufe der Weibchen erreichen um diese Zeit ihren Höhepunkt. Die beiden treten in ein intensives Zwiegespräch.

Die Forscher schließen daraus, dass Weibchen gerade für die Liedvarianten mit tiefem Frequenzanteil die Ohren spitzen. Sie wären damit einer besonders starken sexuellen Selektion ausgesetzt. (Vielleicht, so eine unmaßgebliche Vermutung des Autors, sind tiefe Frequenzen mit großen Anstrengungen für die Männchen verbunden, sodass nur die kräftigsten Tiere in der Lage sind, besonders verführerische Songs hervorzubringen.) Für die Männchen bedeutet das ein kaum zu lösendes Dilemma: Sollen sie auf die tiefen Frequenzanteile verzichten, um wegen des Stadtlärms besser gehört zu werden, oder setzen sie alles daran, trotz der Geräuschkulisse ihre tiefsten, für das Weibchen besonders interessanten und aufschlussreichen Lieder zu singen? Man möchte nicht mit ihnen tauschen. Ihre Lage ist mit der eines Sängers vergleichbar, der inmitten einer laut murmelnden Gesellschaft einer attraktiven Frau imponieren möchte und vor der Frage steht, ob er ihr seinen sonoren Bariton zu Gehör bringen soll oder, um überhaupt wahrgenommen zu werden, in seine viel schwächere und nicht sehr vorteilhaft klingende Kopfstimme fallen soll. Wie würden Sie sich verhalten?

Eine schwierige Abwägungsentscheidung, die Wahl zwischen Teufel und Beelzebub. Das für die Männchen unerfreuliche Resultat des Zielkonflikts beschreiben die Wissenschaftler so: »Dieser Trade-off limitiert high-quality-Männchen in urbaner Umgebung, sich in ihrem Frequenzspektrum von Konkurrenten zu unterscheiden.« Mit anderen Worten: Die alten Muster funktionieren nicht mehr oder nicht mehr so gut. Um ihre Qualitäten zur Schau zu stellen, müssen sich die Kohlmeisen-männchen in Städten etwas Neues einfallen lassen und gleichzeitig muss das weibliche Geschlecht seiner Entscheidung für oder gegen ein Männchen veränderte Kriterien zugrunde legen. Das Fazit lautet dementsprechend: »Urbane Lärmbedingungen haben das Potenzial, sexuelle Selektionsmaßnahmen zu verändern.«[37] Und die sexuelle Selektion ist ein mächtiges Werkzeug, um evolutionäre Veränderungen auf den Weg zu bringen.

Der veränderte Gesang wird jedenfalls als solcher wahrgenommen. In einer englandweiten Studie [38] zeigten männliche Kohlmeisen, die in lauten Territorien leben, die stärksten Reaktionen, wenn ihnen Gesänge aus ähnlich verlärmter Umgebung vorgespielt wurden. Der in beschaulicher Umgebung aufgenommene, quasi unverfälschte Gesang ländlicher Kohlmeisenhähne ließ sie vergleichsweise kalt. Für die Landvögel galt genau das Umgekehrte. Dabei lagen zwischen Stadt und Land, zwischen Lärm und Ruhe, oft nur wenige Kilometer, eine Distanz, die junge Vögel problemlos überwinden, wenn sie auf der Suche nach dem ersten eigenen Territorium sind. Mit ihrem Gesangsstil wären sie im jeweils anderen Lebensraum benachteiligt und würden auf Verständnisschwierigkeiten stoßen.

Offen ist, ob sich auch der Geschmack der Weibchen geändert hat. Um erfolgreich zu sein, muss der neue dreckige Großstadtsound der Männchen viele weibliche Fans gewinnen.

Singvögel lernen ihren Gesang von den Eltern und anderen Vögeln. Für manche Arten steht dafür nur ein relativ enges Zeitfenster zur Verfügung, andere behalten die Fähigkeit, neue Gesangselemente zu erlernen, ein Leben lang. Daher sollten die Nachkommen von Stadtvögeln auch den vom urbanen Lärm veränderten Gesang ihrer Artgenossen lernen, so wie sie auch die verschiedenen lokalen Dialekte übernehmen, die man von vielen Vogelarten kennt, eine Form kultureller Evolution. Entweder sie lernen ihre Lieder schon in ihrer veränderten Form oder sie übernehmen die Frequenzverschiebungen, weil sie die tieferen Frequenzanteile im Gesang der Eltern wegen des maskierenden Geräuschhintergrunds der Städte nicht oder nur schlecht wahrnehmen.

Lokale Dialekte des Vogelgesangs kommen und gehen und verändern sich. Bei manchen Arten bleiben sie über Jahrzehnte bestehen, bei anderen verschwinden sie nach wenigen Jahren. Wie der Gesang urbaner Vögel sich über längere Zeiträume entwickelt, machen die Untersuchungen von David Luther, Luis Baptista und Elizabeth Derryberry aus San Francisco deutlich, die mehr als dreißig Jahre umfassen.[39] In dieser Zeit ist es in großen Teilen der kalifornischen Metropole erheblich lauter geworden. Beispielhaft kann man die Veränderung am Autoverkehr messen, der Tag für Tag über die berühmte Golden Gate Bridge rollt. Waren es 1969, dem ersten Jahr, in dem einer der Forscher Vogelstimmen aufnahm, etwa 90.000 Fahrzeuge pro Tag, wurden 2005, als eine zweite Aufnahmenserie gestartet wurde, ungefähr 108.000 gezählt, eine Zunahme um 20 Prozent.

Objekt der Forschung ist eine wegen ihrer schwarz-weißen Kopfzeichnung »Dachsammer«, *Zonotrichia leucophrys*, genannte nordamerikanische Vogelart, von der man in San Francisco seit Jahrzehnten drei Gesangsdialekte kennt, die in unterschiedlichen Zonen des Stadtgebiets zu hören sind. Sie wurden in den 1970er-Jahren nach den Orten ihres stärksten Auftretens Presidio-, San-Francisco- und Lake-Merced-Dialekt genannt. Schon damals war deutlich erkennbar, dass die räumliche Verteilung dieser Dachsammer-Gesänge in Bewegung war.

Der im städtischen Kerngebiet gebräuchliche San-Francisco-Dialekt breitete sich aus und war immer häufiger auch in den deutlich ruhigeren Stadtzonen zu hören, in denen die beiden anderen Dialekte dominierten.

Dreißig Jahre später war die Dialektverteilung kaum noch wiederzuerkennen. Der Presidio-Dialekt war ausgestorben. Im Presidio, dem Gebiet um die Golden Gate Bridge, sangen nun alle Dachsammern im San-Francisco-Style. Auch am Lake Merced fand er immer mehr Anhänger.

Damit hatte sich der Dialekt mit der höchsten Minimalfrequenz durchgesetzt, für die Forscher ein Tribut der Ammern an die immer lauter werdende Stadt. Doch nicht nur das. Die Forscher verglichen die verschiedensten Charakteristika des Dachsammergesangs: Triller-Länge, Triller-Rate, Triller-Notenlänge, Song-Länge und vieles mehr. Signifikante Veränderungen zeigten sich nur bei der Minimum-Frequenz und der dominanten, also der lautesten Frequenz. Beide waren deutlich nach oben gerutscht. Auch innerhalb der Dialekte hatte eine Verschiebung in Richtung höherer Tonlagen stattgefunden. Außerdem hatte die Notenlänge abgenommen. Moderne Dachsammern singen im Vergleich zu ihren Ururur...großeltern ein großstädtisches Falsett-Stakkato.

Würden die Tiere selbst diese Unterschiede bemerken? Und ob. Zwar reagierten Dachsammer-Männchen auch, wenn die Forscher ihnen den vor dreißig Jahren aufgenommenen Gesang vorspielten, ihre Reaktion fiel aber deutlich heftiger aus, wenn sie mit zeitgenössischem Gezwitscher konfrontiert wurden. Sie antworteten schneller und mit mehr Songs, flogen näher an den Lautsprecher heran und häufiger daran vorbei.

Ist es bei den Menschen nicht genauso? Die meisten jungen Musikfans wippen heute bei den Klassikern der Beatles nur müde mit dem Fuß, während sie, je nach musikalischen Vorlieben, bei Rihanna, Seeed, Lena oder anderen modernen Acts ekstatisch aus den Sitzen springen. Bei den Menschen ist es eine Frage des Zeitgeschmacks, für die Vögel geht es buchstäblich ums Überleben, um den Fortbestand ihrer Gene. Ob sie die unter den gegebenen Umständen richtigen Entscheidungen treffen, hängt von ein paar Trillern und Frequenzen ab.

London, 1939–1945

Zu behaupten, die Londoner, die während des 2. Weltkriegs in U-Bahn-Tunnels Schutz vor den Angriffen der deutschen Luftwaffe suchten, seien vom Regen in die Traufe geraten, wäre sicher eine maßlose Übertreibung. Sie machten da unten aber Bekanntschaft mit einem winzigen Wesen, dem sie zuvor noch nie begegnet waren. Massen von ungewohnt aggressiven Mücken stürzten sich auf die ohnehin verängstigten Menschen. Ob diese unterirdisch lebende *Culex pipiens molestus*-Mücke eine vom Gemeinen Hausmoskito *Culex pipiens* getrennte Art darstellt, ist bis heute nicht entschieden. Beide scheinen bis zu einem gewissen Grad voneinander isoliert zu sein und sie unterscheiden sich in so vielen Details ihres kurzen Mückenlebens, dass manche Forscher diese Ansicht vertreten. In den Augen der meisten handelt es sich aber nur um eine Unterart, die irgendwann, vielleicht der verführerischen Wärme folgend, in den Untergrund abgewandert ist. Dort verbringen sie, ohne eine Winterruhe einzulegen, das ganze Leben. Äußerlich sind sie nicht auseinanderzuhalten, die oberirdische Form aber saugt in der Regel Vogelblut, *molestus* stürzt sich auf Säugetiere. Mittlerweile sind auch in New York City und Chicago ähnliche Formen aufgetaucht, die sich kaum mit den oberirdischen vermischen und jeweils unabhängig zu

U-Bahn-Mücken geworden sind. Da der Hausmoskito gefährliche Krankheiten wie das West-Nil-Virus übertragen kann, sind Fragen nach seiner Abstammung und Verwandtschaft von großer medizinischer Bedeutung.[40]

Stress und Angst

> »Es scheint so,
> als würden uns Städte krank machen.«
> Jane Boydell[1]

Diese Aussage hat Gewicht. Jane Boydell leitete eine Langzeitstudie des Londoner Institute of Psychiatry, die in erschreckenden Zahlen deutlich macht, dass Städte ein für das Seelenleben der Menschen äußerst ungesunder Lebensraum sein können. Von 1965 bis 1997 hatten sich die Fälle von Schizophrenie in Camberwell, einem Stadtteil von London, mehr als verdoppelt[2], während in der Gesamtbevölkerung kein solcher Trend erkennbar war. Diese Zunahme betraf vor allem jüngere Menschen unter 35 und war unabhängig vom Geschlecht. Auch aus anderen Ländern häufen sich Meldungen über eine alarmierende Zunahme seelischer Krankheiten.

Auslöser ist häufig Stress. ›Gesunder‹ Stress ist eigentlich eine normale, überlebenswichtige, von Hormonsignalketten gesteuerte Reaktion des Körpers auf bevorstehende Herausforderungen. Angesichts einer drohenden Gefahr versetzt Stress den Organismus in die Lage, schneller, konzentrierter und entschlossener »zu rennen, zu jagen und zu kämpfen«, wie Alison

Abbott es in *Nature* formuliert.[3] Das Problem entsteht, wenn der Alarmzustand des Körpers nicht wieder abklingt. Welche urbanen Stressfaktoren nun genau für die Zunahme seelischer Krankheiten verantwortlich sind, ob die Träger bestimmter Genvarianten empfindlicher reagieren als andere, ob frühkindliche Erfahrungen die Stressantwort der Menschen ein Leben lang prägen können, all das ist Gegenstand umfangreicher, zum Teil höchst ambitionierter Untersuchungen, unter anderem auch in China, wo Urbanisierung sich gerade im Zeitraffer abspielt. Schließlich geht es um viel Geld. Seelische Erkrankungen waren 2010 bereits für 13 Prozent aller Arbeitsunfähigkeitstage in Deutschland verantwortlich, Tendenz stark steigend. Deshalb rückt die Frage in den Fokus, wie Städte und städtisches Leben verändert werden müssen, um die Situation zu verbessern.

Eines ist jedoch schon jetzt klar: Großstädter, die auch in einer Stadt aufgewachsen sind, verarbeiten Stress anders als Landbewohner und Menschen, die erst im Erwachsenenalter in eine Stadt gezogen sind. Moderne bildgebende Verfahren zeigen, dass bei ihnen unter Stress andere Gehirnbereiche aktiviert werden.[4]

Wahrscheinlich kennen Tiere das unter Großstädtern so verbreitete Gefühl der Einsamkeit, Isolation und Fremdheit nicht, dieses permanente nagende, schmerzhafte Kopfzerbrechen, das sich einstellt, wenn man die Menschen, mit denen man Haus an Haus oder gar Tür an Tür wohnt, kaum kennt, Menschen, die vielleicht mehr Geld verdienen und sozial besser gestellt sind, in anderen Kreisen verkehren oder aus einem anderen Land oder Kulturkreis stammen.[5] Auch Tiere leiden aber unter der urbanen Enge, dem Lärm, dem Verkehr, den Menschenmassen, der großen Zahl an Artgenossen und Konkurrenten, mit denen sie in Städten zusammenzuleben gezwungen sind, und Stress ist auch für sie definitiv bedrohlich.

Noch gibt es keine Vögel, die als eigene Stadtspezies angesehen werden können, und vielleicht wird es auch nie welche geben. Für Hans Slabbekoorn und Erwin Ripmeester aber steht fest, dass die urbane Amsel eine der ersten Anwärterinnen wäre. »Europäische Amseln«, schreiben sie, »könnten die erste Vogelart werden, für die es Beweise einer urbanen (genetischen) Divergenz sowohl für Fitness-bezogene Merkmale als auch für akustische Merkmale gibt.«[6]

Letzteres bezieht sich auf den für Vögel so wichtigen Gesang, der heute auch bei der Amsel in Städten anders klingt als im Wald. Die eigentliche gesangliche Herausforderung der Stadtamseln scheint jedoch in der hohen Dichte der Tiere zu bestehen, quasi ein Luxusproblem. Meist singen mehrere Vögel auf begrenztem Raum und müssen sich voneinander abgrenzen.[7]

Die Unterschiede zwischen Stadt- und Landamseln gehen aber weit darüber hinaus. Zu den Fitness-bezogenen Merkmalen zählt vor allem ihre Antwort auf Stress, denn – und hier schließt sich der Kreis zu den Menschen, in deren Städten sie sich niedergelassen haben – auch Stadtamseln gehen mit Stress anders um als ihre Artgenossen in den umgebenden Wäldern. Anlass, gestresst zu sein, hätten die Vögel wahrlich genug. Für eine Tierart, die den weitaus größten Teil ihrer Existenz in der Abgeschiedenheit und Ruhe großer Wälder zugebracht hat, dürfte die permanente Nähe der Menschen und ihrer Hunde und Katzen dabei an erster Stelle stehen. Eigentlich müssten sie sich ununterbrochen in Aufregung befinden. Eine anhaltend hohe Konzentration von Stresshormonen im Blut[8] ist der Gesundheit aber alles andere als zuträglich, denn sie wirkt sich negativ auf Fortpflanzung, Immunsystem und Gehirnfunktionen aus.[9] Leicht erregbar sind die beliebten Sänger schon. Jeder Großstädter kennt das laute Gezeter erboster Amseln, die sich bei ihren Verrichtungen gestört fühlen. Trotzdem könnte es der Amsel, gemessen an ihrer Zahl, in Städten kaum besser gehen. Wie ist das zu erklären?

Jesko Partecke, der heute in einer Dépendance des Max-Planck-Instituts für Ornithologie in Radolfzell arbeitet, beschäftigt sich seit Jahren mit diesem Thema. Um die Frage nach der Stressanfälligkeit der Amseln zu beantworten, holten er und seine Kollegen Nestlinge aus Wald und Stadt in ihr Institut und zogen sie dort unter identischen Bedingungen von Hand auf. Das Verhalten dieser beiden Populationen hätte unterschiedlicher nicht sein können. Die Stadtvögel stammten aus München. Sie nisteten unter anderem in Balkonkästen und suchten ihre Nahrung häufig auf grünen Verkehrsinseln. Die Waldamselküken wurden dagegen aus einem »großen und abgelegenen« Privatwald geholt, wo die Amseln in dichtem Unterwuchs nisteten und »den Kontakt mit Menschen explizit mieden«.[10]

Zu vier verschiedenen Zeitpunkten zapfte Jesko Partecke den Tieren in einer bestimmten zeitlichen Abfolge Blut ab, eine standardisierte Prozedur, die selbst den entspanntesten Vogel in Hochstress versetzt und für alle Tiere ungeachtet ihrer Herkunft gleich ablief. Dann wurde im Blut der Gehalt an Stresshormonen bestimmt. Die Unterschiede, die dabei zutage traten, waren eklatant. Die hormonelle Stressantwort fiel bei den aus städtischem Umfeld stammenden Tieren deutlich schwächer aus.

Wieder stellt sich die Frage, ob diese Unterschiede genetische Gründe haben oder auf phänotypische Plastizität zurückzuführen sind. Noch gibt es viele Fragen, die geklärt werden müssen, für Jesko Partecke und seine Kollegen spricht aber vieles für eine genetische Ursache, auch wenn die Genomabschnitte, die dafür verantwortlich sein könnten, noch nicht identifiziert wurden und Wald- und Stadtamseln sich genetisch sehr ähnlich zu sein scheinen.[11] Nicht auszuschließen ist allerdings, dass die Vogelmütter aus Stadt und Wald schon ihren Eiern eine den jeweiligen Lebensumständen angepasste Stressphysiologie mit auf den Weg geben. Weil die Natur dieser Signale noch weitgehend unbekannt ist, spricht man, betont vage, von »maternalen Effekten«.

Rückenwind erhalten Jesko Partecke und seine Kollegen aus den USA. Amerikanische Wissenschaftler[12] kamen in San Diego gerade bei einer erst wenige Jahrzehnte alten urbanen Population von Winterammern oder Junkos zu den gleichen Ergebnissen wie Jesko Partecke. Derartige Anpassungen können also recht schnell gehen. In Phoenix, Arizona, stießen Forscher auch bei in der Stadt lebenden Baumeidechsen auf eine deutlich abgemilderte hormonelle Stressantwort.[13] Für die Eidechsen geht der Stress weniger von den Menschen selbst als von ihren Katzen aus, von denen bekannt ist, dass sie den Eidechsen intensiv nachstellen. Nur an urbanen Standorten trugen die Reptilien viele Narben und Verletzungen und fast ein Drittel hatte bereits seinen Schwanz verloren und einen neuen regeneriert.

Das bestätigt die Einschätzung der deutschen Forscher, die davon ausgehen, dass eine solche genetische Anpassung unter Stadttieren weit verbreitet sein könnte, ja sie sehen darin sogar eine notwendige Voraussetzung für eine Existenz in Lebensräumen, in denen anthropogene Störungen an der Tagesordnung sind.[14] Die wichtigste Lektion für ein erfolgreiches Großstadtleben haben Stadtamseln, Baumeidechsen und vielleicht auch viele andere Tierarten also gelernt und sie scheint Teil ihres genetischen Erbes geworden zu sein: Reg dich nicht so auf! Wenn du an den Honigtöpfen der Städte schlecken willst, dann musst du mit dem Stress leben. Und bleib cool, wenn du die großen Zweibeiner kommen siehst. Sie tun dir nichts. Nur auf ihre fiesen Katzen musst du aufpassen.

Insekten und andere Kleintiere haben dieses Problem vermutlich nicht, für Säugetiere und Vögel aber besteht die größte Herausforderung in Städten wohl darin, ihre Scheu und Angst vor Menschen abzulegen und vor den vielen neuen Dingen, auf die sie in dieser Umgebung stoßen, nicht zurückzuschrecken. Eine abgemilderte Stressantwort ist ein wichtiger Schritt in diese Richtung. Aber könnte es nicht sein, dass es von vornherein besonders mutige oder zahme Tiere waren, die den Schritt in die Städte wagten, Tiere, die nicht gleich die Flucht ergriffen oder in Schreckstarre verfielen, wenn sie einen Menschen sahen?

Zentralamerika

Früher, in den 1940er-Jahren, schlug sie ausschließlich draußen zu. Wenn die Menschen sich nach getaner Arbeit oder nach dem Abendessen vor ihre Häuser setzten, um den Tag ausklingen zu lassen, kam die Mücke *Anopheles albitarsis* todsicher zu ihrer Blutmahlzeit. Doch die Angewohnheiten der Menschen haben sich geändert. Mittlerweile gibt es Klimaanlagen und die Menschen ziehen sich zwischen 17 und 22 Uhr, wenn die Mücke ihren Bluthunger stillen will, in ihre gut gekühlten Häuser zurück. Was blieb *Anopheles albitarsis* also anderes übrig, als ihnen zu folgen? Neuere Untersuchungen zeigen, dass aus der Freiland- eine Hausmücke geworden ist.[15]

Jedes Tier, dem sich ein Mensch oder ein Auto nähert, muss eine Abwägungsentscheidung treffen, die möglicherweise über Leben und Tod entscheidet: Wann, bei welcher Distanz, wird die Gefahr so groß, dass ich meine Nahrungsaufnahme, mein Tête-à-Tête oder mein Nickerchen abbrechen und das Weite suchen muss? Diese sogenannte Flucht-Initiations-Distanz, kurz FID, wird in vielen Studien als Maß für die Angst des Tieres vor einem sich nähernden Objekt verwendet.[16]

Wenn die Vögel, die in die Städte drängten, besonders zahmen und furchtlosen Arten angehören würden, müsste sich dies an der Fluchtdistanz ihrer ländlichen Artgenossen nachweisen lassen. Die Tiere hätten ihre geringe Fluchtdistanz dann bereits außerhalb urbaner Lebensräume erworben, eine Voranpassung wie die Fähigkeit, den eigenen Gesang dem Geräuschpegel der Umwelt anzupassen. In Städten, wo Begegnungen mit Menschen ungleich häufiger sind als auf dem Land, wäre es zweifellos von Vorteil, wenn man sich nicht permanent auf der Flucht befinden würde.

Die Untersuchungen von Martina Carrete und José Tella in Argentinien sprechen gegen diese Vorstellung. Die beiden favorisieren ein anderes Modell, das durch ihre an zwanzig Vogelarten gewonnenen Daten gestützt wird. Nicht zahme Arten wandern in die Städte ein, sondern besonders zahme Exemplare von Arten, die mit einer individuellen Fluchtdistanz reagieren. Es sind nicht ganze Populationen, denen dieser Sprung gelingt, sondern einzelne Tierpersönlichkeiten, und nur in seltenen Fällen dürfte der erste Besiedlungsversuch erfolgreich sein und gleich mitten in die Höhle des Löwen führen. Sicher bedarf es mehrerer Versuche durch entdeckungsfreudige und entdeckungsfähige Pioniere, bis es einer Art gelingt, Fuß zu fassen, wie bei vielen biologischen Invasionen in fremde Lebensräume auch. Die weitere Besiedlung erfolgt dann Schritt für Schritt. Historisch gesehen spielte auch der Zustand der Städte eine Rolle, die sich erst im Zuge ihrer Expansion zu attraktiven Lebensräumen entwickelten. Und die Haltung ihrer Bewohner. Wer sich als Vogel im Mittelalter in die Städte wagte, lief Gefahr, in einem Kochtopf zu landen. Entscheidend aber ist, dass es in jedem Stadium einer Besiedlung immer wieder einzelne Tiere gibt, die in der Lage sind, noch einen Schritt weiter zu gehen.

Bei allen zwanzig Vogelarten, die von Carrete und Tella untersucht wurden, war die Fluchtdistanz urbaner Tiere deutlich geringer als die der ländlichen Verwandten, oft betrug sie nur noch ein Drittel oder weniger – eine Tendenz, die auch von anderen Studien bestätigt wird. Sie lag aber nicht völlig außerhalb der Möglichkeiten dieser Tiere, sondern entsprach den kürzesten Fluchtdistanzen, die man bei Landvögeln gemessen hatte. Unter diesen gibt es also immer wieder neue potenzielle Pioniere, die ihren Artgenossen in die Städte folgen könnten.

Was – aus ganz unwissenschaftlichen Gründen – für jeden Hunde- oder Katzenbesitzer schon immer eine Selbstverständlichkeit war, die sie Tag für Tag aufs Neue bestätigt sehen, beginnt nun auch die Biologen zu interessieren. Noch ist es ungewohnt, Überlegungen wie die folgenden in wissenschaftlichen Veröffentlichungen zu lesen, aber Tiere, das gestehen ihnen nun auch die Forscher zu, sind nicht nur genetisch unverwechselbar, sie besitzen auch Persönlichkeit und Temperament, sind Individuen mit Eigenschaften und Merkmalskombinationen, die nur ihnen eigen sind. Heute geht man davon aus, dass eine hohe Variabilität von Persönlichkeitsmerkmalen ein allgemeines Kennzeichen von Tierpopulationen ist.[17] Wie könnte es auch anders sein? Bis auf wenige Ausnahmen gibt es von jedem Gen verschiedene Varianten und bei komplexen Merkmalen wie bestimmten Verhaltensweisen, an denen zweifellos viele Gene beteiligt sind, existieren zahllose Kombinationsmöglichkeiten, von den variablen Einflüssen der Umwelt, die im Ergebnis zu ähnlichen, aber eben unterschiedlichen Tierbiografien führen, gar nicht zu reden. In der Rückschau wirkt es seltsam verbohrt, dass die Wissenschaft den einzelnen Individuen einer Tierart zwar verschiedene Fellmuster zubilligte, gleichzeitig aber von unterschiedlichen Persönlichkeiten nichts wissen wollte. Was ist eine Persönlichkeit anderes als die Summe ihrer Verhaltensweisen?

Angesichts einer sich nähernden Gefahr, reagieren manche Tiere einer Art ängstlich und andere gelassen, doch nicht nur ihre Fluchtdistanz ist sehr variabel. Auch andere Verhaltensweisen, die für eine erfolgreiche Besiedlung von Städten wichtig sind, werden nicht, wie bei einer Maschine, von jedem Individuum in exakt gleicher Weise ausgeführt. Dazu gehört etwa die Neigung zu explorativem Verhalten, ohne das eine Eroberung neuer Lebensräume kaum möglich ist. Auch bei diesem zum Teil genetisch gesteuerten Verhalten sind die individuellen Unterschiede, wie man jetzt weiß, erheblich. Nicht jeder Mensch ist ein geborener Kolumbus oder Humboldt und nicht jede Amsel oder Meise wagt sich ins Häusermeer.

Es gibt das gesamte Spektrum, von mutigen bis hin zu feigen Individuen. Versuche mit Kohlmeisen, die zu einer Art Modelorganismus geworden sind, ergaben, dass einzelne in einen neu zu entdeckenden Raum gesetzte Tiere darin gleich forsch zur Sache gingen und schon beim ersten Mal besonders gut abschnitten. Sie ließen es damit aber nicht bewenden, sondern steigerten sich von Versuch zu Versuch in einem Maße, das die langsameren und vorsichtiger agierenden Tiere immer weiter zurückfallen ließ.[18]

Es kann also eine sehr erfolgreiche evolutionäre Strategie sein, sich durch eine hohe individuelle Variabilität besonders breit aufzustellen, sodass einzelne Tiere auch unter stark veränderten Bedingungen erfolgreich sind. Gleichzeitig ist es sinnvoll, dass ein Großteil der Population im alten Lebensraum bleibt, um dort die Stellung zu halten. Man kann sich ohne Weiteres auch Lebensräume vorstellen, in denen gerade die ängstlichsten und vorsichtigsten Vögel, denen jede Entdeckerleidenschaft abgeht, im Vorteil sind, etwa wenn sie mit einer großen Zahl von Fressfeinden zusammenleben.

Neben der schwierigen Entscheidung zwischen Flucht und Verharren gibt es noch einen weiteren Konflikt, auf den Tiere in neuer Umgebung und gerade in Städten häufig stoßen: Sollen sie sich von neuen, unbekannten Dingen fernhalten oder sie erkunden? Kann man die unbekannte Nahrung fressen oder sollte man es lieber bleiben lassen? Unbekannte, neue Gefahren stehen ungeahnten neuen Möglichkeiten gegenüber.

Auch in ländlichen Lebensräumen können sich die Bedingungen ändern, in der Regel bleibt jedoch über lange Zeiträume alles beim Alten. In Städten aber warten Unmengen neuer Erfahrungen. Dort besitzen die alten Regeln meist nur noch eingeschränkte Gültigkeit, weil die gewohnte Nahrung und Beute, die bevorzugten Nistplätze und die bekannten Rückzugsräume und Verstecke nicht oder nur in eingeschränktem Maße zur Verfügung stehen, müssen Tiere, vor allem zu Beginn ihrer Einwanderung, sich ungleich häufiger dem Neuen und Unbekannten stellen. Es ist daher nicht verwunderlich, dass Stadttiere sich in Experimenten, die das Verhalten gegenüber nie gesehenen Gegenständen oder unbekannter Nahrung testen, grundsätzlich experimentierfreudiger und aufgeschlossener zeigen als Artgenossen vom Lande, die eher neophob reagieren.[19]

Dabei zeigen sich auffällige Unterschiede zwischen den Arten. In einem einfachen Versuchsaufbau wurden in Mar del Plata, Argentinien, Futterstationen aufgebaut und das Verhalten der Vögel gefilmt. Am folgenden Tag wurde die Prozedur wiederholt, nur hing diesmal ein bunter Gegenstand in unmittelbarer Nähe zum Futter, zum Beispiel eine 40 Zentimeter lange Goldpapiergirlande. Ohne den Gegenstand dauerte es nur ein bis drei Minuten, bis sich erste Interessenten einfanden. Von dem fremden Ding zeigten sich Kuhstärlinge, Tauben und Haussperlinge zwar für einige Minuten irritiert, dann sprachen sie aber doch den angebotenen Körnern zu. Währenddessen hüpften einige Vögel, die zu anderen Arten gehörten, in der Nähe der Futterstation herum, doch kein Einziger wagte sich, ob mit oder ohne Goldpapiergirlande, in die Nähe der Futtertöpfe.

Nicht nur in dieser argentinischen Untersuchung kam auch Überraschendes zutage. Ausgerechnet die urbanen Haussperlinge, bei denen man häufig den Eindruck hat, sie würden nach der Devise »Frechheit siegt« vorgehen, zeigten sich gegenüber ungewohnter Nahrung und neuen Objekten erstaunlich zurückhaltend.[20] Haben sie schlechte Erfahrungen gemacht und in städtischer Umgebung gelernt, dass die Konfrontation mit unbekannten Dingen tatsächlich Gefahr bedeuten kann? Oder ist der normale »Störungspegel« in der Stadt bereits so hoch, dass sie bei zusätzlichen Irritationen mit Rückzug reagieren?

Einmal beobachteten die Forscher, wie eine Schar Sperlinge sich zunächst abwartend verhielt und zwei Stärlingen den Vortritt ließ, die später eingetroffen waren. Erst als diese davonflogen, bedienten die Spatzen sich selbst. Die beiden Arten bilden häufig Fressgemeinschaften und zeigen keine Aggression gegeneinander. Es war, als hätten die Spatzen erst einmal abwarten wollen, wie es den Stärlingen mit dem fremden Ding ergeht. Außerdem fraßen die Spatzen immer einzeln. Aus anderen Untersuchungen ist bekannt, dass größere Trupps mutiger auftreten.[21]

Die Forscher argumentieren, dass Haussperlinge, die in einer hochkomplexen und unvorhersehbaren Umwelt leben, ein höheres Risikobewusstsein entwickeln müssen. Würde man die Spatzenstrategie in Worte fassen, klänge sie vielleicht so: Wir kommen in der Stadt gut zurecht und die Vorteile, die wir hier genießen, sind jede Anstrengung wert. Aber wir wissen auch, dass hier Vorsicht angebracht ist. Die Stadt steckt voller Gefahren. Wir müssen uns ihnen nicht mehr um jeden Preis aussetzen. Unser urbanes Leben ist aufregend genug.

Einiges spricht dafür, dass die Bereitschaft, Risiken einzugehen, bei Haussperlingen, die in Städten leben, eher ab- als zugenommen hat. Zu Beginn eines Besiedlungsprozesses bleibt den Tieren gar nichts anderes übrig, als sich den Gefahren zu stellen. Sie lauern überall. Wenn sie ihren Platz in der Stadt gefunden haben und ihn behalten wollen, scheint eher Vorsicht angebracht zu sein und die Entdeckerlust muss wieder gezügelt werden.

In diesem Zusammenhang ist eine faszinierende und spektakuläre Forschungsarbeit von Interesse, die an Aufwand und Raffinesse ihresgleichen sucht. Mit ihr wollen wir unsere weite Reise durch die Stadtnaturen dieser Welt beenden.[22]

Ausgangspunkt waren theoretische Überlegungen, die die Bereitschaft zu risikoreichem Verhalten mit zukünftigen Fitness-Erwartungen in Verbindung bringen. Man kann sie, salopp formuliert, wie folgt zusammenfassen: Wenn ich die begründete Hoffnung auf viele Nachkommen und ein langes Leben in Wohlstand habe, werde ich den Teufel tun und mich in riskante

Abenteuer stürzen. Dazu habe ich zu viel zu verlieren. Andererseits ... wenn meine Aussichten eher bescheiden sind, wäre ich eher bereit, mich unbekannten Gefahren auszusetzen. Es kann dann ja nur besser werden.

Dieser Gedankengang klingt sehr vertraut und leuchtet unmittelbar ein, aber gilt er auch für Tiere, zum Beispiel für Kohlmeisen? Was wäre, wenn man die Zukunftsaussichten der Vögel ein wenig manipuliert? Müsste sich dann nicht auch ihre Risikobereitschaft ändern? Wieder ein Trade-off, der diesmal den ganzen Lebensplan betrifft – bessere Zukunftsaussichten auf der einen und ein höheres Risiko im Hier und Jetzt auf der anderen Seite.

Um die Theorie zu beweisen, dachte sich ein Team um die MPI-Forscher Marion Nikolaus und Niels Dingemanse und den holländischen Verhaltensforscher Joost Tinbergen einen mehrere Jahre dauernden und sehr arbeitsintensiven Großversuch aus, der sich einen schon lange durch Wissenschaftler der Universität Groningen beobachteten Standort am Lauwersmeer in den Niederlanden zunutze machte. Erst 1968 war er dem Wattenmeer abgerungen worden. In zwölf kleinen, durch Felder und Wiesen voneinander getrennten Waldgebieten wurden jeweils 50 Nistkästen aufgehängt und regelmäßig kontrolliert. Auf diese Weise wurden zwölf Kohlmeisenpopulationen etabliert, über die man genauestens Bescheid wusste.

Die Einzelheiten des Versuchs sind überaus kompliziert und zumindest gegenüber einigen der betroffenen Kohlmeisen auch gemein, denn die Forscher nahmen ihnen ihre Nestlinge weg, bestimmten deren Geschlecht (was bei so kleinen Vögeln nur mit molekularbiologischen Methoden anhand von Blutproben möglich ist) und schoben sie gezielt anderen Brutpaaren unter. In großem Maßstab veränderten sie damit die Zahl der Jungvögel pro Nest und Brutpaar und schufen in den Wäldchen Kohl-meisenpopulationen, die jeweils einen Überschuss an Männchen oder Weibchen aufwiesen.

Nachdem Nestlinge einem genau festgelegten Plan folgend über drei Jahre hin und her gesetzt und Schicksal und Entwicklung aller betroffenen Tiere genauestens protokolliert worden waren, stellte sich Folgendes heraus[23]: Die Wahrscheinlichkeit, dass die Vogeleltern den nächsten Sommer und damit eine nächste Brut erleben würden, war umso geringer, je mehr Jungvögel sie pro Nest aufzogen und je mehr Männchen in den Wäldern lebten. Drei Nestlinge mehr reduzierten die Überlebenswahrscheinlichkeit der Eltern um mehr als die Hälfte. Damit hatten die Forscher einen geeigneten Hebel gefunden, um die oben ausgeführte Theorie zu testen: Wenn man die Nester so manipulierte, dass die Überlebenswahrscheinlichkeit der Tiere sank, sollte ihre Risikobereitschaft steigen. Die Forscher mussten also ›nur‹ die Zahl der Eier und der heranwachsenden Männchen pro Nest erhöhen und die erwachsenen Tiere in den Jahren vor und nach der Manipulation auf ihre Risikobereitschaft testen.

Um eine lange Geschichte kurz wiederzugeben, hier das Resultat: Es entsprach genau den Vorhersagen der Theorie. Die Forscher sind überzeugt, dass diese Erkenntnisse für viele Tierarten Gültigkeit haben, und wie fast immer in der Wissenschaft stellen sich viele neue Fragen, nicht zuletzt die nach den Mechanismen, die da am Werke sein könnten.

Die natürliche Selektion begünstigt bestimmte Persönlichkeitsmerkmale, wenn sich die Zukunftsperspektiven der Individuen unterscheiden. Temperament und Persönlichkeit sind daher kein zufälliges Beiprodukt, sondern das Ergebnis eines Anpassungsprozesses, quasi eine evolutionäre Notwendigkeit.

Anpassung erhöht die Fitness, und anders als beim Menschen, der in den reichen Industriestaaten mehr und mehr das Interesse an Kindern verliert und sich lieber Hobbys, Freunden und Karriere widmet, geht es aus der freudlosen Sicht der Evolutionsbiologen im Lebensplan der Tiere ausschließlich um eine möglichst große Zahl an Nachkommen. Ob das die Tiere genauso sehen, können wir sie leider nicht fragen.

Da Sie nach der Lektüre dieses Buches wahrscheinlich gar nicht anders können, als bei jedem Tier, das Ihnen in Ihrer Stadt über den Weg läuft, genau hinzuschauen, ergeben sich daraus zwei konkrete Schlussfolgerungen. Um scheue, vorsichtig agierende Spatzen müssen Sie sich keine Sorgen machen, ob in Argentinien oder bei uns in Mitteleuropa. Ihnen stehen glänzende Zeiten bevor. Sie haben es einfach nicht nötig, frech zu sein. Anders sieht es bei den Vögeln aus, die vor Ihrer Nase auf dem Tellerrand landen oder sich gar in Reichweite Ihrer dösenden Katze über deren Trockenfutter hermachen. Es sind nicht die Fittesten, die sich so verhalten, wie man vielleicht denken könnte. Im Gegenteil, das sind die, die kämpfen und große Risiken eingehen müssen, um zu überleben. Das ist wissenschaftlich bewiesen. Also gönnen Sie ihnen in Gottes Namen die Kuchenkrümel und nehmen Sie Ihre Katze auf den Schoß.

10. Mensch und Stadtnatur

Heute Morgen war der Graureiher nicht da. Wo treibt er sich nur herum? Nicht, dass ich ernsthaft besorgt wäre. Aber ich registriere es mit einer gewissen Beunruhigung. Ganz ungefährlich ist die Stadt ja nicht, bei den vielen Hunden und Katzen. Und Menschen, die Tiere quälen, gibt es auch, gab es schon vor fünfhundert Jahren, als sie aus Spaß die Waldrappe von den Felswänden schossen.

Heute schlitzen sie Pferden die Bäuche auf und gehen mit Messern auf Schwäne los. Vor ein paar Tagen hat die Wasserschutzpolizei zwischen Urbanhafen und Kottbusser Brücke zwei der schönen Vögel mit stark blutenden Wunden am Hals entdeckt, kurz darauf zogen sie ein geköpftes Tier aus dem Wasser. Seitdem sind weitere verletzte Schwäne aufgetaucht. In der Zeitung[1] stand, die Polizei ermittele wegen des Verdachts der Tierquälerei. Irgendein Irrer, der es auf lange Hälse abgesehen hat, treibt da sein Unwesen.

Sicher schaut der Reiher morgen wieder vorbei, denke ich, vielleicht schon heute Nachmittag. Wahrscheinlich ist er einfach an ein anderes Gewässer geflogen, Berlin bietet ja reichlich Auswahl. Später, auf dem Weg nach Hause, muss ich unbedingt nach ihm sehen. Hoffentlich ist er nicht krank ...

Wahrscheinlich kommt der Vogel aus dem Zoologischen Garten, wo Berlins erste innerstädtische Graureiherkolonie wild inmitten von Zootieren lebt. Anders als diese kann er täglich ein und aus fliegen, wie es ihm beliebt, und muss nicht einmal Eintritt bezahlen.

Auch manche Großstädter verbringen viel Zeit im Zoo. In größeren Städten lebt der nächste Elefant, das nächste Löwenrudel meist nur ein paar U-Bahn- oder Busstationen entfernt und eine Besichtigung ist jederzeit möglich, wenn auch nicht ganz billig. Aquarien und Botanische und Zoologische Gärten holen die Lebensräume des ganzen Planeten in Gestalt ihrer Pflanzen- und Tierwelt bis vor die eigene Haustür. Dort kann man sie, ein Eis leckend, aus großer Nähe bewundern und sich einem Hauch von Gefahr und Abenteuer hingeben, den Gerüchen und Geräuschen der großen weiten Welt, aus dichtestem Dschungel oder den Weiten der Savanne. Alles ist hübsch und sauber und ordentlich arrangiert, die Robben führen Kunststücke vor, die Elefanten strecken ihren Fans den Rüssel entgegen, die Delfine schlagen übermütig Salti, und es gibt Wegweiser, Blumenrabatte und einen Kinderspielplatz. Nicht selten fühlen sich Stadtmenschen ihrem Zoo eng verbunden. Er ist ein Teil ihrer Kindheit, ihres Lebens. Und einzelne Zoobewohner können zu geliebten lebenden Wahrzeichen ihrer Städte werden, wie Nilpferd Knautschke und Eisbär Knut in Berlin, wie der weiße Gorilla Floquet de Neu, zu Deutsch Schneeflöckchen, in Barcelona oder das Walross Antje in Hagenbecks Tierpark in Hamburg, um nur einige Beispiele zu nennen. Ihr Tod löste unter den Menschen große, fast hysterische Trauer aus.

Das Ableben eines Spatzen, eines Fuchses oder eines Graureihers wird von keiner Boulevardzeitung zur Kenntnis genommen und kümmert niemanden, sofern man den Kadaver nicht im eigenen Garten findet. Tier ist eben nicht gleich Tier.

Das ändert sich, wenn die Stadtnatur intensiver wahrgenommen wird, wenn die Menschen beginnen, sich verantwortlich zu fühlen. Für mich und sicher auch für andere Parkbesucher ist der Graureiher, der durch den Teich neben der U-Bahnstation stakst, kein anonymes, x-beliebiges Wesen mehr. Er hat ein Gesicht bekommen, er ist der Graureiher aus dem Stadtpark, ein Nachbar gewissermaßen, ein alter Bekannter, ein Individuum, an dessen Schicksal man Anteil nimmt. Aus einem ähnlichen Gefühl speiste sich auch die Empörung der Moskauer über Julia Romanova, weil viele den Hund kannten, den das junge Model auf dem U-Bahnsteig erstach. Er hatte sogar einen Namen. Es war Malchik, der Streuner von der Mendeleyevskaja-Station. Wie viele Menschen versuchte auch er sich irgendwie durchzuschlagen.

Immer mehr Großstädter beginnen sich für die Stadtnatur ihres Kiezes zu interessieren und selbst Hand anzulegen. Sie sammeln, wie jüngst in einer vom Berliner *Tagesspiegel* mitorganisierten Aktion, Abfall in Grünanlagen und Parks, fischen Müll aus Teichen und Seen, bepflanzen Baumscheiben, Straßenmittelstreifen und Brachflächen, platzieren Bienenvölker auf Hausdächern, um eigenen Stadthonig zu ernten, und bauen als *Urban Gardener* Kräuter und Gemüsepflanzen an. Ein gewisses Eigenleben bleibt, wie allen Gärten, auch diesen Flächen, doch nun halten die Menschen ihre wässernde, düngende, gestaltende, Unkraut zupfende schützende Hand darüber.

Darin zeigt sich zweifellos eine neue Qualität im Umgang mit der Stadtnatur. Die Bürger werden selbst aktiv, übernehmen Verantwortung. Jede Grünfläche in der Stadt ist wertvoll, gerade in den Innenstädten. Viele dieser Aktivitäten – das sollte auf den Seiten dieses Buches deutlich geworden sein – sind allerdings nicht im Sinne der Erhaltung und Förderung einer möglichst vielfältigen Stadtnatur. Honigbienen in der Stadt sind eine feine Sache, sie verdrängen aber die in Städten artenreichen Wildbienen. Die Stadtnatur wird dadurch ärmer. Die Anlage von Nutz- und Ziergärten verhindert zwar die weitere Versiegelung und Verdichtung des Häusermeers und ist deshalb stadt-klimatisch grundsätzlich zu begrüßen, Vielfalt existiert und ent-steht aber vor allem im immer seltener werdenden Wildwuchs. Ihn gälte es zu ertragen und sogar zu fördern, wenn man mög-lichst vielen Pflanzen- und Tierarten in der Stadt ein Überleben sichern will. Aber geht es den Großstädtern überhaupt darum?

Wenn Menschen auf verwilderten Flächen Gärten anlegen und Bienenkörbe aufstellen, geschieht dies zweifellos in dem Glauben, damit nicht nur sich, sondern auch anderen Menschen und der Stadtnatur insgesamt etwas Gutes zu tun. Schaden ent-steht durch den Bau von noch mehr Straßen, Parkplätzen und Häusern, die die letzten Lücken im Häusermeer schließen, nicht dadurch, dass Bürger zu Spaten und Gartenhacke greifen. Es stellt sich aber die Frage, ob der für Biologen und für die Stabi-lität von Ökosystemen so wichtige Artenreichtum für die Stadt-menschen überhaupt von Bedeutung ist. Sie wollen an der fri-schen Luft spazieren gehen, Sport treiben, grillen oder einfach nur die Seele baumeln lassen. Braucht es dafür Zehntausende von Tier- und Pflanzenarten?

Dass das Grün der Städte den Menschen guttut, ist durch viele Studien belegt.[2] Erhöht sich der Anteil von Grünflächen in einer Wohngegend, leben die Menschen länger, erholen sich schneller von Operationen und haben auch die subjektive Emp-findung, sich besser zu fühlen. Ein Aufenthalt in der Natur hellt die Stimmung auf, wirkt gegen geistige Ermüdung, baut Stress ab, verbessert die kognitiven Fähigkeiten, kurz: ohne Grünflä-chen und Stadtnatur ginge es den Menschen deutlich schlechter. Wie schlecht, machten kürzlich zwei britische Wissenschaft-ler deutlich, die die Gesundheit von über 40 Millionen Englän-dern mit dem Grünflächenangebot in deren unmittelbarem Le-bensumfeld in Beziehung setzten. Die generelle Mortalität und die Todesfälle durch Kreislaufkrankheiten waren bei den Menschen, die keinen unmittelbaren Zugang zu Grünflächen hatten, signifikant erhöht. Für Todesursachen, die wahrscheinlich nicht von Grünflächen beeinflusst werden, wie Lungenkrebs oder Selbstmorde, galt dieser Zusammenhang nicht.[3]

Atlanta, 2012

Die meisten Menschen finden den Gesang der Vögel schön und angenehm und Vogelgezwitscher gehört untrennbar zu jedem Naturerleben, ob im Stadtpark oder in ländlicher Umgebung. Viele Komponisten experimentierten mit dem Tonmaterial der besten gefiederten Sänger und es hat auch nicht an wissenschaftlichen Versuchen gefehlt, die Songstrukturen und Intervalle des Vogelgesangs nach musikalischen Kriterien zu untersuchen. Zwei amerikanischen Forscherinnen der Emory University in Atlanta, Georgia, wandten sich jetzt der Seite der Empfänger zu. Wirkt Vogelgesang wie Musik? Tatsächlich zeigte sich, dass bestimmte, stammesgeschichtlich sehr alte Gehirnstrukturen, die beim Menschen auf als schön empfundene Musik reagieren, auch bei Vogelweibchen aktiv sind, die den Gesang eines Männchens hören. Das sogenannte mesolimbische Belohnungssystem wird allerdings nur aktiv, wenn die Weibchen sich hormonell in Hochzeitsstimmung befinden. Bei einem männlichen Rivalen sprechen ganz andere Hirnregionen an. Es sind dieselben, die bei Menschen aktiv werden, wenn Musik als unangenehm empfunden wird. Doch während wir den Konzertsaal verlassen oder einfach das Radio ausschalten, kann der Gesang eines Rivalen ein konkurrierendes Vogelmännchen auf die Palme bringen. Die Forscherinnen sind nun überzeugt, dass in den jeweiligen Adressaten von Vogelgesang und Musik dieselben »neuroaffektiven Mechanismen« am Werke sind.[4]

Was genau entfaltet diese wohltuende Wirkung? Ist es die organismische Vielfalt der Stadtnatur? Ist sie ein Grund für die Menschen, an die frische Luft zu gehen? In einer landesweiten Untersuchung wurden über 11.000 Dänen[5] danach gefragt und fast 50 Prozent aller Frauen und 42 Prozent aller Männer nennen das Erleben der Jahreszeiten und ihrer charakteristischen Pflanzen- und Tierwelt als ein Motiv, um städtische Grünanlagen aufzusuchen. Nur für jüngere Männer spielen diese Erfahrungen eine untergeordnete Rolle.

Forscher aus Sheffield, deren Studien wir schon kennengelernt haben, wollten es genauer wissen.[6] Durch Englands viertgrößte Stadt fließen mehrere Flüsse, die über große Strecken von mehr oder weniger naturbelassenen Grünflächen gesäumt werden. Hier suchten sich die Wissenschaftler im gesamten Stadtgebiet 34 unterschiedliche Standorte aus, an denen sie die Zahl der Vogel-, Schmetterlings- und Pflanzenarten bestimmten. Das Spektrum war weit gefasst. Am artenärmsten Flussufer wuchsen nur 22, am artenreichsten 95 verschiedene Pflanzen. Die Zahl der Vogelarten schwankte zwischen 4 und 18. An manchen Orten gab keine, an anderen neun Schmetterlingsarten. Wie würde sich diese unterschiedliche Biodiversität auf die Menschen auswirken? Würden sie sie überhaupt bemerken?

Bewaffnet mit eigens ausgearbeiteten Fragebögen machten sich fünf geschulte Interviewer auf den Weg und sprachen an diesen Orten Passanten an, von denen viele bereitwillig mitmachten. Die Natur liegt ja schließlich allen am Herzen. Auf diese Weise kamen weit über tausend Interviews zusammen, in denen es um das Wohlbefinden der Menschen in der jeweiligen Umgebung ging, um das, was sie an den Flussufern von der sie umgebenden natürlichen Vielfalt wahrnahmen und was sie darüber wussten.

Beginnen wir, um es hinter uns zu bringen, mit Letzterem. Anhand von Fotos waren je vier Pflanzen-, Vogel- und Schmetterlingsarten zu benennen und wahrscheinlich ahnen Sie schon, wie das Ergebnis ausfiel. Niederschmetternd. Machen wir uns noch einmal klar, dass es sich bei den Befragten nicht um dauerfernsehende Stubenhocker handelte. Diese Menschen hatten die Flüsse bewusst aufgesucht, wahrscheinlich weil sie die Uferwege mochten. Es waren Großstädter, die sich gerne in der Natur bewegten. Und trotzdem: Mehr als ein Viertel erkannte kein einziges Foto, ein weiteres Viertel erriet eine Tier- oder Pflanzenart, nur eine kleine Minderheit, etwa 5 Prozent, mehr als sieben.

Hier sind die vier Vogelarten, deren Namen zu nennen waren: Blaumeise, Zaunkönig, Gebirgsstelze und Wasseramsel. Hätten Sie's gewusst? Nicht leicht, oder? Natürlich mussten auch unbekanntere Arten darunter sein, um eine Auffächerung der Ergebnisse zu erhalten, ich bin mir aber sicher, dass mit dieser Tierauswahl auch viele Biologen ihre Schwierigkeiten gehabt hätten, einschließlich meiner Wenigkeit. Was die Sache nicht besser macht. Festzuhalten ist Lektion 1: Wir kennen unsere Tier- und Pflanzenwelt nicht, oder – falls es jemals anders war – nicht mehr.

Tier- und Pflanzenarten nicht benennen zu können heißt nicht notwendigerweise, dass man sie nicht wenigstens als unterschiedlich erkennt. Wie sieht es also mit der Reaktion auf die Artenvielfalt aus?

Die befragten Menschen fühlten sich umso wohler, je mehr Pflanzen-, Vogel- und Schmetterlingsarten sie am jeweiligen Flussufer wahrzunehmen glaubten. So weit, so gut. Doch diese ›gefühlte‹ Diversität hatte kaum etwas mit der real vorhandenen Artenvielfalt zu tun, die ja vorher ermittelt worden war.

Zwischen der tatsächlichen Zahl an Schmetterlingsarten und der Stimmung der Passanten gab es gar keinen Zusammenhang, und mit der Zahl der Pflanzenarten, die wirklich am Flussufer wuchsen, nahm das Wohlbefinden sogar ab, obwohl die Passanten angegeben hatten, das Gegenteil sei der Fall. Offenbar waren sie nicht in der Lage, die tatsächliche Vielfalt zu erkennen. Als botanisch besonders vielfältig wurden die Standorte empfunden, an denen viele Bäume standen. Wir Europäer sind eben Waldmenschen.

Nur bei den Vögeln schien auf den ersten Blick alles zusammenzupassen. Wohlgefühl und die subjektive Wahrnehmung einer großen Vogelvielfalt stellten sich bei den Menschen dort ein, wo es tatsächlich viele verschiedene Vögel gab. Die Betonung müsste allerdings auf dem Wort *viele* liegen, denn als die Sheffielder Forscher genauer hinschauten, stellte sich heraus, dass es eher die Anzahl der Vögel war, auf der diese Wahrnehmung beruhte. Viel Geflatter und viel Gesang wurde als Vielfalt interpretiert. Die Menschen hatten weniger auf die Diversität als auf die Dichte der Vögel reagiert. Lektion 2 lautet also: Wir erkennen auch die Artenvielfalt nicht. Wenn wir sie schätzen sollen, gehen wir nach Kriterien vor, die wenig mit der Realität zu tun haben.

Es gibt keinen Grund zu der Annahme, dass ähnliche Befragungen in Berlin, Kopenhagen, Paris oder Budapest zu anderen Ergebnissen gekommen wären. Die Bürger von Sheffield, immerhin Großbritanniens grünste Stadt, sind sicher nicht naturferner als andere Großstädter. Artenkenntnis ist etwas, das in unserem heutigen Leben keine Rolle spielt. Die meisten Amerikaner können zwar Hunderte von Logos identifizieren, aber keine zehn einheimischen Pflanzenarten.[7] Deutlicher kann man die Prioritätensetzung der heutigen Zeit kaum illustrieren. Sogar in der Ausbildung von Biologen führen die berühmt-berüchtigten Bestimmungsübungen ein Schattendasein. Würden sich die angehenden Biologen, entgegen allen Warnungen, im Laufe ihres Studiums dafür entscheiden, Spezialisten für die eine oder andere Tiergruppe zu werden, ein lebenslanger Status als verschrobene Spinner wäre ihnen sicher – Jobs eher nicht.

Einige Jahre zuvor hatten die Wissenschaftler bereits eine ähnliche Untersuchung in Stadtparks durchgeführt und in dieser Umgebung funktionierte die intuitive Einschätzung der Biodiversität erheblich besser. Auch dieses Ergebnis dürfte sich auf andere Städte übertragen lassen. Vermutlich könnten die meisten Bewohner von Sheffield die in den Parks wachsenden Pflanzen nicht benennen – viele sind ja Neophyten und daher eher unbekannt, was für das Wohlbefinden der Menschen übrigens keinerlei Bedeutung hat –, die Menschen schätzen in Parks aber recht gut ein, ob sie von wenigen oder vielen Pflanzen- und Vogelarten umgeben sind. Das ist die Umwelt, die Großstädter von klein auf kennen. An den mehr oder weniger naturbelassenen Flussufern, die ökologisch wesentlich komplexer sind, versagt dieses Gefühl für die Vielfalt. Es liegt nahe, dies als Ausdruck einer wachsenden Naturferne der Städter zu werten, allerdings fehlen vergleichbare Untersuchungen mit Landbewohnern und solche, die Veränderungen über die Zeit erfassen.

Eine ziemlich unmissverständliche Sprache spricht der jährliche »Jugendreport Natur«. Das »Draußen-im-Grünen-Sein« steht noch immer hoch im Kurs. Allerdings, was tut die Jugend im Grünen am liebsten? Musikhören! Und was nervt sie beim Wandern am meisten? Ein Handyverbot! Freizeitaktivitäten an frischer Luft verlieren drastisch an Boden, sobald ein eigener Fernseher oder Computer im Kinderzimmer steht. Das Interesse an Tieren und Natur ist über die Jahre deutlich gesunken. 23 Prozent aller befragten Kinder und Jugendlichen haben noch nie ein Reh in freier Wildbahn beobachtet, ein Drittel noch nie einen Schmetterling oder Käfer gefangen, 42 Prozent können sich an kein einziges eindrucksvolles Erlebnis in der Natur erinnern. Natur wird als etwas Empfindliches und Verletzliches empfunden. Sie ist gefährdet, durch uns Menschen. Diese Botschaft ist bei den Kindern angekommen. In der Natur muss man leise sein, um die Tiere nicht zu stören. Man darf die Wege nicht verlassen, um die zarten Pflänzchen nicht zu zertreten.[8] Die Natur hat in der Wahrnehmung unserer Kinder den Status einer alten kranken Tante erreicht, in deren Gegenwart man nur flüstern und auf Zehenspitzen laufen darf. Solche Tanten sind meist nicht besonders beliebt.

Manche nennen es, dramatisch, »environmental generational amnesia«. Andere sprechen vom »shifting baseline syndrome«.[9] Die in der Kindheit gemachten Umwelterfahrungen werden in jeder Generation von Neuem zur Basis, an der alle späteren Entwicklungen gemessen werden. Für jüngere Fischer, die mit den arg dezimierten Beständen von heute aufgewachsen sind, werden diese zur Messlatte einer Entwicklung, die nach unten nicht mehr viel Spielraum hat. Nur die älteren wissen noch aus eigenem Erleben, um wie viel fischreicher die Ozeane einmal waren. Und für Großstadtkinder, die in einer Umgebung aufwachsen, die kaum noch Naturkontakte ermöglicht, unter Menschen, die wenig über Natur wissen und, um ihre täglichen Probleme zu lösen, auch kaum etwas darüber wissen müssen, wird dieser Zustand und diese Haltung zum prägenden Eindruck ihres weiteren Lebens.

Biodiversität ist in Städten qualitativ und quantitativ ungleich verteilt, das weiß man seit Jahrzehnten. Auf einem Land-

Stadt-Gradienten steigt die Vielfalt an der Stadtgrenze an, erreicht in den locker bebauten grünen Gartenstädten ihren Höhepunkt und fällt dann zum Stadtzentrum hin rapide ab. Doch erst seit wenigen Jahren erkennen die Forscher, dass urbane Biodiversitätsmuster darüber hinaus noch von ganz anderen Faktoren[10] beeinflusst werden, die nicht in erster Linie biologischer oder ökologischer, sondern sozioökonomischer Natur sind.

Ob in Berlin, Leipzig oder Florenz, ob in Washington D.C., Tuscon und Phoenix in Arizona, Vancouver in Kanada oder Chiba in Japan – wer das Glück hat, in Stadtbezirken mit einem höheren Durchschnittseinkommen zu leben, wird mit großer Wahrscheinlichkeit auch eine deutlich vielfältigere Stadtnatur erleben können, und das, obwohl nordamerikanische, japanische und europäische Städte sehr unterschiedliche Siedlungsstrukturen aufweisen. Wieder einmal bleibt genau denen etwas vorenthalten, die es am nötigsten bräuchten.

Jeder Spaziergang durch eine grüne Gartenstadt bestätigt dieses Ergebnis. Doch so einfach ist die Sache nicht. Denn es sind nicht nur die üppig bepflanzten Grundstücke der Besserverdienenden, die zur hohen Diversität in deren Wohnvierteln beitragen, auch die Parks und deren Umgebung, sogar die Spontanvegetation an zufällig ausgewählten Stadtorten und die Vogelwelt eines Stadtbezirks spiegeln in ihrer Vielfalt den sozioökonomischen Status der jeweiligen Bevölkerung wider. Das Einkommen der Eltern entscheidet nicht nur über die Bildungschancen der Kinder, sondern auch über die Naturerfahrungen, die die Kinder in ihrem unmittelbaren Lebensumfeld machen können. Und was zu Hause im Alltag gilt, setzt sich in gleicher Weise in den Ferien und in Urlaubsreisen fort, die nur von wohlhabenderen Familien bezahlt werden können.

England, 2008

Wird der Spatz zu einem Vogel der armen Stadtquartiere? Noch immer ist der in vielen Gegenden Europas zu beobachtende Rückgang der Haussperlinge ein Rätsel. Auffällig ist, dass die Vögel in Städten oft eine lückenhafte Verteilung aufweisen. Eine genaue Analyse ihrer Verteilungsmuster hat jetzt Hinweise darauf erbracht, dass Veränderungen in den reicheren Wohngegenden die Haussperlinge vertrieben haben könnten. Die Häuser sind dort in einem besseren Zustand und bieten den Vögeln daher weniger Nistplätze. In den Gärten und Straßen verschwindet die Spontanvegetation und wird immer häufiger durch exotische Zierstauden und -büsche ersetzt. Besonders gravierend macht sich offenbar bemerkbar, dass immer mehr Vorgärten asphaltiert oder gepflastert werden, um Parkplätze für die vielen Autos zu schaffen. Allein in London sollen auf diese Weise zwei Drittel aller Vorgärten zumindest teilweise verschwunden sein. In den ärmeren Stadtvierteln hat man diese Probleme nicht. Dort blieb alles beim Alten, einschließlich der Spatzen.[11]

»Das Verhältnis des Menschen zum Tier ist sehr vielgestaltig und wandlungsfähig«, schreibt die Soziologin Ulrike Pollack, »und gilt als Beleg für eine prinzipiell variable, oft auch ambivalente Haltung des Menschen gegenüber Tieren.« Diese Ambivalenz ist gerade bei Stadtbewohnern besonders ausgeprägt. »Die gegenwärtige städtische Mensch-Tier-Beziehung charakterisiert sich in den westlich-industrialisierten Ländern durch ein breites Spektrum von Verhaltensweisen und Wertvorstellungen zwischen Nähe und Distanz, Verhätschelung und Ausbeutung bzw. Quälerei, Bewunderung und Ablehnung; ja sogar Ekel, je nachdem, um welche Tierart es sich handelt.«[12]

Nutztiere sind nahezu vollständig aus Städten verschwunden, mit Rindern, Schweinen, Pferden, Schafen und Hühnern kommen die Menschen kaum noch in Berührung. Dafür nimmt die Zahl der Haustiere seit Jahren kontinuierlich zu, vor allem die der Hunde, Katzen und Kleintiere wie Meerschweinchen und Goldhamster.[13] Stadtmenschen scheinen also ein großes Bedürfnis nach einem intensiven Umgang mit Tieren zu haben. Hunde und Katzen sind auch die Lieblingstiere von Großstadtkindern, wie eine Untersuchung an einer Berliner Grundschule ergab. Es sind domestizierte Tiere, mit denen Kinder in intensiven Kontakt treten und ein sehr emotionales Verhältnis aufbauen können. Leider weit abgeschlagen, am untersten Ende der kindlichen Beliebtheitsskala, rangieren die Wildtiere, die sich trotz stark verringerter Fluchtdistanzen einem solchen engen Kontakt entziehen.[14]

Vor diesem Hintergrund steht der urbane Naturschutz vor großen Herausforderungen, die mitunter einer Quadratur des Kreises gleichzukommen scheinen. Er soll helfen, die Vielfalt einer über Jahrzehnte und Jahrhunderte gewachsenen Stadtnatur zu bewahren, eine Vielfalt, die die Menschen nicht kennen und die von ihnen auch nicht wahrgenommen wird, ja die ihren Ansprüchen an Freizeitgestaltung und Ästhetik nicht selten sogar zuwiderläuft. Städter mögen Vertrautes, sie lieben geordnete Verhältnisse, wollen eine gepflegte und gestaltete Stadtnatur[15] und verabscheuen herumliegenden Müll, der den Tieren egal ist oder sogar Nahrung darstellt, und Wildwuchs, der besonders vielen Lebewesen Entfaltungsmöglichkeiten bietet. Zwischen diesen widerstreitenden Interessen muss urbaner Naturschutz einen goldenen Mittelweg finden.

Wir haben gesehen, wie vielfältig die Prozesse und Einflüsse waren und sind, die zur Stadtnatur von heute geführt haben.

Wir haben Wildtiere und Pflanzen nicht gezwungen, uns zu folgen. Sie sind von selbst gekommen, weil wir die Städte so gestaltet haben, dass sie nicht nur uns gefielen, und weil katastrophale Kriegszerstörungen Platz in den Innenstädten schufen. Das heißt aber nicht, dass ihr Bleiben für alle Zeiten garantiert ist. Schutz muss sein, und zwar nicht nur am Stadtrand, in den Wäldern, Mooren, Feuchtwiesen und den Resten einer strukturreichen Kulturlandschaft, die von der Urbanisierung verschont geblieben sind und die Artenzahlen der Städte in die Höhe treiben.

Wenn nicht nur die reichen Bewohner der Gartenstädte, sondern alle Menschen in den Genuss dieser Stadtnatur kommen sollen, müssen gerade in den dicht besiedelten Wohnvierteln und Innenstädten große Anstrengungen unternommen werden. Die weitere Verdichtung muss aufhören und bei der Gestaltung neuer Grünanlagen muss ein für die Bevölkerung erträglicher Kompromiss zwischen Ordnung und Chaos gesucht werden. Nicht nur die auf ehemaligem Bahngelände in Berlin neu geschaffenen Parks zeigen, dass ein solcher Kompromiss möglich ist, dass Wildwuchs und gepflegte urbane Parklandschaften nebeneinander existieren können.

Alle Fachleute sind sich einig, dass die vielfältige Stadtnatur erhaltenswert ist, ja dass sie große Chancen bietet. Wenn Natur nicht nur weit draußen vor den Toren der Städte existiert, sondern mitten unter uns und vor der eigenen Haustür, dann sind keine langen und teuren Anfahrten nötig, damit Natur erlebt und mit allen Sinnen erfahren werden kann. Damit diese Natur von den Menschen und vor allem von den Kindern wahrgenommen wird, ist geschultes Personal erforderlich, Erzieher, Lehrer und Stadtnaturführer, die selbst wissen, was es im Kiez zu entdecken gibt.

Stadtökologie bietet ein geradezu ideales Betätigungsfeld für *citizen-science*-Projekte, für Wissenschaft, die im eigenen Umfeld für und mit den Bürgern forscht. Damit könnten gleich mehrere Problemfelder bearbeitet werden. Schon die Erstellung einer einfachen Verbreitungskarte, etwa einer Pflanzen-, Insekten- oder Vogelart, würde zu aufregenden Entdeckungstouren durch die eigene Stadt und deren Natur führen, würde helfen, Vorbehalte und Berührungsängste gegenüber den Naturwissenschaften abzubauen, würde Aufmerksamkeit und soziales Verhalten trainieren und nicht zuletzt die Wissenschaftler aus ihrem Elfenbeinturm holen und zu den Menschen bringen, die sie und ihre Forschung bezahlen. Gerade für Stadtökologie gilt: Für wen wird diese Wissenschaft betrieben, wenn nicht für die Menschen, die in den Städten leben? Warum also nicht mit ihnen gemeinsam forschen? Ist das Interesse an der Kieznatur einmal geweckt, wird sich der Horizont von ganz allein weiten.

Prof. Dr. Johannes Vogel, der neue Direktor des berühmten Berliner Museums für Naturkunde, hat derartige Projekte bereits an seiner früheren Wirkungsstätte, am Natural History Museum in London, mit Erfolg erprobt, und *citizen science* ganz oben auf seine Berliner To-do-Liste geschrieben. Ein neuer Forschungsbereich »Wissenschaftskommunikation und Wissensgeschichte« wurde aus der Taufe gehoben. Auf der Website des Museums heißt es dazu: »Es genügt schon lange nicht mehr, Forschungsergebnisse nur zu publizieren und danach darauf zu warten, dass dieses Wissen auch in praktisches Handeln umgesetzt wird, etwa durch die Politik oder durch Verhaltensänderungen in der Gesellschaft. Vielmehr muss es gelingen, durch partizipative Elemente und Methoden, durch die Aufforderung zum Mitmachen, aus Wissen Handlungsimpulse bei den ›Kunden‹ des Museums zu generieren.«

Wenn die Städter der Zukunft nicht zu einer Bande von Betonköpfen werden sollen, die jeglichen Kontakt zur Natur verloren haben, ist es an der Zeit, damit zu beginnen. Man wird die Forscher an ihren Worten messen müssen.

Es ist paradox: Die weltweit voranschreitende Urbanisierung ist eine der wichtigsten Ursachen für das Schwinden der biologischen Vielfalt. Doch gleichzeitig ist in den Städten selbst eine artenreiche Stadtnatur entstanden.[16] Gehen Sie hinaus in die Straßen, Parks und Friedhöfe Ihrer Umgebung und überzeugen Sie sich selbst. Entdecken Sie die Vogelwelt Ihrer Stadt und schärfen Sie Ihren Blick für die Vielfalt der Pflanzen, die jeden noch so kleinen Flecken Boden nutzen, der nicht versiegelt wurde. Mehr werden Sie auf keinem Waldspaziergang zu sehen bekommen.

Sicher werden wir die biologische Vielfalt der Erde nicht retten, indem wir diese Stadtnatur schützen. Angesichts mancher euphorischer Äußerungen zur Artenvielfalt in Städten kann man nicht oft genug betonen, dass die meisten Arten den urbanen Filter nicht (oder noch nicht) durchdringen können, und nicht alle, die eigentlich die Voraussetzungen für ein erfolgreiches Stadtleben mitbringen würden, vollziehen diesen Schritt. Wie auch immer die Eigenschaften eines idealen Stadttiers im Detail aussehen, es ist immer nur ein Teil der gesamten Fauna eines Gebietes, der in Städten zurechtkommt. Vielleicht platzt zwar bei dem einen oder anderen tierischen Landbewohner noch der Knoten und er überrascht die Stadtökologen. Es wäre nicht das erste Mal. Für viele, für die meisten Tierarten aber wird der urbane Filter wohl für immer ein undurchdringliches Hindernis bleiben. Sie müssen dort geschützt werden, wo sie leben.

Niemand verlangt, Bettwanzen, Hausmoskitos und Kleidermotten zu lieben, nur weil sie Teil dieser Stadtnatur sind. Es ist legitim, um die eigenen Häuser und Wohnungen zu kämpfen – mit angemessenen Mitteln, versteht sich, zu gewinnen ist dieser Krieg ohnehin nicht. Doch außerhalb der Häuser ist etwas Neues, überaus Erstaunliches entstanden, ein erfreulicher Lichtblick in einer alles in allem deprimierenden Entwicklung der Biosphäre. Nichts, was wir für die Erhaltung und Förderung dieser Stadtnatur tun müssen, ist gegen unsere Interessen, im Gegenteil. Es käme uns selbst zugute, würde helfen, die Lebensqualität der Städte zu bewahren und sie noch zu steigern. Das sollte uns jede Anstrengung wert sein. Es ist die Umwelt, in der ein Großteil der zukünftigen Generationen aufwachsen und lernen wird, was Natur bedeutet.

In diesem Sinne erscheint mir das erwachende und wachsende Interesse und Engagement der Stadtbewohner ein ermutigendes Zeichen zu sein. Es gilt, die Menschen zu informieren, sie teilhaben zu lassen und ihre Initiativen zu fördern und in eine Richtung zu lenken, die für alle, für Natur und Mensch, den größten Nutzen bringt. Vielleicht kann dieses Buch etwas dazu beitragen.

Anmerkungen

Einleitung – Drei Städte in drei Kontinenten

1 INEICHEN 1997
2 LOW 2003
3 LOW 2003, S. 108
4 WELT ONLINE 28.6.2011
5 dpa 5.6.2012
6 LOW 2003
7 COTA 2011
8 COTA 2011
9 COTA 2011, S. 21
10 UNITED NATIONS 2011
11 ROBINSON 1996, S. 5
12 Hamburg hat mit 160 Brutvogelarten auf 747 km2 sogar noch ein wenig mehr zu bieten. OTTO & WITT 2002
13 SUKOPP 1998
14 BREUSTE, FELDMANN & UHLMANN 1998
15 dpa/B.Z. 24.05.2011
16 KINZELBACH 2002
17 *Der Tagesspiegel* 27.05.2011
18 *Berliner Morgenpost* 10.10.2011
19 *Berliner Zeitung* 09.12.2011
20 ABBO 2001
21 REICHHOLF 2007, S. 170
22 RIECHELMANN 2004, S. 108
23 AVERY u.a. 2008
24 HOHLER 1982
25 Gibt es doch. In einem Waldgebiet im Südosten der Stadt wurde im Jahr 2000 das erste Seeadlerpaar beim erfolgreichen Brutgeschäft beobachtet.
26 DAVIS 1999, zum aktuellen Stand s. GEHRT u.a. 2010
27 *Der Tagesspiegel* 28.06.2012
28 FOCUS Online 18.01.2007, 08.01.2012

1. Die Entstehung der Stadtnatur

1 von FRISCH 1994
2 Zitate aus *Hamburger Abendblatt 214* vom 15.09.1965

3 Zitiert nach INEICHEN 1997, S. 57

4 MEBS & SCHMIDT 2006

5 RIECHELMANN 2004

6 Statistisches Landesamt Berlin 2012

7 INEICHEN 1997, S. 62

8 von FRISCH 1994

9 THORNTON 1996

10 Propyläen Technikgeschichte 2000, 5 Bde., Sonderausgabe, Propyläen, Berlin

11 KLAUSNITZER 1993

12 Rolf Schneider in *Der Tagesspiegel* 07.04.2017

13 BLECH 2000, S. 12

14 THE HUMAN MICROBIOME PROJECT CONSORTIUM 2012a, b, *Der Tagesspiegel* 24.06.2012

2. Untermieter

Vögel – Die Nidikolen

1 SENGUPTA 1981

2 CLARK 1991

3 CLARK 1991

4 ZIMMER 2001

5 CLARK & MASON 1985, 1988, CLARK 1991

6 Wie Haussperlinge wurden auch Stare durch den Menschen in große Teile der Welt verbreitet, KEGEL 1999 bzw. 2013

7 In den Nestern fanden sich allerdings auch 57 Pflanzenarten, deren Häufigkeit ziemlich genau ihrer Verfügbarkeit draußen im Freiland entsprach.

8 Es sind verschiedene deutsche Schreibweisen in Gebrauch: Neem-, Niem- oder Nim-Baum.

9 POLO u.a. 2010

10 DUFFY 1991

11 FEARE 1976

12 zitiert nach DUFFY 1991. In: LOYE & ZUK 1991, S. 24

13 BROWN & BROWN 1987

14 BROWN 1986

15 Zecken sind eine auf Blutmahlzeiten spezialisierte Gruppe der Milben. Sie sind in der Regel wesentlich größer als ihre hier als Vogelmilben bezeichneten Verwandten, die man kaum mit bloßem Auge erkennen kann.

16 BROWN & BROWN 1986

17 LOYE & CARROLL 1991

18 PEUS 1953, S. 18

19 CHAPMAN & GEORGE 1991

20   CHAPMAN & GEORGE 1991

21   BROWN & BROWN 1986

22   zitiert nach DUFFY 1991, S. 242

23   PHILIPS & DINDAL 1977

24   CHMIELEWSKI 1970, zitiert nach PHILIPS & DINDAL 1977

25   BURTT, CHOW & BABBIT 1991

26   PEUS 1953, S. 38

27   KAESTNER 1973

28   HICKS 1959, 1962, 1971, zitiert nach PHILIPS & DINDAL 1977

Ameisen – Die Myrmekophilen

1   SCHONROGGE & THOMAS 2001

2   HÖLLDOBLER & WILSON 1990

3   KUTTER 1969

4   HÖLLDOBLER & WILSON 1990

5   HÖLLDOBLER 1967, 1970

6   KUTTER 1969

7   HÖLLDOBLER & WILSON 1990, S. 573

8   C. W. RETTENMEYER 1962, zitiert nach HÖLLDOBLER & WILSON 1990, S. 486

9   T. C. SCHNEIRLA 1956: The army ants, zitiert nach HÖLLDOBLER & WILSON 1990, S. 575

Säugetiere

1   NIETHAMMER 1988, KRAPP 1988. In: Grzimeks Enzyklopädie Säugetiere. Band III

2   VATER 1986

3   BAUMANN 1972, S. 14/15

4   BAUMANN 1972, S. 47

5   BAUMANN 1972, S. 48

6   BAUMANN 1972, S. 35/36

7   PHILIPS & DINDAL 1977

8   zitiert nach DAVIS 1999, S. 293

9   zitiert nach DAVIS 1999, S. 294

3. *Homo sapiens* und seine Gefolgschaft – Die Anthropozönose

1   ZIMMER 2001

2   BLECH 2000

3   KITTLER u.a. 2003

4   LEVINSON & LEVINSON 1985

5   zitiert nach LEVINSON & LEVINSON 2003, S. 8

6   WINSTON 1996

7   LEVINSON & LEVINSON 2003

8   LEVINSON & LEVINSON 2003, S. 8

9   LEVINSON & LEVINSON 2003

10 zitiert nach KLAUSNITZER 2005, S. 167

11 zitiert nach KLAUSNITZER 2005, S. 167

12 vergl. CROSBY 1986

13 DIAMOND 1998, S. 257

14 DAVIS 1999, S. 246/47

15 Dazu kam die ökologische Umgestaltung der Kolonien durch die mitgebrachten
    Tiere und Pflanzen, ein Prozess, den ich in meinem Buch Die Ameise als Tramp.
    Von biologischen Invasionen (KEGEL 1999 bzw. 2013) beschrieben habe. Vergl.
    auch CROSBY 1986

16 FAULDE 2002

17 Wissenschaftler haben in mehreren Tierarten, die auf den Märkten in Südchina
    verkauft werden, Antikörper gegen diese Viren gefunden. Hauptverdächtiger ist
    die Zibetkatze.

18 Der Spiegel 19/5.5.03

19 MITTERMEIER u.a. 2003

4. Die Häuser

Schwarze Schafe

1   Gemeint sind damit in erster Linie die Tiere der Stockwerke und Wohnungen.
    Keller und Dachböden sind aufgrund der speziellen Feuchtigkeits- und
    Temperaturbedingungen Sonderfälle.

2   Es gibt noch andere schwarze Schafe. In den Tropen Südamerikas lebt eine
    Gruppe von Raubwanzen, die als Überträger der Chagas-Krankheit gefürchtet
    wird.

3   WINSTON 1997

4   WEIDNER 1952, S. 107

5   VATER 1986, S. 633

6   VATER 1986, S. 629

7   WINSTON 1997

8   KEIDING 1999

9   WINSTON 1997, S. 11

10 WINSTON 1997

11 VARGO u.a. 2011

12 DIE ZEIT 15.04.2010

13 Süddeutsche Zeitung 26.02.2007

14 ZEIT ONLINE 20.11.2011

15 *ZEIT ONLINE* 24.11.2010

16 *Frankfurter Allgemeine Zeitung* 7.12.2006

17 Joint Statement on Bed Bug Control in the United States from the U.S. Centers for Disease Control and Prevention (CDC) and the U.S. Environmental Protection Agency (EPA)

18 *DIE ZEIT* 15.04.2010

19 BAI u.a. 2011

20 SIVA-JOTHY 2006

Floh & Co.

1 MCCOURT 1996, S. 7/8

2 MCCOURT 1996, S. 73

3 KLAUSNITZER 1993

4 DICKSON u.a. 2003

5 ROBINSON 1996

6 VATER & VATER 1984

7 BLECH 2000

8 Quelle: http://www.flohzirkus.de

9 Gemeint ist *Nosopsyllus fasciatus*. Der eigentliche Pestfloh, *Xenopsylla cheopis*, ist eine Art der Tropen und Subtropen, die sich aus klimatischen Gründen bei uns nicht dauerhaft halten kann.

10 VATER & VATER 1985

11 PEUS 1953

12 KLAUSNITZER 1993

13 VATER & VATER 1984

14 ROBINSON 1996

15 MÜLLER 1986

16 MÜLLER & KUTSCHMANN 1985

17 VATER & VATER 1984

18 Frankfurter Rundschau 18.6.2003, S. WB 3

19 MCCOURT 1996

20 BLECH 2000, S. 69

21 PEUS 1953

22 BLECH 2000

23 PEUS 1953, S. 17

24 HUANG u.a. 2012

25 *Der praktische Schädlingsbekämpfer* 54(6), 2002

26 BAUER-DUBAU & HACKEL 2004

27 VATER & VATER 1984

28 WINSTON 1997

29 »The Itch to Hitch«. In: *New York Post* 27.6.2003

30 *Der praktische Schädlingsbekämpfer* 52(9), 2000, S. 19 und 52(12), 2000, S. 28/29

31 WEIDNER 1952

32 KLAUSNITZER 1993

33 *SPIEGEL ONLINE* 11.7.2003

34 WEIDNER 1952

35 PESCHKE 1998, S. 10

36 WEIDNER 1952, S. 119

37 KLAUSNITZER 1993, S. 55

38 WEIDNER 1952, S. 142

39 WEIDNER 1952, S. 114

40 WEIDNER 1952, S. 123

41 WEIDNER 1952, S. 124

42 Zum Problem der Verschleppung von Pflanzen- und Tierarten verweise ich auf mein Buch »*Die Ameise als Tramp. Von Biologischen Invasionen.*« KEGEL 1999

43 PESCHKE 1998

44 KLAUSNITZER 1993. Andere Autoren nennen Afrika oder Ostasien als ihre Heimat.

45 HÄUSLER 1998

46 WEIDNER 1952, S. 135

47 KRALL 1981

48 KRALL 1981, S. 31

49 Das ist die aktuelle Zahl. Früher war man von weit höheren Beständen ausgegangen. Krall selbst spricht von 150.000 bis 200.000 Stadttauben.

50 KRALL 1981, S. 40

51 Nur sieben von siebzig Arten wurden in mehr als fünf Nestern gefunden.

Von Milben und Menschen – Ökosystem Bett

1 LUDWIG 1904, S. 1/2

2 alle Zitate aus LUDWIG 1904

3 alle Zitate aus LUDWIG 1904

4 WOOLEY 1988

5 LOVIK u.a. 1998

6 WOOLEY 1988

7 RACK 1981

8 RACK 1984

9 RACK 1984

10 alle Zitate aus RACK 1981

11 Zitate aus KEIL 1983, S. 346, Fachausdrücke wurden durch die deutschen Begriffe ersetzt.

12 LØVIK, GAARDNER & MEHL 1998

13 KEIL 1983

14 KEIL 1983

15 VOIGT 1999

16 VATER 1986

17 Es gibt auch Wissenschaftler, die die Bedeutung der Pilze für die Milben in Frage stellen.

18 VOIGT 1999

19 KEIL 1983

20 HEINRICH, HÖLSCHER & WJST 1998

21 ROBINSON 1996

22 KEIL 1983

23 LØVIK, GAARDNER & MEHL 1998

24 HEINRICH, HÖLSCHER & WJST 1998

25 PEAT u.a. 1996

26 LØVIK, GAARDNER & MEHL 1998

27 ROBINSON 1996, S. 166

Fliegen und Netze

1 zitiert nach WYDER 2003

2 zit. nach WYDER 2003, S. 171/172

3 ROBINSON 1996

4 BERENBAUM 2000, S. 41

5 Es gibt allerdings wesentlich schnellere Fliegen. Bremsen erreichen 24 kmh bei einer Reichweite von 100 Kilometern. Einige Schwebfliegen sollen im Zickzackflug sogar doppelt so schnell sein. (BERENBAUM 1997, EIDMANN & KÜHLHORN 1970

6 *Spiegel Online* 12.11.2003

7 *DIE ZEIT* 45/30.10.2003, S. 29

8 zitiert nach WYDER 2003, S. 227

9 KÜHL 1950, S. 68

10 BUSS 1977

11 MÜNZEL 1981

12 GROSSE & TRÄGER 1968

13 POSPISCHIL 1996

14 ANONYMA, *Eine Frau in Berlin.* Frankfurt a. M. 2003, S. 206, 207, 273

15 BERENBAUM 1997, S. 165

16 ROBINSON 1996, S. 290

17 BUSS 1977

18 WEBER 1980

19 ROBINSON 1997

20 BUSS 1977

21 ROBINSON 1996

22 KLAUSNITZER 1993

23 KÜHLHORN 1981

24 VATER 1986

25 INEICHEN 1997

26 FAULDE u.a. 2001

27 VATER 1986

28 ROBINSON 1996

29 MCNEILL 2003, S. 70

30 ROBINSON 1996

31 ROBINSON 1996, S. 306

32 KLAUSNITZER 1993

33 HOFFMANN & WIPKING 1992

34 MAYER 1962

35 SALZ 1992 in HOFFMANN & WIPKING 1992, KRZYZANOWSKA u.a. 1981,
    PLATEN & von BROEN 2005

36 ROBINSON 1996

37 UHLENHAUT 2001

38 UHLENHAUT 2001, S. 41

39 HEUTS u.a. 2001

40 HEUTS u.a. 2001

5. Über Himmelssichtfaktoren und Versiegelung

Das urbane Klima

1   Lucius Annaeus Seneca, 4 v. Chr. – 65 n. Chr., zitiert nach LANDSBERG
    1981, S. 3

2   MCNEILL 2003, S. 71

3   SCHNEIDER u.a. 2003, SPIEGEL ONLINE 15.12.2003

4   ROSENFELDT u.a. 2003, HOOSHIALSADAT u.a. 2003

5   DICKINSON 2003

6   SPIRN 1984

7   LANDSBERG 1981

8   KUTTLER 1993 in SUKOPP & WITTIG 1993

9   LANDSBERG 1981

10 KUTTLER 1993

11 zitiert nach MCNEILL 2003, S. 72

12 Luke Howard über den 16. Januar 1826, zitiert nach LANDSBERG 1981, S. 5

13 OKE 1982

14 GILBERT 1994

15 CHOW & ROTH 2003

16 KUTTLER 1993 in SUKOPP & WITTIG 1993

17 OKE 1982

18 GREGG u.a. 2003

19 ROSENFELD u.a. 2003

20 LANDSBERG 1981

21 nach LANDSBERG 1981, KUTTLER 1993, GILBERT 1994

22 ENDLICHER & LANFER 2004

23 LANDSBERG 1981, KUTTLER 1993, GILBERT 1994

24 LANDSBERG 1981

25 Die Vegetationsperiode ist nach GILBERT 1994 der Zeitraum des Jahres, in dem die Temperatur nicht unter 5,6 Grad Celsius sinkt.

26 Ein aufmerksamer Leser meines Buches »Die Ameise als Tramp« schickte mir ein Foto eines Feigenbaumes, der in Kreuzberg offenbar an einem thermisch besonders begünstigten Standort wächst.

27 GILBERT 1994

Sand und Schutt

1 GILBERT 1994

2 Barnim-, Teltow- und Nauener Platte.

3 Die Darstellung folgt SUKOPP 1990.

4 aus SANDERSON 2009

5 Genau genommen betrifft die Urkunde nicht Berlin, sondern Cölln. Beide waren ehemaligen Kaufmannssiedlungen, die später zu Berlin verschmolzen.

6 SPIRN 1984

7 BLUME 1993 bzw. BLUME u.a. 2010

8 BLUME 1993 bzw. BLUME u.a. 2010

9 BLUME 1993 bzw. BLUME u.a. 2010

10 SUKOPP 1990

11 zitiert nach KLAUSNITZER 1993

12 GILBERT 1994

13 HASSEMER 1995, S. 23

Unternehmen Forsythienblüte – Mosaike und Gradienten

1 FRANKEN 1955

2 Siehe *Nature* 466: 685–687, 2010. Ein deutsches Projekt, an dem sich jeder beteiligen kann, ist zum Beispiel naturgucker.de, mit bereits etwa 4.000 registrierten Nutzern.

3 LANDSBERG 1981

4 KOWARIK & BÖCKER 1984

5 LANFER 2003, ENDLICHER & LANFER 2003

6 Zusammenstellung in KLAUSNITZER 1993

7 VAN DER GOOT 1978 zitiert nach KLAUSNITZER 1993, BANKOWSKA 1981

8 BANKOWSKA 1981, S. 67

9 RÖDER 1990

10 KLAUSNITZER 1993

11 RÖDER 1990

12 Gemeine Rasenameise, *Tetramorium caespitum*, Asiatische Nadelameise, *Pachycondyla chinensis*. PECAREVIC u.a. 2010

6. Grüne Lungen – Die urbane Vegetation

1 SUKOPP 1990, S. 260

2 SUKOPP 1990

3 REICHHOLF 2007

4 WERNER & ZAHNER 2009

5 WERNER & ZAHNER 2009

6 KEGEL 1999 bzw. 2013, KOWARIK 1995, 2010

7 VON DER LIPPE & KOWARIK 2007, 2008

8 KEGEL 1999 bzw. 2013

9 WERNER & ZAHNER 2009

10 PYSEK 1998

11 PYSEK 1998, PRASSE u.a. 2001, WERNER & ZAHNER 2009, GREGOR u.a. 2011

12 TAIT u.a. 2005

13 Gemeint sind der Grunewald und Teile des Spandauer Forstes.

14 PRASSE u.a. 2001

15 REICHHOLF 2007, S. 185

16 KOWARIK 2010

17 KOWARIK 2010

18 SUKOPP 1990

19 SUKOPP 1990

20 SCHEPKER 1998 in KOWARIK 2010

21 REICHHOLF 2007, S. 193

22 GREGOR u.a. 2012

23 KENNEDY & SOUTHWOOD 1984

24 TALLAMY 2004, TALLAMY u.a. 2010

25 TALLAMY u.a. 2010, S. 2285

26 KENNEDY & SOUTHWOOD 1984

27 »To Feed the Birds, First Feed the Bugs«, von Anne Raver in *New York Times* vom 6.3.2008

28 PARKER u.a. 2006

7. Sänger, Piepmätze und Luftratten – Die Vögel

1 BEZZEL 1993
2 MÄCK & JÜRGENS 1999, BEZZEL 1993
3 MÄCK & JÜRGENS 1999
4 ABBO 2001, OTTO & WITT 2002
5 EGUCHI & TAKEISHI 1997
6 LUNIAK 1996, LUNIAK u.a. 1997
7 ANTONOV & ATANASOVA 2002
8 Diese Episode erzählt Cord Riechelmann in seinem 2004 erschienenen Buch »Wilde Tiere in der Stadt«.
9 RIECHELMANN 2004
10 OTTO & WITT 2002, S. 14
11 FULLER et. al. 2009
12 Die Erfassung war natürlich mit einer gewissen statistischen Ungenauigkeit behaftet. Mit 95%iger Wahrscheinlichkeit liegt der wahre Wert zwischen 404.565 und 942.573 Vögeln.
13 KELCEY & RHEINWALD 2005, OTTO & WITT 2002, FULLER U.A. 2009
14 OTTO & WITT 2002
15 OTTO & WITT 2002. S. 128
16 In Hamburg weisen solche landwirtschaftlichen Flächen die höchsten Artenzahlen des ganzen Stadtgebiets auf. S. den Beitrag von Ronald Mulzow in KELCEY & RHEINWALD 2005
17 OTTO & WITT 2002, S. 256
18 Zitate aus KELCEY & RHEINWALD 2005, S. 417
19 WITT in KELCEY & RHEINWALD 2005, S. 37
20 s. verschiedene Beiträge in KELCEY & RHEINWALD 2005
21 *Der Tagesspiegel* vom 27.10.2012, S. 215
22 KARK u.a. 2007, HADIDIAN u.a. 1997
23 CLERGEAU u.a. 2006
24 KALE u.a. 2012
25 van HEEZIG u.a. 2008
26 KEGEL 1999 bzw. 2013
27 MCKINNEY 2006, CHASE & WALSH 2006, CLERGEAU u.a. 2006
28 KELCEY & RHEINWALD 2005
29 REICHHOLF 2007
30 RIECHELMANN 2004, S. 52
31 REICHHOLF 2007
32 s. die entsprechenden Beiträge in KELCEY & RHEINWALD 2005
33 REICHHOLF 2007, S. 219
34 FULLER u.a. 2009

35 FULLER u.a. 2009

36 DE LAET & SUMMERS-SMITH 2007

37 DE LAET & SUMMERS-SMITH 2007

38 s. den Beitrag von Ronald Mulzow in KELCEY & RHEINWALD 2005

39 *The Independent* 19.8.2010

40 SCHWARZ & FLADE 2000

41 CHAMBERLAIN u.a. 2009

8. Kommen und Gehen

Inseln im Häusermeer

1 ABS & BERGEN 1999

2 MARZLUFF 2005

3 WERNER & ZAHNER 2009

4 HUSTÉ & BOULINIER 2007

5 FERNÁNDEZ-JURICIC & JOKIMÄKI 2001

Historische Stadtfauna

1 zitiert nach CORBIN 1988, S. 42

2 ALBARELLA & THOMAS 2002, S. 23, 26, 27

3 MORENO-GARCIA & PIMENTA 2010

4 Adlerfedern wurden auch für die Produktion von Pfeilen verwendet.

5 GROOT, ERVYNCK & PIGIERE 2010

6 England: ALBARELLA & THOMAS 2002, Polen: MAKOWIECKI &
GOTFREDSEN 2002, Brüssel: THYS & VAN NEER 2010, Deutschland:
PIEPER & REICHSTEIN 1995

7 SCHUBERT 2002, S. 118

8 S. 140

9 S. 95

10 S. 97

11 S. 98, 105. Daher kommt das Wort »trippeln«. Später wurden die Trippen durch
sogenannte »Patten« aus Metall ersetzt.

12 S. 98, 105, 106

13 S. 101, 99

14 S. 98, 99, 105

15 SUKOPP 1990

16 Zitiert nach CORBIN 1988, S. 158

17 INEICHEN 1997

18 Es ist nicht klar, ob wirklich ein Verdrängungsprozess stattgefunden hat. Beide
Rattenarten können koexistieren, wobei Hausratten eher die trockenen Dach-
stühle und Wanderratten die Keller bewohnten. Für den Rückgang der

Hausratten könnten andere Gründe ausschlaggebend gewesen sein. S. KLAUS-
NITZER 1993

19 Zitate aus SCHUBERT 2002, S. 116, 117

20 INEICHEN 1997

21 CLARK 2007, S. 21

22 Zitiert nach SCHUBERT 2002, S. 324

23 S. 117

24 Es sind zahlreiche andere Schreibweisen seines Namens in Gebrauch, vor allem
    Conrad Gesner. INEICHEN 1997

25 Die Darstellung des mittelalterlichen Zürichs folgt INEICHEN 1997 und
    INEICHEN u.a. 2012.

26 MAYER-TASCH in SARKOWICZ 1998

27 zitiert nach INEICHEN u.a. 2012, S. 12

28 INEICHEN 1997, S. 111

29 S. 149

30 S. 151

31 S. 147

32 S. 150

33 CORBIN 1988, S. 154. Da aufgrund neuer Hygienerichtlinien der EU in den
    letzten Jahren viele der traditionellen, Muladares genannten Schindanger in
    Spanien geschlossen wurden, ist dort ein starker Rückgang der Geier zu
    beklagen.

34 CORBIN 1988, S. 83, 84

35 CORBIN 1988, S. 38, 41

36 INEICHEN 1997

37 CORBIN 1988, S. 42, Corbin zitiert hier einen Text aus dem Jahr 1797.

38 Eine ähnliche Szenerie schildert Stefan Ineichen, allerdings aus Zürich.

39 Gessner-Zitat aus INEICHEN 1997

40 SERJEANTSON 2009

41 GLUTZ & BAUER 1985ff

42 KEGEL 1999 bzw. 2013

43 MCSHANE & TARR 2010

44 S. 39

45 S. 51

46 KLAUSNITZER 1993

47 zitiert nach INEICHEN 1997, S. 63, 64

48 Zürich: INEICHEN 1997, S. 76, 77, Linz: MAYER 1995, S. 401, Hamburg:
    SCHMIDT 2001

49 INEICHEN 1997, S. 91

50 MAYER 1995, S. 406. European Bird Census Council, EBCC

51 SERJEANTSON 2009, SUKOPP 1990

52 KLAUSNITZER 1993

53 SERJEANTSON 2009

54 INEICHEN 1997, S. 176

55 INEICHEN 1997, S. 209

56 Zitiert nach SCHMIDT 2001

57 MCSHANE & TARR 2010, S. 42, 55, 56

58 INEICHEN 1997, S. 201, 203

59 In SARKOVICZ 1998, S. 152

60 zitiert aus Sandra Danicke, »Zukunft in Öl«, *DIE ZEIT*, 25.10.2012

61 »Zille lässt grüßen. Blüte, Niedergang und Wiederauferstehung des Berliner Hinterhofs« in *Mietermagazin 9/2012*

62 In Berlin sind dreißig Dörfer der Umgebung aufgegangen. Einige Dorfkerne sind noch heute im Stadtbild zu erkennen, andere sind völlig verstädtert.

63 REICHHOLF 2007

64 LUNIAK 2004, BEZZEL 1993, SCHMIDT 2001)

65 HELLERER zitiert nach REICHHOLF 2007, S. 102/103, s. auch LUNIAK 2004

66 GRACZIK 1982, nach EVANS u.a. 2009

67 EVANS u.a. 2009

68 Tatsächlich zeigten einige wenige Stadttiere größere Ähnlichkeit zu Amseln anderer Städte. Es gab also in geringem Maße Austausch zwischen den Städten, der Anteil dieser Vögel kann aber nicht sehr groß gewesen sein.

69 LANDMANN 1996, S. 7, 41, REICHHOLF 2007, SCHWARZ & FLADE 2000

Krieg

1 Anonyma 2003: Eine Frau in Berlin. Frankfurt, S. 13

2 DÄHN & GRUBE 1953: Die Zerstörung Hamburgs im Zweiten Weltkrieg. In: Hamburg und seine Bauten. 1929/53. Hoffmann & Campe

3 zitiert nach LARGE 2002, S. 302

4 LARGE 2002, S. 338

5 zitiert nach LARGE 2002, S. 349

6 LARGE 2002, S. 348

7 ANONYMA, *Eine Frau in Berlin*. Frankfurt a. M. 2003, S. 206, 207, 273

8 KREMER, SIMPSON & GIRARDCLOS 2012: Giant Lake Geneva tsunami in AD 563. *Nature Geoscience*, doi: 10.1038/ngeo1618

9 WÜST 1986 zitiert nach REICHHOLF 2007

10 RIECHELMANN 2004

11 Gemeint ist der Park am Gleisdreieck, der 2013 noch um den Westpark erweitert wird. Weiter südlich liegt an derselben Bahntrasse der schon länger geöffnete Natur-Park Südgelände, in dem viele seltene Pflanzen- und Tierarten leben. Er ist seit 1999 als Landschafts- und Naturschutzgebiet ausgewiesen.

12 SUKOPP 1990

13 LARGE 2002, S. 338

14 INEICHEN 1997, S. 143

15 Nach Angaben der Senatsverwaltung für Stadtentwicklung und Umwelt

16 SUKOPP 1990

17 Zitiert nach LARGE 2002, S. 349

18 PFEIFFER 1957, S. 301. Die kursive Hervorhebung stammt von Pfeifer selbst.

19 SHAH 1997

20 Die Darstellung folgt KOWARIK & SÄUMEL 2007 und KOWARIK 2010

21 Eine mitunter jahrhundertelange Zeitverzögerung, ein time-lag, zwischen Einfuhr und Ausbreitung ist typisch für neophytische Pflanzen. KEGEL 1999 bzw. 2013, KOWARIK 2010

22 KOWARIK 2010, S. 159

23 KOWARIK 2010

24 zit. nach MABEY 2010, S. 209

25 KOWARIK & VON DER LIPPE 2011

26 PUNZ u.a. 2004

9. Das süße Stadtleben

Raubtiere

1 Aus GLOOR u.a. 2006, S. 138

2 STERBA 2012

3 REICHHOLF 2007

4 LUNIAK 2004

5 REICHHOLF 2007, S. 179

6 SOULSBURY u.a. 2010

7 In den Großbritannien wurden Stadtfüchse bis in die 1980er-Jahre bejagt, auch um Fuchsfelle zu erbeuten. Seit Einstellung der Jagd beauftragen Bürger bis heute private Firmen, um Füchse zu töten. SOULSBURY u.a. 2010

8 Die Zahlen enthalten auch Fallwild. Quelle: Deutscher Jagdschutzverband, Handbuch 2012

9 GLOOR u.a. 2006

10 HARRIS & BAKER 2001

11 Der Marderhund, der zoologisch ebenfalls zu den Echten Hunden gerechnet wird, ist ein Neozoon, der aus Osteuropa zuwandert und ursprünglich nicht in Europa heimisch ist.

12 GLOOR u.a. 2006, S. 177. Alle Informationen über die Schweizer und Zürcher Füchse sind, falls nicht anders angegeben, diesem sehr empfehlenswerten und reich illustrierten Buch entnommen.

13 GLOOR u.a. 2006

14 GLOOR u.a. 2006

15 HARRIS & BAKER 2001

16 SOULSBURY u.a. 2010

17 SOULSBURY u.a. 2010, BÖRNER u.a.

18 HARRIS 1986 zitiert nach GLOOR u.a. 2006

19 BÖRNER u.a., GLOOR u.a. 2006

20 GLOOR u.a. 2006

21 WANDELER u.a. 2003, GLOOR u.a. 2006

22 GLOOR u.a. 2006, S. 117

23 DINGEMANSE u.a. 2003, DINGEMANSE u.a. 2012, NIKOLAUS u.a. 2012, BOKONY u.a. 2012

24 GLOOR u.a. 2006, SOULSBURY u.a. 2010

25 GLOOR u.a. 2006, S. 57

26 *New York Times* vom 28.7.1981: »Foxes tracked through the night reveal a surprising group life« von Lois Wingerson

27 MACDONALD 1979, »Helpers in fox society«

28 SOULSBURY u.a. 2010

29 SOULSBURY u.a. 2010

30 Jean Rolin: *Einen toten Hund ihm nach.* Berlin Verlag, Berlin, 2012, S. 20

31 GLOOR u.a. 2006

32 BAKER u.a. 2010, BECKERMAN u.a. 2007

33 BECK 2002

34 BAKER u.a. 2010

35 Die Geschichte von Julia Romanova und das Zitat stammen aus »Moscow's stray dogs« von Susanne Sternthal, *Financial Times* 16.1.2010

36 ROLIN 2012, S. 19

37 BECK 2002

38 Alle Angaben zu Hunde- und Katzendichten stammen aus BAKER u.a. 2010, eine Übersichtsdarstellung, die viele Publikationen auswertet.

39 BAKER u.a. 2010

40 BAKER u.a. 2010, S. 168

41 BECKERMAN u.a. 2007

42 BAKER u.a. 2010

43 Wissenschaftler formulieren es eher so: zwischen Vogel- und Katzendichte gibt es keine negative Korrelation.

44 GEHRT u.a. 2010

45 BECKERMAN u.a. 2007

46 BECKERMAN u.a. 2007, S. 320

47 GEHRT & RILEY 2010

48 LEVY 2012

49 Die Darstellung folgt LEVY 2012

50 KAYS u.a. 2010

51 Es handelte sich um mitochondriale DNA.

52 zitiert nach LEVY 2012, S. 297

53 vonHOLDT u.a. 2011

54 GEHRT & RILEY 2010, S. 93, 94

55 GEHRT & RILEY 2010

56 GEHRT & RILEY 2010, S. 79, 80

Das Geschrei der Vögel

1 von FRISCH 1994, S. 44

2 Die Phrenologie war eine Pseudowissenschaft des 19. Jahrhunderts, die einen Zusammenhang zwischen Schädelform und Charakter herzustellen versuchte.

3 SUÁREZ-RODRÍGUEZ u.a. 2013

4 CROCI u.a. 2008

5 BONIER u.a. 2007

6 EVANS u.a. 2010

7 MENKE u.a. 2010

8 Man vergleiche etwa REIF u.a. 2011, MAKLAKOV u.a. 2011 mit EVANS u.a. 2010

9 CROCI u.a. 2008

10 EVANS u.a. 2010

11 MØLLER 2009

12 MENKE u.a. 2010

13 KEGEL 1999 bzw. 2013

14 MENKE u.a. 2010

15 FERNANDEZ-JURICIC 2001, WARREN u.a. 2006

16 HALFWERK u.a. 2011

17 HABIB u.a. 2007

18 FRANCIS u.a. 2012

19 Vogelweibchen stehen auch mit ihren hungrigen Nestlingen in Verbindung. Natürlich ist diese akustische Kommunikation sehr viel unauffälliger und wird über dem Wohlklang des weit tragenden Gesangs der Männchen oft vergessen. Weil sie so leise ist, kann sie durch Lärm extrem behindert werden. Siehe WARREN u.a. 2006

20 SLABBEKOORN u.a. 2007, SLABBEKOORN & RIPMEESTER 2008, WARREN u.a. 2006

21 BRUMM 2004

22 GRIMM 2004, S. 439

23 SAMARRA u.a. 2009

24 FULLER u.a. 2007

25 FULLER u.a. 2007, S. 370

26 HU & CARDOSO 2009, FRANCIS u.a. 2011

27 SLABBEKOORN & PEET 2003

28   SLABBEKOORN & den BOER-VISSER 2006

29   PARRIS u.a. 2009

30   VERZIJDEN u.a. 2010

31   BRUMM 2006, S. 1004

32   Ein Zauberwort, das erstaunliche Veränderungen des Phänotyps ermöglicht, heißt Epigenetik. S. KEGEL 2009

33   SLABBEKOORN & den BOER-VISSER 2006, S. 2330

34   SLABBEKOORN & RIPMEESTER 2008

35   CARDOSO & ATWELL 2011, NEMETH u.a. 2012, NEMETH & BRUMM 2009 u. 2010, ZOLLINGER u.a. 2012, SLABBEKOORN u.a. 2012

36   HALFWERK u.a. 2011

37   HALFWERK u.a. 2011, S. 14552

38   MOCKFORD & MARSHALL 2009

39   LUTHER & BAPTISTA 2010, LUTHER & DERRYBERRY 2012

40   BYRNE & NICHOLS 1999, KOTHERA u.a. 2010, FARAJOLLAHI u.a. 2011

Stress und Angst

1   zitiert nach ABBOTT 2012

2   Von 11 auf 23 pro 100.000 Einwohner. BOYDELL u.a. 2003

3   ABBOTT 2012

4   Gemeint ist der perigenuale Gyrus cinguli, pACC, s. LEDERBOGEN u.a. 2011

5   ABBOTT 2012

6   SLABBEKOORN & RIPMEESTER 2008, S 77

7   RIPMEESTER u.a. 2010

8   gemeint sind Glucocorticoid-Steroide

9   s. PARTECKE u.a. 2006a

10   PARTECKE u.a. 2006a, S. 1946

11   PARTECKE u.a. 2006a, 2006b. Interessanterweise scheint ein anderer wesentlicher Unterschied, der Wachstumsbeginn der Keimdrüsen, der bei Stadtamseln einige Wochen früher einsetzt, zumindest bei den Weibchen keiner genetischen Kontrolle zu unterliegen. Wenn die weiblichen Vögel wie geschildert unter gleichen Bedingungen in sogenannten »Common Garden«-Experimenten aufgezogen werden, verschwinden die Unterschiede zwischen Stadt- und Waldvögeln. Bei den Männchen bleiben sie erhalten. S. PARTECKE u.a. 2004

12   ATWELL u.a. 2012

13   FRENCH u.a. 2008

14   Die Geschwindigkeit spricht eigentlich für eine epigenetische Steuerung. Vielleicht hat man als Autor, der sich einmal intensiv mit diesem Thema beschäftigt hat (KEGEL 2009), eine einseitige Wahrnehmung, aber es ist schon verwunderlich, dass das Wort Epigenetik nicht in einer einzigen Arbeit über die

Anpassungen und phänotypischen Veränderungen von Stadttieren erwähnt wird, obwohl diese Mechanismen einer von Umweltsignalen ausgelösten genetischen Steuerung sich als Erklärung für viele der beschriebenen Phänomene geradezu aufdrängen.

15 ROBINSON 1996
16 MØLLER 2010, CARRETE & TELLA 2011
17 NIKOLAUS u.a. 2012
18 DINGEMANSE u.a. 2003, 2012
19 SOL u.a. 2011, ATWELL u.a. 2012, BOKONY u.a. 2012, ECHEVERRIA & VASSALLO 2008, MØLLER 2009
20 ECHEVERRIA & VASSALLO 2008 und darin angegebene Literatur.
21 LIKER & BOKONY 2009
22 NIKOLAUS u.a. 2012
23 NIKOLAUS u.a. 2011

10. Mensch und Stadtnatur

1 *Der Tagesspiegel* 22.12.2012
2 DALLIMER u.a. 2012 und die darin zitierte Literatur.
3 MITCHEL & POPHAM 2008
4 EARP & MANEY 2012
5 DALLIMER u.a. 2012
6 MILLER 2005
7 FULLER u.a. 2007
8 Jugendreport Natur 2003, 2006, 2010
9 MILLER 2005
10 TURNER u.a. 2004, KINZIG u.a. 2005, STROHBACH u.a. 2009, LOSS u.a. 2009, PICKET u.a. 2008
11 SHAW u.a. 2008
12 POLLACK 2009, S. 3
13 POLLACK 2009
14 MÖRBE 1999 s. POLLACK 2009
15 DALLIMER u.a. 2012, FULLER u.a. 2007
16 Siehe WERNER & ZAHNER 2009

Literatur

ABBO, Arbeitsgemeinschaft Berlin-Brandenburgischer Ornithologen, 2001: *Die Vogelwelt von Brandenburg und Berlin.* Natur & Text, Rangsdorf

Abbott, Alison 2012: Urban decay. *Nature 490*, 162–164

Abs, Michael & Bergen, Frank 1999: A Long-Term Survey of the Avifauna in an Urban Park. *Vogelwelt 120 Suppl.*, 101–104

Albarella, Umberto & Thomas, Richard 2002: They dined with crane: bird consumption, wild fowling and status in medieval England. *Acta zoologica cracoviensia 45*, 23–38

Anonyma 2003: *Eine Frau in Berlin.* Eichborn Verlag, Frankfurt a. M.

Antonov, Anton & Atanasova, Dimitrinka 2002: Nest-side selection in the Magpie *Pica pica* in a high density urban population of Sofia (Bulgaria). *Acta Ornithologica 37*, 55–65

Atwell, Jonathan W. u. a. 2012: Boldness behavior and stress physiology in a novel environment suggest rapid correlated evolutionary adaption. *Behav. Ecol. 23*, 960–969

Avery, Michael L.; Tillman, Eric A. & Humphrey, John S. 2008: Effigies for Dispersing Urban Crow Roosts. In: Timm, R. M. & Madon, M. B. (Hrsg.) 2008: Proc. 23rd Vertebr. Pest Conf., 84–87, Davis

Bai, X. u. a. 2011: Transcriptomics of the Bed Bug (*Cimex lectuarius*). PLoS ONE 6(1), e16336

Baker, Philip J.; Soulsbury, Carl D.; Iossa, Graziella & Harris, Stephen 2010: Domestic Cat (Felis catus) and Domestic Dog (*Canis familiaris*). In: Gehrt u. a. 2010, 157–172, Johns Hopkins University Press, Baltimore

Bankowska, Regina 1981: Hover Flies (Diptera, Syrphidae) of Warsaw and Mazovia. *Memorabilia Zoologica 35*, 57–78

Bauer-Dubau, Karolin & Hackel, Karola 2001: Jahresbericht des Fachbereichs Schädlingskunde und Beratung/Pestizideinsatz für das Jahr 2001 – Übersicht der im Jahr 2001 erbrachten Leistungen, Berliner Betrieb für zentrale gesundheitliche Aufgaben (BBGes)

Bauer-Dubau, Karolin & Hackel, Karola 2004: Das Spektrum der Flöhe (Siphonaptera) im Bundesland Berlin während der Jahre 1989–2002 – jahreszeitliche Rhythmik, Befallsursachen und Hinweise zur Prophylaxe. *Mitt. Dtsch. Ges. allg. angew. Ent. 14*, 101–106

Baumann, Eberhard 1972: Untersuchungen über die Dipterenfauna subterraner Gangsysteme und Nester von Wühlmäusen (*Microtus, Chlethrionomys*) der montanen Region im Naturpark Hoher Vogelsberg. Justus Liebig-Universität, Gießen

Beck, Alan M. 2002: *The Ecology of Stray Dogs. A Study of Free-Ranging Urban Animals.* Purdue University Press, West Lafayette

Beckerman, A. P.; Boots, M. & Gaston, K. J. 2007: Urban bird declines and the fear of cats. *Animal Conservation*, 10, 320–325

Berenbaum, May R. 1997: *Blutsauger, Staatsgründer, Seidenfabrikanten. Die zwiespältige Beziehung von Mensch und Insekt*. Spektrum Akademischer Verlag, Heidelberg

Berenbaum, May R. 2000: *Buzzwords. A scientist muses on sex, bugs, and Rock 'n' Roll*. Joseph Henry Press, Washington D.C.

Bezzel, Einhard 1993: *Kompendium der Vögel Mitteleuropas*. Aula, Wiesbaden

Blech, Jörg 2000: *Leben auf dem Menschen. Die Geschichte unserer Besiedler*. rororo science, Reinbek

Blume, H.-P. u. a. 2010: *Lehrbuch der Bodenkunde*. Spektrum Akademischer Verlag, Heidelberg

Bókony, Veronika u. a. 2012: Personality Traits and Behavioral Syndromes in Differently Urbanized Populations of House Sparrows (*Passer domesticus*). *PLoS ONE* 7, e36639

Bonier, Frances; Martin, Paul R. & Wingfield, Jaihn C. 2007: Urban birds have broader environmental tolerance. *Biol. Letters 3*, 670–673

Bonier, Frances 2012: Hormones in the city: Endocrine ecology of urban birds. *Hormones and Behavior 61*, 763–772

Boydell, Jane u. a. 2003: Incidence of schizophrenia in south-east London between 1965 and 1997. *British J. Psychiatry 182*, 45–49

Breuste, Jürgen; Feldmann, Hildegard & Uhlmann, Ogarit (Hrsg.) 1998: *Urban Ecology*. Springer, Berlin

Brown, Charles R. 1986: Cliff Swallows Colonies as Information Centres. *Science 234*, 83–85

Brown, Charles R. & Brown, Mary Bomberger 1986: Ectoparasitism as a cost of coloniality in cliff swallows (*Hirundo pyrrhonota*). *Ecology 67*, 1206–1218

Brown, Charles R. & Brown, Mary Bomberger 1987: Group living in cliff swallows as an advantage in avoiding predators. *Behavioral Ecology and Sociobiology 21*, 97–107

Brumm, Henrik 2004: The impact of environmental noise on song amplitude in a territorial bird. *J. Anim. Ecol. 73*, 434–440

Brumm, Henrik 2006: Animal Communication: City Birds Have Changed Their Tune. *Current Biology 16*, 1003–1004, doi:10.1016/j.cub.2006.10.043

Burtt, Edward H.; Chow, W. & Babbitt, G. A. 1991: Occurrence and demography of mites of tree swallow, house wren, and eastern bluebird nests. In: LOYE & ZUK 1991, 104–122, Oxford University Press, Oxford

Buß, Reinhold 1977: *Die hygienische Bedeutung von Synanthropen Fliegen (Dipt., Muscidae, Calliphoridae) in Freizeit- und Erholungsgebieten*. Diss., Justus-Liebig-Universität Gießen, Gießen

Byrne, Katharine & Nichols, Richard A. 1999: *Culex pipiens* in London Underground tunnels: differentiation between surface and subterranean populations. *Heredity 82*, 7–15

Cardoso, Gonçalo C. & Atwell, Jonathan W. 2011: On the relation between loudness and the increased song frequency of urban birds. *Anim. Behav. 82*, 831–836

Carrete, Martina & Tella, José L. 2011: Inter-Individual Variability in Fear of Humans and Relativ Brain Size of the Species Are Related to Contemporary Urban Invasion in Birds. *PLoS ONE 6*, e18859

Chamberlain, D. E. u. a. 2009: Avian productivity in urban landscapes: a review and metaanalysis. *Ibis 151*, 1–18

Chapman, Brian R. & George, John E. 1991: The effects of ectoparasites on cliff swallow growth and survival. In: LOYE & ZUK 1991, 69–92, Oxford University Press, Oxford

Chase, Jameson F. & Walsh, John J. 2006: Urban effects on native avifauna: a review. *Landscape and Urban Planning 74*, 46–69

Chiari, Claudia u. a. 2010: Urbanization and the more-individuals hypothesis. *J. Anim. Ecol. 79*, 366–371

Chocholouskova, Zdena & Pysek, Petr 2003: Changes in composition and structure of urban flora over 120 years: a case study of the city of Plzen. *Flora 198*, 366–376

Chow, W. T. & Roth, M. 2003: Observation and Analysis of the Urban Heat Island in Singapore. Eos Trans. *AGU* 84(46), Fall Meet. Suppl., Abstract

Clark, Clare 2007: *Der Vermesser*. Wilhelm Heyne Verlag, München

Clark, Larry 1991: The nest protection hypothesis: the adaptive use of plant secondary compounds by European starlings. In: LOYE & ZUK 1991, 205–221, Oxford University Press, Oxford

Clark, Larry & Mason, J. Russel 1988: Effect of biological active plants used as nest material and the derived benefit to starling nestlings. *Oecologia 77*, 174–180

Clergeau, Philippe u. a. 2006: Avifauna homogenisation by urbanisation: Analysis at different European latitudes. *Biological Conservation 127*, 336–344

Corbin, Alain 1988: *Pesthauch und Blütenduft. Eine Geschichte des Geruchs*. Fischer Taschenbuch Verlag, Frankfurt a. M.

Cota, Michael 2011: Mating and Intraspecific Behavior of *Varanus salvator macromaculatus* in an Urban Population. *Biawak 5*, 17–23

Croci, Solene; Butet, Alain & Clergeau, Philippe 2008: Does urbanization filter birds on the basis of their biological traits? *The Condor 110*, 223–240

Crosby, Alfred W. 1986: *Ecological Imperialism. The Biological Expansion of Europe, 900–1900*. Cambridge University Press, Cambridge (Dt.: *Die Früchte des weißen Mannes*. Campus, Frankfurt a. M. 1991)

Dallimer, Martin u. a. 2012: Biodiversity and the Feel-Good Factor: Understanding Associations between Self-Reported Human Well-Being and Species Richness. *BioScience 62*, 47–55

Davis, Mike 1999: *Ökologie der Angst. Los Angeles und das Leben mit der Katastrophe.* Verlag Antje Kunstmann, München

De Laet, J. & Summers-Smith, J. D. 2007: The status of the urban house sparrow Passer domesticus in north-western Europe: a review. *J. Ornithology 148 (Suppl. 2)*, 275–278

Diamond, Jared 1998: *Arm und reich. Die Schicksale menschlicher Gesellschaften.* S. Fischer, Frankfurt a. M.

Dickinson, R. E. 2003: Framework for Inclusion of Urbanized Landscapes in a Climate Model. Eos Trans. *AGU* 84(46), Fall Meet. Suppl., Abstract

Dickson, James H.; Oeggl, Klaus & Handley, Linda L. 2003: Neue Befunde: Die Herkunft von Ötzi. *Spektrum der Wissenschaft 7*, 30–39

Dingemanse, Niels J. u. a. 2003: Natal dispersal and personalities in great tits (*Parus major*). *Proc. R. Soc. Lond. B. 270*, 741–747

Dingemanse, Niels J. u. a. 2012: Variation in personality and behavioural plasticity across four populations of the great tit *Parus major. J. Anim. Ecol. 81*, 116–126

Duffy, David C. 1991: Ants, ticks, and nesting seabirds: dynamic interactions. In: LOYE & ZUK 1991, 242–257, Oxford University Press, Oxford

Earp, Sarah E. & Maney, Donna L. 2012: Birdsong: is it music to their ears? *Frontiers in Evol. Neuroscience 4*. Doi: 10.2289/fnevo.2012.00014

Echeverria, Alejandra Isabel & Vassallo, Aldo Ivan 2008: Novelty Responses in a Bird Assemblage Inhabiting an Urban Area. *Ethology 114*, 616–624

Eguchi, Kazuhiro & Takeishi, Masayoshi 1997: The ecology of the Blackbilled Magpie *Pica pica sericea* in Japan. *Acta Ornithologica 32*, 33–37

Eidmann, Hermann & Kühlhorn, Friedrich 1970: *Lehrbuch der Entomologie.* Paul Parey, Hamburg, Berlin

Endlicher, Wilfried & Lanfer, Norbert 2003: Meso- and microclimatic aspects of Berlin's urban climate. *Die Erde 134*, 277–293

Evans, Karl L. u. a. 2010: What makes an urban bird? *Global Change Biology 17*, 32–44

Evans, Karl L. u. a. 2009a: Effects of urbanisation on disease prevalence and age structure in blackbird *Turdus merula* populations. *Oikos 118*, 774–782

Evans, Karl L. u. a. 2009b: Independent colonization of multiple urban centres by a formerly forest specialist bird species. *Proc. R. Soc. Lond. B 276*, 2403–2410

Farajollahi, Ary u. a. 2011: Bird Biting Mosquitoes and Human Disease: A Review of the Role of *Culex pipiens* Complex Mosquitoes in Epidemiology. *Infect. Genet. Evol. 11*, 1577–1585

Faulde, Michael 2002: Ist die Schädlingsbekämpfung gerüstet? *Der praktische Schädlingsbekämpfer 3*, 12–13

Faulde, Michael; Sobe, Dirck; Burghardt, Harald & Wermter, Robert 2001: Hospital infestation by the cluster fly, Pollenia rudis sensu stricto Fabricius 1794 (Diptera: Calliphoridae), and its possible role in transmission of bacterial pathogens in Germany. *Int. J. Hyg. Environ. Health 203*, 201–204

Feare, C. J. 1976: Desertion and abnormal development in a colony of sooty terns Sterna fuscata infested by virusinfected ticks. *Ibis 118*, 112–115

Ferguson-Lees, James & Christie, David 2001: *Raptors of the World*. Christoph Helm, London

Fernandez-Juricic, Esteban 2001: Avian spatial segregation at edges and interiors of urban parks in Madrid, Spain. *Biodiversity and Conservation 10*, 1303–1316

Francis, Clinton D.; Ortega, Catherine & Cruz, Alexander 2011: Noise Pollution Filters Bird Communities Based on Vocal Frequency: *PLoS ONE 6*, e27052

Francis, Clinton D.; Kleist, Nathan J.; Ortega, Catherine P. & Cruz, Alexander 2012: Noise pollution alters ecological services: enhanced pollination and disrupted seed dispersal. *Proc. R. Soc. B 279*, 2727–2735

Franken, E. 1955: Der Beginn der Forsythienblüte in Hamburg 1955. *Meteorologische Rundschau 8*, 113–114

French, Susannah; Fokidis, H. Bobby & Moore, Michael C. 2008: Variation in stress and innate immunity in the tree lizard (*Urosaurus ornatus*) across an urban-rural gradient. *J. Comp. Physiol. B. 178*, 997–1005

Fuller, Richard A. u. a. 2007a: Psychological benefits of greenspace increase with biodiversity. *Biol. Letters 3*, 390–394

Fuller, Richard A.; Warren, Philip H. & Gaston, Kevin J. 2007b: Daytime noise predicts nocturnal singing in urban robins. *Biol. Letters 3*, 368–370

Fuller, Richard A.; Tratalos, Jamie & Gaston, Kevin J. 2009: How many birds are there in a city of half a million people? *Diversity and Distributions 15*, 328–337

Fumagalli, Vito 1989: *Der lebende Stein. Stadt und Natur im Mittelalter*. Wagenbach, Berlin

Gehrt, Stanley D.; Riley, Seth P. D. & Cypher, Brian L. (Hrsg.) 2010: *Urban Carnivores. Ecology, Conflict, and Conservation*. The Johns Hopkins University Press, Baltimore

Gehrt, Stanley D. & Riley, Seth P. D. 2010: Coyotes (*Canis latrans*). In: Gehrt u. a. 2010, 79–96, Johns Hopkins University Press, Baltimore

Gilbert, Oliver L. 1994: *Städtische Ökosysteme*. Neumann, Radebeul

Gloor, Sandra; Bontadina, Fabio & Hegglin, Daniel 2006: *Stadtfüchse. Ein Wildtier erobert den Siedlungsraum*. Haupt, Bern

Glutz von Blotzheim, Urs N. & Bauer, Kurt M. (Hrsg.) 1985: *Handbuch der Vögel Mitteleuropas*. 17 Bände in 23 Teilen. Aula-Verlag, Wiesbaden 1985ff. (2. Auflage)

Gregg, Jillian W.; Jones, Clive G. & Dawson, Todd E. 2003: Urbanization effects on tree growth in the vicinity of New York City. *Nature 424*, 183–187

Gregor, Thomas u. a. 2012: Drivers of floristic change in large cities – A case study of Frankfurt a. M., Germany. *Landscape and Urban Planning 104*, 230–237

Groot, Maaike; Ervynck, Anton & Pigière, Fabienne 2010: Vagrant vultures: archaeological evidence for the cinereous vulture (*Aegypius monachus*) in the Low Countries. In: Prummel, Zeiler & Brinkhuizen 2008: *Birds in Archaeology*. Proc.

6th Meeting ICAZ Bird Working Group in Groningen, 241–254, Barkhuis, Groningen University Library, Groningen

Große, Wolf-Rüdiger & Träger, Beate 1968: Zur Steuerung der Aktivität synanthroper Dipteren. *Wiss. Z. Karl-Marx-Univ. Leipzig, Math.-Naturwiss. R. 35*, 641–652

Habib, Lucas; Bayne, Erin M. & Boutin, Stan 2007: Chronic industrial noise affects pairing success and age structure of ovenbirds *Seiurus aurocapilla. J. Appl. Ecol. 44*, 176–184

Hadidian, John u. a. 1997: A citywide breeding bird survey for Washington, D.C. *Urban Ecosystems 1*, 87–102

Häusler, Regina 1998: Vogelnistkästen. Ein Entwicklungsherd für Schädlinge? *Der praktische Schädlingsbekämpfer 50*, 13–15

Halfwerk, Wouter u. a. 2011a: Low-frequency songs lose their potency in noisy urban conditions. *PNAS 108*, 14549–14554

Halfwerk, Wouter; Hollemann, Leonard J.M.; Lessels, C.M. & Slabbekoorn, Hans 2011b: Negative impact of traffic noise on avian reproductive success. *J. Appl. Ecol. 48*, 210–219

Harris, Stephen & Baker, Phil 2001: *Urban Foxes*. New Edition. Whittet Books, Hill Farm

Hassemer, Volker 1995: Politikberatung zum Naturschutz in Berlin. In: Kowarik, Ingo u. a.: *Dynamik und Konstanz. Festschrift für Herbert Sukopp*, 21–25. Bundesamt für Naturschutz, Bonn-Bad Godesberg

Heinrich, Joachim; Hölscher, Bernd & Wjst, Matthias 1998: Wohnbedingungen und allergische Sensibilisierung im Kindesalter. *Zentralblatt für Hygiene und Umweltmedizin 201*, 211–228

Heuts, B. A. & Witteveldt, M. u. a. 2001: Longduration whirling of *Pholcus phalangioides* (Araneae, Pholcidae) is specifically elicited by Salticid spiders. *Behavioural Processes 55*, 27–34

Hölldobler, Bert 1967: Zur Physiologie der Gast-Wirt-Beziehungen (Myrmecophilie) bei Ameisen. I.: Das Gastverhältnis der *Atemeles*- und *Lomechusa*-Larven (Col. Staphylinidae) zu *Formica* (Hym. Formicidae). *Z. f. Vergl. Physiologie 56*, 1–21

Hölldobler, Bert 1970: Zur Physiologie der Gast-Wirt-Beziehungen (Myrmecophilie) bei Ameisen. II.: Das Gastverhältnis des imaginalen *Atemeles pubicollis* Bris. (Col. Staphylinidae) zu *Myrmica* und *Formica* (Hym. Formicidae). *Z. f. Vergl. Physiologie 66*, 215–250

Hölldobler, Bert & Wilson, Edward O. 1990: *The Ants*. Springer, Berlin

Hoffmann, Hans-Jürgen & Wipking, Wolfgang (Hrsg.) 1992: Beiträge zur Insekten- und Spinnenfauna der Großstadt Köln. *Decheniana Beihefte 31*, 1–619

Hohler, Franz 1994: *Die Rückeroberung*. Luchterhand, Hamburg

Hooshialsadat, P.; Burian, S. J. & Shepherd, J. M. 2003: Assessing Urbanization Impact on Long-term Rainfall Trends in Houston. Eos Trans. *AGU* [American Geophysical Union] 84 Fall Meeting 2003, Abstract

Hope, Diane u.a. 2003: Socioeconomics drive urban plant diversity. *Proc. Nat. Acad. Science 100* (15), 8788–8792

Hu, Yang & Cardoso, Gonçalo C. 2009: Are bird species that vocalize at higher frequencies preadapted to inhabit noisy urban areas? *Behav. Ecology*, doi: 10.1093/beheco/arp131

Huang, Dying u.a. 2012: Diverse transitional giant fleas from the Mesozoic era of China. *Nature 493*, 201–204

Husté, Aurelie & Boulinier, Thierry 2007: Determinants of local extinction and turnover rates in urban bird communities. *Ecological Applications 17*, 168–180

Ineichen, Stefan 1997: *Die wilden Tiere in der Stadt. Zur Naturgeschichte der Stadt. Die Entwicklung städtischer Lebensräume in Mitteleuropa, verfolgt am Beispiel von Zürich*. Waldgut, Frauenfels

Ineichen, Stefan; Klausnitzer, Bernhard & Ruckstuhl, Max 2012: *Stadtfauna. 600 Tierarten unserer Städte*. Haupt, Bern

Kaestner, Alfred 1973: *Lehrbuch der Speziellen Zoologie*. Gustav Fischer Verlag, Jena

Kale, Manoj u.a. 2012: Impact of Urbanization on Avian Population and its Status in Maharashtra State, India. *Int. J. Appl. Environ. Sciences 7*, 59–76

Kamelger, Kira 2000: *Die ewige Stadt im Sekundentakt – Der Einfluss der Begrünung auf die Gehgeschwindigkeit in Rom*. Universität Wien

Kark, Salit u.a. 2007: Living in the city: can anyone become an urban exploiter? *J. Biogeogr. 34*, 638–651

Kays, Roland; Curtis, Abigail & Kirchman, Jeremy J. 2010: Rapid adaptive evolution of northeastern coyotes via hybridization with wolves. *Biol. Letters 6*, 89–93

Kegel, Bernhard 1999 bzw. 2013: *Die Ameise als Tramp. Von biologischen Invasionen*. Ammann, Zürich bzw. DuMont Taschenbuchverlag, Köln

Kegel, Bernhard 2009: *Epigenetik. Wie Erfahrungen vererbt werden*. DuMont Buchverlag, Köln

Keiding, J. 1999: Review of the global status and recent development of insecticide resistance in field populations of the housefly, Musca domestica (Diptera: Muscidae). *Bull. Ent. Research 89 Suppl. 1*, CABI Publishing

Keil, Hildegard 1981: Ökofaunistische Untersuchungen der Hausstaubmilben in Hamburg. *Entomol. Mitt. zool. Mus. Hamburg 7*, 343–381

Kelcey, John G. & Rheinwald, Goetz 2005: *Birds in European Cities*. Ginster Verlag, St. Katharinen

Kennedy, C.E.J. & Southwood, T.R.E. 1984: The number of species of insects associated with british trees: a reanalysis. *Journal of Animal Ecology 53*, 455–478

Kinzelbach, Ragnar 2002: Einführung in die Ornithologie. Vorlesungsskript, Universität Rostock, Fachbereich Biowissenschaften

Kinzig, Ann P. u.a. 2005: The Effects of Human Socioeconomic Status and Cultural Characteristics on Urban Patterns of Biodiversity. *Ecology and Society 10*: 23, http://www.ecologyandsociety.org/vol10/iss1/art23/

Kittler, Ralf; Kayser, Manfred & Stoneking, Mark 2003: Molecular Evolution of *Pediculus humanus* and the Origin of Clothing. *Current Biology 13*, 1414–1417

Klausnitzer, Bernhard 1989: *Verstädterung von Tieren*. Die Neue Brehm-Bücherei 579, Ziemsen, Wittenberg

Klausnitzer, Bernhard 1993: *Ökologie der Großstadtfauna*. 2. Auflage. Fischer, Jena

Klausnitzer, Bernhard 2005: *Käfer*. 2. Auflage. Nicol Verlag, Hamburg

Kothera, Linda u.a. 2010: A Comparison of Aboveground and Belowground Populations of *Culex pipiens* (*Diptera: Culicidae*) Mosquitoes in Chicago, Illinois, and New York City, New York, Using Microsatellites. *J. Medical Entomology 17*, 805–813

Kowarik, Ingo 2010: *Biologische Invasionen: Neophyten und Neozoen in Mitteleuropa*. 2. Auflage, Ulmer, Stuttgart

Kowarik, Ingo & Böcker, Reinhard 1984: Zur Verbreitung, Vergesellschaftung und Einbürgerung des Götterbaumes (*Ailanthus altissima* [Mill.] Swingle) in Mitteleuropa. *Tuexenia 4*, 9–29

Kowarik, Ingo & Säumel, Ina 2007: Biological flora of Central Europe: *Ailanthus altissima* (Mill.) Swingle. *Perspect. Plant Ecol. Evol. Syst. 8*, 207–237

Kowarik, Ingo & von der Lippe, Moritz 2011: Secondary wind dispersal enhances longdistance dispersal of an invasive species in urban road corridors. *NeoBiota 9*, 49–70

Krall, Stephan 1981: Ökofaunistische Untersuchungen der Insekten in Nestern der Stadttaube (*Columba livia domestica* L.) unter besonderer Berücksichtigung schädlicher und lästiger Arten. *Entomol. Mitt. zool. Mus. Hamburg 7*, 29–44

Kremer, Katrina; Simpson, Guy & Girardclos, Stephanie 2012: Giant Lake Geneva tsunami in AD 563. *Nature Geoscience*, doi:10.1038/ngeo1618

Krzyzanowska u.a. 1981: Spiders (Arachnoidea, Aranei) of Warsaw and Mazovia. *Memorabilia Zool. 34*, 87 – 110

Kühl, R. 1950: Zur Bekämpfung der Stall- und Weidefliegen. *Der praktische Schädlingsbekämpfer 2*, 67–70

Kühlhorn, Friedrich 1981: Über die Dipterenfauna eines Müllplatzes auf der Nordsee-Insel Spiekeroog mit siedlungsdipterologischen Erörterungen. *Entomol. Mitt. zool. Mus. Hamburg 7*, 45–63

Kutter, Heinrich 1969: *Die sozialparasitischen Ameisen der Schweiz*. Neujahrsblatt, Naturforschende Gesellschaft in Zürich. Kommissionsverlag Leemann, Zürich

Landmann, Armin 1996: *Der Hausrotschwanz. Vom Fels zum Wolkenkratzer – Evolutionsbiologie eines Gebirgsvogels*. Aula-Verlag, Wiesbaden

Landsberg, Helmut E. 1981: *The Urban Climate*. International Geophysics Series – Vol. 28. Academic Press, New York

Lanfer, Norbert 2003: Thermal growth conditions of non-native plants from the city centre to the outskirts of Berlin. In: Klysik, K. u.a. (Hrsg.): *Proc. of the Fifth International Conference on Urban Climate, 1–5 September 2003 in Lodz (Poland)*, Vol. 2: 277–280, Lodz

Large, David Clay 2002: Berlin. *Biographie einer Stadt*. C.H.Beck, München

Lederbogen, Florian u. a. 2011: City living and urban upbringing affect neural social stress processing in humans. *Nature 474*, doi:10.1038/nature10190

Ledon-Rettig, Cris C.; Richards, Christina L. & Martin, Lynn B. 2012: Epigenetics for behavioral ecologists. *Behav. Ecol.*, doi:10.1093/beheco/ars145

Lenger, Friedrich & Tenfelde, Klaus (Hrsg.) 2006: *Die europäische Stadt im 20. Jahrhundert. Wahrnehmung – Entwicklung – Erosion*. Böhlau, Köln

Levinson, Hermann & Levinson, Anna 2003: Anfangsgründe der Schädlingsabwehr im orientalischen und klassischen Altertum. *Naturwissenschaftliche Rundschau 56(1)*, 5–15

Levinson, Hermann & Levinson, Anna 1985: Storage and insect species of stored grain and tombs in ancient Egypt. *Z. angew. Ent. 100*, 321–339

Levy, Sharon 2012: The new top dog. *Nature 485*, 296–297

Liker, A. & Bókony, V. 2009: Larger groups are more successful in innovative problem solving in house sparrows. *PNAS 106*, 7893–7898

Løvik, M.; Gaarder, P. I. & Mehl, R. (Hrsg.) 1998: The house-dust mite: its biology and role in allergy. Proceedings of an international scientific workshop. *Allergy 53* (Suppl 48), Munksgaard, Copenhagen

Loss, Scott R.; Ruiz, Marilyn O. & Brawn, Jeffrey D. 2009: Relationships between avian diversity, neighborhood age, income, and environmental characteristics of an urban landscape. *Biol. Conservation 142*, 2578–2585

Low, Tim 2003: *The New Nature. Winners and Loosers in Wild Australia*. Penguin Books, Camberwell

Loye, J. E. & Zuk, M. (Hrsg.) 1991: *Bird-Parasite Interactions. Ecology, Evolution, and Behaviour*. Oxford University Press, Oxford

Loye, Jenella E. & Carroll, Scott P. 1991: Nest ectoparasite abundance and cliff swallow colony site selection, nestling development, and departure time. In: LOYE & ZUK 1991, 222–241, Oxford University Press, Oxford

Ludwig, Friedrich 1904: *Die Milbenplage der Wohnungen, ihre Entstehung und Bekämpfung*. Sammlung Naturwissenschaftlich-Pädagogischer Abhandlungen 1(9) B, G. Teubner, Leipzig und Berlin

Luniak, Maciej 1996: Inventory of the avifauna of Warsaw – species composition, abundance, and habitat distribution. *Acta Ornithologia 31*, 67–80

Luniak, Maciej u. a. 1997: Magpie *Pica pica* in Warsaw – abundance, distribution and changes in its population. *Acta Ornithologia 32*, 77–85

Luniak, Maciej 2004: Synurbanization – adaptation of animal wildlife to urban development. In: Shaw u. a. (Hrsg.): *Proc. 4th International Urban Wildlife Symposium*, 50–55

Luther, David & Baptista, Luis 2010: Urban noise and the cultural evolution of bird songs. *Proc. R. Soc. London B 277*, 469–473

Luther, David A. & Derryberry, Elizabeth P. 2012: Birdsongs keep pace with city life:

changes in song over time in an urban songbird affects communication. *Anim. Behav. 83*, 1059–1066

Mabey, Richard 2010: *Weeds. How Vagabound Plants Gatecrashed Civilisation and Changed the Way We Think About Nature.* Profile Books, London

Macdonald, David W. 1979: Helpers in fox society. *Nature 282*, 69–71

Mäck, Ulrich & Jürgens, Maria-Elisabeth 1999: *Aaskrähe, Elster und Eichelhäher in Deutschland.* Bundesamt für Naturschutz, Bonn-Bad Godesberg

Maklakov, Alexei A. u. a. 2011: Brains and the city: bigbrained passerine birds succeed in urban environments. *Biol. Letters 7*, 730–732

Makowiecki, Daniel & Gotfredsen, Anne Brigitte 2002: Bird remains of Medieval and Post-Medieval coastal sites at the Southern Baltic Sea, Poland. *Acta Zoologica cracoviensia 45*, 65–84

Martel, Yann 2003: *Schiffbruch mit Tiger.* S. Fischer, Frankfurt a. M.

Marzluff, John M. 2005: Island biogeography for an urbanizing world: how extinction and colonization may determine biological diversity in human dominated landscapes. *Urban Ecosystems 8*, 157–177

Marzluff, John M. u. a. (Hrsg.) 2008: *Urban Ecology. An International Perspective on the Interaction Between Humans and Nature.* Springer, New York

Matthews, Anne 2001: *Wild Nights. Nature Returns to the City.* North Point Press, New York

Mayer, Gertrud Th. 1995: Die Haubenlerche (*Galerida cristata*) in Oberösterreich. Einwanderung – Verbreitung – Rückzug. *Jb. Oö. Mus.-Ver. 140*, 395–420

Mayer, Karl 1962: Aus der Frühzeit der Fliegenbekämpfung. Ein Beitrag zur Geschichte der angewandten Entomologie. *Z. angew. Zoologie 49*, 25–31

McCourt, Frank 1996: *Die Asche meiner Mutter. Irische Erinnerungen.* Luchterhand, München

McKinney, Michael L. 2006: Urbanization as a major cause of biotic homogenization. *Biol. Conservation 127*, 247–260

McNeill, John R. 2003: *Blue Planet. Die Geschichte der Umwelt im 20. Jahrhundert.* Campus, Frankfurt a. M./New York

McShane, Clay & Tarr, Joel A. 2010: Pferdestärken als Motor der Urbanisierung. Das Pferd in der amerikanischen Großstadt im 19. Jahrhundert. In: Brantz & Mauch (Hrsg.) 2010: *Tierische Geschichte. Die Beziehung zwischen Mensch und Tier in der Kultur der Moderne*, 39–57, Schöningh, Paderborn

Mebs, Theodor & Schmidt, Daniel 2006: *Die Greifvögel Europas, Nordafrikas und Vorderasiens.* Kosmos, Stuttgart

Melles, Stephanie J. 2005: Urban Bird Diversity an an Indicator of Human Social Diversity and Economic Inequality in Vancouver, British Columbia. *Urban Habitats 3*, 25–39

Menke, Sean B. u. a. 2010: Is It Easy to Be Urban? Convergent Success in Urban Habitats among Lineages of a Widespread Native Ant. *PLoS ONE 5*, e9194

Mitchel, Richard & Popham, Frank 2008: Effect of exposure to natural environment on health inequalities: an observational population study. *Lancet 372*, 1655–1660

Mittermeier, R. A. u. a. 2003: Wilderness and biodiversity conservation. *Proc. Nat. Acad. Science 100 (18)*, 10309–10313

Mockford, Emily J. & Marshall, Rupert C. 2009: Effects of urban noise on song and response behaviour in great tits. *Proc. R. Soc. Lond. B 276*, 2979–2985

Möllers, Florian 2010: *Wilde Tiere in der Stadt*. Knesebeck, München

Møller, Anders Pape 2009: Successful city dwellers: a comparative study of the ecological characteristics of urban birds in the Western Palearctic. *Oecologia 159*, 849–858

Møller, Anders Pape 2010: Interspecific variation on fear responses predicts urbanization in birds. *Behavioral Ecology 21*, 365–371

Moreno-García, M. & Pimenta, C. 2010: Beyond chicken: avian biodiversity in a Portuguese late medieval urban site. In: Prummel, Zeiler & Brinkhuizen (Hrsg.) 2008: *Birds in Archaeology*. Proc. 6th Meeting ICAZ Bird Working Group in Groningen, Teil IV, 261–276. Barkhuis, Groningen

Müller, J. & Kutschmann, K. 1985: Flohnachweise (*Siphonaptera*) auf Hunden im Einzugsbereich der Magdeburger Poliklinik für kleine Haus- und Zootiere. *Angew. Parasitol. 26*, 197–203

Müller, Joachim 1986: Das aktuelle Flohartenspektrum (*Siphonaptera*) auf Stadthunden. *Wiss. Z. Karl-Marx-Univ. Leipzig, Math.- Naturwiss. R. 35*, 653–659

Münzel, Martin 1981: Vorkommen und Entwicklung von Fliegen (*Diptera: Muscidae, Calliphoridae*) an Lebensmitteln tierischer Herkunft. *Z. angew. Zool. 68*, 393–414

Nemeth, Erwin & Brumm, Henrik 2010: Birds and Anthropogenic Noise: Are Urban Songs Adaptive? *The American Naturalist 176*, 465–475

Nemeth, Erwin; Zollinger, Sue Anne & Brumm, Henrik 2012: Effect Sizes and the Integrative Understanding of Urban Bird Songs. (A Reply to Slabbekoorn u. a.) *The American Naturalist 180*, 146–152

Nikolaus, Marion u. a. 2011: Local sex ratio affects the cost of reproduction. *J. Anim. Ecol. 81*, 564–572

Nikolaus, Marion u. a. 2012: Experimental evidence for adaptive personalities in a wild passerine bird. *Proc. R. Soc. Lond. B 279*, 4885–4892

Oberzaucher, Elisabeth 2000: *Phytophilie oder Die Erhöhung der Gründichte am Arbeitsplatz als Instrument zur Steigerung von kognitiven Leistungen*. Universität Wien

Oke, T. R. 1982: The energetic basis of the urban heat island. *Quart. J. Royal Meteorol. Soc. 108*, 1–24

Otto, Winfried & Witt, Klaus 2002: *Verbreitung und Bestand Berliner Brutvögel*. Berliner ornithologischer Bericht 12, Sonderheft, Berliner Ornitholog. Arbeitsgemeinschaft, Berlin

Padberg, Britta 1996: *Die Oase aus Stein. Humanökologische Aspekte des Lebens in mittelalterlichen Städten.* Akademie Verlag, Berlin

Parker, John D.; Burkepile, Deron E. & Hay, Mark E. 2006: Opposing Effects of Native and Exotic Herbivores on Plant Invasions. *Science 311*, 1459–1461

Parris, Kirsten M.; Velik-Lord, Meah & North, Joanne M.A. 2009: Frogs Call at a Higher Pitch in Traffic Noise. *Ecology and Society 14*, vol14/iss1/art25

Partecke, Jesko; Van't Hof & Gwinner, Eberhard 2004: Differences in the timing of reproduction between urban and forest European blackbirds (Turdus merula): result of phenotypic flexibility or genetic differences? *Proc. R. Soc. London B 271*, 1995–2001

Partecke, Jesko; Schwabl, Ingrid & Gwinner, Eberhard 2006a: Stress and the city: urbanization and its effects on the stress physiology in European Blackbirds. *Ecology 87*, 1945–1952

Partecke, Jesko; Gwinner, Eberhard & Bensch, Staffan 2006b: Is urbanisation of European blackbirds (*Turdus merula*) associated with genetic differentiation? *J. Ornithology*, DOI 10.1007/s10336-006-0078-0

Peat, J. K.; Tovey, E. & Toelle W. G. 1996: House dust mite allergens: a major risk for childhood asthma in Australia. *A. J. Respir. Crit. Care Med 153*, 141–146

Pecarevic, Marko; Danoff-Burg, James & Dunn, Robert R. 2010: Biodiversity on Broadway – Inigmatic Diversity of the Societies of Ants (Formicidae) on the Streets of New York City. *PLoS ONE 5*, 1–8 e13222

Peschke, Werner 1998: Schädlinge, Prophylaxe und Bekämpfung in der Außer-Haus-Verpflegung. Ein wirtschaftlich interessantes Marktpotential. *Der praktische Schädlingsbekämpfer 50(8)*, 10–18

Peus, Fritz 1953: *Flöhe.* Neue Brehm-Bücherei, Akademische Verlagsges. Geest & Portig, Leipzig

Pfeiffer, H. 1957: Pflanzliche Gesellschaftsbildung auf dem Trümmerschutt ausgebombter Städte. *Vegetatio 7*, 301–320

Philips, James & Dindal, Daniel L. 1977: Raptor nests as a habitat for invertebrates: a review. *Raptor Research 11*, 87–96

Pieper, Harald & Reichstein, Hans 1995: Untersuchungen an Skelettresten von Vögeln aus dem mittelalterlichen Schleswig. In: Heinrich, Dirk u.a.: *Tierknochenfunde der Ausgrabung Schild 1971–1975*, 9–113. Wachholtz Verlag, Neumünster

Platen, R. & von Broen, B. 2005: Gesamtartenliste und Rote Liste der Webspinnen und Weberknechte (Arachnida: Araneae, Opiliones) des Landes Berlin. In: Der Landesbeauftragte für Naturschutz und Landschaftspflege / Senatsverwaltung für Stadtentwicklung (Hrsg.): *Rote Listen der gefährdeten Pflanzen und Tiere von Berlin.* CD-ROM

Pobloth, Sonja 2008: *Die Entwicklung der Landschaftsplanung in Berlin.* Mensch und Buch Verlag, Berlin

Pollack, Ulrike 2009: *Die städtische Mensch-Tier-Beziehung. Ambivalenzen, Chancen und Risiken.* Soziale Regeln 6, Technische Universität Berlin, Berlin

Polo, Vicente u.a. 2010: Experimental Addition of Green Plants to the Nest Increases Testosterone Levels in Female Spotless Starlings. *Ethology 116*, 129–132

Pospischil, Reiner 1996: Die große Stubenfliege. *Der praktische Schädlingsbekämpfer 48(4)*, 18–19

Prasse, Rüdiger u.a. 2001: *Liste der wildwachsenden Gefäßpflanzen des Landes Berlin mit Roter Liste.* Senatsverwaltung für Stadtentwicklung und Umwelt, Kulturbuch-Verlag, Berlin

Price, Trevor D.; Yeh, Pamela J. & Harr, Bettina 2008: Phenotypic Plasticity and the Evolution of a Socially Selected Trait Following Colonization of a Novel Environment. *The American Naturalist 172*, S49–S62

Pujol, Benoit & Pannell, John R. 2008: Reduced Responses to Selection After Species Range Expansion. *Science 321*, 96

Punz, Wolfgang u.a. 2004: Beiträge zur Ökophysiologie von *Ailanthus altissima* im Raum Wien. *Verhandl. Zool.-Bot. Ges. Österreich 141*, 1–11

Pyšek, Petr 1998: Alien and native species in Central European urban floras: a quantitative comparison. *J. Biogeography 25*, 155–163

Rack, Gisela 1981: Auftreten von *Terpnacarus subterraneus* Weis-Foch, 1947 (*Acarina, Actinedida, Terpnacaridae*) in einem neuen Wohnhaus in Süddeutschland. *Entomol. Mitt. zool. Mus. Hamburg 7*, 3–9

Rack, Gisela 1984: Systematik, Morphologie und Biologie von Milben (*Acari*) in Häusern und Vorräten sowie Milben von medizinischer Bedeutung. Teil III. *Der praktische Schädlingsbekämpfer 36*, 13–16

Reichholf, Josef H. 2007: *Stadtnatur. Eine neue Heimat für Tiere und Pflanzen.* oekom verlag, München

Reif, Jiri; Böhning-Gaese, Katrin; Flade, Martin; Schwarz, Johannes & Schwager, Monika 2011: Population trends of birds across the iron curtain: Brain matters. *Biological Conservation 144*, 2524–2533

Riechelmann, Cord 2004: *Wilde Tiere in der Großstadt.* nicolai, Berlin

Ripmeester, Erwin A. P. u.a. 2010: Habitatrelated birdsong divergence: a multilevel study on the influence of territory density and ambient noise in European Blackbirds. *Behav. Ecol. Sociobiol. 64*, 409–418

Robinson, William H. 1996: *Urban Entomology. Insect and mite pests in the human environment.* Chapman & Hall, London

Röder G. 1990: *Biologie der Schwebfliegen Deutschlands (Diptera: Syrphidae).* Bauer, Keltern-Weiler

Rolin, Jean 2012: *Einen toten Hund ihm nach. Reportage von den Rändern der Welt.* Berlin Verlag, Berlin

Rosenfeld, D. u.a. 2003: Urban Aerosol-Induced Changes of Precipitation. Eos, Trans. Amer. Geophys. Union 84 (Fall Meeting Suppl.), Abstract U51A-02

Sabloff, Annabelle 2001: *Reordering the Natural World. Humans and Animals in the City*. University of Toronto Press, Toronto

Samarra, Filipa u.a. 2009: Background noise constrains communication: acoustic masking of courtship song in the fruit fly Drosophila montana. *Behaviour 146*, 1635–1648

Sarkowicz, Hans (Hrsg.) 1998: *Geschichte der Gärten und Parks*. Insel, Frankfurt a. M.

Schipperijn, Jasper u.a. 2010: Factors influencing the use of green space: Results from a Danish national representative survey. *Landscape and Urban Planning 95*, 130–137

Schmidt, Thomas 2001: *Gefiederte Nachbarn. Vögel in Stadt und Garten*. Edition Rasch & Röhring, Steinfurt

Schneider, A.; Friedl, M. A. & Woodcock, C. E. 2003: Urban Growth as a Component of Global Change. *Eos Trans. AGU 84(46), Fall Meet. Suppl.*, Abstract

Schonrogge, Karsten & Thomas, Jeremy A. 2001: Conservation of biodiversity demands/produces ecological theory: myrmecophilous insects as a model system. Belgian Biodiversity Platform – EPSRS meeting. http://www.gencat.es/media mb/bioplatform/bpcontr_54.htm

Schubert, Ernst 2002: *Alltag im Mittelalter. Natürliches Lebensumfeld und menschliches Miteinander*. Primus Verlag, Darmstadt

Schwarz, Johannes & Flade, Martin 2000: Ergebnisse des DDA-Monitoringprogramms, Teil 1: Bestandsveränderungen von Vogelarten der Siedlungen seit 1989. *Vogelwelt 121*, 87–106

Sengupta, S. 1981: Adaptive significance of the use of Margosa leaves in nests of house sparrows Passer domesticus. *Emu 81*, 114–115

Serjeantson, Dale 2009: *Birds* (Cambridge Manuals in Archaeology). Cambridge University Press, Cambridge

Sethmann, Jens 2012: Zille lässt grüßen. Blüte, Niedergang und Wiederauferstehung des Berliner Hinterhofs. *Mietermagazin 9/2012*, 12–16

Shah, Behula 1997: The Checkered Career of Ailanthus altissima. *Arnoldia 57*, 20–27

Shaw, Lorna M.; Chamberlain, Dan & Evans, Matthew 2008: The House Sparrow *Passer domesticus* in urban areas: reviewing a possible link between postdecline distribution and human socioeconomic status. *J. Ornithology 149*, 293–299

Siva-Jothy, M. T. 2006: Trauma, disease and collateral damage: conflict in cimicids. *Phil. Trans. Roy. Soc. B London 361*, 269–275

Slabbekoorn, Hans & den Boer-Visser, Ardie 2006: Cities change the Songs of Birds. *Current Biology 16*, 2326–2331

Slabbekoorn, Hans & Peet, Margriet 2003: Birds sing at a higher pitch in urban noise. *Nature 424*, 267

Slabbekoorn, Hans & Ripmeester, Erwin A. P. 2008: Birdsong and anthropogenic noise: implication and application for conservation. *Mol. Ecology 17*, 72–83

Slabbekoorn, Hans; Yang, Xiao-Jing & Halfwerk, Wouter 2012: Birds and Anthropogenic Noise: Singing Higher May Matter. *The American Naturalist 180*, 142–145

Slabbekoorn, Hans; Yeh, Pamela & Hunt, Kimberly 2007: Sound transmission and song divergence: a comparison of urban and forest acoustics. *The Condor 109*, 67–78

Sol, Daniel; Griffin, Andrea S.; Bartomeus, Ignasi & Boyce, Hayley 2011: Exploring or Avoiding Novel Food Resources? The Novelty Conflict in an Invasive Bird. *PLoS ONE 6*, e19535

Soulsbury, Carl. D.; Baker, Philip; Iossa, Graziella & Harris, Stephen 2010: Red Foxes (*Vulpes vulpes*). In: Gehrt u. a. 2010, 63–75, Johns Hopkins University Press, Baltimore

Spirn, Anne Whiston 1984: *The Granite Garden. Urban Nature and Human Design.* Basic Books, New York

Sterba, Jim 2012: *Nature Wars. The Incredible Story of How Wildlife Comebacks Turnes Backyards into Battlegrounds.* Crown Publishers, New York

Suárez-Rodríguez, Monserrat; López-Rull, Isabel & Garcia, Constantino Macías 2013: Incorporation of cigarette butts into nests reduces nest ectoparasite load in urban birds: new ingredients for an old recipe? *Biol. Letters 9*, doi:10.1098/rsbl.2012.0931

Sukopp, Herbert 1998: Urban Ecology – Scientific and Practical Aspects. In: Breuste, Feldmann & Uhlmann (Hrsg.) 1998: *Urban Ecology*, 3–16, Springer, Berlin

Sukopp, Herbert & Wittig, Rüdiger (Hrsg.) 1993: *Stadtökologie.* Gustav Fischer, Stuttgart, Jena

Sukopp, Herbert (Hrsg.) 1990: *Stadtökologie. Das Beispiel Berlin.* Dietrich Reimer Verlag Berlin, Berlin

Sullivan, Robert 2006: *Rats. A Year with New York's Most Unwanted Inhabitants.* Granta Book, London

Tait, Catherine J.; Daniels, Cristopher B. & Hill, Robert S. 2005: Changes in species assemblages within the Adelaide metropolitan area, Australia, 1836–2002. *Ecological Applications 15*, 346–359

Tallamy, Douglas W. 2004: Do alien plants reduce insect biomass? *Conservation Biology 18*, 1–4

Tallamy, Douglas W. 2009: *Bringing Nature Home. How You Can Sustain Wildlife with Native Plants.* Timber Press, Portland

Tallamy, Douglas W.; Ballard, Meg & D'Amico, Vincent 2010: Can alien plants support generalist insect herbivores? *Biol. Invasions 12*, 2285–2292

The Human Microbiome Project Consortium 2012: Structure, function and diversity of the healthy human microbiome. *Nature 486*, 207–214

The Independent 2010: Mystery of the vanishing sparrows still baffles scientists 10 years on. *The Independent 19.08.2010*

Thornton, Ian W. B. 1997: *Krakatau: The Destruction and Reassembly of an Island Ecosystem.* Harvard University Press, Cambridge

Thys, Sofie & Van Neer, Wim 2010: Bird remains from Late Medieval and Postmedieval sites in Brussels, Belgium. In: Prummel, Zeiler & Brinkhuizen (Hrsg.) 2008: *Birds in Archaeology. Proc. 6th Meeting ICAZ Bird Working Group in Groningen*, 71–86, Barkhuis, Groningen University Library, Groningen

Turner, Will R.; Nakamura, Toshihiko & Dinetti, Marco 2004: Global Urbanisation and the Separation of Humans from Nature. *BioScience 54*, 585–590

Uhlenhaut, Helge 2001: Beobachtungen zum Beutespektrum von Zitterspinnen (*Pholcidae*). *Arachnologische Mitteilungen 22*, 37–41

UN Human Settlements Programme – UN-HABITAT 2006: *State of the World's Cities 2006/2007. The Millennium Development Goals and Urban Sustainability: 30 Years of Shaping the Habitat Agenda*, Earthscan, London

van Heezik, Yolanda; Smyth, Amber & Mathieu, Renaud 2008: Diversity of native and exotic birds across an urban gradient in a New Zealand city. *Landscape and Urban Planning 87*, 223–232

Vargo, Edward L. u.a. 2011: Genetic Analysis of Bed Bug Infestations and Populations. In: Robinson, William H. & de Carvalho Campos, Ana Eugênia (Hrsg.) 2011: *Proc. 7th Int. Conf. Urban Pests*, 319–323, Instituto Biológico, São Paulo

Vater, Günther 1986: Gesundheitsschädlinge in Städten. *Wiss. Z. Karl-Marx-Univ. Leipzig, Math.-Naturwiss. R. 35*, 627–639

Vater, Günther & Vater, Antje 1984: Flöhe (Siphonaptera) beim Menschen. Befundanalyse 1961 bis 1983 im Bezirk Leipzig (DDR). Teil I: Arten, Befallsquellen und Ausbreitung. *Angew. Parasitol. 25*, 148–156

Vater, Günther & Vater, Antje 1985: Flöhe (Siphonaptera) beim Menschen. Befundanalyse 1961 bis 1983 im Bezirk Leipzig (DDR). Teil II: Räumliche und zeitliche Verteilung. *Angew. Parasitol. 26*, 27–38

Verzijden, M.N.; Ripmeester, E.A.P.; Ohms, V.R.; Snelderwaard, P. & Slabbekoorn, Hans 2010: Immediate spectral flexibility in singing chiffchaffs during experimental exposure to highway noise. *J. Exp. Biol. 213*, 2575–2581

Voigt, Thomas F. 1999: *Haus- und Hygieneschädlinge*. 3. Aufl., Pharmazeutische Zeitung/PZ-Schriftenreihe 3, GOVI-Verlag, Eschborn

von der Lippe, Moritz & Kowarik, Ingo 2007: Longdistance dispersal of plants by vehicles as a driver of plant invasions. *Conservation Biol. 21*, 986–996

von der Lippe, Moritz & Kowarik, Ingo 2008: Do cities export biodiversity? Traffic as dispersal vector across urban-rural gradients. *Diversity and Distributions 14*, 18–25

von Frisch, Otto 1994: *Tiere in der Stadt. Wie sie leben, wo sie sind*. Staatl. Naturhistorisches Museum, Braunschweig

vonHoldt, Bridgett M. u.a. 2011: A genome-wide perspective on the evolutionary history of enigmatic wolf-like canids. *Genome Research 21*, 1294–1305

Wandeler, P. u.a. 2003: The city-fox phenomenon: genetic consequences of a recent colonization of urban habitat. *Mol. Ecol. 12*, 647–656

Warren, Paige S.; Katti, Madhusudan; Ermann, Michael & Brazel, Anthony 2006: Urban bioacoustics: it's not just noise. *Anim. Behav.* 71, 491–502

Weber, Gerhild 1980: *Untersuchungen zur hygienischen Bedeutung der Fliegen auf Autobahnparkplätzen (Diptera: Muscidae, Calliphoridae)*. Justus-Liebig-Universität, Gießen

Weidner, Herbert 1952: Die Insekten der Kulturwüste. *Mitt. Hamburg. Zool. Mus. u. Inst.* 51, 89–173

Werner, Peter & Zahner, Rudolf 2009: *Biologische Vielfalt und Städte. Eine Übersicht und Bibliographie.* Bundesamt für Naturschutz (Hrsg.), Bonn

Wilson, David Sloan 2011: *The Neighborhood Project. Using Evolution to Improve My City, One Block at a Time.* Little, Brown and Company, New York

Winston, Mark L. 1997: *Nature Wars. People vs. Pests.* Harvard University Press, Cambridge

Wittig, Rüdiger & Fründ, Heinz-Christian (Hrsg.) 1994: *Stadtökologie: Versuch einer Standortbestimmung.* Geobot. Kolloq. 11, Natur u. Wiss., Solingen

Woolley, Tyler A. 1988: *Acarology. Mites and Human Welfare.* John Wiley & Sons, New York

Zimmer, Carl 2001: *Parasitus Rex. Die bizarre Welt der gefährlichsten Kreaturen der Natur.* Umschau Braus, Frankfurt a. M.

Zollinger, Sue Anne u.a. 2012: On the relationship between, and measurement of, amplitude and frequency in birdsong. *Anim. Behav. 84,* e1–e9, http://dx.doi.org/10.1016/j. anbehav.2012.04.026

Register

Bildnachweise

Seite 83

Illustration von T. Hölldobler-Forsyth, © Hölldobler, Bert, *Nova Acta Leopoldina* 37, Nr. 2, 1973

Seite 87

Illustration von T. Hölldobler-Forsyth, © Wilson, E. O., *The Insect Societies*, Belknap Press of Harvard University Press, Cambridge, 1971

Seite 132

© Vater, Günther & Vater, Antje, *Angewandte Parasitologie* 26, Leipzig, 1984

Seite 171

Wilhelm Busch, *Die Fliege*, Münchener Bilderbogen, Nr. 425, 1866

Seite 234

Daten zur Natur 2012, © Bundesamt für Naturschutz, Bonn, 2012

Seite 293

Illustration von Konrad Gessner, aus: Gessner, Konrad, *Vogelbuch*, Zürich, 1557

Seite 304

© McShane, Clay & Tarr, Joel A., *Pferdestärken als Motor der Urbanisierung*, Library of Congress, in: Brantz, Dorothee & Mauch, Christof (Hrsg.), *Tierische Geschichte*, Ferdinand Schöningh, Paderborn, 2010

Seite 307

Illustration von Josef Mayer, © Knopfli, Walter, *Die Vogelwelt der Limmattal- und Zürichseeregion*, Der Ornithologische Beobachter Zürich, 1971

Seite 332

Foto von Otto Donath, © Bundesarchiv, Bild 183-M1015-314

Seite 347

© Gloor, Sandra & Bontadina, Fabio & Hegglin, Daniel, *Stadtfüchse*, Haupt Verlag, Bern, 2006

Seite 357

Illustration von Guy Troughton, © Harris, Stephen & Baker, Phil, *Urban Foxes*, Whittet Books, Hill Farm, 2001; mit freundlicher Genehmigung von Whittet Books Ltd.